T0200345

Planet Erde

Andreas Sentker, Frank Wigger (Hrsg.)

Planet Erde

Umwelt, Klima, Mensch

Mit einem Nachwort von Reinhard Hüttl

Spektrum
AKADEMISCHER VERLAG

Herausgegeben von Spektrum Akademischer Verlag GmbH und Zeitverlag Gerd Bucerius GmbH & Co. KG

Wichtiger Hinweis für den Benutzer

Bibliografische Information Der Deutschen Bibliothek
Die Deutsche Nationalbibliothek verzeichnet diese Publikation in der Deutschen Nationalbibliografie; detaillierte bibliografische Daten sind im Internet über http://dnb.d-nb.de abrufbar.

Springer ist ein Unternehmen von Springer Science+Business Media
springer.de

Planung und Lektorat: Frank Wigger, Andreas Sentker, Bettina Saglio
Redaktion: Dr. Petra Seeker, ps-redaktionsbüro Sinsheim
Herstellung: Katrin Frohberg
Umschlaggestaltung: Ingrid Nündel
Umschlagillustration: Alexandra Kardinar und Volker Schlecht, www.drushbapankow.de
Grafiken: Vera Kassühlke, Mainz
Satz: TypoDesign Hecker, Leimen
Druck und Bindung: Stürtz GmbH, Würzburg

Printed in Germany

ISBN 978-3-8274-1991-0

Inhalt

Vorwort

Stellen Sie sich vor, unser Planet wäre eine Seifenblase und auf der dünnen, schillernden Haut wären wir zuhause. Auf ihr hätten wir unsere Städte gebaut, unsere Brücken errichtet, die Fundamente unserer Wolkenkratzer, Staudämme und Atomkraftwerke gegründet. Und diese Seifenhaut ist nicht nur dünn. Sie ist in ständiger Bewegung begriffen. Sie fließt.

Ihnen wird ein wenig schwindelig bei dem Gedanken? Große Sorge um die Sicherheit unserer Zivilisation erfasst Sie? Unsere Fundamente erscheinen Ihnen gar nicht mehr so stabil?

Aber Sie leben tatsächlich auf einer solchen Seifenhaut. Der größte Teil des Erdinneren ist heiß und flüssig. Die Erdkruste ist stellenweise nur wenige Kilometer dick. Auf dem flüssigen Magma des Erdmantels treiben große Platten umher – und mit ihnen die Kontinente. Wo die Platten aufeinander stoßen, falten sich gewaltige Gebirge in die Höhe, andernorts tut sich an den Plattengrenzen die Erde auf, tritt das flüssige Magma in Form von rot glühender Lava hervor. An wieder anderen Plattengrenzen ist die Reibung der treibenden Erdkrusten so groß, dass sie sich regelmäßig als Erdbeben entlädt.

Warum uns das Leben auf der dünnen Seifenhaut normalerweise keine Angst macht? Uns fehlen die Sinne für die gewaltigen, aber in menschlichen Maßstäben extrem langsam wirkenden Kräfte des Planeten. Das Alpenmassiv erscheint uns im Namens- und Wortsinn so massiv, dass wir uns nicht vorstellen können, dass es wie eine zusammengeschobene Tischdecke erst durch gewaltige Faltenwürfe in der Erdkruste entstanden ist. Dass Spitzbergen, eine der dem Nordpol am nächsten gelegenen bewohnten Inselgruppen, einst am Südpol lag, erscheint uns ebenso unwahrscheinlich wie die Tatsache, dass wir einst theoretisch zu Fuß von Afrika nach Südamerika hätten gehen können (wenn es uns Menschen damals schon gegeben hätte).

Nur wenn gewaltige Erdbeben ganze Städte in Schutt und Asche legen (wie San Francisco 1909 oder das japanische Kobe 1995), wenn jahrhundertelang schlafende Vulkane plötzlich und gewaltig zum Leben erwachen (wie der Pinatubo und der Mount St. Helens), wenn nach unterseeischen Beben ein Tsunami idyllische Urlaubsparadiese im Indischen Ozean in Sekunden zu Orten des Schreckens und des Todes macht, werden uns die Kräfte des Planeten unvermittelt bewusst.

Wir sprechen in solchen Momenten gern von Naturkatastrophen, dabei ist das Wort schlicht falsch. Was auch immer die Dinosaurier aus-

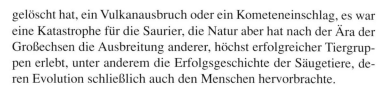

gelöscht hat, ein Vulkanausbruch oder ein Kometeneinschlag, es war eine Katastrophe für die Saurier, die Natur aber hat nach der Ära der Großechsen die Ausbreitung anderer, höchst erfolgreicher Tiergruppen erlebt, unter anderem die Erfolgsgeschichte der Säugetiere, deren Evolution schließlich auch den Menschen hervorbrachte.

Wandel, manchmal auch rascher, explodierender Wandel, ist ein integraler Teil der Erd- und Naturgeschichte. Ohne die Verschiebungen der Erdkruste, das Werden der Kontinente, den Ausbruch von Vulkanen, den immerwährenden Wandel des Klimas wäre die Evolution anders verlaufen, die Menschheit vielleicht nie entstanden. Der Planet ist in Bewegung geblieben. Wir Menschen sind in unseren Kulturen und Siedlungsstrukturen erstarrt. Wir haben idyllische Küstenstreifen und Flusstäler besiedelt – und beklagen Fluten als Naturkatastrophen. Wir haben auch jene Alpentäler mit Skipisten und Hotels gepflastert, die erfahrene Bergbauern in kluger Voraussicht mieden – und beklagen Lawinen als Naturkatastrophen. Wir bauen die Industrien der Zukunft auf Erdbebenspalten, lassen Siedlungen an Vulkanhängen wuchern – und beklagen Ausbrüche als Naturkatastrophen. Der Planet ist dynamisch; wir sind es, die verletzlich sind.

Die Neuentdeckung des Planeten als komplexes und dynamisches System hat die Geowissenschaften des 20. Jahrhunderts revolutioniert. Aber auch die Abhängigkeit des Menschen von seinem Lebensraum wurde zu ihrem großen Thema. Geologen richten den Blick vor allem in die Tiefe, sowohl unseres Planeten selbst als auch seiner Geschichte, und ergründen damit nicht zuletzt die Basis der mannigfaltigen Prozesse an der Oberfläche, auf der wir Menschen leben. Dieser Raum wiederum ist die Domäne der Geographie mit ihren zwei großen, oft getrennt agierenden Richtungen. Die physische Geographie widmet sich den gestaltenden Kräften an der Erdoberfläche, den großen Naturräumen und den Veränderungen in unserer Umwelt, seien sie natürlich oder menschengemacht, während die Humangeographie zum Beispiel unser Siedlungsverhalten oder die weltweiten Warenströme untersucht. In ihren Methoden könnten sie unterschiedlicher kaum sein, in ihren Erkenntnissen aber gehören sie zwingend näher zusammengeführt.

Planet Erde ist wie *Rätsel Ich*, der erste Band der ZEIT WISSEN Edition, ein einzigartiges Buch mit einem einzigartigen Ansatz. Es vereint prominente Autoren der unterschiedlichen Fachrichtungen, macht zentrale Positionen der Wissenschaft verständlich und zeigt den aktuellen Stand dessen, was wir früher schlicht „Erdkunde" nannten.

Der Harvard-Professor Raymond Siever berichtet, was uns der Sand unter unseren Füßen über die Geschichte des Planeten verrät. International anerkannte Geowissenschaftler wie der Brite Richard

Fortey, der Amerikaner Bruce A. Bolt und der Deutsche Hans Pichler nehmen die geologischen Gefahrenzonen der Erde ins Visier. Wilfried Endlicher, Geograph an der Humboldt-Universität in Berlin, zieht die katastrophale Bilanz der Stürme, Fluten und Dürren der jüngeren Vergangenheit. Die deutschen Klimaforscher Christian-Dietrich Schönwiese (Frankfurt) und Hans von Storch (Hamburg) analysieren die aktuelle Klimadebatte und künftige Szenarien der Klimaentwicklung.

Hier, im Klimageschehen, wird sie möglicherweise in Zukunft sichtbar, die einzige real existierende Naturkatastrophe: der Mensch. Schon jetzt zeigt sich sein Tun im Schwinden eines der größten Reichtümer des Planeten, seiner Artenvielfalt. Den Regenwald aus ökonomischen Erwägungen abzuholzen, sagt Pulitzer-Preisträger und Harvard-Forscher Edward O. Wilson, sei, als ob man ein Renaissance-Gemälde verbrenne, um sich eine Suppe warm zu machen.

Die Forscher haben nicht für ihre Fachkollegen geschrieben. Neben dem Pulitzer-Preis von Wilson steht eine lange Reihe weiterer Ehrungen, die die Autoren von *Planet Erde* für die Verständlichkeit ihrer Texte und Bücher erhalten haben. Den Beiträgen der Wissenschaftler haben wir Reportagen, Analysen und Interviews namhafter Autoren von ZEIT und ZEIT WISSEN zur Seite gestellt. Sie ordnen die wissenschaftlichen Positionen in das Gesamtbild ein, zeigen gesellschaftliche Zusammenhänge auf, lassen Widersprüche und Dispute sichtbar werden, machen Wissenschaft lebensnah, lebendig und erlebbar.

Wie die Geschichte der Erde weiter geht? Sie wird langsam aber sicher erkalten. Die dünne Haut der Seifenblase wird dicker werden und irgendwann erstarren. Der Wandel aber ist damit längst nicht zu Ende. Wind und Wetter werden die Gebirge und Kontinente langsam zu dem zerreiben, womit der erste wissenschaftliche Beitrag dieses Buches beginnt: zu Sand.

Passen Sie auf, worauf Sie treten.

Hamburg und Heidelberg,   *Andreas Sentker*
November 2007   *und Frank Wigger*

In diesem Buch werden Ihnen neben den Grundtexten verschiedene Arten von Zusatzinformationen begegnen, die meist in der Randspalte platziert sind: kurze Porträts wichtiger Forscher, Erläuterungen ausgewählter Fachbegriffe sowie Fotos, Grafiken und Tabellen, die einzelne Sachverhalte veranschaulichen, ergänzt um gelegentliche Literaturhinweise und Internet-Links. Diese Zusatzelemente treten im Buch immer nur einmal auf. Sie lassen sich aber leicht über den Index lokalisieren, denn alle in diesen Zusatzelementen enthaltenen Stichwörter sind dort durch kursive Seitenzahlen markiert (neben den steilen Seitenzahlen für die Grundtexte). Sollten Sie also in einem bestimmten Beitrag eine biographische Notiz und oder eine Worterläuterung vermissen, finden Sie sie wahrscheinlich an anderer Stelle des Buches.

Sehnsucht nach dem Anfang

Vom Wunsch, ein Stück erste Erde in den Händen zu halten – eine Odyssee durch den Nordwesten Kanadas

Raoul Schrott

Spät in der Nacht mit dem Auto von Saarbrücken nach Mainz, morgens mit dem Taxi zum Bahnhof und weiter zum Flughafen; in Calgary durch die Zollkontrollen, um die Maschine nach Edmonton zu erwischen und in einem Hotelzimmer zu landen, von dem der Rezeptionist behauptet, Leonard Cohen habe hier seine Sisters of Mercy geschrieben. Viel zu früh wieder mit dem Bus zur nächsten Maschine hinauf in die kanadischen North Western Territories, wo die Stewardess eine Lokalzeitung verteilt, aus der die Annonce eines Bed and Breakfast heraussticht, dessen Adresse Norbert und ich mittags in Yellowknife dem Taxifahrer nennen, worauf dieser murmelt, es sei geschlossen, der ausgelieferte deutsche Terrorist, dem es gehöre, sitze gerade im Flugzeug nach Deutschland. Es ist, als wechselte mit den Zeitzonen auch der Zusammenhang und man geriete von einer Geschichte in die andere, rast- und ortlos, die Reise ohne einen Anfang, die Ankunft noch kein Ende. Zwei Stunden nach dem Eintreffen in Yellowknife saßen wir im Büro der Air Tindi und bekamen samt Preis des Kanus und der Campingausrüstung den Treibstoffverbrauch des Wasserflugzeugs vorgerechnet, das uns am nächsten Tag gegen acht Uhr abends 350 Kilometer weiter nördlich absetzen sollte. Wouter Bleeker, der kanadische Geologe, hatte Wort gehalten und uns die Zielkoordinaten gefaxt, vom bestellten Führer dagegen fehlte jede Nachricht. An seiner Stelle kam ein Inuit, Baseballkappe, riesige Brille, Schnauzbart wie ein Walross, die oberen Zähne fast alle ausgefallen, dafür ein Grinsen breit im Gesicht. Er wollte bloß

eine Tasse Kaffee, legte aber schließlich seinen Parka ab und sah sich mit uns die Route an: Nein, dort sei er noch nie gewesen, die Gegend kenne er trotzdem gut, ja, er habe vielleicht Lust, er heiße Ben. Wer wir seien? Ein Arzt und ein Schriftsteller? Hm ...

Das Gefühl, irgendwo angekommen zu sein, stellte sich erst mit den ersten Schritten zu Fuß ein. Seinen Namen verdankt Yellowknife Pelzhändlern, die hier im vorletzten Jahrhundert auf Indianer mit kupfernen Messern trafen, und mit seinen Ausrüstern und Lebensmittelläden hat sich der Ort das Provisorische eines Außenpostens bewahrt.

Nackte Felsbuckel liegen wie Walrücken in den Gewässern

Auf dem Tisch inmitten des Kartengeschäfts sahen wir dann zum ersten Mal den schwarzen Schriftzug des Acasta River, verfolgten die Unterlängen über Senken und Seenketten bis dorthin, wo sich die Koordinaten zu jener Insel schnitten, die unser Ziel war. Seit Jahren hatte ich Artikel über die ältesten Gesteinsformationen der Erde gesammelt. Einen Berg zu besteigen, weil er da ist, wie Hillary meinte, mag Grund genug sein; doch ohne Wissen dessen, was ihn geformt hat, bleibt man blind. Vielleicht deshalb ist jede Reise auch vom Wunsch getragen, schließlich an einen Ort zu gelangen, der außerhalb von Raum und Zeit zu sein scheint. Einen solchen haben die paradiesischen Vorstellungen eines El Dorado oder Shangri-La noch in jedem Jahrhundert verheißen. Geht man diesen Mythen dann jedoch nach, erkennt man, dass jede Sehnsucht letztlich darauf gerichtet ist, sich vor dem Fremden des Eigenen zu versichern, um einen gemeinsamen Ursprung zu finden: den einen Punkt, auf den sich alles zurückführen ließe, auch das eigene Leben. Und es wird daraus eine Suche nach dem, was von diesem Punkt überdauert haben mag: nach der ersten Erde.

Von ihr also hatte ich gelesen, ihren Datierungen und Orten: von Isua nordöstlich von Nuuk, am Rande des grönländischen Eisschildes, wo sich das erste Sediment verwitterter Gebirge findet, 3,8 Milliarden Jahre alt; vom Acasta-Gneis im präkambrischen Schild Kanadas; und von den auf 4,3 Milliarden Jahre datierten Zirkonen der Narryer-Berge Westaustraliens. Während diese Kristalle jedoch nur mikroskopische Zeugnisse einer verschwundenen Erdkruste sind, ist der Gneis am Acasta als Ganzes erhalten geblieben. Ein Stück davon einmal in Händen zu halten, seine Schwere zu spüren schien mir so, als könnte man etwas berühren, das unverändert geblieben ist, real im Irrealen der Zeit.

Die Nacht ist kurz; von so viel Licht, der Luft, die einem zu Kopf steigt, bleibt ein Druck hinter der Stirn. Während die Mechaniker das Wasserflugzeug beladen, gehen wir mit dem Piloten die Route durch: Er soll uns 20 Kilometer nördlich unserer Insel absetzen und später am Little Crapaud Lake weiter südlich abholen. Von oben erscheint das von Gletschern flach geschliffene Schild als langsam abtauchender Kontinent: die nackten Felsbuckel wie Walrücken zwischen ineinander übergehenden Gewässern, das Grün der Taiga mit ihren Baumgruppen schorfig dazwischen. Als nach einer Stunde der Little Crapaud Lake vor uns auszumachen ist, packt mich eine seltsame Erregung: Das ist der Acasta jetzt; wo er einfließt, dort beginnt unsere Strecke. Der Pilot schwenkt ab, unter uns bleibt das schwarzblaue Band mit seinen Schlingen und Schleifen. Ich sehe die Insel plötzlich mitten im See und deute hinunter, da ist etwas, das

metallisch aufgleißt, daneben ein Rot wie von Zelten.

Wir landen, ohne das Aufsetzen zu spüren, und laufen auf die Koniferen einer Strandlinie zu. Unterhalb unserer Schuttmoräne zieht sich ein Sandstreifen zu einer schmalen Furt hin. Er ist voller Fährten. Wölfe, Karibus, Elche und ein Bär, behauptet unser Führer Ben. Was für einer? Grizzly; vor denen aber braucht man keine Angst zu haben – wenn sie sehen, dass wir zu dritt sind, weichen sie aus. Aggressiv werden eher einzelne Schwarzbären: Kommt einer, schaut ihm nicht in die Augen, und legt euch langsam auf den Bauch, die Hände über dem Nacken. Falls mir aber etwas zustoßen sollte, ist's besser, ihr wisst, wie das Gewehr funktioniert. Er holt eine Pumpgun aus den Bündeln und lässt Norbert und mich am Baum vor uns üben. Wir halten auf den See; in der vollkommenen Stille ist der Schuss so laut, als ginge die Welt aus den Fugen. Und als hätte die Zeit endlich innegehalten, sich verlangsamt zu menschlicheren Maßen.

„Paddel härter", schreit Ben. Dann strömt Wasser ins Kanu

Wir beladen das Kanu, stoßen ab und arbeiten uns zunächst am Ufer entlang. Schwarzfichten ragen vereinzelt zwischen den Felsen auf. An ihrer Grenze geht die Taiga in Tundra über, in ein Unterholz von Weiden, Moos und Sumpf. Die Sonne sticht, das Plastik der Schwimmwesten wird heiß; wir trinken immer öfter aus der hohlen Hand, und das Wasser schmeckt süß, ohne dass der Mund dadurch weniger trocken würde. Für die erste Stromschnelle bleiben Ben im Boot und Norbert, dem die Vorstellung einer Wildwasserfahrt nie geheuer gewesen war; doch der See, kaum irgendwo tiefer als zwei Meter, fließt flach in den nächsten über, sodass beide das Kanu über Geröll schieben müssen. Ich gehe inzwischen über den Hügelrücken und stoße im Gras auf kreisrunde Rinnen neben überall verstreuten Elchschaufeln; es müssen die Reste eines Zeltlagers sein. Wir kommen gut voran.

Die nächste Stromschnelle ist nicht auf der Karte verzeichnet, ihr Rauschen aber von weitem zu hören. Dieses Mal knie ich vorne. Was vom Ufer harmlos aussah, wird im Kanu zu einem Gefälle, in dem es sich kaum steuern lässt. Paddel härter, verdammt!, schreit Ben von hinten. Ich steche mit aller Kraft in das Spritzwasser ein und stoße uns vorn von den größten Hindernissen ab, während er gegenrudert. Alles wird schneller, ich kann kaum mithalten, und in der zweiten Biegung laufen wir an den Fels, bekommen Schieflage, von der Seite strömt alles ein, breit und kalt, der erste Packen schwimmt davon, der Bug ist voll Wasser, ich steige aus, auf den Fels, und will das Kanu daran hochziehen. Lass los!, brüllt Ben, ich gebe ihm einen Stoß, stehe nur und schaue, wie er zur Mündung hinuntertreibt, das Kanu bereits unter der Oberfläche, er hilflos darin, bis zum Hals in Wasser, rechts und links unser Gepäck, das abtreibt, fast hat die Szene etwas Komisches, bis alles aus dem Blick gerät.

Norbert steht drüben, er deutet irgendwohin, aber ich sehe weder Ben noch das Kanu, nur unsere Ballen, sich mit der Strömung verfächernd, von ihr hinaus in die Seemitte geschwemmt. Ich wate zu ihm hinüber; Ben hat das Kanu zwischen zwei Bäumen hochgezogen und umgedreht, wir sind nass bis auf die Knochen. Ph!, bläst Ben die Backen auf, ich kann nicht schwimmen. Er holt sich aus der Brusttasche seine Packung Zigaretten, aber die sind ebenfalls feucht.

Norbert macht nicht die geringste gereizte Bemerkung, dafür bin ich ihm dankbar. Steht auf, sagt er bloß, wir müssen nach unserem Gepäck sehen. Ich tauche den Grund in diesem braunen Wasser ab, ohne etwas zu sehen, bis ich vor Kälte zu zittern beginne und nur zufällig mit dem Fuß an Norberts Rucksack stoße. Wir breiten das Zeug darin zum Trocknen aus: einen Schlafsack, einen Regenschutz, Pullover, Hose, Necessaire. Sonst haben wir nur mehr, was wir am Leib tragen. Alles Essen, Kochzeug und Gewehr, Kamera, das GPS, die Zelte, selbst die Angelrute ging verloren. Schlimmer ist, dass es kein Mückenspray mehr gibt; so durchnässt und erschöpft, wie wir sind, merken wir nun erst, wie sie uns durch die klammen Kleider stechen. Wir kriegen ein Feuer an und setzen uns eine Zeit lang in den Rauch: entweder Husten oder Kratzen.

Lange halten wir weder das eine noch das andere aus. In dem, was sonst Nacht wäre, jetzt im Mittsommer aber taghell ist, paddeln wir wieder los. Von unserem Gepäck finden wir noch eine Angelschnur. Doch die Karten bleiben verschwunden. Um weiter nach Süden zu gelangen, müssen wir also jede Bucht ausfahren auf der Suche nach dem nächsten Übergang. Wir wechseln uns an den Paddeln ab; Ben fabriziert aus einem bunten Stück Plastik einen Blinker. Er redet den Fischen zu: Come, fishy, fishy! I can taste you, fishy, fishy ...! Wir fangen nichts.

Wir steigen auf einen Hügel und schauen: Das ist der Mäander des Flusses im Braun und Grün der Marsch, durchbrochen von den Pinselstrichen der Schwarzfichten, eine aus der Entfernung beinah bukolische Landschaft. Später ein versetzt in der Strömung treibendes Schwanenpärchen; sobald wir dem Männchen zu nahe kommen, gibt es einen Warnruf ab und flattert ungelenk mit seinen Flossen und Flügeln auf, um beim Weibchen mit einem Rauschen niederzugehen, das Bild einer in dieser Wildnis unmöglichen Schönheit.

Abends liegen wir vor dem Feuer, das wir mit den harzig aufflammenden Polstern der Schwarzbeeren füttern. Der Mond ist aufgegangen und steht ein paar Handbreit neben der Sonne. Ich habe euch für typische City-Slickers gehalten, sagt Ben trocken, aber ... Nur, was interessieren euch die Steine denn? Sie sind der Anfang von allem, will ich ansetzen und gerate ins Stocken. Neun Milliarden Jahre lang war da, wo wir jetzt liegen, Leere. Es gab zwar Sterne, an Materie jedoch war noch nicht mehr vorhanden als die Rußpartikel, die wir hier riechen. Bis dieser Ruß sich zu verdichten begann, vor viereinhalb Milliarden Jahren. Hätten wir noch eine Orange, sage ich des Beispiels halber, wäre sie die Sonne, die daraus entstand, und die Erde nicht größer als ein Sandkorn in zehn Schritt Entfernung. Mann, du klingst wie die vom Discovery Channel, meint Ben; ich war schon mit Typen vom MIT im Eis, und die waren auf der Suche nach Meteoriten, die so alt sind wie das Sonnensystem, älter also noch als eure Steine morgen. Aber das ist nur Schlacke, werfe ich ein. Als ob Steine was anderes wären. Ja – bloß dass es diese zehn Schritte sind, die sie zur Erde machen: Allein in dieser Entfernung bleibt Wasser, ohne das es kein Leben gäbe, auch flüssig. Fische gibt's deswegen aber noch lange keine, entgegnet Ben und lacht; aber red nur weiter.

Ich zähle an den Bedingungen des Lebens auf, was ich noch weiß. Wäre es nicht, bevor die Erde eine Kruste hatte, zur Kollision mit einem Planetoiden namens Theia gekommen, die den Mond entstehen ließ, gäbe es weder Tag noch Nacht, nur Monate von Licht und Dunkel. Erst dieser Einschlag beschleunigte die Erdrotation so weit, dass die Temperaturen keine extremen Ausmaße erreichten. Durch den Zusammenprall wuchs zudem die Erdmasse, sodass das Magnetfeld stark genug wurde, um die Sonnenwinde abzulenken, die sonst die Ozonschicht aufgelöst und alles Leben im Keim zerstört hätten. Hätten, hätten, wirft Ben ein; das denke ich mir auch jedes Mal, wenn ich hier an den Steinen rumklopfe, weil ich vielleicht eine Goldader finde. Wir starren ins Feuer. Und du, wendet Ben sich an Norbert, glaubst du an Gott? Norbert zuckt mit den Schultern und erwidert schließlich: Ob Steine oder Gott, es kommt aufs Gleiche raus; aber was ist mit dir, bist du gläubig? Ben hat nur auf diese Frage gewartet und sieht ihn spöttisch aus den Augenwinkeln an: Im Augenblick glaube ich lieber an eure nicht existierende Orange.

Wir nehmen den Fisch aus und braten ihn. Er schmeckt nach Gras

Steif vor Muskelkater, paddeln wir weiter, den Fluss entlang und zum nächsten See. Eine der hereinragenden Landzungen erweist sich endlich als die Spitze jener namenlosen Insel, die wir gesucht haben. Was vom Flugzeug aus metallisch geglänzt hat, ist eine kreisrunde Nissenhütte an einer Bucht, die an einem Hügelbuckel ausläuft. Über dem Eingang hängt eine Sperrholzplatte, auf die Wouter Bleeker „ACASTA CITY HALL – FOUNDED 4 BILLION YEARS AGO" geschrieben hat. Drinnen finden wir alles, was man nur brauchen kann, um hier den Sommer zu verbringen, sogar einen Grill, aber nichts zu essen, keine Angel, keine Dose, keinen einzigen Keks, vielleicht der Bären wegen. Von den Geologen keine Spur, was in der Luft nach Zelten aussah, sind leere Kerosinfässer. Wir sind allein.

Wir klettern im Geröll hinunter zur Wasserlinie und entdecken Bohrlöcher, Lunten und Sprengkapseln: Es ist der Felsbruch, dessen Gestein auf 4,03 Milliarden Jahre datiert wurde. Die scharfkantigen rauen Splitter und die Brocken, die sich nur zu zweit aufheben lassen, sind grau wie eine mit grobem Bleistift schraffierte Seite, von weißen Einsprengseln durchzogen, manchmal auch schmalen roten Adern und einem Strich tiefschwarzer Kristalle, die unter den Fingern brechen. Der Gneis selbst wirkt so unscheinbar, dass wir kaum einen zweiten Blick darauf geworfen hätten; eine Bedeutung verleiht ihm einzig, was wir wissen. Dennoch will ich aus dem Stein unwillkürlich mit dem Daumennagel etwas herauskratzen, ich kralle fast die Hand um ihn, dass wenigstens der Druck ihn in seiner Wirklichkeit bekräftigt.

Der Hunger gräbt tiefer. Wir paddeln das stehende Gewässer auf der Suche nach einem bisschen Strömung ab und fangen schließlich einen Weißfisch. Auf dem Rückweg zur Insel halten wir an einem vorgelagerten Felsrücken, auch er Stück um Stück von den Geologen freigelegt und mit nummerierten Steinchen versehen, von denen nicht zu sagen ist, was sie bedeuten; was zutage liegt, sind unzählige Striche, eine Partitur der Erde mit ihren von der Zeit gezogenen Linien, die leer bleiben, bis das Fiepen eines Strandläufers Noten darauf setzt, c, f und g, die im Blau des Himmels nachhallen.

Vor der Hütte spiele ich mit einem der Brocken und versuche, mir diese erste Erde vorzustellen, die weißglühende Fläche, die der See einmal war – zähflüssiges Magma, das beim Aushärten brodelnd Wasser ausscheidet, welches in die glasig erstarrten Klüfte des Basalts dringt, während zugleich der Dampf am Himmel als heißer Regen niedergeht: Nach 200 Millionen Jahren bereits gibt es einen Ozean. In ihm sinkt dieser Basalt wieder ab und tief in die Erde, um zu schmelzen, dadurch jedoch erneut hochzusteigen, zu Gneis nun geworden und leicht genug, um eine Insel im Meer zu bilden, an der sich weitere Gneisbögen anlagern, die nach und nach eine Landmasse formen, Hunderte von Kilometern breit. All dies zeigt die oberste Schicht dieses anthrazitfarbenen Steins, sie ist so rau und abgewittert, weil sie offen unter dem Himmel lag. Der erste Kontinent, unter einer braun durch schweflige Schwaden schimmernden Sonne; einem Mond, der dunkler, doch größer noch war, weil er der Erde näher lag; in einem Tag, der nur fünf Stunden dämmrige Helligkeit kannte und fünf Stunden Nacht.

Wir nehmen den Fisch aus und braten ihn; er schmeckt nach Gras und stillt den Hunger nicht einmal halb. Je tiefer die Sonne sinkt, desto klarer tritt der Umriss des Hügels hervor, die aufgewölbte Mitte eines Schildes. Die Klippe drüben, am anderen Ende dieser Niemandsbucht, leuchtet rötlich auf, Zeile um Zeile aus den Annalen der Erde, und es ist jetzt erst, dass der griechische Name stimmig wird für alles, was wandelbar ist, ständig im Fluss: a-casta. Doch die Sprache macht diesen Zeitraum nicht denkbar, sie kann ihn bestenfalls auf die Spanne eines einzigen Tages übertragen, um darin Kontinente und Meere in der ersten, das Leben in der vierten Stunde und uns in den letzten vier Sekunden entstehen zu lassen – doch auch diese vierundzwanzig Stunden verdanken wir dem Mond, seiner nun fahler werdenden Sichel, dessen Anziehungskraft die Erddrehung beständig bremste, bis der Tag sich längte zu diesem Kreisen der Sonne jetzt um den See.

Der Stein in meiner Hand war noch eine Weile Hitze und Druck ausgesetzt, der Granit und Gabbro in die kleinsten Risse presste, jene Kristalle, hellroten Streifen und milchigen Einsprengsel in seinem monochromen Grau; aber er ragte weiter knapp über einen Ozean, in dem bereits das Leben entstand. Das Massiv wurde vor drei Milliarden Jahren angehoben und zu Gebirgen aufgeworfen, die erodierten und sich am Meeresgrund ablagerten, aber es wuchs weiter und baute sich auf zu einem Urkontinent, der für Äonen bestand, bis Plattenbewegungen einsetzten und ihn schließlich zerrissen. Erst vor 1,8 Milliarden Jahren fügten sich seine Schollen wieder zu einer Landmasse zusammen, vor einer Milliarde erneut und vor 200 Millionen ein weiteres Mal – zu jenem Pangäa, von dem sich schließlich unsere Erdteile abspalteten, sodass Bruchstücke dieser ersten Erde heute in Montana und Wyoming liegen, im Enderby-Land der Antarktis, an der chinesisch-koreanischen Grenze, in Goa, rund um die grönländische Hauptstadt Nuuk und über Brasilien und ganz Afrika verstreut.

Es bleibt kaum Zeit, um wenigstens in die Nähe des Lake Crapaud zu gelangen, wo das Flugzeug uns abholen soll. Wir paddeln mit Blasen an den Händen, schlafen kaum, haben Hunger und erzählen uns Geschichten dagegen, bis uns keine mehr einfallen und wir wieder von vorne beginnen. Am liebsten mag ich die über Bens Vetter, der mit seiner ersten Snowmachine einen Mountie auf seiner Runde zu den Dörfern im Norden begleitete. In einem White-out blieb er in einer Schneewächte stecken, ohne es zu merken, er gab weiter Gas, bis der Polizist im Schlitten dahinter aufstand, zu ihm vorstapfte und Bens Vetter auf die Schulter klopfte, der vor Überraschung zusammenzuckte, als stände der Teufel neben ihm. In einem ähnlichen White-out gehen auch die nächsten Tage ineinander über, wir verlieren jedes Zeitgefühl.

Ein Bär schnüffelt an meinem Nacken. Sein Atem riecht faulig

Nach einem großen Sumpfgebiet geraten wir wieder zwischen die Hügel und schrecken einen Schwarzbären aus dem Unterholz. Selbst jetzt noch kann ich mich bloß an seinen großen dunklen Umriss erinnern; wir blickten ihm nicht in die Augen, traten vor ihm zurück und legten uns auf die Erde, sodass ich bloß die Sohlen von Norberts Bergschuhen vor mir sah, hörte, wie der Bär näher kam und an ihm herumschnüffelte, bis er zu mir trottete. Ich presste die Hände auf den Nacken, aber nicht, wie ich glaubte, weil er mich am Genick packen würde, sondern weil er mit der Schnauze versuchte, jeden von uns auf den Rücken zu drehen, während wir dagegen nur die Beine und Ellbogen auf den Boden stemmen konnten, seinen faulen Geruch in der Nase, seine feuchte Schnauze am Arm, eine Gewalt spürbar, der wir nichts entgegenzusetzen hatten. Das Blut schoss mir in den Bauch, ich vermochte keinen Gedanken zu fassen und war den-

noch wach und klar, lebendig wie nie, bis wir nichts mehr hörten und uns vorsichtig aufsetzten, zitternd bis in die Fingerspitzen.

Zum Lake Crapaud gelangten wir nie. An dem Samstag, an dem wir das Flugzeug gegen Mittag erwarteten, waren wir noch an die 70 Kilometer von ihm entfernt. Wir hatten unsere wenigen Sachen zur Markierung ausgebreitet und horchten auf das Dröhnen der Motoren, versuchten es aus dem Summen der Mücken um unsere Köpfe herauszuhören, aber jedes Mal war es falscher Alarm. Gegen Abend kam es unvermittelt von hinter dem Hügel und flog knapp über uns hinweg. Norbert schoss die bleistiftgroße Signalrakete ab, die wir in der Hütte der Geologen gefunden hatten, doch das rote Magnesiumlicht hob sich kaum vom Himmel ab. Wir winkten vergeblich, und das Wasserflugzeug verschwand wieder hinter den Wipfeln am anderen Ufer.

Als es auch nach einer Stunde nicht zurückkehrte, zuckte Ben mit den Schultern. Müssen wir also zu Fuß zurück nach Yellowknife, meinte er stoisch; in wenigen Wochen kommt der Schnee – das heißt, wir brauchen genügend zu essen, Wintersachen und einen Schlafsack: Das macht drei Karibufelle für jeden von uns als Kleidung und noch mal sechs, um uns einen Schlafsack zu nähen; sie zu erlegen ist nicht schwer, die Herden laufen fast blind an einem vorbei. Was er da sagte, schien völlig normal – und wäre es vielleicht auch geworden, wenn uns das Flugzeug am nächsten Vormittag nicht doch noch gesichtet hätte. Begrüßung gab es kaum eine, die Piloten waren missgestimmt, weil sie nicht wussten, ob sie auch zu ihrem Geld kommen würden.

Aus: DIE ZEIT, Nr. 10, 3. März 2005. Raoul Schrott ist Schriftsteller und lebt in Irland.

Schalen-/Krustenmodell der Erde

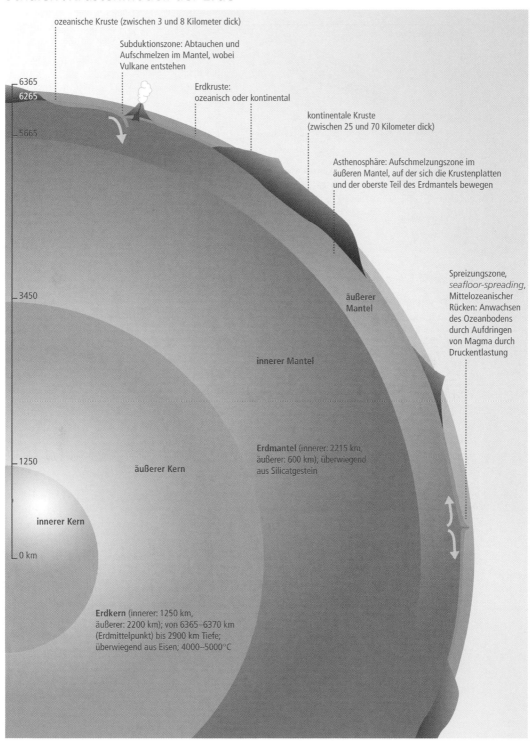

ozeanische Kruste (zwischen 3 und 8 Kilometer dick)

Subduktionszone: Abtauchen und
Aufschmelzen im Mantel, wobei
Vulkane entstehen

Erdkruste:
ozeanisch oder kontinental

kontinentale Kruste
(zwischen 25 und 70 Kilometer dick)

Asthenosphäre: Aufschmelzungszone im
äußeren Mantel, auf der sich die Krustenplatten
und der oberste Teil des Erdmantels bewegen

Spreizungszone,
seafloor-spreading,
Mittelozeanischer
Rücken: Anwachsen
des Ozeanbodens
durch Aufdringen
von Magma durch
Druckentlastung

6365
6265
5665
3450
1250
0 km

äußerer
Mantel

innerer Mantel

äußerer Kern

innerer Kern

Erdmantel (innerer: 2215 km,
äußerer: 600 km); überwiegend
aus Silicatgestein

Erdkern (innerer: 1250 km,
äußerer: 2200 km); von 6365–6370 km
(Erdmittelpunkt) bis 2900 km Tiefe;
überwiegend aus Eisen; 4000–5000°C

Plattentektonik / Erdbeben und Vulkanismus

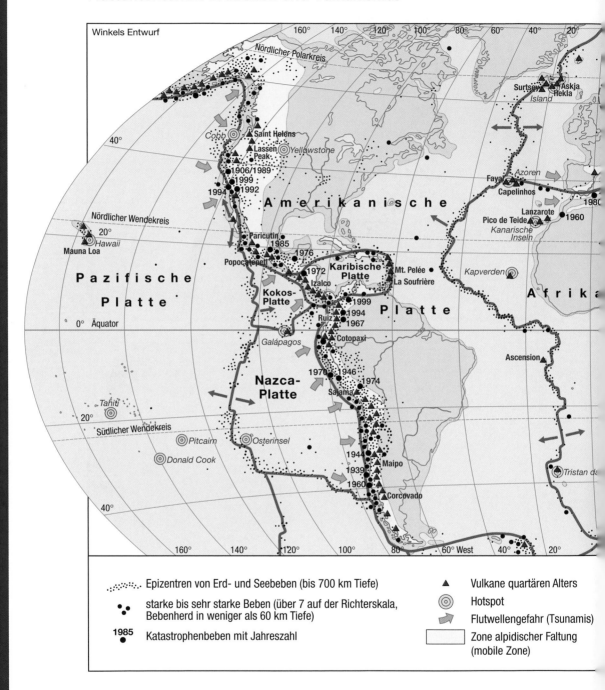

Legend:

- ⋰⋱ Epizentren von Erd- und Seebeben (bis 700 km Tiefe)
- • starke bis sehr starke Beben (über 7 auf der Richterskala, Bebenherd in weniger als 60 km Tiefe)
- **1985** • Katastrophenbeben mit Jahreszahl
- ▲ Vulkane quartären Alters
- ◎ Hotspot
- ⇗ Flutwellengefahr (Tsunamis)
- ▭ Zone alpidischer Faltung (mobile Zone)

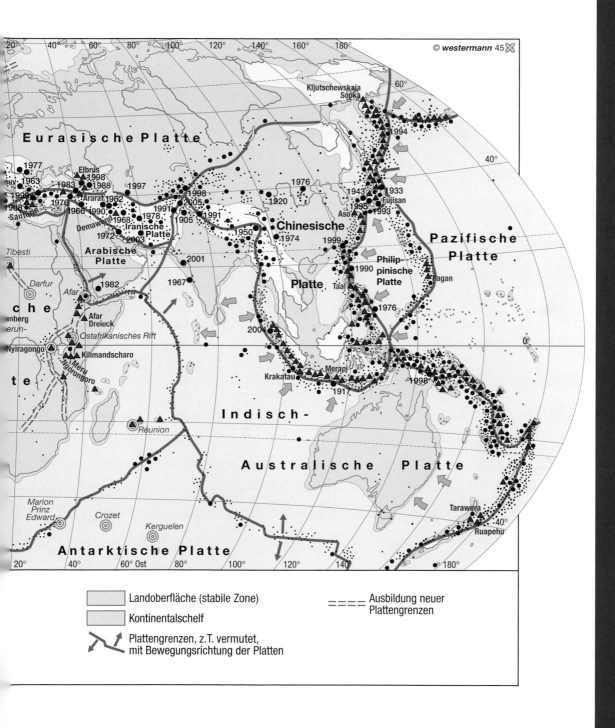

© *westermann* 45

Eurasische Platte

1977
Elbrus 1998
1983 1988
1963
1999 1997
1968 1976 1962
Santorin 1966 1990 Ararat
DemaWend 1968 1978
1972 2003 Iranische Platte
Arabische Platte

Tibesti
Darfur
Afar 1982
Afar Dreieck
Ostafrikanisches Rift
Nyiragongo Kilimandscharo
Meru
Ngorongoro

che
nberg
erun-

te

Reunion

Marion
Prinz
Edward
Crozet
Kerguelen

Antarktische Platte

Kljutschewskaja Sopka

1994

1976
1943 1933
1920 Fujisan
Aso 1995
1999 1993

Chinesische Platte
1974
1950
1999
1990
Philip-
pinische
Platte
Taal

1976

Jagan

Pazifische Platte

2001
1967
2004
Krakatau Merapi
1917
1998

Indisch-

Australische Platte

Tarawera
Ruapehu

Platte

20° 40° 60° 80° 100° 120° 140° 160° 180°
60°
40°
0°
40°

20° 40° 60° Ost 80° 100° 120° 140° 180°

Landoberfläche (stabile Zone)

Kontinentalschelf

Plattengrenzen, z.T. vermutet,
mit Bewegungsrichtung der Platten

==== Ausbildung neuer
Plattengrenzen

Geologische Zeitskala

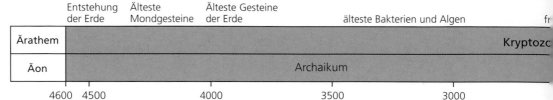

heftiger Meteoritenhagel

Entstehung des Lebens

Entstehung der Erde	Älteste Mondgesteine	Älteste Gesteine der Erde	älteste Bakterien und Algen	fr

Ärathem	Kryptozo
Äon	Archaikum

4600 4500 4000 3500 3000

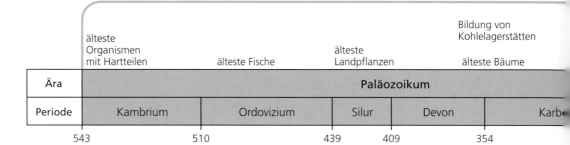

	Bildung von Kohlelagerstätten
älteste Organismen mit Hartteilen	älteste Fische	älteste Landpflanzen	älteste Bäume

Ära	Paläozoikum
Periode	Kambrium	Ordovizium	Silur	Devon	Karb

543 510 439 409 354

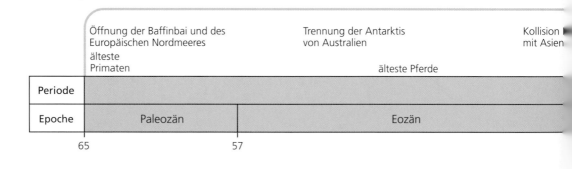

Öffnung der Baffinbai und des Europäischen Nordmeeres — Trennung der Antarktis von Australien — Kollision mit Asien

älteste Primaten

älteste Pferde

Periode	
Epoche	Paleozän	Eozän

65 57

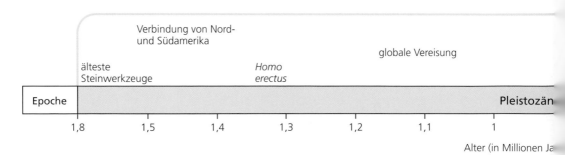

Verbindung von Nord- und Südamerika

globale Vereisung

älteste Steinwerkzeuge

Homo erectus

Epoche	Pleistozän

1,8 1,5 1,4 1,3 1,2 1,1 1

Alter (in Millionen Ja

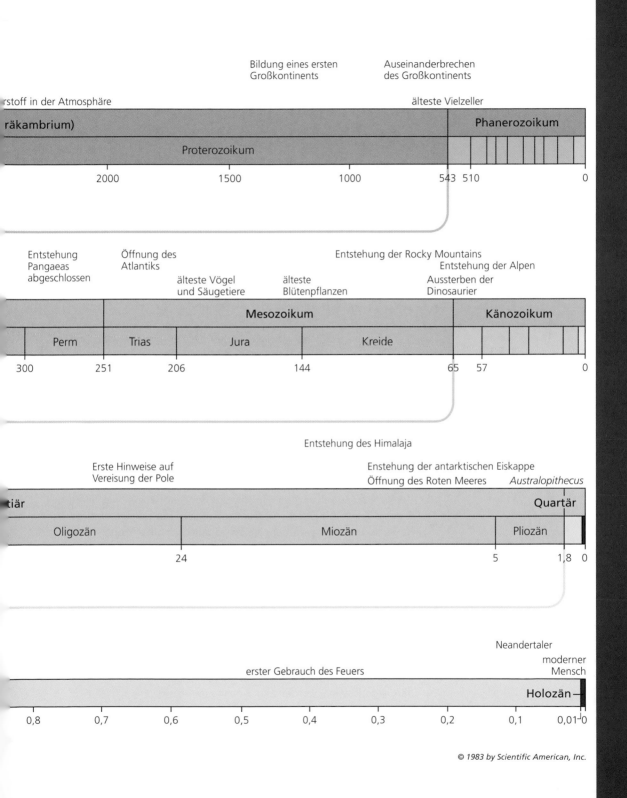

Bildung eines ersten
Großkontinents

Auseinanderbrechen
des Großkontinents

rstoff in der Atmosphäre

älteste Vielzeller

räkambrium)

Phanerozoikum

Proterozoikum

| 2000 | 1500 | 1000 | 543 510 | 0 |

Entstehung
Pangaeas
abgeschlossen

Öffnung des
Atlantiks

älteste Vögel
und Säugetiere

älteste
Blütenpflanzen

Entstehung der Rocky Mountains
Entstehung der Alpen
Aussterben der
Dinosaurier

Mesozoikum

Känozoikum

| Perm | Trias | Jura | Kreide | |
| 300 | 251 | 206 | 144 | 65 57 | 0 |

Entstehung des Himalaja

Erste Hinweise auf
Vereisung der Pole

Enstehung der antarktischen Eiskappe
Öffnung des Roten Meeres   *Australopithecus*

tiär

Quartär

Oligozän

Miozän

Pliozän

| 24 | 5 | 1,8 0 |

Neandertaler

moderner
Mensch

erster Gebrauch des Feuers

Holozän

| 0,8 | 0,7 | 0,6 | 0,5 | 0,4 | 0,3 | 0,2 | 0,1 | 0,01 0 |

11

Die meisten Geologen haben ein Lieblingsgestein. „Meines ist Sandstein", bekannte **Raymond Siever**. Der 2004 verstorbene Professor für Geologie an der Harvard University war einer der führenden Experten für Sand und Sandstein weltweit: „Etwas über Sand zu lernen bedeutet, etwas über Gebirge, Flüsse, Wüsten, Gletscher und Meeresböden zu erfahren", begründete Siever seine Leidenschaft. „Dieselben geologischen Prozesse, die Sandkörner bilden, geben auch der Landoberfläche ihre vertrauten Formen."

Der langjährige Direktor des Department of Geological Sciences konnte im Sand lesen. Nicht nur die chemische Zusammensetzung, auch die Form kündet von der Geschichte des Sandkorns. Gerundete Körner hat mit großer Wahrscheinlichkeit das Wasser ihrer Kanten beraubt, matt geschliffene hat vermutlich der Wind verwirbelt.

Aufschlussreicher noch als die einzelnen Körner kann Sandstein sein. Schicht für Schicht ist er als Sedimentgestein entstanden. „Sandsteine dokumentieren als Zeugen der Vergangenheit große Abschnitte der Geschichte unseres Planeten", schreibt Raymond Siever. In diesen Büchern der Erdgeschichte konnte kein anderer so lesen wie er.

Dabei hatte der 1923 geborene Amerikaner zunächst ganz anderes im Kopf. Er studierte einige Jahre am American Conservatory of Music in Chicago. Zeitlebens blieb er leidenschaftlich aktiver Musiker. Doch als berufliche Leidenschaft siegte schließlich doch die Geologie.

Im Vorwort zu seinem Buch *Sand* wagt der Autor einen Blick in die ferne Zukunft des Planeten: Er wird abkühlen, seine steinerne Kruste steifer und dicker werden, die Bewegung der Erdplatten wird erlahmen. „Die einst dynamische Erde wird ächzend zum Stillstand kommen und in dem dann erreichten Zustand quasi einfrieren." Der Wandel ist dann jedoch nicht vorüber. Nur die Kräfte sind andere.

Es ist nicht mehr die gewaltige Hitze des Erdinneren, es sind scheinbar sanftere Mächte, die den Planeten formen: Erosion und Sedimentation. Sie werden alle Gebirge abschleifen und was einst Bergmassiv war, in Form von Sand in die Meere spülen: Irgendwann werden die Kontinente nur noch wenige Meter über dem Meeresspiegel liegen. Dann hört auch die Sandbildung auf. Der Rest – schreibt Raymond Siever – ist Science Fiction.

Raymond Siever

Sand – ein Archiv der Erdgeschichte

Von Raymond Siever

Eine Welt in einem Sandkorn zu erblicken
Und einen Himmel in einer wilden Blume
Heißt Unendlichkeit in einer Hand zu halten
Und die Ewigkeit in einer Stunde einzuschließen

William Blake (1757–1827)

Die meisten Geologen haben ein Lieblingsgestein. Meines ist Sandstein. Es mag schönere, farbigere oder interessanter strukturierte Gesteine geben, aber irgendwie übt Sand auf mich einen besonderen Reiz aus. Doch auch wenn man von meiner persönlichen Vorliebe absieht, gibt es noch genügend Gründe, einen Beitrag wie diesen für eine breite Leserschaft zu schreiben. Sand und Sandstein enthalten mehr Information als jedes andere Sediment, und mithilfe einfacher physikalischer und chemischer Methoden können wir uns diese Wissensquelle zugänglich machen. Ob wir nun etwas über die geologischen Vorgänge erfahren wollen, die die Gestalt der Erdoberfläche prägen, oder ob es darum geht, die geologischen Verhältnisse zu rekonstruieren, die zur Zeit der Ablagerung eines Sandes herrschten – jedes Mal helfen uns Untersuchungen an Sandsteinen weiter. Sie machen sich darüber hinaus auch wirtschaftlich bezahlt, sind doch die größten Erdöl- und Erdgasvorkommen der Erde in Sandsteinen zu finden.

Warum aber sollte sich der „normale" Leser mit Sand beschäftigen? Zum einen offenbaren uns Sande eine ganze Menge über die Geologie der Erdoberfläche, also jener dünnen Schicht zwischen fester Erde und gasförmiger Atmosphäre, auf der wir unser Leben verbringen. Etwas über Sand zu lernen bedeutet, etwas über Gebirge, Flüsse, Wüsten, Gletscher und Meeresböden zu erfahren. Dieselben geologischen Prozesse, die Sandkörner bilden, transportieren und ablagern, geben auch der Landoberfläche ihre vertrauten Formen. Das, was wir als Landschaft bezeichnen, ist die komplexe Gesamtheit all jener Formen, die Gesteine aus dem Erdinneren angenommen haben, als sie an der Erdoberfläche den Kräften der Atmosphäre ausgesetzt wurden – dem Wind, dem Wasser und dem Eis. Sand zeugt von all den rasch oder langsam ablaufenden Bewegungen dieser Gesteine und ihrer Bestandteile sowie den unterschiedlichen Strömungen, welche unsere Umwelt unablässig gestalten und verändern.

Zum zweiten dokumentieren Sandsteine als Zeugen der Vergangenheit große Abschnitte der Geschichte unseres Planeten. Bestimmte Merkmale von Sandsteinen können uns helfen, die Paläogeographie

Name der Größenklasse	Durchmessergrenzen
	2,0 mm
sehr grober Sand	
	1,0 mm
grober Sand	
	0,5 mm
Mittelsand	
	0,25 mm
Feinsand	
	0,10 mm
sehr feiner Sand	
	0,05 mm
Schluff (Silt)	
	0,002 mm
nichtkolloidaler Ton	(2 Mikron)
kolloidaler Ton	2 bis 0,01 Mikron
	unter 0,01 Mikron

Korngrößen von Sedimentpartikeln.

Was ist eigentlich ...

Sandstein, klastisches Sedimentgestein, bestehend aus Material der Korngrößen zwischen 0,063 und 2,0 mm Durchmesser, normalerweise Quarz, Feldspäte und Gesteinsbruchstücke, verkittet durch Zemente aus Quarz, Carbonat- oder anderen Mineralien oder durch eine Matrix aus Ton.

Der Ayers Rock in Australien ist ein Sandsteinmonolith. Sandstein gehört zu den klastischen Sedimentgesteinen.

Was ist eigentlich ...

Paläogeographie, Rekonstruktion des Erdbildes vergangener Zeitalter vorwiegend mit den Erkenntnissen der Historischen Geologie; erster Gebrauch als „geologische Paläo-Geographie" 1875 durch den Geologen Ami Boué (1794–1881). Hauptquellen sind Gesteine und Fossilien, die eine Fülle von Ansatzpunkten über die früheren Umweltbedingungen liefern. Alle Rekonstruktionen sind ausnahmslos auf Zeugnisse begründet, deren zeitliche Stellung exakt gesichert ist. – Die Paläogeographie i. e. S. befasst sich mit der Geographie der Vorzeit und liefert paläogeographische Karten zur Verteilung von Land und Meer, zur Morphologie der Ozeanbecken sowie zur Gliederung der Kontinente. Die Paläobiogeographie behandelt die Lebensbereiche fossiler Organismen. Die Paläoklimatologie widmet sich der Rekonstruktion der vorzeitlichen Klimaverhältnisse. Besondere Bedeutung hat die Paläomagnetik erhalten, die neben Aussagen über Paläopol-Lagen und -Wanderungen wichtige Nachweise für die Verdriftung der Kontinente im Sinne der Plattentektonik liefert.

einstiger Gebirge und Ozeane zu entwickeln und die sich wandelnde Lage und Gestalt der Kontinente in einem plattentektonischen Rahmen zu rekonstruieren. Auf diese Weise bekommen wir nicht zuletzt ein Bild von den unterschiedlichen Umweltbedingungen, unter denen sich das Leben auf der Erde entwickelt hat. Geologen sagen oft, die Gegenwart stelle den Schlüssel zur Vergangenheit dar. Mit gleichem Recht kann man die Gegenwart als das Produkt der Vergangenheit betrachten, denn schließlich können wir die heutige Morphologie der Berge von Pennsylvania nicht verstehen, ohne etwas über deren lange und wechselhafte Geschichte zu wissen.

Dorf in den Sanddünen von Erg Chebbi, Marokko.

Der Wunsch, mehr über Sand zu erfahren, kann auf einem Strandspaziergang geweckt werden oder auch, wenn wir die riesigen Sanddünen einer Wüste sehen oder durch die Sandsteinwelt der Nationalparks im Südwesten der USA fahren.

Ich habe mich mit dem Thema nicht zuletzt für all jene Freunde eingehend auseinandergesetzt, die mir immer wieder Fragen über Sand gestellt haben, und vielleicht haben auch Sie sich dann und wann über jenen Stoff Gedanken gemacht, der durch unsere Hände rieselt und der in so vielen Sprachbildern auftaucht – vom Sandmännchen, das den Kindern den Schlaf in die Augen streut, bis zu der Zeit, die wie in einer Sanduhr unaufhaltsam verrinnt.

Sandsteine im Wandel der Erdzeiten

Die Geologen haben sich heute mit zwei verschiedenen erdgeschichtlichen Modellen auseinanderzusetzen: Der vorherrschenden „uniformitarianistischen" Betrachtungsweise zufolge waren in früheren Zeiten im Wesentlichen dieselben geologischen Prozesse am Werk, wie wir sie auch heute beobachten können (Aktualitätsprinzip). Das weniger verbreitete Modell erkennt diese Prämisse zwar grundsätzlich an, räumt jedoch ein, dass sich die geologischen Veränderungen im Laufe der Erdgeschichte mit sehr unterschiedlichen Geschwindigkeiten abgespielt haben können und dass sich Zustände und Prozesse – einschließlich des Lebens – auf einem Planeten entwickelt haben, der mehrere Reifungsstadien durchlaufen hat. Insbesondere während der ganz frühen Phasen mag die Dynamik der Sandentstehung und -erhaltung Ergebnisse und Produkte hervorgebracht haben, die sich von den heutigen gravierend unterscheiden.

Was ist eigentlich ...

Aktualitätsprinzip, Aktualismus, wichtigste Grundlage zur Interpretation aller geologischen Geschehnisse. Die Theorie des Aktualismus geht von der stetigen Gültigkeit der physikalischen, chemischen und biologischen Gesetze aus und folgert, dass die geologischen Prozesse der Vergangenheit in vergleichbarer Weise wie heute abgelaufen sind. Als Begründer des Aktualismus gilt der schottische Geologe Charles Lyell (1797–1875), der als erster die Beobachtung der heutigen geologischen Vorgänge als einzige Erfahrungsquelle für die Vergangenheit ansah. Die aktualistische Betrachtungsweise hat sich für die Deutung vieler, aber nicht aller geologischer Erscheinungen bewährt.

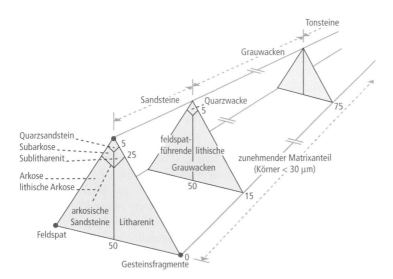

Klassifikation der Sandsteine. Aus diesen ergibt sich eine Unterteilung in Arkosen, Litharenite, Quarzsandsteine und Grauwacken, je nach Matrixanteil und Anteil an Quarz, Feldspat und Gesteinsfragmenten.

Was ist eigentlich ...

Klassifikation der Gesteine, Einteilung der Gesteine nach der Art ihrer Entstehung in drei Hauptgruppen: a) magmatische Gesteine (Magmatite oder Erstarrungsgesteine): durch Abkühlung und Erstarrung meist silicatischer Schmelzen (Magma) in der Erdkruste (Plutonite) oder an der Erdoberfläche (Vulkanite) gebildet; b) Sedimentärgesteine (Sedimentite, Sedimente): durch Ablagerung oder Ausscheidung von Material gebildet, das durch Zerstörung (meist durch Verwitterung) von Gesteinen jeglicher Art und Herkunft oder durch organische Prozesse entstanden ist; c) metamorphe Gesteine (Metamorphite): gebildet durch Umwandlung von Gesteinen jeglicher Art unter physikalischen und chemischen Bedingungen, die von deren ursprünglichen Entstehungsbedingungen verschieden sind, zu erheblichen Veränderungen im Mineralbestand und/oder Gefüge führen und weitestgehend im festen Zustand ablaufen (Metamorphose). Einige Gesteinstypen wie die Migmatite und die Pyroklastite können keiner der Hauptgruppen eindeutig zugeordnet werden, auch ist die Abgrenzung zwischen der Diagenese sedimentärer Gesteine und der Metamorphose nicht exakt definiert.

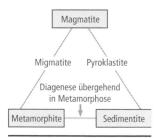

Das geologische Archiv, das die irdischen Gesteine darstellen, kann uns lediglich über die letzten 80 Prozent der Erdgeschichte Aufschluss geben. Ein Bild von der ersten Jahrmilliarde der geologischen Zeitrechnung erhalten wir nur durch Berechnungen, die auf einer uns plausibel erscheinenden Theorie über die Entstehung des Sonnensystems und der Planeten aufbauen. Eine Vorstellung von der zweiten Jahrmilliarde ist schon leichter zu bekommen, denn an einigen Stellen auf der Erde sind Sedimentgesteine und metamorphe Gesteine sedimentären Ursprungs aus dieser Frühphase der Erdgeschichte erhalten geblieben. Magmatische Gesteine ergänzen unser Bild vom Zustand der frühesten Kontinente und Meere sowie von der Dynamik von Erdkruste und Erdmantel, die letzten Endes alle geologischen Prozesse an der Erdoberfläche bestimmt. Ab der dritten Jahrmilliarde lassen sich die geologischen Verhältnisse bereits weitgehend rekonstruieren, wenngleich sichere Aussagen noch immer dadurch erschwert sind, dass Fossilien von Schalentieren fehlen. Nur aus den letzten 600 Millionen Jahren – dem Phanerozoikum (quasi dem „belegten" Teil der Erdgeschichte) – sind genügend Zeugnisse in Form von Gesteinen und Fossilien erhalten, um verlässliche geologische Rekonstruktionen zu erlauben. Doch selbst innerhalb des Phanerozoikums konzentriert sich unser Wissen vor allem auf die letzten 100 Millionen Jahre.

Eine der vielen Fragen, die die Geologen in diesem Zusammenhang beschäftigen, ist, wie sich in jenen frühen Zeiten die Abtragung der Landoberfläche abspielte und auf welche Weise Sand gebildet wurde. Wie wir wissen, können Organismen – von einfachen Bakterien über Pilze bis hin zu höheren Blütenpflanzen – die chemische Verwitterung von Gestein stark beeinflussen. Wie verwitterte nun ein Granit, bevor sich die ersten Gefäßpflanzen – Pflanzen mit einer zellulären Differenzierung und einem Gefäßsystem zum Transport von Flüssigkeiten – entwickelt hatten? Ehe Bäume, Sträucher und bodendeckende Gewächse im mittleren Paläozoikum, vor etwa 400 Millionen Jahren, allmählich die Landoberfläche eroberten, lebten dort allein Bakterien, Algen und Pilze. Waren bei der Entstehung von Sand durch die Verwitterung magmatischer Gesteine vor dem Auftreten der grünen Pflanzen dieselben chemischen Mechanismen beteiligt wie danach? Und wie sah die Landoberfläche noch viel früher – vor den ersten Einzellern – aus?

Da unser Wissen, das wir über jene Zeit haben, bei weitem nicht ausreicht, um solche Fragen beantworten zu können, sind die Geologen darauf angewiesen, ihre hypothetischen Aussagen über die Vergangenheit im Lichte der heutigen Verhältnisse zu betrachten. Die geologischen Konsequenzen einer sauerstofflosen Atmosphäre, wie sie während der frühesten Phase der Erdgeschichte herrschte, kann man beispielsweise durch folgendes beliebte Gedankenexperiment erschließen: Was geschähe mit dem System Erde, wenn auf magische Weise der gesamte gegenwärtig in der Atmosphäre enthaltene Sauerstoff plötzlich verschwände? In welcher Weise würden sich diese veränderten Bedingungen in den Gesteinen widerspiegeln? Ein Weg, um sich die mannigfaltigen Veränderungen, die unseren Planeten im Laufe seiner Geschichte geprägt haben, vor Augen zu führen, besteht darin, seinen Werdegang von Beginn an nachzuvollziehen.

Die Zeit vor der Gesteinsüberlieferung

Unser Ausgangspunkt soll jene Zeit sein, als die Erde, die durch die allmähliche Verdichtung von Trümmern innerhalb eines sich ordnenden Sonnensystems entstanden war, sich bereits zu einem kompakten Planeten mit fester Kruste entwickelt hatte. Die ersten Sande dieses von Meteoriten aller Größenordnungen bombardierten und von Kratern übersäten Planeten bestanden aus den unterschiedlich großen Gesteinsfragmenten, die durch die heftigen, explosionsartigen Einschläge hochgeschleudert wurden und wieder herabregneten. Denkt man an Bilder von Mond und Mars, so kann man sich die Erde als einen ähnlich gearteten Planeten vorstellen, der groß genug war, um eine Atmosphäre zu binden, und dessen öde Oberfläche windbewegte Sande bedeckten. Nachdem die Entgasung des Erdinneren enorme Mengen von Wasser freigesetzt hatte – dieses muss schon zu einem sehr frühen Zeitpunkt an der Erdoberfläche vorhanden gewesen sein –, begannen erstmals Niederschläge zu fallen und

Was ist eigentlich ...

Verwitterung von Gesteinen umfasst die Gesamtheit aller Reaktionen auf exogene (von außen zugeführte) Einwirkungen, also auf die an der Erdoberfläche oder dicht darunter herrschenden physikalischen, chemischen und biologischen Bedingungen. Diese äußern sich in einem fortschreitenden Zerfall des Gesteinsverbandes, durch Auflösung sowie Um- und/oder Neubildung von Mineralen. Durch die Gesteinsaufbereitung schafft Verwitterung die Voraussetzungen für Abtragung (Erosion) durch verschiedene Transportmechanismen (Eis, Wasser, Wind, Schwerkraft) und Bildung neuer Sedimente. Von entscheidendem Einfluss ist das Klima. In ariden (trockenen) und nivalen (von Schnee beeinflussten) Gebieten herrscht die physikalische (mechanische) Verwitterung vor, in humiden (feuchten) Gebieten dominiert hingegen die chemische Verwitterung. Die Verwitterung ist eng mit Prozessen der Bodenbildung verknüpft. Verwitterungsraten sind abhängig von den physikalischen und chemischen Eigenschaften des zu verwitternden Gesteins, Zeitdauer und Art der exogenen Einflüsse, Klima, Entwicklung der Böden und Art der Vegetation.

Zeit in Millionen Jahren vor der Gegenwart

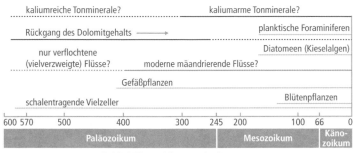

Zeit in Millionen Jahren vor der Gegenwart

Einige der wichtigsten geologischen und evolutionären Veränderungen, die die Bildung, den Transport sowie die Ablagerung von Sand während der gesamten Erdgeschichte (oben) beziehungsweise im Phanerozoikum, also während der letzten 600 Millionen Jahren (unten), beeinflusst haben.

Flüsse zu fließen. Die Sande wurden zu einem frühen Ozean transportiert, wo sie sich in Form von Stränden, Sandbänken und Ähnlichem ausbreiteten.

Wie sahen diese Strände wohl aus? Wenn wir heute von unseren Küsten jegliches pflanzliche und tierische Leben verbannen würden, so bliebe der Strand selbst praktisch unverändert – natürlich abgesehen davon, dass Muscheln sowie an Land geworfene Meerestiere und -pflanzen fehlen würden. Mithilfe dieses Gedankenexperiments können wir den Charakter des Strandmilieus vor mehr als vier Milliarden Jahren rekonstruieren. Im Watt jenseits des Strandes träfe man keine sulfatreduzierenden Bakterien an, die Schwefelwasserstoff und schwarzes Eisensulfid produzieren würden. Rotbraune Eisenoxide fände man allerdings ebenfalls kaum – weil noch keine Pflanzen existierten und somit kein photosynthetisch gebildeter Sauerstoff vorhanden war. Die Atmosphäre enthielte wohl vor allem Kohlendioxid und Stickoxide sowie geringe Mengen reduzierter Gase. Die grauen Sandkörner am Strand wären aber auch schon damals von den Brandungswellen hin und her gespült, durch küstenparallele Strömungen verdriftet und hinter dem Strand zu Dünen aufgehäuft worden.

Ohne die Befestigung durch Landpflanzen hätten diese Dünen jedoch eine weitaus größere Ausdehnung gehabt als die heutigen, und gewiss waren windbewegte Sande und Stäube in jenen Zeiten sehr viel weiter verbreitet. Selbst in gemäßigten Gebieten – wenn wir einmal davon ausgehen, dass Klimazonen in der uns vertrauten Form existierten – hätte es ständig wirbelnde Staubwolken und Sandstürme gegeben, da die Winde sehr leicht Partikel aufnehmen konnten, die nach dem letzten Regen rasch getrocknet waren. Die trostlose Landoberfläche wäre von Erosion und dem Transport von Gesteinsschutt beherrscht worden; keine Pflanzenwurzeln hätten den Boden festgehalten, keine Farben das graue, verwitterte Gestein belebt.

Wenn unsere Schlüsse über den Ursprung der Erde und ihrer Atmosphäre sowie über die Struktur ihrer frühen Kruste richtig sind, dann muss letztere größtenteils magmatischer Natur gewesen sein. Möglicherweise bestand sie weitgehend aus Eruptivgesteinen, denn in geringer Tiefe vorhandene Magmen hätten sicher recht schnell durch eine dünne, heiße Kruste an die Oberfläche vordringen und dort in Form von Lavaströmen und Aschefällen austreten können. Die dunklen Gesteine jener Zeit waren magnesium- und eisenreicher als die häufigen helleren, quarzreichen Granitgesteine aus den jüngeren Stadien der Kontinententwicklung. Die dunkleren Minerale und Gesteine – Pyroxene und Amphibole – sind in einer sauerstoffreichen Atmosphäre chemisch deutlich instabiler und verwitterungsanfälliger als die helleren Feldspäte. In der frühen sauerstofflosen Atmosphäre der Erde müssen die Stabilitätsunterschiede geringer gewesen sein: Zu jener Zeit waren nämlich alle diese magmatischen Minerale dem

Was ist eigentlich ...

Erosion, 1) i. e. S. Oberbegriff für die Abtragungsprozesse, bei denen Material durch die natürlichen Medien Wasser, Eis, Wind verlagert wird (fluviale Erosion, glaziale Erosion, Winderosion, marine Erosion).
2) i. w. S. Oberbegriff für alle zur Abtragung der Erdoberfläche beitragenden Vorgänge, die Boden- und Gesteinsmaterial aus ihrem Verband lockern, lösen und verlagern (inklusive Verwitterung und Massenbewegungen).

magmatische Gesteine	Sedimentgesteine	metamorphe Gesteine
Quarz*	Quarz*	Quarz*
Feldspat*	Tonminerale*	Feldspat*
Glimmer*	Feldspat*	Glimmer*
Pyroxen*	Calcit	Granat*
Amphibol*	Dolomit	Pyroxen*
Olivin*	Gips*	Staurolith*
–	Steinsalz	Disthen*

Silicate sind durch Sternchen (*) gekennzeichnet.

Einige häufige Minerale in Magmatiten, Sedimentgesteinen und Metamorphiten.

reichlich vorhandenen Kohlendioxid ausgesetzt, das die chemische Verwitterung beschleunigt. Wägt man den Einfluss des verwitterungsbeschleunigenden Kohlendioxids gegen die erniedrigte Verwitterungsintensität infolge des Fehlens von Sauerstoff und Organismen ab, so kann man den Schluss ziehen, dass Verwitterung und Erosion damals in gebirgigen Regionen rascher abliefen als heute, die Verwitterung in Tiefländern – die so deutlich von der Vegetation beeinflusst wird – dagegen weniger stark ausgeprägt war. Das Verhältnis zwischen mechanischer und chemischer Verwitterung dürfte im Großen und Ganzen etwa dem heutigen entsprochen haben.

Kehren wir zu unserem Strand von vorhin zurück: Wir können uns die Bildung von vulkanischen Sanden – wie man sie in ähnlicher Form auch an den schwarzen Stränden Hawaiis und anderer Vulkaninseln findet – als das Resultat vorwiegend physikalischer Kräfte vorstellen, die sich nicht wesentlich von den heute wirksamen unterschieden haben. Einen Aspekt dürfen wir jedoch nicht unberücksichtigt lassen: die möglicherweise ganz anders gearteten Gezeiten in jener frühen Phase der Erdgeschichte. Die verschiedenen Theorien über den Ursprung unseres Planeten beinhalten in der Regel auch Annahmen über die Herkunft seines Mondes. Nach der gegenwärtig anerkanntesten Theorie entstand der Mond durch einen Zusammenprall der Erde mit einem gewaltigen Planeten von der Größe des Mars; anderen Hypothesen zufolge könnte er auch aus der Planetenmasse der Erde herausgerissen oder aber als ursprünglich selbstständiger Himmelskörper durch ihr Gravitationsfeld eingefangen worden sein. Welche Erklärung man für das frühe System Erde-Mond auch bevorzugen mag, alle Modelle beinhalten, dass sich der Mond zu jener Zeit wesentlich näher an der Erde befunden haben muss als heute, und dies wiederum bedeutet sehr viel stärkere Gezeitenkräfte und Tidenhübe. Solche Tidenhubveränderungen hätten sich weniger im

Kreislauf der Gesteine

Die drei großen Gesteinsgruppen (Magmatite, Metamorphite und Sedimente) stehen in einem Kreislauf miteinander in Beziehung, in dem jedes Gestein durch fortwährende Prozesse aus dem anderen hervorgeht. Schon der bedeutende schottische Geologe James Hutton (1726–1797) hat in seinem Buch *Theory of the Earth* (1785) die Grundzüge dieses Phänomens beschrieben. Im ersten Teilkreislauf, der unter dem Einfluss exogener Kräfte steht, wird ein an der Erdoberfläche anstehendes beliebiges Gestein von der Verwitterung angegriffen und entweder chemisch gelöst oder physikalisch zerlegt. Das Wasser der Flüsse (bzw. Eis oder Wind) nimmt die Verwitterungsprodukte auf und verfrachtet sie zum Meer, wo die Wiederablagerung entweder als klastisches Sediment (Sand, Silt oder Ton) oder als Fällung aus der chemischen Lösungsfracht des Wassers (Carbonate, Evaporite) erfolgt. Mit zunehmender Überdeckung erfahren die Lockersedimente durch Diagenese eine allmähliche Verfestigung. Danach ergeben sich zwei Möglichkeiten: Entweder werden die Gesteine durch Hebung wieder an die Erdoberfläche gebracht, dann beginnt der Zyklus von vorn. Oder aber die Sedimente gelangen durch anhaltende Absenkung und Überdeckung in größere Tiefe. Damit geraten sie in den Wirkungsbereich der endogenen Kräfte und werden unter dem Einfluss von Druck und Temperatur einer Metamorphose unterzogen. Mit weiterer Erhitzung schmelzen die Gesteine und ein Magma entsteht, aus dem bei späterer Abkühlung die Magmatite auskristallisieren, entweder in größerer Tiefe als Plutonite (Tiefenmagmatite) oder nahe der Erdoberfläche als Vulkanite. Auch die Plutonite können durch endogene Kräfte wieder gehoben und an der Oberfläche exponiert werden. Damit geraten die Gesteine wieder in den Einflussbereich der exogenen Dynamik und der Zyklus von Verwitterung und Abtragung startet von neuem.

Der hier geschilderte Kreislauf ist eine Variante unter vielen, da einige der Schritte auch übersprungen werden können. Sämtliche Stadien (Verwitterung, Metamorphose und Aufschmelzung) sind letztlich Anpassungen an die physikalisch-chemischen Bedingungen der unterschiedlichen Bereiche der Erdkruste. Der Kreislauf der Gesteine wird vorwiegend durch die in der Plattentektonik wirksamen endogenen Kräfte in Bewegung gehalten. Mit dem Abtauchen der Platten zum Erdmantel schmelzen die Gesteine und es entstehen die Magmatite. Plattenkollisionen lassen die Gebirge aufsteigen und bedingen hohe Drucke und Temperaturen, die Metamorphosen im tiefen Untergrund zur Folge haben. Mit der Verwitterung und Abtragung der Gebirge wird neues Sedimentmaterial den vorgelagerten Meeresbecken zugeführt, deren Böden wiederum einer Absenkung unterliegen. Aus den unterschiedlichen Stadien, die in der Erdkruste weltweit zu beobachten sind, kann geschlossen werden, dass der Kreislauf der Gesteine permanent in der Erdgeschichte in Funktion war.

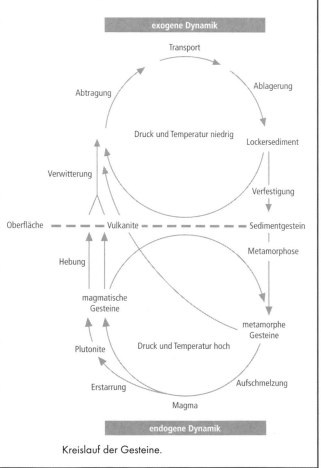

Kreislauf der Gesteine.

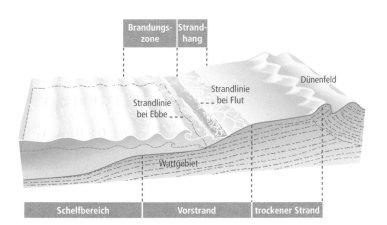

Profil durch einen Sandstrand
mit den wichtigsten Teilbereichen.

offenen Meer bemerkbar gemacht als vielmehr in den flachen Gewässern der Kontinentschelfe, insbesondere in den Wattenmeeren.

Eine letzte Schwierigkeit bei diesem Gedankenspiel besteht darin, überhaupt erst einmal die Existenz von Kontinentschelfen zu erschließen. Die heutigen ausgedehnten flachen Schelfe sind das Ergebnis eines strengen Gesetzen gehorchenden plattentektonischen Systems, das passive Kontinentränder entstehen lässt, wenn ein Kontinent entlang einem tektonischen Graben auseinanderbricht, der sich dann nach und nach zu einem Ozean erweitert. Man darf – zumindest mit gleicher Wahrscheinlichkeit – annehmen, dass die Plattentektonik während der frühen Phase der Erdgeschichte gar keine so beherrschende Rolle für die Dynamik der Erde gespielt hat und dass damals Aufwallungen in Bereichen verstärkter vulkanischer Aktivität Protokontinente entstehen ließen. Um solche Zentren hätten sich steil ins Meer abfallende Hänge gebildet, wie dies auch bei heutigen Vulkaninseln der Fall ist. Die tektonischen Schauplätze, die die Entstehung von breiten langen Stränden und ausgedehnten Wattflächen begünstigen, wären also zu jener Zeit noch gar nicht vorhanden gewesen. Bei unserem Strand hätte es sich folglich um einen typischen kleinen Vulkaninselstrand gehandelt, der immer wieder durch Lavaströme oder explosive Ausbrüche zerstört worden wäre, sich aber in ruhigeren Zeiten stets neu aufgebaut hätte.

Das Archaikum – die frühesten Zeugnisse

Bei dem eben durchgeführten Gedankenexperiment, das beispielhaft ein frühes Milieu beschrieb, habe ich nicht ganz mit offenen Karten gespielt, denn in Wirklichkeit wissen wir schon einiges über den älteren Teil des Präkambriums, das Archaikum, das die Zeitspanne von den frühesten Gesteinen – die man heute auf ein Alter von etwa

3,9 Milliarden Jahren datiert – bis vor 2,5 Milliarden Jahren umfasst. Die Gesteine des Archaikums spiegeln viele Aspekte jenes Zeitabschnitts wider; die bedeutendste Veränderung war zweifellos die Entstehung des Lebens. Aufgrund von Mikrofossilien wissen wir, dass die ersten einzelligen Lebewesen vor etwa 3,5 Milliarden Jahren auftraten, vielleicht auch deutlich früher. Nachdem sich Bakterien und Algen entwickelt hatten, begannen die verschiedenen Milieus der Erdoberfläche immer mehr den Charakter vergleichbarer heutiger Milieus anzunehmen. Dass Sedimente des Archaikums feinkörnigen Pyrit enthalten, weist darauf hin, dass zu jener Zeit sulfatreduzierende Bakterien existierten. Falls die Wattflächen damals genauso reich an Organismen waren wie heute, dann müssen auch deren Sande ganz ähnlich ausgesehen haben. Auch bodenbildende Bakterien lassen sich indirekt nachweisen, wenngleich man sich über ihre Effektivität – verglichen mit den Leistungen der zahllosen bodenerzeugenden Organismen unserer Zeit – nicht ganz im Klaren ist.

Aus den Sand- und anderen Sedimentgesteinen des Archaikums ist nicht erkennbar, dass sich das neu entstandene Leben in signifikanter Weise auf Verwitterung und Sandbildung ausgewirkt hätte. Die Sandsteine und vulkanischen Gesteine jener Zeit deuten auf relativ kleine Kontinente hin, denen ausgedehnte Schelfe fehlten und deren granitische Kerne noch recht klein waren. Den Großteil der Sedimentgesteine bildeten Vulkanite sowie Grauwackensandsteine – dunkle Gesteine mit großen Mengen von Feldspat und anderen Mineralen –, bei denen es sich oft um Turbidite handelte. Quarzreiche Sandsteine dieses Alters findet man dagegen nur in geringem Maße, wofür sich zwei mögliche Erklärungen anbieten: Entweder waren die entsprechenden Ausgangsgesteine generell quarzarm, oder es liefen

Was ist eigentlich ...

Turbidite, die wichtigsten und häufigsten Sedimente am Fuß der Kontinentalhänge der Tiefsee. Dort bedecken sie häufig große Areale. Sie kommen auch in Seen und Randmeeren vor.

Stromatolith aus dem Anti-Atlas (Südmarokko).

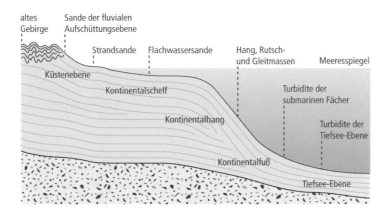

altes Gebirge

Sande der fluvialen Aufschüttungsebene

Strandsande

Flachwassersande

Hang, Rutsch- und Gleitmassen

Meeresspiegel

Küstenebene

Kontinentalschelf

Turbidite der submarinen Fächer

Kontinentalhang

Turbidite der Tiefsee-Ebene

Kontinentalfuß

Tiefsee-Ebene

Profil durch den passiven Kontinentalrand des Atlantiks vor den südlichen Neuengland-Staaten. Kontinentalränder passiven Typs bezeichnen mit der ozeanischen Kruste fest verbundene Kontinente, wie rings um den Atlantik.

damals noch nicht jene Verwitterungsprozesse ab, durch die sich Quarzsandsteine hätten bilden können. Für welche der beiden Alternativen wir uns zu entscheiden haben, ergibt sich aus den Zusammensetzungen der magmatischen Gesteine: Auch wenn sich hier und da quarzreiche Granite sowie andere quarzhaltige magmatische Gesteine finden lassen, bilden diese doch die Minderheit; stattdessen herrschten damals – sowohl auf den Kontinenten als auch am Meeresboden – quarzarme Gesteine wie Basalt vor. Wir können also den Schluss ziehen, dass für den geringen Anteil von Quarzsandsteinen aus dem Archaikum in erster Linie die Quarzarmut der Muttergesteine und nicht etwa besonders langsam ablaufende Verwitterungsprozesse verantwortlich waren.

Die Kontinentschelf- und Flachmeerbereiche besaßen während dieser Periode nur eine geringe Ausdehnung. Im Archaikum entstandene Kalkablagerungen belegen, dass der damalige Ozean bereits weitgehend mit Calciumcarbonat gesättigt war. Einige jener Kalksteine zeigen Strukturen, die für Stromatolithen charakteristisch sind – kuppenartige Gebilde aus geschichteten Matten koloniebildender Algen, in deren Fäden und schleimigen Oberflächen sich Kalkpartikel fingen. In Verbindung mit diesen Kalkablagerungen treten Sandsteine auf, die sämtliche Merkmale heutiger Flachwassersande aufweisen – bis auf eine Ausnahme: Sie enthalten keine Schalenreste von Meeresorganismen.

Das Proterozoikum – Aufbruch in die Moderne

Das Archaikum hat kein genau definiertes Ende. Der Beginn des folgenden Erdzeitalters, des Proterozoikums, vor 2,5 Milliarden Jahren ist eine mehr oder weniger willkürlich gesetzte zeitliche Grenze, die eine geologisch gesehen deutlich modernere Welt von der davor liegenden Urzeit trennt. Auf ausgedehnten Kontinenten finden sich nun große Massen von granitischen Gesteinen, und erstmals treten breite, stabile Kontinentschelfe – jene flachen, für passive Kontinentränder charakteristischen Sedimentaufschüttungen – in Erscheinung.

Paläomagnetische Messungen von scheinbaren Polwanderungen, das heißt, von Verlagerungen der magnetischen Pole bezüglich eines driftenden Kontinents, lassen vermuten, dass die Kontinente zu jener Zeit begannen, sich infolge von Plattenbewegungen zu verschieben. Im Rahmen der Erforschung einstiger Gebirge hat man sowohl Sedimentabfolgen als auch tektonische Deformationsstrukturen offengelegt, die in dieses plattentektonische Gesamtbild hineinpassen. Das ganze Spektrum von Sandsteinzusammensetzungen und -fazies sowie anderen Sedimentgesteinstypen – etwa Kalksteinen und Schiefern – zeigt sich nun annähernd in den heutigen Mengenverhältnissen. Und auch die Prozesse, durch die diese Sedimentarten gebildet wurden, scheinen sich nicht wesentlich von den heute wirksamen unterschieden zu haben. In den proterozoischen Gesteinen finden sich jetzt besser identifizierbare Fossilien von einzelligen Lebensformen, unter anderem von photosynthetisch aktiven Bakterien. Auch wenn die Atmosphäre damals noch recht wenig Sauerstoff enthielt, so sorgten diese photosynthetisch aktiven Organismen doch für einen ständig steigenden O_2-Gehalt, der schließlich irgendwann sein heutiges Niveau (von etwa 21 Prozent) erreichte.

Die Sedimentologen, die sich mit proterozoischen Schichtfolgen beschäftigen, stoßen immer wieder auf Systeme, die sich – abgesehen von den fehlenden Fossilien von Schalentieren – nur geringfügig von den heutigen unterscheiden. So häufen sich in der Literatur Beschreibungen von alluvialen (nach oben gradierten) Zyklen, von Flachsee- und Strandablagerungen, von Sanddünen sowie von Turbiditen, die im Proterozoikum entstanden sind. Das Spektrum der Sandsteinarten aus jener Zeit umfasst alle Mischungen der verschiedenen Typen von Ausgangsgesteinen und reicht von reinen Quarzsandsteinen bis zu stark feldspathaltigen Arkosen.

Gewisse Unterschiede treten dennoch zutage. Die qualitativ wie quantitativ auffälligste Gesteinsart des Präkambriums sind die gebänderten Eisenerze (nach dem englischen *banded iron formation* als BIF abgekürzt). Diese auch Itabirite genannten Gesteine, die man sowohl aus dem Archaikum als auch aus dem Proterozoikum kennt, die jedoch in späteren Epochen der Erdgeschichte nicht mehr auftreten, haben mehr als jede andere Gesteinsart zu den besonderen Theorien über geochemische Abläufe während des Präkambriums Anlass gegeben. Itabirite – die die größten Eisenerzreserven der Welt darstellen – haben ein charakteristisches Erscheinungsbild: Dünne, wechselgelagerte Schichten aus Quarz und fast reinem Hämatit, einem Eisenoxid, ergeben ein horizontal gestreiftes Gestein. Diese Bänder spiegeln entweder wechselnde Umweltbedingungen wider, unter de-

Etwa 8,5 Tonnen schwerer und 2,1 Milliarden Jahre alter Block mit Bändereisenerzen. Der Gesteinsblock wurde in Nordamerika gefunden und ist im Besitz des Staatlichen Museums für Mineralogie und Geologie Dresden.

nen jeweils abwechselnd Eisenoxid ausgefällt und reiner Quarz abgelagert wurde, oder aber sie zeugen von einer Art diagenetischer Entmischung durch einen chemischen Prozess, der die Bestandteile eines ursprünglich gemischten Gesteins trennte. Leider können wir nicht auf ein vergleichbares heutiges Bildungsmilieu zurückgreifen, um diese Frage zu klären, denn ein solches existiert nicht. Zwar kennt man kleinere Eisenerzablagerungen auch aus späteren Erdzeitaltern, aber diese sind völlig anderer Natur und werfen nur wenig Licht auf die gebänderten Eisenerze des Präkambriums. Einige Sandsteine, die in Verbindung mit Itabiriten vorkommen, lassen darauf schließen, dass diese auf flachen Schelfen entstanden sind, und neueren geochemischen Untersuchungen zufolge könnte ein Großteil des Eisens und des Quarzes der Bändererze von heißen Quellen auf beziehungsweise am Fuß solcher Schelfe geliefert worden sein. Der Oxidationsgrad innerhalb der Sedimentschichten spricht allgemein für einen geringen Sauerstoffgehalt; dies stellt jedoch kein Problem dar, da für die Bildung von Hämatit aus reduziertem Eisen bereits sehr niedrige Sauerstoffkonzentrationen ausreichen. Eine überzeugende Darstellung der Sedimentation der gebänderten Eisenerze, die für die charakteristischen mineralogischen und strukturellen Eigenschaften dieser Gesteine eine befriedigende Erklärung liefert, steht noch aus.

Ein weiteres ungewöhnliches Merkmal mancher proterozoischer Ablagerungen ist die Mächtigkeit, die viele Quarzsandsteinformationen aus jener Zeit erreichen: Sie sind in einigen Fällen mehrere Kilometer dick. Proterozoische Quarzsande findet man auf allen Kontinenten, in Nordamerika beispielsweise in den Uinta Mountains in Utah

Was ist eigentlich …

Quarzsandstein, Sandstein, dessen Komponenten zu mindestens 95 Prozent aus monokristallinen Quarzen bestehen. Die restlichen Bestandteile sind Kieselschieferfragmente, polykristalline Quarze und verschiedene Schwerminerale wie Zirkon, Rutil und Turmalin. Quarzsandsteine sind häufig weiß oder fahlgrau gefärbt. Die kompositionelle und texturelle Reife der Quarzsandsteine weist auf eine intensive Aufarbeitung und einen langen Transport hin. Charakteristisch sind Quarzsandsteine für flachmarine hochenergetische Ablagerungsräume sowie für äolische Sandmeere in Wüsten.

ebenso wie in den östlichen Teilen der kanadischen Provinzen Ontario und Quebec. Reine Quarzsandsteine treten auch in späteren Phasen der Erdgeschichte recht häufig auf, erreichen dann jedoch in der Regel nur Mächtigkeiten zwischen wenigen und etwa 100 Metern. Die großen Massen der proterozoischen Quarzsandsteine lassen auf eine zu jener Zeit besonders stark ausgeprägte chemische Verwitterung schließen, die sämtliche Feldspäte, Pyroxene und andere instabilen Minerale eliminierte. Auch die Tatsache, dass keine nennenswerten Mengen von Tonschiefern in diese Sandsteine eingelagert sind, deutet auf eine Umwelt hin, in der feinkörnige Partikel, also Schluffe und Schlämme, meist fortgetragen wurden. Die Schrägschichtung der Sandsteine legt eine Sedimentation im Flachwasserbereich nahe; hierzu steht allerdings eine endgültige Analyse noch aus. Die mächtigen Schichtfolgen reiner Quarzsandsteine zeugen von einem neuen erdgeschichtlichen Abschnitt, in dem große Massen quarzhaltiger Muttergesteine auf die kontinentalen Plattformen gelangt waren und sich die Geschwindigkeit der chemischen Verwitterung drastisch erhöht hatte – wozu die Besiedlung der Landoberfläche durch neu entwickelte Lebensformen ihren Teil beigetragen haben könnte. Die überaus mächtigen Flachsee-Ablagerungen sprechen dafür, dass die jungen Kontinentschelfe über lange Zeiträume hinweg geologisch stabil blieben.

Die proterozoischen Gesteine enthalten noch manch andere Besonderheiten, die zu dem Bild einer sich entwickelnden, zum Reifezustand des Phanerozoikums übergehenden Erde beitragen. Der für uns entscheidende Aspekt des Proterozoikums ist das Erscheinen neuer Lebensformen, die spezialisierte Zellen und die Fähigkeit zur Photosynthese hervorbrachten und aus denen sich schließlich – kurz vor dem Beginn des Phanerozoikums – die ersten Metazoen (vielzellige Tiere, die echte Gewebe und Organe bilden) entwickelten. Diese frühen tierischen Organismen waren der Ausgangspunkt für die Evolution der schalentragenden Lebewesen – der Trilobiten, Korallen, Mollusken und all der anderen Formen, deren Fossilien für die Datierung der späteren Epochen der Erdgeschichte so wichtig sind.

Das Phanerozoikum – Reife und Krisen

Zu Beginn des Kambriums, vor 570 Millionen Jahren, waren bereits alle Komponenten des heutigen geologischen Systems Erde ausgebildet. Auch wenn sich die geologischen Abläufe hin und wieder beschleunigt oder verlangsamt haben mögen, zeugen die seit jener Zeit gebildeten Gesteine doch im Großen und Ganzen von „normalen", geordneten Verhältnissen. Das Grundmuster bleibt während dieser langen – gemessen an den vorausgegangenen vier Milliarden Jahren allerdings eher kurzen – Zeitspanne von 570 Millionen Jahren unver-

Rekonstruktion eines Sumpfwaldes des Oberkarbons. Durch die Ansammlung und Einbettung der großen Mengen von Pflanzenmaterial, die diese üppige Vegetation lieferte, entstanden in jener Zeit zahlreiche Kohlenschichten.

ändert: Ein langsamer, kontinuierlicher Wandel wurde von fast katastrophenartigen Episoden unterbrochen.

Die Evolution der höheren Organismen ist ein wesentlicher Bestandteil des Bildes. Als erstes entwickelten sich die Trilobiten und andere schalentragende Tiere, die Kalksteine, Kalksandsteine und kalkige Schiefertone hinterließen – alles Gesteine, deren Hauptgefügebestandteil Schalenmaterial ist. Zu Beginn des Kambriums erschienen die ersten quarzausscheidenden Organismen, die einzelligen Radiolarien (Strahlentierchen) und die mehrzelligen Schwämme, die ebenfalls ein „eigenes" Gestein beisteuerten: den weitgehend aus Quarz aufgebauten Kieselschiefer. Im mittleren Paläozoikum breiteten sich die ersten Gefäßpflanzen auf dem Land aus, und man nimmt an, dass sich dies in bedeutsamer Weise auf Verwitterung und Landschaftsbild der Kontinente ausgewirkt hat. Auf die Verwitterung sind wir bereits in diesem Beitrag eingegangen. Eine weitere mutmaßliche Folge der Gefäßpflanzenentfaltung waren veränderte Flussbettformen. Die heutigen Fließgewässer fallen in zwei große Klassen: in mäandrierende und verflochtene (vielverzweigte) Flüsse. Welchem Strömungsmuster ein bestimmter Fluss gehorcht, hängt von seinem Gefälle, von Schüttung und Sedimentfracht sowie vom Klima ab. Ein wichtiger, vom Klima bestimmter Faktor ist die Ufervegetation – sie wirkt der Erosion der Flussufer entgegen und begünstigt damit die Entstehung eines in einer Hauptrinne fließenden, mäandrierenden Stromes. Es ist durchaus denkbar, dass vor der Entwicklung dieser festigenden Vegetation verflochtene Flüsse die Regel waren.

Die Entfaltung und das Aussterben verschiedener wirbelloser Schalentiere bestimmten bis zu einem gewissen Grad, welche Arten von

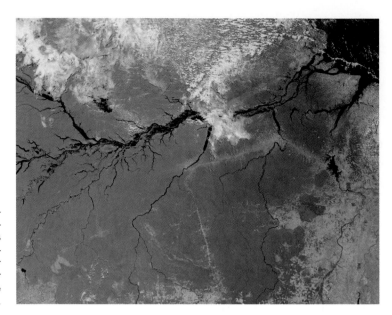

Der Zusammenfluss zweier vielverzweigter (verflochtener) Ströme, des Rio Negro und des Amazonas, bei Manaus in Brasilien. Solche Strömungsmuster waren vor der Entwicklung der Gefäßpflanzen möglicherweise die Regel.

Kalksteinen zu den jeweiligen Zeiten abgelagert wurden; auf die Ablagerung von Sandsteinen hatten sie jedoch keinen wesentlichen Einfluss. Auch die Entwicklung der bedecktsamigen Blütenpflanzen in der Kreidezeit wirkte sich kaum auf die Sandsteine aus. Die Dinosaurier erschienen und verschwanden vom Antlitz der Erde, ebenfalls ohne die Sedimentation von Sand beeinflusst zu haben; für die Säugetiere, die anschließend die Vorherrschaft antraten, gilt das gleiche – bis (vor gar nicht allzu langer Zeit) die Gattung *Homo* die Bühne betrat. Zwar hat der Mensch während des größten Teils seiner Vorgeschichte und Geschichte seine natürliche Umgebung weitgehend unangetastet gelassen – im letzten Jahrhundert jedoch hat er überall auf der Welt Flüsse aufgestaut und begradigt und riesige Wüstengebiete durch künstliche Bewässerung in Ackerland verwandelt. Durch Überweidung und Übervölkerung sind andererseits viele aride Gebiete zu Wüsten geworden, und durch die großen Mengen von Kohlendioxid, die wir seit Jahrzehnten in die Atmosphäre ausstoßen, wird sich die Erde möglicherweise eines Tages so stark aufheizen, dass die Eiskappen der Pole zu schmelzen beginnen. Die Geschwindigkeit der Bodenerosion hat sich infolge der modernen landwirtschaftlichen Verfahren auf allen Kontinenten in unkontrollierbarer Weise erhöht – und die beschleunigte Abtragung der Landoberfläche zieht natürlich auch eine verstärkte Ablagerung der freigesetzten Sande, Schlämme und anderen Sedimente nach sich.

Strände sind ein gutes Beispiel für diesen Prozess. In den wirtschaftlich entwickelten Staaten findet man heute kaum mehr einen Streifen Sandstrand, der nicht durch menschliche Eingriffe verändert worden ist. Wir bauen Wellenbrecher, Strandbuhnen und Brandungswälle, um die Erosion von Sand zu verhindern, und machen dabei meist alles noch viel schlimmer. Eine der neuesten Ideen ist, den Sand mit einem überdimensionalen „Staubsauger" von Papierabfällen, Plastikgegenständen aller Art und leeren Dosen zu befreien. (Vielleicht müssen die Sedimentologen diese Materialien dereinst zu den „normalen" Bestandteilen eines Sandkörpers zählen.) Baumaßnahmen auf Strandwallinseln haben allzu oft das empfindliche natürliche Gleichgewicht zwischen Erosion, Sedimentation und Vegetation zerstört. Fairerweise sollte man hier anfügen, dass wir Strände nicht nur zerstört, sondern vor dem einen oder anderen Hotel auch gänzlich neu geschaffen haben. Man könnte die Aktivität des Menschen einfach als die Tätigkeit eines weiteren Organismus betrachten, der seine Umwelt verändert – im Prinzip der grabenden Muschel vergleichbar, die sich im Sand ein Zuhause schafft, nur in einem viel größeren Maßstab agierend. Denn auch unsere Eingriffe sind, wie die der niedrigeren Lebewesen, noch immer viel zu unbedeutend, um die Dynamik von Sandtransport und -ablagerung grundlegend zu verändern. Mit all unseren Bauten und Konstruktionen haben wir die weltweite Verteilung der Strandsande letztlich kaum beeinflusst. Das Werk des Menschen, ob gut oder schlecht, ist örtlich begrenzt und vergänglich. Ein aufgegebener Strand kehrt schon bald wieder in seinen früheren Gleichgewichtszustand zurück – und die Zukunft sieht aus wie die Vergangenheit. Oder etwa nicht?

Sande der Zukunft

In seinem Buch *Die Zeitmaschine* beschreibt der englische Schriftsteller Herbert George Wells (1866–1946) eine Zeit in der fernen Zukunft:

> Die Maschine war auf einem leicht abfallenden Strand gelandet. Das Meer erstreckte sich nach Südwesten, und sein heller Horizont hob sich scharf gegen den bleichen Himmel ab. Es gab weder Brandung noch Wellen, denn kein Windhauch regte sich. Nur eine leichte, ölige Dünung stieg und fiel wie ein ruhiger Atem und zeigte an, dass der ewige Ozean noch lebte und sich regte. Das Ufer, an dem sich dieses leise Wogen brach, war von einer dicken Salzkruste bedeckt und glitzerte rosig unter dem gespenstisch erleuchteten Himmel. Ich fühlte einen eigenartigen Druck im Kopf und bemerkte, dass mein Atem sehr rasch ging ... ich schloss daraus, dass die Luft dünner als heute sein musste."
>
> Nach mehr als 30 Millionen Jahren – die Sonne hatte begonnen, sich zum Roten Riesen zu wandeln – „verdeckte der rotglühende Sonnenball bereits mehr als ein Zehntel des dämmrigen Himmels ... und der rötliche Sand schien ... völlig leblos zu sein.

Internet-Links

Animiertes Schaubild zur Plattentektonik in Schritten von jeweils 10 Mio. Jahren:
www.ucmp.berkeley.edu/geology/anim1.html

Plattentektonik und Vulkanismus: Wichtige Grundbegriffe und zahlreiche Schaubilder:
www.uni-muenster.de/MineralogieMuseum/vulkane/Vulkan-3.htm

Was ist eigentlich ...

Subduktionszone, Bereich, in dem Subduktion stattfindet oder sich aus seismischen Untersuchungen interpretieren lässt. Sie entspricht damit dem Kontakt von Oberplatte und Unterplatte zwischen dem konvergenten Plattenrand in der Tiefseerinne und etwa 700 km Tiefe.

Spekulationen über die langfristige Zukunft der Erde gehören seit langem zum Metier der Science-Fiction-Autoren. Den Erdwissenschaftlern fällt es dagegen schon schwer genug, nur über die kommenden 50 Jahre verlässliche Aussagen zu machen, etwa über die Veränderungen in der Atmosphäre und den Weltmeeren, die der erhöhte Kohlendioxidgehalt nach sich ziehen wird. Dies hindert die Geologen jedoch nicht daran, sich gelegentlich darüber auszulassen, wie die Welt wohl in einigen Millionen oder gar Milliarden Jahren aussehen wird. Bis in die Mitte der Sechzigerjahre des vergangenen Jahrhunderts hinein waren es vor allem Ergebnisse der Astrophysik, die unseren Überlegungen zur Entwicklung der Sonne und unseren weniger klaren Vorstellungen über die daraufhin im Inneren der Erde ablaufenden Veränderungen ihre Richtung gaben. Seit dem Durchbruch der Theorie der Plattentektonik sind wir in der Lage, uns ein genaueres, dynamisches Bild von der zukünftigen geologischen Entwicklung der Erde zu machen. So können wir davon ausgehen, dass der Atlantische Ozean sich weiter ausdehnen und der Pazifik so lange weiter schrumpfen wird, wie an seinen Rändern Lithosphäre in Subduktionszonen abtaucht. Wenn man sich von der vergangenen Erdgeschichte leiten lassen darf, dann könnten die beiden Ozeane irgendwann die Rollen tauschen; der Atlantik wäre dann ein von vulkanischem Feuer gesäumtes Meer, dessen umgebende Kontinente aufeinander zudriften.

In einigen Hundert oder Tausend Millionen Jahren wird der Motor der Plattentektonik allmählich auslaufen, wenn die durch radioaktive Prozesse in Kruste und Mantel entstandene Hitze verbraucht ist. Infolge des durch Wärmeleitung (Konduktion) und Wärmeströmung (Konvektion) eintretenden Wärmeverlusts wird sich das Erdinnere abkühlen, und die Konvektionsströmungen im Mantel werden sich verlangsamen.

Die Folge sind langsamere Plattenbewegungen, eine Verdickung der Lithosphäre unter Kontinenten wie Meeren und eine Abkühlung der *hot spots* (jener „heißen Flecken", an denen Magmamaterial nach oben wallt). Die einst dynamische Erde wird ächzend zum Stillstand kommen und tektonisch in dem dann erreichten Zustand quasi „einfrieren".

Sobald die Geotektonik zum Erliegen kommt, gewinnen Erosion und Sedimentation die Oberhand. Die Abtragung wird sämtliche Gebirge allmählich zu flachen Hügeln erniedrigen, und die dabei entstehenden Sedimente werden sich über die tiefliegenden Kontinente und Kontinentschelfe ausbreiten. Ausgedehnte Schelfbereiche werden alle Kontinente umgeben, wenn die tektonisch aktiven Kontinentränder mit ihren Subduktionszonen und Vulkanbögen verschwunden sind und passive Kontinentränder wie die der heutigen Atlantikküste Nordamerikas die einzige Form von Kontinent-Ozean-Grenzen dar-

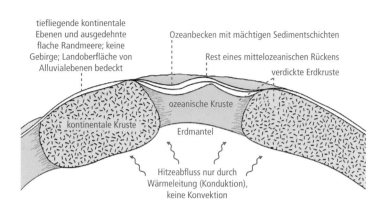

tiefliegende kontinentale
Ebenen und ausgedehnte
flache Randmeere; keine
Gebirge; Landoberfläche von
Alluvialebenen bedeckt

Ozeanbecken mit mächtigen Sedimentschichten

Rest eines mittelozeanischen Rückens

verdickte Erdkruste

ozeanische Kruste

kontinentale Kruste

Erdmantel

Hitzeabfluss nur durch
Wärmeleitung (Konduktion),
keine Konvektion

Dieser schematische Querschnitt deutet an, wie Kruste und oberer Mantel der Erde vielleicht in vielen Hundert Millionen oder Milliarden Jahren aussehen werden, wenn sich unser Planet so weit abgekühlt hat, dass alle plattentektonischen Prozesse zum Stillstand gekommen sind.

stellen. Sand wird über die kontinentalen und flachen marinen Milieus, wie wir sie heute kennen, verteilt und – infolge der unaufhörlichen chemischen Verwitterung in den Tiefländern und der damit einhergehenden Auflösung von Feldspäten und anderen instabilen Mineralen – immer quarzreicher werden. Wenn tektonische Prozesse ein Ende gefunden haben und die Erde in eine Art Übergangsphase kommt, werden sich auch die Sedimentationsbecken allmählich nicht mehr weiter senken; durch die Abkühlung und Kontraktion aller einst heißen Bereiche der Lithosphäre wird sich überall derselbe niedrige, stabile geothermische Gradient (Zunahme der Temperatur mit der Tiefe) einstellen. Wenn schließlich sämtliche Kontinentoberflächen nur noch wenige Dutzend Meter über dem Meeresspiegel liegen, wird kein Sand mehr gebildet werden. Außer bei hohen Fluten werden die Sande alter Alluvialebenen, Deltas und kontinentaler Randgebiete unter Schlämmen begraben sein. Die nicht mehr verjüngten, tiefgehend verwitterten Böden der Erde werden arm an Nährstoffen, jedoch reich an Bauxit (Aluminiumhydroxid) sowie Eisen- und Titanoxiden sein. Wie sich all das auf das Klima der Erde, auf ihre Atmosphäre und ihre Ozeane auswirken wird, ist heute nicht einmal in groben Zügen abzuschätzen. Spekulationen über die Folgen für das Leben auf unserem Planeten wollen wir unseren fantasievollen Führern durch die Zukunft überlassen – den Science-Fiction-Autoren.

Wenn wir in einer Art magischen Kristallkugel die zukünftige Entwicklung von Sand beobachten könnten, dann würde diese sich in posttektonischer Zeit mit einem Nebel verschleiern, denn Sand ist das Ergebnis tektonischer Aktivität, das Produkt der Dynamik des Erdinneren und seines Wechselspiels mit der Atmosphäre und den Gewässern an der Oberfläche. Der Sand, der durch unsere Hände rieselt, lässt uns an Gebirge und Flüsse, Wüsten und Strände, Vulkane und Gletscher denken. So kehren wir zurück zu dem englischen Dichter und Maler William Blake und der Welt, die in einem Sandkorn verborgen ist. Für die meisten Menschen stellt das Land, das sie erleben, die Welt dar. Etwas über Sand zu erfahren bedeutet, mehr über dieses Land zu erfahren.

Grundtext aus: Raymond Siever *Sand. Ein Archiv der Erdgeschichte;* Spektrum Akademischer Verlag (amerikanische Originalausgabe: *Sand*; W. H. Freeman; übersetzt von Thomas Pichler).

Forschen mit dem Bärentöter

Ny Ålesund, das letzte Dorf vor dem Nordpol, ist nur von Wissenschaftlern bevölkert. Sie dokumentieren den Wandel des Klimas, schauen dem Gras beim Wachsen zu und jagen die nördlichste Blattlaus

Urs Willmann

Die Passagiere haben die Gehörgänge mit Ohropax verstopft. Man brüllt sich die Worte zu. Die Maschine der norwegischen Fluggesellschaft Lufttransport kämpft sich mit zwei Propellern blind durch den Raum über Spitzbergen. Böen schütteln sie wie ein Spielzeug, sie sackt in ein Windloch. Plötzlich segelt das Flugzeug unter der Wolkendecke durch klare Polarluft. Als hätte einer den Fernseher angedreht, erfassen die zuvor ins Leere lugenden Augen plötzlich einen Fjord, aschgraues Wasser, braunes Gebirge. „Der Midre Lovénbreen! Dort! Das ist unser Gletscher!", schreit Birgit Sattler und strahlt und fuchtelt mit der Hand vor der Sichtluke herum. Sie ist Limnologin, Universität Innsbruck. Nicht zum ersten Mal hier. Neben ihr, nur unwesentlich kühler, der Schwedenbrasilianer Alexander Anesio von der walisischen Universität Aberystwyth. Gemeinsam werden sie in den folgenden Wochen Wasser- und Eisproben sammeln und darin nach Extremophilen fahnden, den Überlebenskünstlern unter den Organismen. „Du wirst sehen, im Gletscher wimmelt es von Viren und Bakterien", sagt Birgit.

Ein Holländer mischt sich ein. „Meine Forschungsobjekte bekommst du früher zu Gesicht, gleich nach der Landung", sagt Daan Vreugdenhill. Seine Hand fuchtelt ungefähr in Flugrichtung, nach Westen. Einöde aus Stein und Eis ist zu erkennen und ein Schimmer Vegetation. Dann plötzlich bunte Häuser, eine Landebahn, eine riesige Antennenschüssel. „Ny Ålesund!", brüllt Daan etwas zu nah an meinem Ohr. Der Zoologe von der Universität Groningen wird rund um die Siedlung täglich die Nonnengänse und ihre Küken zählen; er ist Spezialist für arktisches Geflügel. Phil Porter, der vor ihm sitzt, ist aus einem ganz anderen Grund hier. Der Geograph von der englischen Universität Hertfordshire berechnet Massenbilanzen von Gletschern. Hinter dem Piloten hockt ein Amerikaner; Ross Powell ist auf Sedimente fokussiert. Ich drehe mich zu meinem Hintermann um. Und du? „Blattläuse", sagt Maurice Hullé, der Franzose aus Rennes.

Der Entdecker von Spitzbergen war auf der Suche nach China

Der Pilot dreht eine Schleife. Am Horizont tauchen die schneebedeckten spitzen Anhöhen auf, die dem Archipel den Namen gegeben haben. Seitenwind stellt das Flugzeug noch drei-, viermal quer. Dann landen wir auf der Piste mit den geographischen Koordinaten N 78°55'/E 11°56'. Zum Nordpol sind es von hier aus nur noch gut tausend Kilometer. Keine Siedlung so weit im Norden der Erde ist ganzjährig bewohnt. Ny Ålesund – 30 Seelen im Winter, 130 im Sommer – heißt uns mit Nieselregen willkommen.

Das Nest am Rand der Welt dient einem einzigen Zweck. Wer hier ankommt, ist in fast jedem Fall ein Wissenschaftler. Umgeben von einer Eiszeitwelt aus Geröll und Gletschern, ist die Siedlung am Königsfjord zu einem der wichtigsten Atmosphären- und Klimaforschungsstützpunkte geworden: Seit 1988 messen die Norweger hier, fast unbeeinträchtigt von zivilisatorischen Störquellen, rund um die Uhr den CO_2-Gehalt der Luft. Sie liefern den Klimamodellierern exakte Indizien für die drastische Zunahme der Kohlendioxidmengen in der Atmosphäre. Die Messungen auf dem Zeppelinberg belegen: Die CO_2-Werte sind höher als je zuvor in 400 000 Jahren.

In den Monaten mit Licht tauchen hier auch Meeresbiologen auf, Ornithologen, Glaziologen, Geologen und Geophysiker. Dass es mehr zu ergründen gibt als die Beschaffenheit von Schnee, verdankt die zu Norwegen gehörende Inselgruppe in der Barentssee dem Golfstrom. Die atlantische Wärmepumpe taut im Juni das Eis weg. In der Tundra grünen Moose und Gräser. Das Leben feiert sein Fest, vier kurze Monate lang. Bis September ist Hochsaison. Und wenn die Sonne sich am 28. Oktober für dreieinhalb Monate hinter den Horizont verkrümelt und die Temperatur ins Unfreundliche sinkt, dann ergründen die Chinesen Aurora, das Polarlicht.

Niemand verlässt das Dorf ohne Waffe und Funkgerät

In Ny Ålesund gibt es auch ein Hotel. Doch im Nordpolhotellet findet man keinen Touristen. In dieser Siedlung nächtigt nur, wer forscht, Angestellter oder persönlicher Gast ist. Selten mischt sich unter die Bevölkerung ein Häufchen Politiker. Dann weiß man: Im Dorf wird eine Station eröffnet. Als bislang Letzte richteten sich 2001 die Franzosen, 2002 die Südkoreaner und 2004 die Chinesen in Ny Ålesund ein. In diesem Jahr eröffnete der norwegische Premierminister direkt am Hafen das Arctic Marine Laboratory, ein hochmodernes internationales Meeresforschungsinstitut.

Ich bin Gast der Briten. Nick Cox, der Stationsmanager, nimmt die Ankömmlinge im Harland Huset unter die Fittiche. „Hier ist Wildnis", ermahnt er die Gäste, erklärt Feuerlöscher, Putzplan und Hausordnung. Wer unter britischer Obhut ist, verlässt das Dorf nicht ohne Waffe, nicht ohne Funkgerät und nie nach 22 Uhr. Denn von wegen leblose Einöde! Rund um Ny Ålesund regiert der König der Polartiere: *Ursus maritimus*. „Der Kerl steht am Ende der Nahrungskette", sagt Nick. Wer gelernt hat, dort zu stehen, habe keine Angst. Er erzählt, wie sich ein Eisbär einst von einem Forscher ernährte („Es knirschte, als er in den Schädel biss"). Er schildert das Abenteuer zweier Frauen, von denen nur jene schwer verletzt überlebte, die über eine Felswand sprang. Schließlich legt er ein Formular auf den Tisch. Darauf notiere ich, wohin Nick im Falle meines Ablebens die Gebeine verschicken kann. Oder was davon übrig ist.

Besucher gewöhnen sich schnell an den Anblick bewaffneter Insulaner. Nur den Unkundigen überrascht, warum es am Eingang zur Bank in der Hauptstadt Longyearbyen eines Aufklebers „Betreten mit Pistole und Gewehr verboten" bedarf. Ähnliche Sorgen mit den Alltagsgegenständen meistert das Hotel Radisson mit nordmännischem Humor: „Da die Wahrscheinlichkeit, im Restaurant einem Eisbären zu begegnen, ziemlich klein ist, bitten wir Sie, das Gewehr im Waffenschrank einzuschließen", mahnt ein Schild im Entree.

Es gibt auf Spitzbergen weit mehr Verletzungen durch Schießunfälle als durch tierische Einwirkung. Trotzdem muss, bevor ich mit den Mikrobenjägern auf den Gletscher darf, der obligatorische Eisbären-Schießkurs besucht werden. Nick hat mich angemeldet: „Mittwoch, zehn Uhr!" Er ist aber mit dem Aufzählen der Gefahren nicht zu Ende. Da gebe es noch den schlimmsten Feind. Er hält inne, hebt den Finger: „Touristen." Nur derentwegen sei die Tür zur Straße hinaus immer abgeschlossen. Die

Neulinge nicken, ohne die Anspielung richtig verstanden zu haben. Touristen? Hier?

Vor vier Jahrhunderten waren die Tiere auf Spitzbergen noch unter sich. Nur Wikinger könnten sich zuvor auf den Inseln herumgetrieben haben. Aktenkundig ist die zufällige Entdeckung durch Willem Barents, der 1596 auf der Suche nach China den Walrossen auf Spitzbergen begegnete. Ny Ålesund wurde 1916 als Kohlenbergwerk gegründet. Tödliche Explosionen führten 1963 zur Aufgabe des Bergbaus. Danach stand die Siedlung leer. 1966 verschlug es das Norsk Polarinstitutt hierher. Als 1990 die Deutschen folgten, begann der Aufstieg zum internationalen Forscherdorf.

Die tiefstehende Sonne lässt die Farben explodieren

Unsichtbar schleicht die Nacht herbei, ein kaum merkliches Dimmen. Stunden später scheint die Sonne, auf Tiefststand, fast horizontal unter der Wolkendecke hindurch ins Dorf. Die Pastelltöne explodieren zu Leuchtfarben: das Marineblau der deutschen Koldewey-Station („Das blaue Haus"), das Echsengrün des nördlichsten Postamts der Welt, das ockerfarbene Anwesen, in dem 1926 Roald Amundsen hauste, bevor er im Zeppelin den Pol überquerte. Ein schlafendes Dorf im Strahlenmeer, und weit dahinter, am Ende des Fjords, schimmert das Eis des kalbenden Kongsvegen wie blauer Edelstein.

Allein bin ich nicht auf meinem Mitternachtsspaziergang. Schnatternd protestieren die vornehmen schwarzweißen Nonnengänse gegen die Annäherung auf der Hauptstraße. „Lass sie gefälligst in Ruhe!", ruft ein Mann. Hinter der Gymnastikhalle grinst ein dunkler Lockenkopf hervor. Daan und Jurjen Annen sind mit der Zählung ihrer Vögel beschäftigt. Wie sieht es aus? „Mehr als letztes Jahr", sagt Jurjen, der Blondschopf. „55 Familien, deutlich über 700 Tiere."

Die Holländer stapeln nicht nur Individuenzahlen jener Kolonie von *Branta leucopsis*, die an der Grenze zwischen England und Schottland überwintern. Sie protokollieren auch „Störungen". Relativ harmlos sind Rentiere, die den Vögeln das Gras wegfressen. Die schlimmere Beeinträchtigung des Gänselebens verursachen Polarfüchse. Jurjen macht ein Geräusch, „Krrck", und säbelt mit der Handkante gegen seinen Adamsapfel. Der Fuchs, will er damit sagen, steht in der Nahrungskette über der Gans. Manchmal stört auch der Bär.

Der Morgen wird wahrnehmbar, wenn der Wecker klingelt. Oder wenn um acht die Forscher zur Messe strömen. Die Messe ist die Kantine, die alle verpflegt. Ny Ålesund ist im Grunde genommen eine Firma. Das Dorf wird von der staatlichen Kingsbay AG betrieben. Sie verkauft die Flüge, vermietet Zimmer, Stationsgebäude, betreibt Laden und Postamt, im Winter die Schneeräumung, beschäftigt 22 Arbeitnehmer. Was sich nicht rentiert, fehlt. Ny Ålesund hat weder Kirche noch Arztpraxis.

Am gefährlichsten sind Alte, Halbstarke und Mütter mit Kind

Der Schießkurs beginnt nach dem Frühstück. Aus Frank Skogen, dem Instruktor, purzeln zum Einstimmen die technischen Daten des Objekts, mit dem man es in der Tundra zu tun bekommen könnte: „700 Kilogramm, 40 Stundenkilometer schnell, Temperament unvorhersehbar." Meistens gehe der Bär dem Menschen aus dem Weg, erklärt Frank. Aber es gebe da ein paar gefährliche Spezialfälle. Erstens: die Halbstarken. Eineinhalbjährige Petze im Hormonstress müssen plötzlich ohne Mama auskommen. Sie sind hungrig und unerfahren. „Die sind wie wir", sagt Frank, „mit Hunger schlecht gelaunt." Zweitens: Alte und Kranke, die unfähig sind, einer Robbe nachzustellen. „Die suchen sich leichtere

Beute." Und drittens: Mütter mit Kindern. „Das sind die aggressivsten."

Dass der Mensch dem Bären häufiger begegnet, ist die erfreuliche Folge des Naturschutzes. Die Ausrottung des Tieres war schon fast Tatsache, als 1973 die Arktisanrainer seinen totalen Schutz beschlossen. Heute tummeln sich auf Spitzbergen wieder 5 000 Exemplare. Der Hunger treibt sie oft nah an die Siedlungen heran. Auch die Robben- und Walrossbestände erholen sich, seit Norwegen große Teile der Inselgruppe unter Schutz gestellt hat.

Grundsätzlich gilt, der Bär hat Vortritt. Der Instruktor empfiehlt: Lärm machen, Fotodrang unterdrücken, abhauen und auf der Flucht etwas liegenlassen. Bären sind neugierig, sie vertrödeln beim Schnüffeln menschenlebensrettende Zeit. Kommt das Viech trotzdem näher, wird es Zeit, die Winchester zu entsichern. Wir üben Laden. Die Projektile sind fingerlang. Die weiche Spitze verursacht in einem getroffenen Körper einen Dumdumeffekt. „Vorne ein kleines Loch, hinten eine sehr hässliche Wunde", sagt Frank. Bevor er uns in die Mittagspause entlässt, gibt er uns noch einen klugen Rat mit auf den Weg: „Nicht dem Tier in den Hintern ballern!" Nur wer in Notwehr schießt, entgeht nach dem Erlegen eines Eisbären der Buße.

Es hat wieder zu nieseln begonnen, als Tor Marschhäuser die Arktisneulinge zum praktischen Teil des Selbstverteidigungskurses in Empfang nimmt. Der rotblonde junge Mann, benannt nach dem Gott des Donners, fährt uns mit einem klapprigen Ford hinaus zum Schießplatz. 25 Meter beträgt die Distanz zur Scheibe. In deren Mitte: ein vier Zentimeter schmales Quadrat, das es zu treffen gilt.

Der Knall der Winchester .308 betäubt die Ohren, der Rückstoß wuchtet den Kolben gegen das Schlüsselbein. Das Schießgerät lässt keinen Zweifel daran aufkommen, dass seine Kugel problemlos einen 700 Kilogramm schweren Brocken umbrettert und

in dessen Innern nichts als Zerstörung hinterlässt. Jetzt bloß noch treffen.

Endlich zum Gletscher, auf zur Mikrobenjagd

Wir üben im Liegen, im Knien, im Stehen, zerfetzen die arktische Stille. In der Luft hängt der Gestank des Pulvers. Der Gott des Donners aber ist am Ende zufrieden: Stehend jage ich beim Serienfeuern zwei Volltreffer durch das winzige Quadrat. „Hey, Old Shatterhand, die beste Serie in dieser Woche!", frohlockt Tor. Stolz nehme ich das „Certificate of Excellence" entgegen. Meine Hoffnung wächst, die Tundra zu überleben.

Endlich zum Gletscher, auf zur Mikrobenjagd. Mit dicken Schuhen und in wasserdichten Hosen machen wir uns auf den Weg, bepackt mit Eisbohrer und Steigeisen. Am Dorfausgang lädt Alexander die Winchester. Der lange Marsch schult das Auge. Ich werde des Lebens gewahr in dieser vermeintlichen Einöde. Weich tritt der Fuß auf die Wälder Spitzbergens: Der Baum *Salix polaris*, die Polarweide, gedeiht millionenfach und wächst bis in Höhen von zwei Zentimetern. Aus dem hellgrünen Moos stängeln schleimige Pilze. Inmitten von Geröll blüht die purpurne Kompassblume (die ihre Blüten stets nach Süden reckt). Und die Felsen zieren orange, rote, gelbgrüne und schwarze Flechten – sie wachsen so langsam, dass sie zu den ältesten Lebewesen der Erde gehören; manche sind 10 000 Jahre alt und haben das Ende der Eiszeit erlebt.

Auch der Frost beteiligt sich an der Landschaftsgestaltung, durch Kryoturbation und Solifluktion: Frostbewegung und Bodenfließen produzieren auf den periodisch auftauenden Böden da und dort bizarre, gleichmäßige Ringe und Streifen. Leichtgläubige könnten in diesem säuberlich in Steine und Feinstoffe sortierten Bodenmaterial anbetungstaugliche Naturstrukturen erkennen.

Wir stolpern durch Geröll, waten durch kniehohes Schmelzwasser. Dann, aus heiterem Himmel, der erste Angriff. *Sterna paradisaea*, die Küstenseeschwalbe, attackiert unsere Köpfe mit ihrem spitzen Schnabel. In der Nähe muss ihr Nest liegen, irgendwo auf dem Tundraboden. Die Agressivität ist verständlich, der gabelschwänzige Vogel verteidigt seine Brut. Er fliegt jeden Frühling 20 000 Kilometer weit von der Antarktis in die Arktis, um ein oder zwei Eier auszubrüten. Und im Herbst zurück. Kein Vogel fliegt weiter. Wir fuchteln mit den Händen über dem Kopf, um ihn vom Landen abzuhalten, und entfernen uns vorsichtig. Drei sind heil geblieben. Einzig Randy Schietzelt, der Lehrer aus Chicago, blutet über der Schläfe.

Im Eis der Pole schlafen tausende Jahre alte Keime

In einem See zwischen Küste und Gletscher füllen Birgit und Alexander einige Plastikfläschchen mit Wasserproben. Später, in Innsbruck und Aberystwyth, werden sie unter dem Mikroskop den Lebenskampf der Viren und Bakterien erkunden. „Die liefern sich ein Hauen und Stechen", sagt Birgit. Die Österreicherin treibt es seit Jahren auf der Suche nach Extremformen von Leben in die kältesten Winkel der Erde. Sie bohrte Löcher in den antarktischen Eisschild, weckte darin enthaltene Keime aus ihrem Hunderttausende von Jahren dauernden kalten Schlaf und beobachtete unter dem Epifluoreszenzmikroskop, wie sie sich teilend vermehrten. Und sie wies als Erste nach, dass Bakterien in den Wolken nicht nur reisen oder sich als Kondensationskeime betätigen, sondern sich bei Temperaturen weit unter dem Gefrierpunkt fortpflanzen.

Gegen Mittag stehen wir endlich vor der breiten, schmutzigen Zunge des Midre Lovénbreen. Mit Steigeisen und Pickel erklimmen wir das Eis, gewinnen schnell an Höhe und überblicken bald den Fjord im diesigen Licht. Eisberge treiben aufs offene Meer hinaus. Ein Boot überquert die Bucht.

Birgit und Alexander haben es auf den Inhalt der Kryokonit-Löcher abgesehen: Wo „kalter Staub" von Gesteins- und Pflanzenresten sich sammelt, wirft der Gletscher wenig Sonnenlicht zurück. Die absorbierte Wärme lässt das darunterliegende Eis schmelzen. Die Wasserlöcher mit braunem Bodensatz fressen sich in die Tiefe. „Darin gedeiht Leben", sagt Alexander, während er seine Spritze eintunkt und aufzieht. Er füllt das Fläschchen. Notiert Tag, Monat, Jahr und Ort. Weiter geht's. Und später, auf dem Rücken des Midre Lovénbreen, kommt endlich auch der Bohrer zum Einsatz. Das klare Eis, versichert Birgit, ist voller Leben.

Allmählich hört man auf, darüber zu staunen, dass die „Wüste des Nordens", wie die Norweger das niederschlagsarme Spitzbergen bezeichnen, nicht tot ist. Nach der Rückkehr ins Dorf beobachte ich einen jungen Polarfuchs auf aussichtsloser Jagd nach einer Ente. Ein Spitzbergen-Rentier, Vertreter einer endemischen Subspezies, läuft mit einem Jungen vor meine Kamera. Nur zwei Arten von angeblich herumgeisternden Organismen machen sich heuer besonders rar: Bär und Tourist. Als abends mein Blick über die Pinnwand vor der Messe streift, begrabe ich die eine Hoffnung ganz. Die Wahrscheinlichkeit, einem Bären zu begegnen, ist gleich null. Die Tiere haben sich nach Norden verzogen. Denn der Sommer ist zu warm. Am Anschlagbrett sind die Temperaturdaten der Vorwoche aufgelistet: 19,6 Grad am Donnerstag. Ein neuer absoluter Rekord. Nie sind, seit die Norweger hier forschen, die Werte auf diese Höhe geklettert.

Ein zweiter Anschlag verspricht mehr, obgleich er wie eine Warnung klingt. Die Kingsbay-Verwaltung informiert die Bewohner ihres Dörfchens, dass am Samstagmorgen die Costa Europa am Hafen anlegen wird, 1773 Passagiere.

Was das bedeutet, verraten mir bestimmt Daan und Jurjen, die jeder hier Starsky & Hutch nennt. Ich spüre den Krauskopf und den Blondschopf am Dorfrand auf. Sie sind beschäftigt. Mit einer Tätigkeit, von der ich nie angenommen hätte, jemals jemanden zu treffen, der sie tatsächlich ausübt: Die Holländer schauen dem Gras beim Wachsen zu. Die bestobservierte Gänseschar der Welt will nicht nur täglich zweimal gezählt sein, die Zoologen ermitteln auch, wie viel die Tiere fressen.

Zwei Holländer schauen dem Gras beim Wachsen zu

Um die Fressleistung zu berechnen, zählen Daan und Jurjen auf 128 Grasvierecken regelmäßig jeden Halm und jedes Blatt, und mit dem Zollstock messen sie die Wachsleistung des Grünzeugs. Zum Berechnen der gefressenen Nettomenge hegen sie Vergleichsflächen, die sie mit Drahtgitter eingezäunt haben, um dort die Nonnengänse vom Verputzen der Biomasse abzuhalten. „Schick mir im Herbst eine Mail, dann verrate ich dir das Resultat. In Kilo pro Gans", sagt Daan.

Die beiden schlagen vor, meine Frage nach dem drohenden Touristeneinfall bei einem Tee zu erörtern. Das holländische Hauptquartier besteht aus einer Holzhütte in Gelb ohne fließend Wasser. Jurjen zeigt mir die vollen Vorratsschränke. Sie wurden gefüllt mit Pasta, Tomatenmark und Büchsengemüse, als es noch keine Messe gab. Die Vorvorgänger kochten selbst. Das ist lange her.

Daan setzt Wasser auf. Wir zwängen uns um den kleinen Tisch, und Jurjen erzählt, was morgen Vormittag droht: „Sie verlassen das Schiff, sie fallen ein, sie werden überall sein." Der Kessel pfeift. Daan nimmt ihn von der Herdplatte, geht zum Vorratsschrank, wühlt in den Restbeständen und erkundigt sich nach unseren Wünschen: „Hagebutte 1982 oder Lindenblüte 91?"

Eine Stunde Zeit ist noch bis zum Abendessen. Maurice Hullé hat versprochen, mir die Blattläuse zu zeigen, die er mit Jean-Christophe Simon eingesammelt und gezüchtet hat: Sie sind in Dutzenden von Pflanzentöpfchen untergebracht. Die Franzosen hoffen, mit dem genetischen Wissen über *Acyrthosiphon svalbardicum* dereinst der Blattlausbekämpfung neue Impulse zu geben. „In Europa sind viele gegen Insektizide resistent geworden", sagt Maurice, „vielleicht kann man sie genetisch austricksen."

Im vergangenen Jahr stellten die beiden Franzosen einen Rekord auf. Auf ihrer Suche nach dem Spitzbergener Insekt stießen sie im Kreuzfjord auf das nördlichste Exemplar. Nie hat jemand so nah am Pol eine Blattlaus gesichtet. Während Jean-Christophe packt und bald abreist, will Maurice in den kommenden Tagen den Rekord verbessern. Eine noch nördlichere Blattlaus. Im Auge hat er den Magdalenenfjord. „Groß ist die Chance nicht", sagt Jean-Christophe, „aber wer weiß."

1700 Kreuzfahrer überfallen das Dorf und entern die Post

Am frühen Samstagmorgen schiebt sich hinter das Dorf eine neue Skyline. Die Costa Europa fährt in den Hafen ein. Minuten später öffnen sich die Schleusen, 1700 Kreuzfahrer überfallen das Dorf. Im Nu ist die Siedlung überschwemmt. Sie entern das Postamt, um die Verwandten zu Hause mit dem Stempel zu beeindrucken. Ihre Blicke gieren in die Schlafzimmer. Ihre Halbschuhe trampeln über den gedeckten Tisch der Nonnengänse. Drei Stunden später ist der Spuk vorbei, die Boutique halb leer gekauft. Die Straßen sind wieder begehbar.

In der zurückgekehrten Ruhe gedeiht Vorfreude. Gegen Abend trifft man sich in der Messe, schöner gewandet als sonst. Tris respektive Tristram David Linton Irvine-Flynn aus Sheffield, der das Fließverhalten von

Schmelzwasser im Innern von Gletschern untersucht, hat eine Krawatte umgebunden. Birgit bezaubert in Rot. Auf den Tischen liegt weißes Tuch. Viele haben Weinflaschen mitgebracht, die Franzosen ein Fässchen. Die Koreaner diskutieren mit den Japanern noch über Meeresmikroben und Algen in Küstennähe. Birgit gibt schnell zum Besten, wie sie heute ihren festgefrorenen Bohrer erst nach einer Stunde befreit hat.

Dann endet die Woche auch in den Köpfen. Die Köche tragen den Festschmaus auf, und schließlich bewegt sich eine heitere Runde in Richtung Hafen. Am Samstag ist das Mellageret-Café geöffnet. Eine durstige Truppe findet sich ein – zum Feiern einer offensichtlich entbehrungsreichen Woche.

Beim Feiern bleiben die Schuhe auf der Veranda

Die Helligkeit ist ausgesperrt. Auch die Schuhe bleiben, wie in Norwegen üblich, auf der Veranda. In Socken wird gebechert und getanzt, gebrüllt und gebalzt. Luftgitarren kommen zum Einsatz, Biere bringen manches zutage. In die nächtliche Tundra hinaus donnern kraftvolle Rhythmen von Guns N' Roses: „Take me down to the Paradise City, where the grass is green and the girls are pretty."

Um drei Uhr früh schweigen die Boxen. Die letzten navigieren ihre Füße in die durcheinander geratenen Schuhe vor dem Mellageret. Natürlich gibt es ein paar, die nicht nach Hause wollen. Sie finden sich zu allerletzten Bieren in der britischen Station ein. Schließlich sei es ja noch immer hell draußen. Und es gibt einheimische Sitten; auch sie gehören befolgt. Eine heißt „Nachspiel". Das ist ein Fremdwort im Norwegischen, aus dem Deutschen. Im Nachspiel gibt sich der Norweger die letzte Dröhnung. Währenddessen fällt Schnee. Am Ende der Nacht ist das triste Gebirgsbraun verschwunden. Zauberhaft erheben sich ringsum die schneebedeckten Spitzen – wie frisch hingeworfene Papiertaschentücher.

Der Tag danach nimmt zögernd Anlauf, mit einem Brunch gegen Mittag. Geforscht wird heute nicht. Für den „Tag der fahlen Gesichter", wie Birgit den Sonntag in Ny Ålesund zu nennen pflegt, gibt es eine ungeschriebene Regel: nur ohne Kater in die Wildnis. Wer beim Angriff eines Bären die Sinne nicht beisammen hat, lebt gefährlich.

Immerhin – Trond Svenøe ist unterwegs. Schließlich besteigt der norwegische Atmosphärenphysiker mit Robbenschnauz an jedem Tag die Luftseilbahn hinauf zum Zeppelinberg. Die Station auf 474 Metern über dem Meeresspiegel ist einer der Referenzpunkte für die weltweite Klimakontrolle. Trond wechselt die Luftfilter, notiert CO_2- und Ozonwerte, prüft die Messungen von Stickstoff- und Schwefelverbindungen.

Und natürlich stehen Starsky & Hutch im Gelände, weit draußen vor einem Flecken Grün.

Die Welt in 79 Grad Nord, sie ist an diesem Tag ein bisschen aus den Fugen. Am Nachmittag taucht am Eingang zur Messe ein Zettel auf: Maurice bittet um Hilfe. Der Blattlausforscher hat nächtens die letzten zwei geparkten Schuhe angezogen. Sie passten nach dem Aufwachen nicht mehr zueinander. Wer könnte den Weg ins Bett mit fremden Tretern in Angriff genommen haben? Bitte melden!

Die Sache klärt sich. Die Woche kann kommen. Maurice wird in eigenen Schuhen aufbrechen, zur Suche nach der nördlichsten Blattlaus der Welt.

Aus: DIE ZEIT, Nr. 39, 22. September 2005

W äre **Frank Press** nicht ein so herausragender Forscher, man könnte ihn leicht mit einem Politiker verwechseln, mit einem klugen Politiker wohlgemerkt. Bevor er jedoch nahe an das amerikanische Zentrum der Macht rückt, promoviert der Geophysiker an der New Yorker Columbia University, wird 1955 Professor am California Institute of Technology und wechselt 1965 an das Massachusetts Institute of Technology. 1977 macht ihn US-Präsident Jimmy Carter zu seinem Berater. „The president's scientist" nennt ihn das *Time Magazine*.

Vier Jahre später wird Press an die Spitze der US National Academy of Sciences gewählt. Die Erfahrung aus der Carter-Administration bringt er mit: „Ich war in der Regierung, ich weiß also, wie man da denken muss. Sie müssen sich um ihre vier Jahre im Amt sorgen – an die naheliegenden Aufgaben denken, die Steuerpolitik des nächsten Jahres, den Haushalt ... Es kommt sehr selten vor, dass Sie auf einem wichtigen Regierungsposten darüber nachdenken können, wie das Land in zwanzig oder dreißig Jahren aussehen könnte."

Press selbst denkt in größeren Zeiträumen und Maßstäben. Schon 1981 setzt er eine Arbeitsgruppe ein, die mögliche Folgen des High-Tech-Wettbewerbs der großen Industriestaaten untersuchen soll, mit einer erstaunlich weitsichtigen Prognose: „Der Wettbewerb wird so hart werden, dass es große Einschränkungen für die Wissenschaft geben wird: bei der Weitergabe wissenschaftlicher Daten, beim Austausch von Gastwissenschaftlern, bei der Publikation wissenschaftlicher Ergebnisse – selbst mit Ländern, die unsere Verbündeten und Freunde sind."

Von Anfang an denkt der Amerikaner global: 1957 ist er Organisator des Internationalen Geophysikalischen Jahres, das sich unter anderem der intensiven Erforschung des Südpols widmet. Heute ist in der Antarktis ein Berg nach ihm benannt: Mount Press. Seine Erfolge beschränken sich aber nicht nur auf die Erde. Die von Press entwickelten geophysikalischen Messgeräte stellen Astronauten auf dem Mond auf.

Zusammen mit **Raymond Siever** ist er der Begründer des international erfolgreichen Lehrbuchs *Understanding Earth*, deutsch *Allgemeine Geologie*, das heute unter der Mitautorenschaft von **John Grotzinger** und **Thomas H. Jordan** erscheint.

Frank Press

System Erde

Von Frank Press, Raymond Siever, John Grotzinger und
Thomas H. Jordan

Die Form der Erde und der Erdoberfläche

Im Jahre 1492 segelte Kolumbus (1451–1506) nach Westen, um auf
diesem Weg nach Indien zu gelangen, da er einer Theorie glaubte, die
von griechischen Philosophen aufgestellt worden war: Die Erde ist
eine Kugel. Offenbar waren jedoch seine mathematischen Kenntnisse nicht sehr ausgeprägt, jedenfalls unterschätzte er den Umfang der
Erde ganz erheblich. Statt eine Abkürzung zu finden, legte er einen
weiten Weg zurück und entdeckte anstelle der „Gewürzinseln" einen
neuen Kontinent. Hätte Kolumbus die Schriften der alten Griechen
gründlicher gelesen, wäre ihm dieser Fehler nicht unterlaufen, weil
diese bereits 1 700 Jahre zuvor den Umfang der Erde ziemlich exakt
bestimmt hatten.

Die Ehre, den Umfang der Erde berechnet zu haben, gebührt Eratosthenes, einem vielseitigen griechischen Gelehrten und Vorsteher der
Bibliothek von Alexandria in Ägypten. Etwa um das Jahr 250 v. Chr.
berichtete ihm ein Reisender von einer interessanten Beobachtung.
Am Mittag des ersten Tages im Sommer (21. Juni) fiel in der Stadt
Syene (Assuan) – etwa 800 km südlich von Alexandria – das Sonnenlicht direkt in einen tiefen Brunnen, da die Sonne dort im Zenith
stand. Einem inneren Gefühl folgend unternahm Eratosthenes ein
Experiment. Er stellte in seiner Stadt einen Stab senkrecht auf, der
am Tage der Sommersonnenwende (21. Juni) um 12 Uhr mittags einen Schatten warf. Ausgehend von der Annahme, dass die Sonne in
großer Entfernung steht und die Lichtstrahlen in den beiden Städten
parallel zueinander verlaufen, konnte Eratosthenes auf geometrisch
einfache Weise zeigen, dass die Erdoberfläche gekrümmt sein musste. Da die Kugel die vollkommenste Wölbung aller geometrischer
Körper aufweist, vertrat er die Hypothese, dass auch die Erde eine
Kugel sei (die Griechen schätzten elegante geometrische Lösungen).
Durch Messung der Schattenlänge des Stabs in Alexandria errechne-
te er, dass wenn man durch die beiden Städte lotrechte Linien zöge,
sich diese im Erdmittelpunkt unter einem Winkel von 7° schnitten,
das heißt unter 1/50 von 360°, also eines vollen Kreises. Durch Mul-
tiplikation der Entfernung zwischen den beiden Städten mit dem
Faktor 50 leitete er einen Erdumfang von 40 000 km ab, der dem
wahren Wert von rund 42 000 km sehr nahe kam! Mit dieser überzeu-

Porträt

Eratosthenes, Eratosthenes von
Kyrene, griechischer Naturforscher und Schriftsteller, *um
284 (274?) v.Chr. Kyrene (heute Schahhat, Libyen), † um 202
(194?) v. Chr. Alexandria;
Freund von Archimedes und
Schüler des Kallimachos, seit
246 v. Chr. Leiter der großen Bibliothek in Alexandria. Er war einer der bedeutendsten Astronomen und Geographen seiner
Zeit, bestimmte erstmals die Größe des kreisförmig gedachten
Erdumfangs durch eine Gradmessung zwischen Alexandria
und Syene (heute Assuan). Er
schuf durch die Festlegung eines
Koordinatensystems die Voraussetzung für den Entwurf einer
Gradnetzkarte der antiken Welt;
verfasste zahlreiche mathematische, geographische und litera-
turgeschichtliche Schriften, von
denen jedoch nur wenige Fragmente erhalten sind.

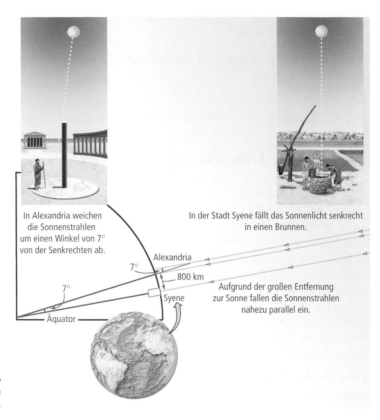

In Alexandria weichen
die Sonnenstrahlen
um einen Winkel von 7°
von der Senkrechten ab.

In der Stadt Syene fällt das Sonnenlicht senkrecht
in einen Brunnen.

Alexandria

7°

800 km

7°

Syene

Aufgrund der großen Entfernung
zur Sonne fallen die Sonnenstrahlen
nahezu parallel ein.

Äquator

Die Bestimmung des Erdumfangs
um das Jahr 250 v. Chr. durch
Eratosthenes.

genden Demonstration der wissenschaftlichen Arbeitsmethode verknüpfte Eratosthenes Beobachtungen (den Winkel des Schattens) mit einer mathematischen Theorie (der sphärischen Geometrie), um daraus ein bemerkenswert exaktes Modell des Erdkörpers zu entwickeln. Sein Modell war verlässlich, weil es andere Messungen genau voraussagte – etwa die Entfernung, bei der der Großmast eines Seglers unter dem Horizont verschwindet. Darüber hinaus verdeutlicht das Modell, warum gut geplante und durchdachte Experimente sowie exakte Messungen für die wissenschaftliche Arbeitsmethode von zentraler Bedeutung sind: Sie liefern uns neue Kenntnisse über unsere Erde.

Weitaus genauere Messungen haben ergeben, dass die Gestalt der Erde nicht vollkommen kugelförmig ist. Bedingt durch ihre tägliche Rotationsbewegung ist der Erdkörper zu einem sogenannten Rotationsellipsoid verformt, sodass der Erdradius am Äquator geringfügig größer ist als über die Pole gemessen (Äquatorradius = 6 378 137 km; Polradius = 6 356 752 km). Darüber hinaus wird die Kugelgestalt der Erde durch das Relief der Erdoberfläche modifiziert. Dieses Relief wird stets auf den Meeresspiegel bezogen, eine Fläche, die weitgehend dem Rotationsellipsoid der Erde entspricht. Im Relief der Erde treten zahlreiche geologisch bedeutende Merkmale hervor, beispielsweise die Gebirgszüge auf den Kontinenten, große Ebenen oder die Tiefseerinnen. Der Reliefunterschied der festen Erdoberfläche beträgt vom höchsten Gipfel des Himalaja (Mt. Everest, 8 844 m über dem Meeresspiegel) bis zum tiefsten Punkt des Pazifischen Ozeans (Witjas-Tiefe, 11 034 m unter dem Meeresspiegel) nahezu 20 000 m. Obwohl der Himalaja sich als mächtige Gebirgskette auftürmt, beträgt seine Höhe nur einen Bruchteil des mittleren Erdradius von 6 370 km. Dies erklärt, weshalb die Erde vom Weltraum aus betrachtet als ideale Kugel erscheint.

Die Gesteinsabfolge

Wie zahlreiche andere Naturwissenschaften nutzt auch die Geologie Laborexperimente und Computersimulationen, um die an der Erdoberfläche und im Erdinneren ablaufenden physikalischen und chemischen Vorgänge nachvollziehen zu können. Diese Naturwissenschaft hat jedoch einen eigenen Arbeitsstil und eine besondere Betrachtungsweise. Geologie ist Wissenschaft in freier Natur, das heißt, sie ist auf Beobachtungen und Experimente begründet, die im Gelände und mit Methoden der Fernerkundung wie etwa Satellitendaten durchgeführt werden. Geologen vergleichen vor allem direkte Geländebeobachtungen mit dem, was sie aus der Gesteinsabfolge ableiten. Gesteine sind gewissermaßen Urkunden, die zu sehr unterschiedlichen Zeiten und unter sehr verschiedenartigen Bedingungen innerhalb der langen Geschichte der Erde entstanden sind.

Bereits im 18. Jahrhundert stellte der schottische Arzt und Geologe James Hutton ein Grundprinzip der Geologie auf, das kurz zusammengefasst besagt, dass die Gegenwart der Schlüssel zur Vergangenheit ist. Dieses wesentliche Arbeitsprinzip der Geologie wird heute als Aktualismus (engl. *principle of uniformitarianism*) bezeichnet. Demzufolge haben geologische Prozesse, die auch derzeit ablaufen und die Oberfläche der Erde verändern, in weitgehend vergleichbarer Weise schon in der geologischen Vergangenheit gewirkt.

Das Aktualitätsprinzip bedeutet jedoch nicht, dass alle geologischen Prozesse langsam ablaufen. Ein großer Meteorit, der auf der Erde aufschlägt, kann in wenigen Sekunden einen großen Krater hinterlassen, genauso rasch kann ein Vulkan seinen Gipfel wegsprengen und bei einem Erdbeben kann eine Störung im Untergrund aufreißen. Andere Prozesse laufen langsamer ab. Das Auseinanderdriften von Kontinenten, die Heraushebung und Abtragung von Gebirgen oder auch die Ablagerung mächtiger Sedimentmassen durch Flüsse erfolgt im Verlauf vieler Jahrmillionen. Geologische Prozesse laufen sowohl

Porträt

Hutton, *James*, schottischer Naturforscher und Geologe, *3.6.1726 Edinburgh, † 26.3.1797 Edinburgh; Privatgelehrter, gehört zu den Begründern der wissenschaftlichen Geologie, des Aktualismus und des Plutonismus, der im Gegensatz zum Neptunismus die wesentlichen Gestaltungskräfte der Erde (z. B. Entstehung der Gesteine, Gebirgsbildung, Vulkanismus) auf Veränderungen im Erdinnern (durch ein „Zentralfeuer") zurückführt; machte den Zusammenhang zwischen Luftfeuchtigkeit und Lufttemperatur für die Entstehung von Niederschlägen verantwortlich. Hauptwerk *Theory of the Earth*, 2 Bände, 1788–1795.

Geologische Prozesse können sich über viele Jahrtausende hinziehen, aber auch mit verblüffender Geschwindigkeit ablaufen. Grand Canyon (oben) und Meteoritenkrater in Arizona (unten).

räumlich als auch zeitlich in einem außerordentlich weiten Bereich ab.

Das Aktualitätsprinzip besagt auch nicht, dass wir geologische Prozesse immer unmittelbar beobachten müssen, um zu wissen, dass sie für das heutige System Erde von Bedeutung sind. In historischer Zeit erlebte die Menschheit keinen Einschlag eines großen Meteoriten, dennoch wissen wir, dass es in der geologischen Vergangenheit mehrfach solche Einschläge gegeben hat und in der Zukunft auch geben wird. Dasselbe gilt für große Vulkanausbrüche, die Flächen von der Größe des US-Bundesstaates Texas mit Lava überdeckten, und deren gleichzeitig geförderte Gase die Atmosphäre weltweit vergiftet haben. Die gesamte Erdgeschichte ist durch zahlreiche extreme, wenngleich selten auftretende Ereignisse gekennzeichnet, die zu raschen Veränderungen des Systems Erde geführt haben.

Seit Huttons Zeiten beobachten Geologen die in der Natur ablaufenden Prozesse und nutzen das Aktualitätsprinzip, um Erscheinungen zu deuten, die in den älteren Schichtenfolgen überliefert sind. Huttons Konzept ist jedoch für die Fragen der modernen Geologie zu eng gefasst. Sie muss sich mit der Erdgeschichte als Ganzes auseinandersetzen, die vor mehr als 4,5 Milliarden Jahren begann.

Der Schalenbau der Erde

Die Philosophen des Altertums unterteilten das Universum in zwei Bereiche: oben befand sich der Olymp, der Sitz der Götter, und unten der Hades, die Unterwelt. Der Himmel war durchsichtig und hell, und sie konnten die Sterne beobachten und den Bahnen der Planeten folgen. Stellenweise bebte die Erde und heiße Lava floss aus. Sicherlich geschah im Untergrund etwas Schreckliches. Doch das Innere der Erde lag im Dunkeln und war der menschlichen Beobachtung unzugänglich.

So blieb es bis vor etwa einem Jahrhundert, als die Geowissenschaftler mit der Erforschung des Erdinneren begannen, indem sie die bei Erdbeben entstehenden seismischen Wellen aufzeichneten und interpretierten. Ein Erdbeben tritt auf, wenn geologische Kräfte dazu führen, dass unter Druck geratene spröde Gesteine durch Bruch nachgeben und dabei Schwingungen entstehen, wie sie auch beim Zerbrechen von Eis auf Flüssen auftreten. Diese seismischen Wellen (griech. *seismos* = Erschütterung) durchlaufen das Erdinnere und können mit Seismographen aufgezeichnet werden – hochempfindlichen Geräten, mit deren Hilfe sich Geophysiker ein Bild vom Erdinneren machen können, etwa so wie sich Ärzte mit Ultraschall oder der Computertomographie ein Bild vom Inneren des Körpers machen. Als im 19. Jahrhundert das erste weltweite Netz von seismischen Instrumenten installiert war, entdeckten die Geophysiker, dass die Erde aus konzentrisch angeordneten Schalen unterschiedlicher Zusammensetzung aufgebaut ist, jeweils getrennt durch scharfe, nahezu konzentrisch verlaufende Grenzflächen (vgl. Schalen-/Krustenmodell der Erde auf S. 7).

Die Dichte der Erde

Erste Hinweise auf einen Schalenbau der Erde wurden Ende des 19. Jahrhunderts von dem in Göttingen lehrenden Physiker Emil Wiechert veröffentlicht, noch ehe in größerem Umfang seismische

Porträt

Wiechert, Johann Emil, deutscher Physiker und Geophysiker, *26.12.1861 Tilsit, †19.3. 1928 Göttingen; ab 1898 Professor in Göttingen und Direktor an dem von ihm errichteten geophysikalischen Institut; Arbeiten zur Optik, über Röntgen- und Kathodenstrahlen; Begründer der modernen Erdbebenkunde, der seismischen Aufschlussmethoden für das Erdinnere und für praktische Zwecke (mit künstlichen Erdbebenwellen, z. B. zur Erkundung von Lagerstätten) und der Erforschung der hohen atmosphärischen Schichten durch Schallwellen (Luftseismik); konstruierte 1903 einen Pendelseismographen (Wiechert-Pendel). Nach ihm und seinem Schüler Beno Gutenberg ist die Gutenberg-Wiechert-Diskontinuität, eine Unstetigkeitsfläche zwischen Erdmantel und -kern, benannt.

Porträt

Newton, *Sir Isaac*, englischer Physiker, Mathematiker und Astronom, *4.1.1643 Woolsthorpe, †31.3.1727 Kensington; studierte 1661–1664 am Trinity College in London, 1669–1701 Professor für Mathematik in Cambridge, 1703–1727 Präsident der Royal Society. Newton gilt als Begründer der klassischen Theoretischen Physik. Seine größten Leistungen waren die Aufstellung eines in sich geschlossenen Systems der Mechanik (nach ihm ist die Einheit der Kraft, das Newton, benannt) und die Entdeckung der Gravitation, der allgemeinen Massenanziehung, die in der Aufstellung des Newtonschen Gravitationsgesetzes (1666) und der quantitativen Deutung der Keplerschen Gesetze für die Planetenbahnen gipfelte und auf die die gesamte Himmelsmechanik aufbaut. Newton konstruierte 1668 ein Spiegelteleskop (Newton-Teleskop). Seine Gravitationstheorie, nach der die Erde die Form eines an den Polen und nicht am Äquator abgeplatteten Rotationsellipsoids haben müsste, wurde nach langem Streit durch die Gradmessung des französischen Mathematikers und Physikers Pierre Louis Moreau Maupertuis (1698–1759) in Lappland 1736–1737 bestätigt.

Daten zur Verfügung standen. Er wollte wissen, warum unser Planet ein so hohes Gewicht – oder richtiger – eine so hohe Dichte besitzt. Die Dichte eines Materials ist sehr einfach zu ermitteln. Man bestimmt mit einer Waage dessen Gewicht und dividiert es durch das Volumen. Der häufig als Werkstein verwendete Granit hat beispielsweise eine Dichte von etwa 2,7 g/cm^3. Die Bestimmung der Dichte der gesamten Erde ist etwas schwieriger. Bereits Eratosthenes hat 250 v. Chr. gezeigt, wie das Volumen der Erde bestimmt werden könnte. Etwa um das Jahr 1680 löste der große englische Naturwissenschaftler Isaac Newton das Problem, indem er die Gesamtmasse der Erde mithilfe der Schwerkraft berechnete. Die sorgfältige Ausgestaltung der Laborexperimente zur Eichung von Newtons Gravitationsgesetz wurde von dem Engländer Henry Cavendish übernommen. Im Jahre 1798 berechnete er einen Wert für die mittlere Dichte der Erde von 5,5 g/cm^3, was etwa der doppelten Dichte des Granits entsprach.

Wiechert zerbrach sich den Kopf. Er wusste, dass ein ausschließlich aus silicatischem Gesteinsmaterial aufgebauter Planet keine so hohe Dichte haben konnte. Einige eisenreiche Gesteine, die von Vulkanen stammen, erreichen zwar eine Dichte von 3,5 g/cm^3, jedoch kein normales Gestein reichte an den von Cavendish berechneten Wert heran. Außerdem war ihm bekannt, dass mit zunehmender Erdtiefe aufgrund des Gewichts der überlagernden Gesteine auch der Druck zunimmt. Durch den höheren Druck verringert sich das Volumen und die Dichte nimmt zu. Wiechert erkannte jedoch, dass die Wirkung des Drucks nicht ausreichte, um die von Cavendish berechnete Dichte erklären zu können.

Erdmantel und Erdkern

Beim Nachdenken darüber, welche Verhältnisse tatsächlich unter der Erdoberfläche herrschten, wandte sich Wiechert dem Sonnensystem und vor allem den Meteoriten zu – Bruchstücken des Sonnensystems, die auf die Erde gelangten. Er wusste, dass manche Meteoriten aus einem Gemisch zweier Schwermetalle bestehen, aus Eisen und Nickel, und daher Dichtewerte bis zu 8 g/cm^3 erreichen. Außerdem war ihm bekannt, dass diese beiden Elemente im Sonnensystem vergleichsweise häufig sind. Im Jahre 1896 stellte er seine geniale Hypothese auf: Irgendwann in der Frühzeit der Erde war der größte Teil des Eisens und Nickels unter dem Einfluss der Schwerkraft in schmelzflüssigem Zustand nach unten gesunken und hatte sich um den Erdmittelpunkt konzentriert. Dies führte zur Bildung eines Erdkerns von sehr hoher Dichte, umgeben von einer Schale aus silicatischem Gesteinsmaterial, die er als Erdmantel bezeichnete. Mit dieser Hypothese postulierte er ein aus zwei Schalen bestehendes Modell der Erde, dessen mittlere Dichte dem von Cavendish bestimmten Wert entsprach. Außerdem konnte er damit die Existenz der Eisen-Nickel-Meteorite erklären: sie waren mutmaßlich Bruchstücke vom Kern eines oder mehrerer erdähnlicher Planeten, die auseinandergebrochen waren, am wahrscheinlichsten bei der Kollision mit anderen Planeten.

Wiechert testete unermüdlich seine Hypothese unter Verwendung der Erdbebenwellen, die von einem inzwischen installierten weltweiten Netz von Seismographen aufgezeichnet wurden; einen dieser Seismographen hatte er sogar selbst entwickelt. Die ersten Ergebnisse zeigten schemenhaft eine innere Masse, die er als Erdkern deutete, jedoch hatte er Probleme mit der Identifizierung einiger seismischer Wellen. Seismische Wellen treten in zwei grundlegenden Formen auf: einmal als Longitudinalwellen (Kompressionswellen), bei denen die Bodenteilchen in Fortpflanzungsrichtung schwingen und die sich sowohl in Festkörpern als auch in Flüssigkeiten und Gasen ausbreiten, und zum anderen als Transversalwellen (Scherwellen), bei denen die Bodenteilchen in einer Ebene senkrecht zur Fortpflanzungsrichtung schwingen. Scherwellen können sich nur in Festkörpern ausbreiten, die den Scherbewegungen einen Widerstand entgegensetzen, nicht jedoch in Fluiden wie etwa Luft oder Wasser, die gegen diese Art von Bewegung keinen Widerstand leisten.

Im Jahre 1906 war der britische Seismologe Robert Oldham (1858–1936) erstmals in der Lage, die von den seismischen Wellen durchlaufenen Bahnen zu trennen und er konnte dabei zeigen, dass Scherwellen den Erdkern nicht durchlaufen. Also musste der Erdkern zumindest in seinem äußeren Teil flüssig sein. Dies erwies sich bei genauer Betrachtung als nicht allzu überraschend. Eisen schmilzt bei niedrigeren Temperaturen als Silicatminerale, nur deshalb können die Metallurgen Tiegel aus keramischen Massen verwenden, um geschmolzenes Eisen flüssig zu halten. Die Temperatur im Erdinneren ist hoch genug, sodass eine Eisen-Nickel-Legierung schmilzt, nicht aber Silicatgesteine. Beno Gutenberg, ein Schüler Wiecherts, bestätigte Oldhams Beobachtungen, dass der äußere Bereich des Erdkerns flüssig sein müsste, und schließlich konnte er im Jahre 1914 nachweisen, dass die Grenze Kern/Mantel (Gutenberg-Diskontinuität) in einer Tiefe von knapp 2 900 km liegt.

Erdkruste

Bereits fünf Jahre zuvor hatte ein kroatischer Seismologe unter dem europäischen Kontinent eine weitere Grenzfläche in einer Tiefe von etwa 40 km nachgewiesen. Diese Grenzfläche, die nach ihrem Entdecker als Mohorovičić-Diskontinuität (kurz „Moho") bezeichnet

Was ist eigentlich ...

Gutenberg-Diskontinuität, Gutenberg-Wiechert-Diskontinuität, Unstetigkeitsfläche, die die Grenze zwischen Erdmantel und Erdkern in etwa 2 900 km Tiefe bildet; benannt nach Beno Gutenberg und seinem Lehrer Johann Emil Wiechert.

Porträt

Mohorovičić, *Andrija,* jugoslawischer Geophysiker, *23.1. 1857 Volosko, †18.12.1936 Zagreb; ab 1882 Professor in Bakar, ab 1891 in Zagreb und Direktor der dortigen Landesanstalt für Meteorologie und Geodynamik; bekannt durch die 1910 von ihm entdeckte Mohorovičić-Diskontinuität.

wurde, trennt die Erdkruste aus Silicaten geringer Dichte und einem hohen Gehalt an Aluminium und Kalium von den dichteren Mantelgesteinen, die dagegen mehr Magnesium und Eisen enthalten.

Wie die Kern/Mantel-Grenze ist auch die Mohorovičić-Diskontinuität weltweit verbreitet. Unter den Ozeanen liegt sie jedoch in wesentlich geringerer Tiefe als unter den Kontinenten. Global betrachtet beträgt die Mächtigkeit der ozeanischen Kruste lediglich etwa 7 km, verglichen mit den fast 40 km unter den Kontinenten. Außerdem enthalten die Gesteine der ozeanischen Kruste mehr Eisen und besitzen daher eine höhere Dichte als die Gesteine der kontinentalen Kruste. Weil die kontinentale Kruste zwar mächtiger ist, aber eine geringere Dichte hat als die ozeanische Kruste, ragen die Kontinente nach oben und treiben wie Flöße auf dem dichteren Erdmantel, ähnlich wie Eisberge auf den Ozeanen. Der Auftrieb der kontinentalen Kruste erklärt das auffallendste Merkmal der Erdoberfläche, nämlich warum es nur zwei Gruppen von Höhenstufen gibt – der größte Teil der Festlandsflächen liegt 0–1 000 m über dem Meeresspiegel und der größte Teil der Tiefsee liegt 4 000–5 000 m unter dem Meeresspiegel.

Da Transversalwellen sowohl den Erdmantel als auch die Erdkruste durchlaufen, müssen beide aus Festgesteinen bestehen. Wie aber können Kontinente auf festem Gestein schwimmen? Über kurze Zeiträume von Sekunden oder Jahren betrachtet sind Gesteine fest und reagieren starr, doch über längere Zeiträume von Jahrtausenden oder Jahrmillionen hinweg verhalten sie sich plastisch. Über sehr lange Zeitspannen betrachtet besitzt der Erdmantel ab einer Tiefe über etwa 100 km nur eine geringe Festigkeit und reagiert, wenn er das Gewicht eines Kontinents oder Gebirges zu tragen hat, durch plastisches Fließen.

Kontinente „schwimmen" deshalb, weil die Dichte ihrer Gesteine geringer ist als die Dichte des Mantels oder der ozeanischen Kruste.

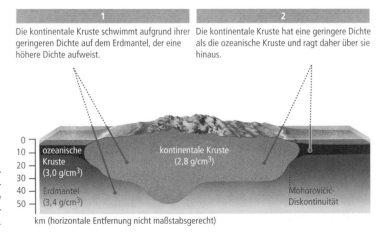

Die kontinentale Kruste schwimmt aufgrund ihrer geringeren Dichte auf dem Erdmantel, der eine höhere Dichte aufweist.

Die kontinentale Kruste hat eine geringere Dichte als die ozeanische Kruste und ragt daher über sie hinaus.

km (horizontale Entfernung nicht maßstabsgerecht)

Innerer Kern

Da der Erdmantel fest und der Erdkern flüssig ist, reflektiert die Kern/Mantel-Grenze seismische Wellen in gleicher Weise wie ein Spiegel Lichtwellen reflektiert. Im Jahre 1936 entdeckte die dänische Seismologin Inge Lehmann in einer Tiefe von 5 150 km eine weitere Grenzfläche als Hinweis auf eine zentral liegende Masse mit einer höheren Dichte als die des flüssigen Erdkerns. Spätere Untersuchungen zeigten, dass sich in diesem „Inneren Kern" sowohl Longitudinal- als auch Transversalwellen ausbreiten. Die am besten passende Schlussfolgerung war, dass der Innere Kern aus einer metallischen Kugel mit einem Radius von etwa 1 220 km besteht – das entspricht etwa 2/3 der Größe des Mondes –, die gewissermaßen innerhalb des flüssigen Äußeren Kerns schwebt.

Geologen waren verblüfft von der Existenz eines festen Inneren Kerns. Aus anderen Überlegungen war bekannt, dass die Temperaturen mit der Tiefe zunehmen. Entsprechend den derzeit besten Abschätzungen steigt die Temperatur von etwa 3 500 °C an der Kern/Mantel-Grenze auf nahezu 5 000 °C im Zentrum. Falls der Innere Kern wärmer sein sollte, warum war er dann fest, während der Äußere Kern flüssig ist? Dieses Problem wurde schließlich durch Laboruntersuchungen an Eisen-Nickel-Legierungen gelöst. Sie zeigten, dass der feste Zustand im Erdmittelpunkt eher durch hohen Druck als durch niedrige Temperaturen bedingt ist.

Porträt

Lehmann, Inge, dänische Mathematikerin und Seismologin, *13.5.1888 Kopenhagen, †21.2.1993 Kopenhagen. Sie arbeitete auf dem Gebiet der Strahlentheorie; von 1928–1953 Direktorin der Seismologischen Abteilung des Königlichen Geodätischen Instituts. 1936 entdeckte sie anhand von bislang unerklärten Einsätzen in den seismolgischen Registrierungen den inneren Erdkern, der im Gegensatz zum äußeren Erdkern als fest angesehen wird.

Chemische Zusammensetzung der Erdschalen

Mitte des 20. Jahrhunderts waren die wesentlichen Schichten der Erde bekannt – Kruste, Mantel, Äußerer und Innerer Kern, einschließlich einer Anzahl untergeordneter Erscheinungen in deren Internbereich. Man fand beispielsweise, dass der Erdmantel ebenfalls eine Schichtung aufweist und aus einem Oberen und einem Unteren Mantel besteht, getrennt durch eine Übergangszone, in der die Dichte des Gesteins schrittweise zunimmt. Diese Zunahme der Dichte beruht jedoch nicht auf Änderungen der chemischen Zusammensetzung des Gesteins, sondern auf dem mit der Tiefe zunehmenden Druck. Die beiden markantesten Dichtesprünge in dieser Übergangszone liegen in Tiefen von 400 und 650 km, doch sind sie geringer als der Dichteanstieg an der Mohorovičić-Diskontinuität und der Kern/Mantel-Grenze, die durch eine Änderung der chemischen Zusammensetzung zustande kommen.

Geowissenschaftler konnten inzwischen auch nachweisen, dass der Äußere Kern nicht aus einer reinen Eisen-Nickel-Legierung besteht, weil die jeweilige Dichte dieser Metalle höher ist als die beobachtete Dichte des Äußeren Kerns. Etwa 10 Prozent der Masse des Äußeren Kerns müssen aus leichteren Elementen bestehen wie etwa Sauerstoff und Schwefel. Andererseits ist die Dichte des Inneren Kerns geringfügig höher als die des Äußeren Kerns und stimmt mit einer nahezu reinen Eisen-Nickel-Legierung überein.

Durch Kombination zahlreicher Beweislinien erstellten Geowissenschaftler ein Modell der Erde mit ihren unterschiedlichen Schalen. Die Daten umfassen die Zusammensetzung der Krusten- und Mantelgesteine ebenso wie die Zusammensetzung der Meteoriten, die man als Proben von kosmischem Material betrachtet, aus dem Planeten wie die Erde ursprünglich hervorgegangen sind.

Von den mehr als 100 chemischen Elementen bilden acht insgesamt 99 Prozent der gesamten Erdmasse, und ungefähr 90 Prozent der Erde bestehen letztendlich aus nur vier Elementen: Eisen, Sauerstoff, Silicium und Magnesium. Die beiden ersten sind die häufigsten und jedes macht nahezu 1/3 der gesamten Erdmasse aus, ihre Verteilung ist jedoch sehr unterschiedlich. Eisen als das häufigste Element mit hoher Dichte ist überwiegend im Erdkern konzentriert, während Sauerstoff als das leichteste der häufigen Elemente in der Kruste und dem Erdmantel angereichert ist. Die Gesteine der Erdkruste bestehen zu fast 50 Prozent aus Sauerstoff. Dies zeigt, dass die unterschiedliche Zusammensetzung der einzelnen Schalen im Wesentlichen die Folge einer gravitativen Differenziation ist.

Was ist eigentlich ...

Differenziation, Prozess, in dessen Verlauf durch Erwärmung, Abkühlung und Gravitation die Bestandteile des Planeten Erde getrennt wurden, sodass ein konzentrischer Schalenbau entstand, dessen Schalen sich chemisch und physikalisch unterscheiden.

Die Erde als System interagierender Komponenten

Die Erde ist ein ruheloser Planet, durch Ereignisse wie Erdbeben, Vulkanismus und Zeiten der Vereisung unterliegt sie ständigen Veränderungen. Diese Prozesse werden durch zwei „Wärmekraftmaschinen" angetrieben: einer inneren und einer äußeren. Eine Wärmekraftmaschine – beispielsweise der Verbrennungsmotor eines Kraftfahrzeugs – verwandelt Wärmeenergie in mechanische Bewegung oder Arbeit. Die innere Wärmekraftmaschine der Erde wird durch die Wärmeenergie angetrieben, die während der Entstehung der Erde gespeichert worden ist. Hinzu kommt die Wärmeproduktion durch radioaktiven Zerfall im Erdinneren. Die innere Wärmekraftmaschine treibt die Bewegungen im Erdmantel und Erdkern an und liefert dabei die Energie für das Aufschmelzen von Gesteinen, für die Bewegung der Lithosphärenplatten und für die Heraushebung der Gebirge.

Die äußere Wärmekraftmaschine ist identisch mit der Sonnenenergie – Wärme, die von der Sonne auf die Erdoberfläche abgestrahlt wird. Sie erwärmt Atmosphäre und Ozeane und ist verantwortlich für Wet-

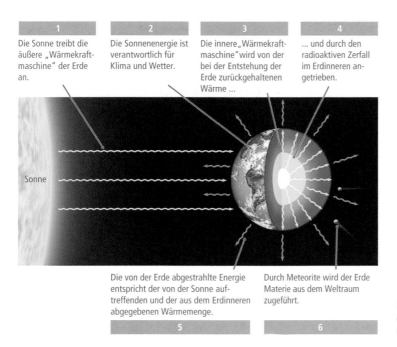

1 Die Sonne treibt die äußere „Wärmekraftmaschine" der Erde an.

2 Die Sonnenenergie ist verantwortlich für Klima und Wetter.

3 Die innere „Wärmekraftmaschine" wird von der bei der Entstehung der Erde zurückgehaltenen Wärme ...

4 ... und durch den radioaktiven Zerfall im Erdinneren angetrieben.

Sonne

Die von der Erde abgestrahlte Energie entspricht der von der Sonne auftreffenden und der aus dem Erdinneren abgegebenen Wärmemenge.

5

Durch Meteorite wird der Erde Materie aus dem Weltraum zugeführt.

6

Die Erde ist ein offenes System, das Energie und Materie mit seiner Umgebung austauscht.

ter und Klima. Regen, Wind und Eis erodieren Gebirge und formen die Landschaft, und die Morphologie der Landschaft beeinflusst wiederum das Klima.

All diese Komponenten unseres Planeten und all ihre Wechselwirkungen zusammengenommen bilden das System Erde. Obwohl Geowissenschaftler schon lange Zeit von natürlichen Systemen ausgegangen sind, besaßen sie erst gegen Ende des 20. Jahrhunderts das notwendige Rüstzeug, mit dessen Hilfe sie untersuchen konnten, wie das System Erde tatsächlich funktioniert. Ein Netzwerk von Instrumenten und Satelliten in Erdumlaufbahnen sammelt heute in globalem Maßstab Informationen über das System Erde, und leistungsstarke Rechner berechnen modellhaft den innerhalb des Systems ablaufenden Massen- und Energietransfer.

Die Erde ist gewissermaßen ein offenes System, weil sie Masse und Energie mit dem restlichen Kosmos austauscht. Strahlungsenergie von der Sonne ist die treibende Kraft der Verwitterung und Erosion auf der Erdoberfläche, aber auch des Pflanzenwachstums als der Grundlage nahezu aller lebenden Organismen. Unser Klima wird beeinflusst vom Gleichgewicht zwischen der von der Sonne an das System Erde abgegebenen und der von der Erde in den Weltraum zurückgestrahlten Energie. Derzeit ist der Stoffaustausch zwischen Erde und Weltraum vergleichsweise gering – lediglich eine Million Tonnen Meteoriten schlagen pro Jahr auf der Erde auf. In der Frühzeit unseres Sonnensystems war der Massentransfer jedoch weitaus größer.

Obwohl wir die Erde als Gesamtsystem betrachten, ist es eine Herausforderung, das System als Ganzes zu untersuchen. Einfacher ist es, die Aufmerksamkeit auf Teilsysteme zu richten, die wir verstehen wollen. Spezielle Teilsysteme, die bestimmte Formen terrestrischer Verhaltensweisen beschreiben, wie etwa Klimaveränderungen oder Gebirgsbildung, werden als Geosysteme bezeichnet. Die Bezeichnung System Erde kann als Sammelbegriff für all diese offenen, interagierenden und sich gelegentlich auch überlappenden Geosysteme betrachtet werden.

Im Folgenden werden drei wichtige Geosysteme vorgestellt, die in globalem Ausmaß arbeiten: das System Klima, das System Plattentektonik und das System Geodynamo.

System Klima

Zum Weiterlesen

Drei Meteorologen beschreiben das am Ende des 20. Jahrhunderts erreichte Know-how in der Vorhersage von Wetter und Klima: K. Balzer, W. Enke, W. Wehry *Wettervorhersage: Mensch und Computer, Daten und Modelle* (2003).

Die an einem bestimmten Ort und zu einer bestimmten Zeit auf der Erdoberfläche herrschenden Temperaturen, die Niederschläge, Wolkenbedeckung und Winde, ganz allgemein, den augenblicklichen Zustand der Atmosphäre bezeichnen wir als Wetter. Wir alle wissen, wie unterschiedlich das Wetter sein kann – an einem Tag schwülheiß, am folgenden Tag kalt und regnerisch, jeweils in Abhängigkeit von der Dynamik der Warm- und Kaltfronten der Hoch- und Tiefdrucksysteme sowie anderen atmosphärischen Bewegungen. Weil die Atmosphäre so komplex ist, ist es selbst für Meteorologen schwierig, eine Wetterprognose über vier oder fünf Tage hinaus zu erstellen. Wir können jedoch in groben Zügen abschätzen wie sich unser Wetter in etwas fernerer Zukunft entwickeln wird, weil das vorherrschende Wetter in erster Linie von den jahreszeitlichen und täglichen Veränderungen der Zufuhr von Sonnenenergie bestimmt wird: die Sommer sind heiß, die Winter kalt, am Tag ist es wärmer, die Nächte sind kühler. Beobachtet man diese Wetterelemente, die Temperatur, aber auch die anderen Variablen wie Niederschläge über einen längeren Zeitraum hinweg, so können daraus Regelmäßigkeiten abgeleitet werden, die wir als Klima bezeichnen. Eine vollständige Beschreibung des Klimas enthält über die Temperaturmittelwerte

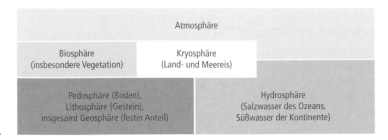

Schema des Klimasystems.

hinaus auch Angaben über Extremwerte der Temperatur, die jeweils pro Monat in einem bestimmten Gebiet gemessen wurden.

Das System Klima umfasst diejenigen Komponenten des Systems Erde, die im globalen Maßstab das Klima und seine Veränderung im Laufe der Zeit bestimmen. Anders ausgedrückt beschreibt das System Klima neben dem Verhalten der Atmosphäre auch, wie das Klima von der Hydrosphäre, Kryosphäre, Biosphäre und Lithosphäre beeinflusst wird.

Wenn die Sonne die Erdoberfläche erwärmt, wird ein gewisser Teil der Wärme durch Wasserdampf, Kohlendioxid und andere Gase in der Atmosphäre festgehalten, so wie etwa Wärmestrahlung durch das Glas in Gewächshäusern zurückgehalten wird. Dieser Treibhauseffekt erklärt, weshalb auf der Erde ein angenehmes Klima herrscht, das ein Leben erst ermöglicht. Würde die Atmosphäre keine Treibhausgase enthalten, entwiche ein Großteil der Wärme in den Weltraum und ihre Oberfläche wäre ein gefrorener Festkörper. Daher spielen Treibhausgase, vor allem das Kohlendioxid, eine wichtige Rolle für die Regulierung des Klimas. Die Konzentration des Kohlendioxids in der Atmosphäre ergibt sich – ganz grob – aus dem Gleichgewicht zwischen der aus dem Erdinneren bei Vulkaneruptionen freigesetzten und der bei der Verwitterung der Silicatgesteine gebundenen Menge. Auf diese Weise wird das System Klima durch Interaktionen mit der festen Erde gesteuert.

Um diese Formen von Wechselwirkungen zu verstehen, entwickelten Wissenschaftler auf Großrechnern numerische Modelle – virtuelle Klimasysteme – und vergleichen die Ergebnisse ihrer Rechnersimulationen mit den beobachteten Daten. Sie hoffen, diese Modelle durch zusätzliche Beobachtungen weiter zu verbessern, sodass sie exakt vorhersagen können, wie sich das Klima in der Zukunft verändern wird. Eine besondere Herausforderung besteht darin, die globale Erwärmung und ihre Folgen abzuschätzen, die durch die anthropogene Emission von Kohlendioxid und anderen Treibhausgasen ausgelöst werden könnte. Ein Teil der öffentlichen Diskussion bezüglich einer globalen Erwärmung konzentriert sich auf die Genauigkeit der Computerprognosen. Skeptiker argumentieren, dass selbst die hoch entwickelten Rechnermodelle unzuverlässig sind, weil zahlreiche Erscheinungen des realen Systems Erde nicht berücksichtigt werden.

System Plattentektonik

Einige der aufregendsten geologischen Ereignisse – beispielsweise Vulkanausbrüche und Erdbeben – sind ebenfalls eine Folge von Wechselwirkungen innerhalb des Systems Erde. Diese Erscheinungen werden von der Wärme im Erdinneren angetrieben, die durch den Materialkreislauf im festen Erdmantel nach außen gelangt.

Was ist eigentlich ...

Bauernregeln, empirische Wetter- bzw. Witterungsregeln, meist in Reimform, die aus dem jahrhundertealten Erfahrungsschatz von in der Landwirtschaft tätigen Menschen stammen. Der Begriff Bauernregel taucht erstmals 1505 auf. Vorläufer der Bauernregeln hat es bereits in der Antike (Rom, Griechenland) gegeben. Bauernregeln lassen sich in folgende Kategorien unterteilen: a) Wetterregeln, die relativ kurzfristig (Stunden, Tage) aus Himmelserscheinungen auf den weiteren Wetterverlauf zu schließen versuchen; b) Witterungsregeln, die aus dem vergangenen bzw. gegenwärtigen Wetter (sog. Lostage) für längere Zeit (Wochen) Prognosen ableiten (z. B. Siebenschläfer); c) Witterungsregelfälle, die Erwartungen über die im Jahresablauf mehr oder weniger regelmäßig eintretende Witterung zum Ausdruck bringen; d) Tier- und Pflanzenregeln, bei denen aus dortigen Phänomenen auf die künftige Witterung geschlossen wird und e) Ernteregeln, die aus dem Witterungsablauf Folgerungen für den bevorstehenden Ernteertrag ziehen. Beispiel einer Wetterregel: „Morgenrot – Schlechtwetter droht, Abendrot – Gutwetterbot".

Wir haben gesehen, dass die Erde von der chemischen Zusammensetzung her einen Zonarbau zeigt: Kruste, Mantel und Kern sind chemisch gesehen völlig unterschiedlich aufgebaut. Aber auch von der Festigkeit her zeigt die Erde diesen Zonarbau. Festigkeit ist eine Eigenschaft, die angibt, wie ein Stoff der Deformation Widerstand entgegensetzt; sie ist abhängig von der chemischen Zusammensetzung (Ziegelsteine sind fest, Seifenstücke sind weich) und der Temperatur (kaltes Wachs ist fest, warmes Wachs ist weich). In gewisser Weise verhält sich der äußere Teil der festen Erde wie eine Kugel aus weichem Wachs. Durch die Abkühlung entsteht die feste äußere Schale oder Lithosphäre (griech. *lithos* = Stein), die eine heiße, plastisch reagierende Asthenosphäre (griech. *asthenos* = weich) umhüllt. Die Lithosphäre umfasst die Kruste und den Oberen Mantel bis zu einer mittleren Tiefe von ungefähr 100 km. Wenn Kräfte auf sie einwirken, verhält sich die Lithosphäre wie eine starre spröde Schale, während sich die darunter liegende Asthenosphäre wie ein verformbarer oder duktiler Festkörper verhält.

Entsprechend der Theorie der Plattentektonik ist die Lithosphäre keine durchgehende Schale, sondern ist in etwa ein Dutzend großer Platten zerbrochen, die sich mit Geschwindigkeiten von wenigen Zentimetern pro Jahr über die Erdoberfläche hinwegbewegen (siehe Abbildung auf Seite 8/9). Jede Platte bildet eine eigenständige starre Einheit, die auf der Asthenosphäre schwimmt, die ihrerseits in Bewe-

---

■ Geschichte der Plattentektonik ■

Die zueinander passenden atlantischen Küstenlinien Afrikas und beider Amerikas hatten schon vor dem 20. Jahrhundert angeregt, ursprüngliche Zusammenhänge dieser Kontinente zu konstruieren. Alfred Wegener (1880–1930) stellte 1912 seine Vorstellungen zu der bis in die Gegenwart andauernden Kontinentaldrift (Kontinentalverschiebungstheorie) dar, wobei er geologische Befunde, besonders die auf allen Südkontinenten verbreiteten Ablagerungen einer permo-karbonischen Eiszeit (ca. 320–280 Mio. Jahre), in die Betrachtung einbezog. Mit der Einengungstektonik junger Gebirge befasste Geologen erkannten, dass weite Horizontaltransporte kontinentaler Krustenmassen zur Erklärung der Strukturen notwendig waren. Doch erst mit Beginn der Sechzigerjahre des vergangenen Jahrhunderts brachte die vor allem in den USA vorangetriebene Erforschung der Ozeanböden den Durchbruch. Verschiedene Autoren führten Anfang der 1960er-Jahre die Kontinentalverschiebung auf die Ausweitung der Ozeanböden zwischen den Kontinenten zurück, die im Bereich der Mittelozeanischen Rücken durch Neubildung ozeanischer Kruste ihren Ursprung haben sollte. Sie postulierten, dass die ozeanische Lithosphäre an den ozeanischen Tiefseerinnen wieder zurück in den Mantel sinkt. Man entdeckte, dass das auf allen Ozeanböden registrierte Streifenmuster magnetischer Anomalien symmetrisch zu den Mittelozeanischen Rücken entwickelt ist und dass die Datierung der Anomalien gestattet, das Alter der ozeanischen Kruste zu bestimmen. Die tektonischen Strukturen, namentlich die Transform-Störungen der Ozeanböden wurden 1965 geklärt, die Plattengeometrie und -kinematik 1967. 1968 wurde das Bild durch Einbindung der wesentlichen seismischen Phänomene vervollständigt. Die damit weitgehend formulierte Theorie erfuhr noch weitere Ergänzungen und Bestätigungen durch die Petrologie, die Magmenentstehung und Gesteinsmetamorphose in diese Zusammenhänge stellte, und schließlich auch durch die Paläontologie, die mithilfe von auseinanderdriftenden und wieder andockenden Kontinenten die Probleme der Faunenwanderungen lösen konnte. Viele Detailprobleme sind heute noch offen.

gung ist. Die Lithosphäre, aus der eine Platte besteht, kann in vulkanisch aktiven Gebieten lediglich einige Kilometer mächtig sein, unter älteren kühleren Bereichen eines Kontinents erreicht sie Mächtigkeiten von 200 km und mehr. Die Entdeckung der Plattentektonik in den Sechzigerjahren des vergangenen Jahrhunderts lieferte den Wissenschaftlern erstmals eine einheitliche Theorie, um die weltweite Verteilung von Erdbeben und Vulkanen, die Kontinentaldrift, Gebirgsbildung sowie zahlreiche weitere Erscheinungen zu erklären.

Warum bewegen sich die Platten über die Erdoberfläche hinweg, anstatt sich zu einer völlig starren Schale zusammenzuschließen? Die Kräfte, die die Platten an der Erdoberfläche ziehen und schieben, stammen von der Wärmekraftmaschine im Erdmantel. Angetrieben von der Wärme im Erdinneren steigt dort, wo sich Platten trennen, heißes Mantelmaterial nach oben. Wenn die Platten sich voneinander wegbewegen, kühlt die Lithosphäre ab, reagiert dadurch starr und sinkt schließlich an Grenzen, an denen Platten konvergieren, unter dem Einfluss der Schwerkraft wieder nach unten. Diesen zyklischen Vorgang, bei dem heißeres Material nach oben steigt und kälteres Material absinkt, bezeichnet man als Konvektion. Wir wissen, dass die Fließgeschwindigkeit in duktilen Festkörpern geringer ist als in fluiden Phasen, weil selbst sich plastisch verhaltende Festkörper wie etwa Wachs oder Weichkaramell der Deformation einen größeren Widerstand entgegensetzen als normale Flüssigkeiten wie etwa Wasser oder Quecksilber.

Der Mantel mit seinen Konvektionsbewegungen und das darüber liegende Mosaik von Lithosphärenplatten bilden zusammen das System Plattentektonik. Wie beim System Klima, das ebenfalls ein breites Spektrum von Konvektionsprozessen in der Atmosphäre und den Ozeanen umfasst, verwenden Wissenschaftler auch für die Erforschung plattentektonischer Vorgänge Computersimulationen. Die errechneten Modelle unterliegen je nach Datenlage einer permanenten Anpassung an den aktuellen Forschungsstand.

System Geodynamo

Das dritte globale Geosystem umfasst Wechselwirkungen, die tief im Erdinneren – im flüssigen Äußeren Erdkern – zur Bildung eines Magnetfelds führen. Dieses Magnetfeld reicht bis weit in den Weltraum hinaus und führt unter anderem dazu, dass eine Kompassnadel nach Norden weist und die Biosphäre vor der schädlichen UV-Strahlung der Sonne geschützt wird. Wenn Gesteine entstehen, werden manche ihrer Minerale durch das Magnetfeld schwach magnetisiert. Aus der Art der Magnetisierung können Geologen rekonstruieren, wie sich das Magnetfeld der Erde in der Vergangenheit verhalten hat

Was ist eigentlich ...

Geodynamo, physikalischer Prozess, der das Magnetfeld der Erde erzeugt (Dynamotheorie).

und sogar den geologischen Werdegang beispielsweise eines Kontinents entschlüsseln.

Das Magnetfeld der Erde verhält sich so, als würde sich ein relativ kleiner, aber sehr starker Stabmagnet in der Nähe des Erdmittelpunkts befinden, der um etwa 11° gegen die Rotationsachse der Erde geneigt ist. Die Feldlinien dieses Magnetfelds weisen am magnetischen Nordpol in Richtung auf das Erdinnere und am magnetischen Südpol nach außen. Eine frei schwingende Kompassnadel richtet sich unter dem Einfluss dieses Magnetfelds in eine Position parallel zu den lokalen Kraftlinien aus, also ungefähr in Nord-Süd-Richtung.

Obwohl ein Permanentmagnet im Erdmittelpunkt die Dipolnatur des beobachteten Magnetfelds erklärt, kann diese Hypothese auf einfache Weise infrage gestellt werden. Laborexperimente zeigen, dass das Feld eines Permanentmagneten zerstört wird, sobald der Magnet über etwa 500 °C, das heißt über den Curie-Punkt hinaus erwärmt wird. Es ist bekannt, dass die Temperatur tief im Erdinneren deutlich über diesem Wert liegt – im Erdmittelpunkt herrschen mehrere Tausend Grad, daher kann dieser Magnetismus nicht erhalten bleiben, es sei denn, er entsteht beständig neu.

Wissenschaftler stellten die Theorie auf, dass die aus dem Erdkern abgegebene Wärme zu Konvektionsströmungen führt, die das Magnetfeld ständig erzeugen und aufrechterhalten. Warum entsteht das Magnetfeld durch Konvektion im Äußeren Kern und nicht durch Konvektionsbewegungen im Erdmantel?

Erstens besteht der Äußere Erdkern überwiegend aus Eisen, einem sehr guten elektrischen Leiter, während silicatische Gesteine eine geringe elektrische Leitfähigkeit besitzen. Zweitens laufen die Konvek-

Was ist eigentlich ...

Curie-Punkt, Formelzeichen T_C, im engeren Sinn die Umwandlungstemperatur einer magnetischen Phasenumwandlung, oberhalb der ein Stoff etwa vorhandene charakteristische magnetische Eigenschaften einbüßt; benannt nach dem französischen Physiker Pierre Curie (1859–1906).

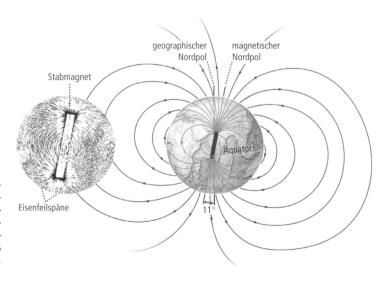

Links: Magnetfeld eines Stabmagneten – hier auf einem Papier durch Eisenfeilspäne sichtbar gemacht. Rechts: Das irdische Magnetfeld gleicht weitgehend dem Magnetfeld eines Stabmagneten.

tionsbewegungen im flüssigen Äußeren Erdkern millionenfach rascher ab als im festen Erdmantel. Diese raschen Bewegungen erzeugen im Eisen elektrische Ströme und bilden auf diese Weise einen Geodynamo mit einem starken Magnetfeld.

Ein Dynamo ist eine Maschine, die mithilfe einer in einem Magnetfeld rotierenden Schleife aus leitendem Material Elektrizität erzeugt. Das Magnetfeld kann von einem Permanentmagneten erzeugt werden oder durch fließenden elektrischen Strom, der durch eine weitere Spule fließt und damit einen Elektromagneten bildet. Die großen Generatoren der Kraftwerke arbeiten mit Elektromagneten (Permanentmagneten sind zu schwach). Die notwendige Energie, um das Magnetfeld aufrechtzuerhalten, stammt aus einem mechanischen Arbeitsvorgang, der die Spule in Rotation versetzt. In den meisten Kraftwerken wird diese Arbeit durch Dampf oder fließendes Wasser verrichtet. Der Geodynamo im Äußeren Erdkern funktioniert nach denselben Grundprinzipien, lediglich die Arbeit wird von Konvektionsbewegungen übernommen, die der inneren Wärme des Erdkerns entstammen. Vergleichbare konvektive Generatoren sind möglicherweise für die Erzeugung der starken Magnetfelder verantwortlich, die beim Planeten Jupiter wie auch bei der Sonne beobachtet wurden.

Seit 400 Jahren ist die Menschheit gewohnt, dass eine Kompassnadel wegen des irdischen Magnetfelds nach Norden zeigt. Man kann sich vorstellen, wie verblüfft die Wissenschaftler waren, als sie vor einigen Jahrzehnten geologische Hinweise fanden, dass das Magnetfeld sich vollständig umpolen kann, das heißt, es kann seinen magnetischen Nordpol mit seinem magnetischen Südpol tauschen, demnach hätte während der halben Erdgeschichte eine Kompassnadel nach Süden gezeigt.

Die magnetischen Feldumkehrungen treten in unregelmäßigen Abständen auf und dauern zwischen einigen Tausend und bis zu Millionen Jahren. Die Vorgänge, die zu solchen Inversionen führen, sind noch weitgehend unbekannt. Rechnermodelle des Geodynamos ergaben sporadisch auftretende Feldinversionen ohne irgendwelche äußeren Einflüsse – also rein durch interne Wechselwirkungen. Diese magnetischen Umpolungen erwiesen sich für Geologen als äußerst interessant, da sie mithilfe der in der geologischen Gesteinsabfolge überlieferten Feldrichtung die Bewegungen der tektonischen Platten rekonstruieren können.

Grundtext aus: John Grotzinger, Thomas H. Jordan, Frank Press, Raymond Siever *Allgemeine Geologie*; Spektrum Akademischer Verlag (amerikanische Originalausgabe: *Understanding Earth*, 5. Aufl.; W. H. Freeman; übersetzt von Volker Schweizer).

Nach der großen Flut

Beben, Sturmfluten, Meteoriten-Einschläge, Klimawandel, globale Seuchen und Hungersnöte bedrohen die Menschheit. War der Tsunami im Indischen Ozean der Anfang eines finsteren Zeitalters?

Harro Albrecht, Frank Drieschner, Robert von Heusinger, Wolfgang Uchatius und Fritz Vorholz

Kann sein, La Palma stürzt ins Meer. Nicht die ganze Insel natürlich, aber doch so an die 500 Milliarden Tonnen Gestein, abgerissen von der instabilen Westflanke des aktiven Vulkans Cumbre Vieja. Die größte Flutwelle in der Geschichte der Menschheit würde dann westwärts rasen, an der amerikanischen Ostküste wäre sie immer noch an die 50 Meter hoch. „Jederzeit", schrieb das Wissenschaftsmagazin *New Scientist*, könne es losgehen. Unter Wissenschaftlern ist das umstritten. Kann auch sein, dass der Vulkan noch einige Millionen Jahre hält. Vielleicht trifft auch ein riesiger Meteorit die Erde. Die Astronomen haben geeignete Kandidaten auf, nein, nicht einem Kollisionskurs, aber doch auf einem bedenklichen Annäherungskurs ausgemacht, Masse und Aufschlagsenergie sind jeweils schon berechnet. Möglich, „dass uns das Problem morgen früh ins Haus steht", behauptet Sir Crispin Tickell, der die Ehre hat, als Mitglied einer britischen Regierungskommission diese Gefahr und mögliche Abwehrmaßnahmen zu untersuchen. Ein Spinner? Die Menschheit, könnte man einwenden, hat derzeit dringendere Sorgen.

Zerbrechende Inseln und Meteoriteneinschläge gehören jener Kategorie „seltener Ereignisse" an, zu der die Wahrscheinlichkeitstheorie zwar Aussagen trifft, aber nur solche, die für Prognosen untauglich sind. Dennoch lassen sich Aussagen über künftige Katastrophen treffen. Sie sind im Großen und Ganzen unerfreulich und besagen, dass wir in den kommenden Jahrzehnten mit mehr und schwereren Unglücken rechnen müssen, als wir es aus den, sagen wir, letzten fünfzig Jahren gewohnt sind. Der Tsunami im Indischen Ozean war wohl nur der Anfang.

Dafür spricht schon der Augenschein. In den vergangenen dreißig Jahren hat sich nach Berechnungen der Münchener Rückversicherung die Zahl der Naturkatastrophen verdreifacht. Dass es so ist und schlimmer kommen dürfte, liegt an einigen auf mittlere Sicht unaufhaltsamen globalen Entwicklungen. Die wichtigsten davon sind

- Bevölkerungswachstum,
- Klimawandel,
- die wachsende Mobilität,
- die wachsende Beweglichkeit des globalisierten Finanzkapitals.

Dicht besiedelte Gebiete sind besonders anfällig für Katastrophen

Im Jahr 1900 besiedelten 1,6 Milliarden Menschen die Erde, 1974 waren es 4 Milliarden, heute sind es mehr als 6 Milliarden, und Mitte des Jahrhunderts werden es um die 9, womöglich gar 12 Milliarden sein. Danach dürfte die Zahl der Menschen wieder kräftig sinken, was nicht unbedingt ein Grund zur Freude ist: Das Phänomen der Überalterung, das sich in Europa ja erst andeutet, dürfte dann mit voller Wucht auch

Länder treffen, in denen die Menschen ihr Dasein bislang noch durch harte körperliche Arbeit fristen.

Ob Bevölkerungswachstum selbst schon eine Katastrophe ist, ist umstritten. Unbestreitbar aber werden dicht besiedelte Zonen der Erde besonders anfällig für Naturkatastrophen aller Art. Denn immer mehr Menschen werden sich an gefährlichen Plätzen niederlassen. Schon heute leben einem neuen „Desaster-Report" der UN zufolge 75 Prozent der Weltbevölkerung in Gebieten, die im Laufe der vergangenen 20 Jahre von Erdbeben, Tropenstürmen, Hochwasser und Dürren heimgesucht wurden. Tropenstürme bedrohen mehr als 500 Millionen Chinesen. Sturmfluten gefährden 160 Millionen Inder. 30 Millionen Japaner wohnen in erdbebengefährdeten Regionen. Und insgesamt zwei Drittel der Weltbevölkerung leben weniger als 50 Kilometer von der nächsten Küste entfernt und sind deshalb sämtlichen Gefahren ausgesetzt, die vom Meer kommen – einschließlich Tsunamis.

Homo sapiens lebt ähnlich wie seine Legehühner

Eigene Risiken verursacht der weltweite Prozess der Verstädterung. Die durchschnittliche Einwohnerzahl der 100 größten Städte stieg von 2,1 Millionen im Jahr 1950 auf heute mehr als 5 Millionen, wobei in Megacitys wie Bombay, Lagos oder Kairo mehr als die Hälfte aller Einwohner in Slums hausen, unter erbärmlichen hygienischen Bedingungen. Naturgewalten wie jene Schlammlawinen, die 1999 an die 30 000 Slumbewohner in Venezuela umbrachten, sind dort womöglich noch die geringsten der Gefahren. Schlimmer sind Erdbeben, die, das weiß man aus Vergleichen etwa zwischen amerikanischen und türkischen Städten, vor allem dort Opfer fordern, wo schnell und billig gebaut wird. Es sei „nur eine Frage der Zeit", bis ein schweres Beben direkt unter einer Millionenstadt mehre-

re Hunderttausend Todesopfer fordert, heißt es bei der Münchener Rück.

Der globale Klimawandel dürfte diese Gefahren vergrößern. Ein UN-Ausschuss hat das Wissen über dessen Folgen zusammengetragen:

- An vielen Küsten wird das Wasser steigen und größere Landstriche als bisher überschwemmen. Meerwasser wird in Süßwasserquellen eindringen, Sturmfluten werden Küsten wegspülen.
- Schon heute leiden 1,7 Milliarden Menschen an Wassermangel; in 30 Jahren werden es etwa 5 Milliarden sein, mehr als die Hälfte der Menschheit.
- Überschwemmungen und Erdrutsche, hervorgerufen durch heftige Regenfälle, bedrohen Siedlungen in weiten Teilen der Welt.
- Hitzebedingte Krankheiten und Todesfälle, seit Sommer 2003 auch in unseren Breiten ein bekanntes Phänomen, werden häufiger. Und mit den Überschwemmungen werden sich Durchfall- und Atemwegserkrankungen ausbreiten, Hunger und Unterernährung sowieso.

Aber den Bewohnern der Megametropolen (und von dort aus der gesamten Menschheit) droht bei weitem Schlimmeres. Würde ein außerirdischer Biologe die Lebensweise des *Homo sapiens* katalogisieren, so dürfte ihm die Ähnlichkeit menschlicher Groß- und Riesenstädte mit den Stall- und Käfiganlagen der Massentierhaltung auffallen: zahllose genetisch fast identische Individuen auf engstem Raum. Wie verheerend ein seltenes Virus in solchen Monokulturen wüten kann, war während der Geflügelpest 2003 in den Niederlanden zu beobachten.

Noch ist die Menschheit ihrem Todesvirus nicht begegnet, aber in entlegenen Dschungelgebieten in Südamerika oder Afrika dürfte es an geeigneten Kandidaten nicht fehlen. Bislang rafften sie allenfalls einmal die Population eines Dorfes dahin, worauf mit seinen toten Wirten auch das Virus wieder verschwand. Doch hungrige Bauern arbeiten sich mit Brandrodung immer weiter durch die Dschungel vor – und hat es das Virus erst einmal bis zum nächsten Flughafen geschafft, ist seine globale Ausbreitung eine Frage weniger Tage.

Das ist der Fluch des modernen Flugverkehrs: Eine Reise um die Welt in 48 Stunden ist ohne weiteres möglich – welches Virus wird das Rennen machen? Ein neuer Influenza-Erreger mit Namen H5N1 ist ein guter Kandidat. In den vergangenen Jahren ist er in Asien aufgetaucht. Bislang stecken Menschen sich nur bei befallenen Tieren an. Schafft H5N1 aber den Sprung von Mensch zu Mensch, erweist er sich zudem als leicht ansteckend und tödlich, dann ist die Katastrophe da – Schätzungen reichen bis zu 28 Millionen Toten.

Immerhin gibt es gegen H5N1 einen ersten Impfstoff. Was ein Keim anrichten könnte, den die Wissenschaft noch nicht kennt, deutete SARS an, die geheimnisvolle Lungenentzündung, die sich Anfang 2003 auf der ganzen Welt verbreitete; das Desaster blieb aus, doch die nächste Weltseuche könnte schlimmer verlaufen.

Ein Mausklick in New York ruft großes Elend hervor

SARS traf, so seltsam es klingt, auf eine ziemlich heile Welt, eine Welt, die sich zu wehren wusste. Das muss nicht immer der Fall sein. Um zu erahnen, wie und wie sehr die Welt aus den Fugen geraten kann, muss man den Blick weg von den Natur- und hin zu den Wirtschaftskatastrophen wenden. Bisweilen reichen ein paar Mausklicks in New York, London oder Tokyo, um Not und Elend zu erzeugen. Dort bilden sich die Preise für das wenige, was die Dorfbewohner südlich der Sahara oder in Zentralasien zu verkaufen haben: Kaffee, Kakao, Baumwolle, Zucker, Getreide. Der Verkauf der Kaffeebohnen beispielsweise ernährt welt-

weit 125 Millionen Menschen, meist Kleinbauern, in fünf Dutzend Ländern. 1997 war der Rohkaffee so teuer wie seit 20 Jahren nicht mehr. Kaum fünf Jahre später war der Preis niedriger als in dem gesamten Jahrhundert zuvor. Die Konsumenten im Norden erkannten das an Preisschildern mit angenehm niedrigen Zahlen, den Menschen im Süden ging es an die Existenz. Allein in Mittelamerika verloren nach Schätzungen der Weltbank 600 000 Kaffeebauern ihren Job. In Honduras hungerten Zehntausende Menschen, Kinder wurden wegen Unterernährung ins Krankenhaus eingeliefert.

Am 2. Juni 1997 starrten die Devisenhändler in New York, Frankfurt, London, Tokyo und Singapur gebannt auf ihre Bildschirme: Der Wechselkurs des thailändischen Baht brach ein. Das war der Beginn der Asienkrise, der größten Wirtschaftskrise seit der Großen Depression in den dreißiger Jahren. In Thailand verdreifachte sich die Arbeitslosenrate, in Indonesien verzehnfachte sie sich. Millionen Menschen, die sich eben noch einer neuen Mittelschicht zurechneten, fragten sich plötzlich wieder, wie sie den Reis für ihre Kinder bezahlen sollten.

Die Schuldenkrise in Lateinamerika 1982, Mexiko 1994, Ostasien 1997/98, Russland 1998, Brasilien 1999, Argentinien 2001/02: Nie waren so viele Länder der Welt in das globale Finanzsystem eingebunden – und nie taumelten so viele Länder, ja Erdteile in Wirtschaftskrisen. Stets war dem langfristig investierten und produktiven Kapital das Finanzkapital gefolgt, angelockt von eben dem Wohlstand, den es nun zu ruinieren sich anschickte. Denn Finanzkapital ist kurzfristig orientiert und seine Herren, die Fondsmanager und Spekulanten, neigen zu Herdenverhalten: Rennt einer los, so fliehen sie alle.

Was treibt das Finanzkapital in die Flucht? Bisweilen genügen offenbar Diskursmoden, Börsianer-Small-Talk, schwer erklärbare Verschiebungen in der öffentlichen Aufmerksamkeit. Die Asienkrise wurde hinterher mit den hohen Leistungsbilanzdefiziten der südostasiatischen Staaten erklärt. Doch daran hatte sich jahrelang niemand gestört – bis das Problem unvermittelt in den Blickpunkt rückte und die Stampede auslöste.

Wo schlägt die Krise als Nächstes zu? Bislang verdankt China sein rasantes Wachstum auch der Kontrolle des Kapitalverkehrs. Doch inzwischen zählt das Land zu den sechs größten Volkswirtschaften der Welt, da wird Abschottung schwierig. Je schneller sich China mit seinen vielen faulen Krediten dem internationalen Kapital öffnet, desto wahrscheinlicher wird eine Chinakrise.

Aber es wäre Schlimmeres denkbar. Die USA sind hoch verschuldet, ihr Leistungsbilanzdefizit geht auf sechs Prozent zu, ein Wert, der bislang nur in kriselnden Entwicklungsländern gemessen wurde. Schon bleiben Direktinvestitionen aus, ja, gutes Kapital fließt ab. Droht hier die nächste Stampede? Gerade hat Goldman Sachs untersucht, wie oft in Zeitungsartikeln über den Dollar das Wort Leistungsbilanzdefizit auftaucht. Seit Oktober tritt es häufiger auf. Und etwa

seit November, da der Dollar gegenüber dem Euro von Rekordtief zu Rekordtief taumelt, ist es allgegenwärtig. Bis das Finanzkapital in Panik gerät, könnte man mutmaßen, ist es nur eine Frage der Zeit.

Das wäre ein wirkliches Katastrophenszenario: Eine Welt, die infolge eines Dollarverfalls tief in einer globalen Wirtschaftskrise steckt, in der die Staatshaushalte aus dem Ruder laufen und die öffentlichen Gesundheitsausgaben überall drastisch gekürzt werden, in der die private Spendenbereitschaft erlischt, weil die Leute von eigenen Sorgen bedrückt werden – eine solche Welt wird von einem neuen, gefährlicheren SARS-Virus überfallen.

Folgt etwas aus alldem? Unter den Katastrophen der Zukunft dürften einige dem gewohnten Muster folgen: Bewohner armer Länder tragen die Folgen des Egoismus der Reichen. Doch in anderen Szenarien reißen die Armen die Bewohner reicher Länder mit in ihr Unglück.

Vielleicht vergrößert diese böse Aussicht ihre Chancen, rechtzeitig Hilfe zu bekommen.

Aus: DIE ZEIT, Nr. 2, 5. Januar 2005

Er ist der Mann für große und kleine Katastrophen, für Hagelstürme und Gewitter; für Tornados und Zyklone, für Überschwemmungen und Dürresommer. **Wilfried Endlicher**, 1947 in Heidenheim an der Brenz geboren, Studium der Geographie, Meteorologie, Fernerkundung und Romanistik in Freiburg und Grenoble, Promotion mit dem Thema „Geländeklima des Weinbaugebietes Kaiserstuhl", Forschungsaufenthalte in Chile und Florida, Professur für Geoökologie in Marburg, seit 1998 Professor für Klimageographie und klimatologische Umweltforschung an der Humboldt-Universität zu Berlin.

Wilfried Endlicher ist Spezialist für Regionalklimaentwicklung. Die möglichen regionalen Auswirkungen des globalen Klimawandels fallen von Region zu Region in den Modellen sehr unterschiedlich aus und sind extrem schwer vorherzusagen. „Die prognostizierte Klimaänderung wird auf alle Fälle größer sein als irgendeine in den letzten 10 000 Jahren", sagt Endlicher. „Daraus resultieren Veränderungen ökologischer Beziehungen und biogeochemischer Systeme, die die Menschen noch Jahrzehnte, wenn nicht Jahrhunderte beschäftigen werden." Nur wo genau sich das Klima in welchem Ausmaß verändern wird, wo Dürre künftige Landwirtschaft unmöglich machen wird, wo sich die Menschen auf mehr Stürme, auf mehr Niederschläge einstellen müssen – solche Fragen zu beantworten, bedeutet noch eine gewaltige Arbeit für die Klimaexperten.

Weltweit ereignen sich mehr als 44 000 Gewitterstürme pro Tag. 100 bis 300 Blitze gehen statistisch pro Sekunde nieder. Hagelsteine erreichen Größen von bis zu 38 Zentimetern Durchmesser. Tornados fegen mit Windgeschwindigkeiten von bis zu 500 Kilometern pro Stunde über die Erde. Und es gibt sie nicht nur im Südwesten der USA, in Deutschland zählen Meteorologen 20 bis 30 Tornados pro Jahr, in Europa etwa 300.

Dass die Atmosphäre Gefahren birgt, zeigen diese Zahlen sehr deutlich. „Der weltweite Klimawandel, das globale Experiment mit den klimawirksamen Spurengasen", sagt Klimageograph und Umweltforscher Wilfried Endlicher, „birgt vielleicht das allergrößte Risiko."

Wilfried Endlicher

Atmosphärische Gefahren

Von Wilfried Endlicher

Schon immer waren die Menschen und ihre Umwelt atmosphärischen Gefahren wie Frost und Hitze, sintflutartigen Niederschlägen und langanhaltenden Dürren ausgesetzt. Seit aber das Intergovernmental Panel on Climate Change (IPCC; Weltklimarat) in seinem 4. Statusbericht 2007 einen engen Zusammenhang zwischen der globalen Erwärmung und der Zunahme bzw. Intensivierung atmosphärischer Extremereignisse hergestellt hat, stellt sich dieser Problemkreis in neuer Relevanz dar. So klagt die Versicherungswirtschaft seit zwei Jahrzehnten über steigende Schadensbelastungen bei Naturkatastrophen, die zu zwei Drittel auf atmosphärische Phänomene wie Stürme, Überschwemmungen und Unwetter zurückgehen.

Internet-Link

Homepage des IPCC:
www.ipcc.ch

Gewitter- und Hagelstürme

Gewitter- und Hagelstürme sind an feuchtlabile Luftschichtung, konvektive Prozesse und meist auch an den Einbruch von polarer Kaltluft an Kaltfronten gebunden. Der großtropfige Niederschlag bildet sich in den *Cumulonimben* über die Eisphase. Hagel entsteht dann, wenn die Regentropfen in Aufwindschläuchen in große Höhen gerissen werden und gefrieren. An die Eiskörner lagert sich eine Schale von Schneekristallen an, die wiederum in wärmeren Luftschichten auftauen kann. Schmelz- und Gefrierprozesse können sich durch

Was ist eigentlich ...

Cumulonimbus, [von lat. *cumulus* = Haufen und *nimbus* = Regenwolke], Abkürzung Cb, mächtige, dichte Wolken von großer vertikaler Ausdehnung, deren Basis im Bereich der tiefen Wolken liegt. Cb wachsen durch alle Wolkenstockwerke hindurch. Zumindest im oberen Teil weisen sie glatte und/oder faserige Formen auf, und sie breiten sich oft ambossförmig seitwärts aus. Unterhalb der häufig sehr dunklen Wolkenbasis finden sich fast immer Wolkenfetzen, die mit der Hauptwolke zusammenwachsen können und manchmal kragenförmig aussehen. Cb sind die einzigen gewitter- und hagelproduzierenden Wolken.

Cumulonimbus.

Auf- und Abwinde mehrfach wiederholen, bis schließlich Hagelkörner ausfallen. Im Mittel sind diese 5–50 mm groß. Der bisher größte gefundene Hagelstein wog 1,9 kg. Hagelschläge sind besonders im Sonderkulturbau gefürchtet. Am 8. Juli 2004 verursachte ein 250 km langer Hagelzug an der Vorderseite einer Kaltfront in der Schweiz schwere Schäden. Allein aus der Landwirtschaft gingen an diesem Tag 7000 Schadensmeldungen bei der Versicherungswirtschaft ein, die einen Gesamtumfang von etwa 100 Millionen Schweizer Franken ausmachten. Hinzu kamen etwa noch die Schäden an 30 000 Autos. Deshalb versucht man in den Weinbaugebieten der österreichischen Steiermark oder des argentinischen Cuyo bedrohliche Gewitterwolken von Kleinflugzeugen aus – oder gar mit Raketen – mit Silberjodid zu impfen, um diese früher – vor der Hagelkornbildung – zum Ausregnen zu bewegen. Möglicherweise ist aber ein Schutz der Rebkulturen durch Netze eine wirksamere Methode. Der teuerste Hagelsturm Deutschlands war mit 1,5 Milliarden Euro derjenige vom 12. Juli 1984 in München.

Unterschiedliche elektrische Ladungen innerhalb der Gewitterwolke – positive im oberen und negative im unteren Teil – werden durch Blitze, das heißt Entladungen bis 100 Millionen Volt, ausgeglichen. Weltweit verzeichnet man ca. 44 000 Gewitterstürme pro Tag und 100 bis 300 Blitze pro Sekunde. Blitze können Haus- und Waldbrände hervorrufen, Treibstofftanks zur Explosion bringen, Flugzeuge abstürzen lassen, elektronisches Gerät zerstören, zur Unterbrechung der Stromversorgung führen und Menschen erschlagen. Die von einem Blitz erhitzte Luft erreicht Temperaturen von 30 000 K (Kelvin) – fünfmal höher als die Sonne an ihrer Oberfläche. Die Umgebungsluft dehnt sich in Millionstel Sekundenschnelle um einige Milli- bis Zentimeter aus; die entstehende Schockwelle nehmen wir als Donnerschlag war.

Tornados

Tornados entwickeln sich in extremen Fällen aus Gewitterstürmen. Sie sind an den rotierenden Wolkenrüsseln aus kondensiertem Wasserdampf zu erkennen, die von der Wolkenbasis bis zum Erdboden reichen und Durchmesser von ca. 10 bis 1 000 m haben. An ihnen können Windgeschwindigkeiten von bis zu 500 km/h auftreten. Die Schadenswirkung ist zwar auf die relativ schmale Zugschneise des Tornados beschränkt, jedoch bedingen die sehr hohen Windgeschwindigkeiten und die Windscherung – rasche Richtungs- oder Geschwindigkeitsänderungen – im Inneren des Rüssels selbst für Massivbauten ein hohes Risiko: Autos werden wie Spielzeuge herumgeschleudert, Glasscherben werden zu tödlichen Geschossen. Voraussetzung für die Entstehung von Tornados ist die Konvergenz von

Was ist eigentlich ...

Kelvin, nach Lord Kelvin (alias W. Thomson) benanntes Einheitenzeichen K, Basiseinheit für die absolute Temperatur und Temperaturdifferenzen; Temperatureinteilung beginnend beim absoluten Nullpunkt mit 0 K, bei der der Schmelzpunkt des Eises 273,16 K beträgt (0 °C bzw. 32 °F) und der Siedepunkt des Wassers 373,16 K (100 °C bzw. 212 °F).

Porträt

Thomson, *Sir William*, seit 1892 Lord Kelvin of Largs, britischer Physiker, *26.6.1824 Belfast (Irland), †17.12.1907 Nethergall (Schottland); ab 1846 Professor für theoretische Physik in Glasgow; Hauptforschungsgebiete des herausragenden, ungewöhnlich vielseitigen Physikers waren die Elektrophysik und die Thermodynamik; daneben leistete er bedeutsame Beiträge zur Elastizitätslehre, Hydrodynamik, Geophysik und förderte die beginnende Elektrotechnik, v. a. die Unterwassertelegraphie. Thomson definierte den Begriff der absoluten Temperatur und des Wärmetods und stellte 1848 die thermodynamische Temperaturskala (Kelvin-Temperaturskala) auf.

Luftmassen mit extremen Temperatur- und Feuchteunterschieden – also kalte und trockene Arktisluft aus Norden und feuchtwarme Subtropenluft aus Süden. Die beim Kondensationsprozess freiwerdende Energie, die extrem feuchtlabile Luftschichtung und die hohe Windscherung – schwache Südwinde in der Grenzschicht und kräftige Nordwinde in der freien Atmosphäre – sind Voraussetzungen für die Entstehung eines Tornados. Die sich an der Scherfläche bildende „liegende Walze" wird durch die Aufwinde in den Cumulonimben aufgerichtet, sodass sich eine stehende „Mesozyklone" etabliert. Durch die Fliehkraft der rotierenden Luftmassen wird der Luftdruck im Inneren des Rüssels schließlich soweit erniedrigt, dass er durch den kondensierenden Wasserdampf sichtbar wird. Der extrem niedrige Luftdruck von unter 900 hPa (Hektopascal) im Rüssel und die damit verbundenen Windgeschwindigkeiten und Sogkräfte können Flachdächer wie Flugzeugtragflächen anheben. In der Tornadohäufigkeit steht das pol- und äquatorwärts nicht von Gebirgen geschützte Nordamerika an erster Stelle; die Great Plains des amerikanischen Midwest zwischen dem Felsengebirge und den Appalachen mit einem Maximum im Staat Oklahoma sind besonders gefährdet. Dort treten Tornados gehäuft im späten Frühjahr mit einem Tagesgang auf, der ein deutliches Maximum am Nachmittag und frühen Abend zeigt. Man geht von etwa 800 bis 1 000 Tornados pro Jahr allein in den USA aus. Berüchtigt ist der 31. Mai 1985, der „Schwarze Freitag"; an diesem Tag forderten nicht nur die 14 Tornados in der kana-

Was ist eigentlich ...

Luftdruck, Druck, Bezeichnung für den (statischen) Druck der Atmosphäre mit dem Formelzeichen p und der Basiseinheit Pascal (Pa); 1 Pa = 1 N/m^2 mit Newton (N) als Einheit der Kraft. In Anlehnung an die früher verwendete Einheit Millibar (mbar) wird der Luftdruck in der Praxis häufig in Hektopascal (1 hPa = 100 Pa = 1 mbar) angegeben. Der Luftdruck nimmt stets mit der Höhe ab. Die horizontale Verteilung des Luftdrucks (Hochdruckgebiete, Tiefdruckgebiete) wird in Wetterkarten in Form von Isobaren (Linien gleichen Luftdrucks) dargestellt.

Zirkulation der Atmosphäre (troposphärische Zirkulation): Verteilung von Luftdruck und Windverhältnissen (Juli).

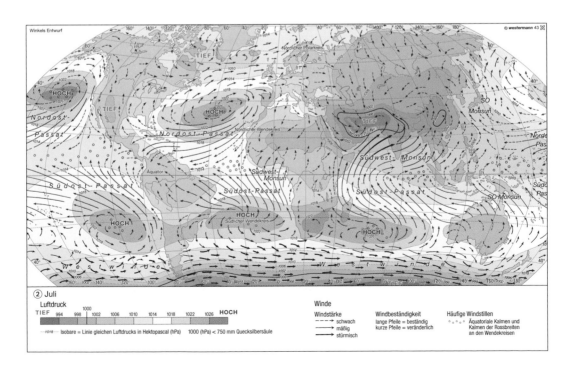

② Juli
Luftdruck
TIEF 994 998 1002 1006 1010 1014 1018 1022 1026 HOCH

1018 — Isobare = Linie gleichen Luftdrucks in Hektopascal (hPa)   1000 (hPa) < 750 mm Quecksilbersäule

Winde
Windstärke
--- → schwach
→ mäßig
➤ stürmisch

Windbeständigkeit
lange Pfeile = beständig
kurze Pfeile = veränderlich

Häufige Windstillen
Äquatoriale Kalmen und Kalmen der Rossbreiten an den Wendekreisen

---

■ Was ist eigentlich ... ■

Tiefdruckgebiet, Tief, Zyklone, Tiefdruckwirbel, Gebiet relativ niedrigen Luftdrucks im 1000-km-Bereich, im Fall der Zyklone mit einem deutlichen Zentrum tiefsten Luftdrucks, das auf der Wetterkarte von mehreren Isobaren umschlossen ist. In einer Zyklone rotiert die Luft auf der Nordhemisphäre entgegen dem Uhrzeigersinn, v. a. in Bodennähe (unter Einfluss der Reibung) spiralig einwärts. Die dadurch erzeugte Konvergenz des unteren Massenflusses wird im oberen Teil (Höhenströmung) der Zyklone durch eine entsprechende Divergenz kompensiert, die den Abtransport der in der Zyklone spiralig aufsteigenden Luftmassen besorgt (Abb. a + b). Diese für die Erhaltung der Zyklone notwendige Aufwärtsbewegung bewirkt dort eine adiabatische Abkühlung der betroffenen Luftmassen und so die konzentrierte Produktion von Wolken und Niederschlägen. In der Westwinddrift der mittleren Breiten geschieht dies regelmäßig in den Frontenzyklonen, näher dem Äquator in tropischen Wirbelstürmen. Die Zyklonenzentren der mittleren Breiten bewegen sich oft längs der subpolaren Tiefdruckrinne. Hier könnten sie auch frontenlos sein (Polartief). Das rechtsseitige Umströmen großer Gebirgshindernisse (z.B. Südgrönland) begünstigt das Entstehen von Lee-Zyklonen (z. B. Islandtief, Skagerrak-Zyklone, Genua-Zyklone).

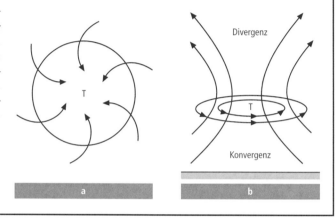

Zirkulation in einem Tiefdruckgebiet auf der Nordhalbkugel. a) Bodenwinde: zyklonal, spiralig einwärts, b) Vertikalzirkulation: aufwärts.

„1872 am 4. Juli erschienen Wasserhosen auf dem Bodensee. Morgens nach 7 Uhr sank ein spitzer, oben breiter Wolkensack pfeilschnell herab, während ihm von unten her aus dem Seespiegel ein ähnlicher Kegel entgegenschoß." (Alfred Wegener, *Wind- und Wasserhosen in Europa*, 1917).

dischen Provinz Ontario zwölf Opfer, vielmehr kamen in den US-Bundesstaaten Ohio und Pennsylvania noch 83 Opfer hinzu, die von weiteren 28 Tornados verursacht wurden. Auch in Argentinien und Australien sind sie relativ häufig. Die Pionierleistung in Europa ist Alfred Wegener (1917) zuzuschreiben, dessen sorgfältige Analyse seinerzeit 100 europäische Tornados pro Jahr ergab. In der Tornado-Datenbank für Deutschland, die das 1997 gegründete Netzwerk TorDACH veröffentlicht, sind seit dem Jahr 855 bereits 863 Tornados registriert. In Deutschland geht man aktuell von 20 bis 30, in ganz Europa von ungefähr 300 Tornados pro Jahr aus. Das heißt, dass dieses Phänomen keineswegs so selten ist, wie man gemeinhin annimmt.

Tropische Wirbelstürme

Tropische Wirbelstürme oder Zyklone sind im Gegensatz zu den lokalen Tornados ein großräumiges Phänomen mit einem Durchmesser von 500 bis 1 000 km. Diese riesigen Wolkenspiralen setzen sich aus einer Vielzahl von Gewittern zusammen, deren Cumulonimben sich bis an die tropische Tropopause in 16 km Höhe auftürmen. Sie ent-

Ein Tornado über dem Starnberger See am 17. September 2005.

Internet-Link

Informationen und Statistiken zu Tornados, Wasserhosen und Gewitterfallböen in den Ländern Deutschland, Österreich und Schweiz unter:
www.tordach.org/

stehen über den Meeren der äußeren Tropen, sind aber keine häufigen Phänomene. Dreierlei Gefahren gehen von tropischen Wirbelstürmen aus: Sie sind mit extremen Windgeschwindigkeiten von 120 bis 300 km/h, sintflutartigen Niederschlägen und extremen Sturmfluten mit Wellenhöhen von 10 m und mehr verbunden. Voraussetzungen für die Bildung eines Zyklons sind Meeresoberflächentemperaturen von über 26 °C bis in Tiefen von 50 m. Die darüberliegenden Luftmassen werden dann angewärmt und angefeuchtet, wobei die Sättigungsfeuchte exponentiell mit der Temperatur zunimmt: Luftmassen mit einer Temperatur von 35 °C können viermal so viel Wasserdampf aufnehmen wie solche bei 10 °C. Hauptentstehungszeit der Zyklone ist also der Spätsommer und Herbst, da dann die Wasseroberflächentemperatur ihre höchsten Werte erreicht. Die Entstehung der Zyklone ist auf die äußeren Tropen beschränkt, da zu ihrer Entstehung auch die Coriolisbeschleunigung, die ablenkende Kraft der Erdrotation, benötigt wird. Als Scheinkraft ist diese am Äquator gleich null. Die inneren Tropen in einem etwa 5° breiten Streifen beiderseits des Äquators sind frei von Wirbelstürmen, da Druckgegensätze bei fehlender Coriolisbeschleunigung rasch ausgeglichen werden. Kommt es dagegen in der Passatströmung der äußeren Tropen zu Konvergenz und Konvektion und wird die Passatinversion durchbrochen, dann führt die Kondensation des reichlich vorhandenen Wasserdampfs zu Erwärmung der mittleren und oberen Atmosphäre, wodurch ein Selbstverstärkungseffekt des Tiefdruckgebietes durch Divergenz in der Höhe („Auspumpen") und Konvergenz im Bodenniveau eintritt. Den bisherigen Tiefdruckrekord verzeichnete am 12. Oktober 1979 der Taifun „Tip" mit einem Bodenluftdruck

Was ist eigentlich …

Passatinversion, markante Inversion (Sperrschicht) an der Obergrenze der Passatwinde. Diese kommt durch Absinkbewegungen in den subtropischen Hochdruckgürteln zustande. Sie liegt in den inneren Tropen bei etwa 2 000 m Höhe und sinkt im Bereich des subtropischen Hochdruckgürtel bis auf 500 m ab.

„Katrina" – der verheerendste Hurrikan in der Geschichte der USA

Am 29. August 2005 traf der Hurrikan „Katrina" auf die Küste der US-Staaten Louisiana und Mississippi. Die Wasseroberflächentemperaturen von zirka 30 °C im Golf von Mexiko lieferten die latente Energie für die darüber streichenden Luftmassen. Sintflutartige, tagelang anhaltende Niederschläge, extreme Luftdruckgegensätze sowie Windgeschwindigkeiten von bis zu 230 km/h waren die Folge. Im Zentrum eines solchen Tiefdrucksystems führt der durch die Rotation zusätzlich abgesenkte Luftdruck in der Höhe zum Absinken von Luftmassen und zur Wolkenauflösung („Auge des Zyklons"). An Küsten wird das Meereswasser durch die Orkanwinde zu mehrere Meter hohen Brechern aufgepeitscht. Bei „Katrina" erreichte die Sturmflut bis zu 7 m Höhe und ließ die Dämme des nördlich von New Orleans gelegenen Pontchartrain-Sees brechen. Die unter dem Meeresniveau im Mississippi-Delta gelegene, eingedeichte Stadt wurde großflächig überflutet. Trotz der angeordneten Evakuierung entlang von „Hurricane Escape Ways" waren über 1 000 Opfer zu beklagen und übertraf das Ausmaß der Katastrophe alle Vorstellungen. Ganze Ortschaften, wie beispielsweise die Stadt Biloxi, wurden durch die Gewalt der Windböen oder durch Überflutungen zerstört. In der Jazzmetropole musste zur Unterbindung von Plünderungen gar das Kriegsrecht verhängt werden. Die Beschädigung zahlreicher Bohrplattformen im Golf von Mexiko ließ den Rohölpreis innerhalb von einer Woche um 30 Prozent auf bisher unbekannte Höhen steigen. Beim Auftreffen auf die Küste war „Katrina" bereits zu einem Hurrikan der Kategorie 4 abgeflaut. Nur wenige Wochen später, am 24. September, erreichte „Rita" als Hurrikan der Kategorie 3 westlich von New Orleans bei Port Arthur die texanische Golfküste. Erneut brachen in New Orleans die gerade geflickten Dämme; in Galveston kam es durch zerstörte Stromleitungen und Kurzschlüsse zu Großbränden. Etwa ein Viertel der US-amerikanischen Raffineriekapazität war durch vorsorgliche Schließung der Werke lahmgelegt. Vorausgegangen war die mit 3 Millionen Personen größte Evakuierungsaktion der amerikanischen Geschichte; denn „Rita" war im Golf von Mexiko zum drittstärksten, seit 1851 beobachteten tropischen Zyklon angewachsen. Wenig später zerstörte Hurrikan „Wilma" die mexikanische Touristenmetropole Cancún. Noch nie wurden in der Karibik so viele Hurrikane gezählt wie im Jahr 2005. Die Hurrikansaison dauerte bis in den Dezember hinein und die Anfangsbuchstaben des lateinischen Alphabets reichten für die Namensgebung nicht aus.

Hurrikan „Katrina" am 28. August 2005 um 17 Uhr UTC.

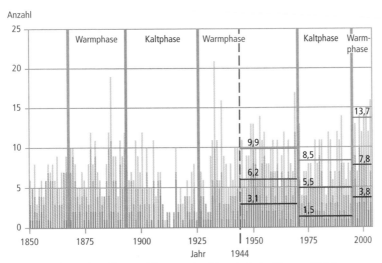

Mittlere Anzahl tropischer Zyklone pro Jahr entsprechend den atlantischen Warm- und Kaltphasen (*Atlantic Multidecedal Mode*). Der Beginn der Zeitreihe (1944) markiert den routinemäßigen Einsatz von Flugzeugen zur Beobachtung von Wirbelstürmen über dem Atlantik.

	durchschnittliche Anzahl
▎ Hurrikane und tropische Stürme	── Hurrikane und tropische Stürme
▎ Hurrikane (SS 1-5)	── Hurrikane (SS 1-5)
▎ Hurrikane (SS 3, 4, 5)	── Hurrikane (SS 3, 4, 5)

Was ist eigentlich ...

Saffir-Simpson-Hurrikanskala, vom Wetterdienst der USA und inzwischen zunehmend weltweit benutzte, aus 5 Kategorien bestehende Skala zur Klassifizierung von tropischen Wirbelstürmen nach den auftretenden Windgeschwindigkeiten und den diesen Windgeschwindigkeiten und der im Küstengebiet auftretenden Flut entsprechenden potenziellen Schäden.

Jährliche Anzahl von tropischen Stürmen und Hurrikanen unterschiedlicher Stärke im Atlantik (SS 1-5; SS = Saffir-Simpson Hurrikanskala).

von 870 hPa. Im Inneren eines Zyklons, im „Auge", lösen sich die Wolken durch Absinkprozesse auf.

Tropische Wirbelstürme wandern nach ihrer Entstehung mit der tropischen Ostströmung mit einer Zuggeschwindigkeit von 20 bis 60 km/h. Solange sich der Zyklon über warme Meeresoberflächen bewegt, funktioniert er als thermodynamische Wärmemaschine und kommt auf eine Lebensdauer von mehreren Tagen bis wenigen Wochen. Er kann an der Ostseite der Subtropenhochs sogar in eine parabelförmige Bahn in die Westströmung einbiegen. Sobald er jedoch über Festland kommt, versiegt die Energiequelle, er wird abgebremst, und schwächt sich rasch zu einem einfachen tropischen Sturm ab. Von im Jahresmittel etwa 80 Wirbelstürmen treten ca. 26 im Nordwestpazifik (Taifune), 17 jeweils im Nordostpazifik (Cordonazos) und Südindik (Mauritius-Orkane), zehn im Nordatlantik (Hurrikane), neun im Südwestpazifik (Willy-Willies) und fünf im Nordindik (Bengalen-Zyklone) auf. Von den neun Hurrikanen, die 2004 über die Karibik zogen und auf die amerikanische Ostküste trafen, verursachten allein „Charley", „Frances", „Ivan" und „Jeanne" Schäden in Höhe von 30 Milliarden US-Dollar.

Kategorie	Maximale Windgeschwindigkeit (m/s)	(km/h)	Druck im Zentrum des tropischen Zyklons (hPa)	Höhe der Sturmflutwelle (m)	Schäden
1	33–42	120–153	? 980	1,0–1,7	Kein wirklicher Schaden an festen Gebäuden, hauptsächlich an nicht verankerten, mobilen Heimen, an Sträuchern und Bäumen; Küstenstraßen z. T. überflutet, Schäden an instabilen Anlegestellen.
2	43–49	154–178	979–965	1,8–2,6	Schäden an Dächern, Türen und Fenstern bei festen Gebäuden. Beträchtlicher Schaden am Strauchwerk und Bäumen (auch umgestürzte), an mobilen Heimen; Küstenstraßen und niedrig gelegene Fluchtwege werden 2–4 Stunden vor Ankunft des Hurrikanzentrums überflutet; kleinere Schiffe etc. lösen sich von ihren Ankerplätzen.
3	50–58	179–210	964–945	2,7–3,8	Bausubstanzschäden an kleineren Wohnhäusern, Schäden an Strauchwerk und Bäumen mit weggewehtem Laubwerk; selbst große Bäume stürzen um. Niedrig gelegene Fluchtwege werden 3–4 Stunden vor Ankunft des Hurrikanzentrums überflutet. Evakuierung von niedrig gelegenen Häusern.
4	59–69	211–248	944–920	3,9–5,6	Beträchtliche Schäden an Gebäudeverbindungen und vollständige Zerstörung von Dächern kleinerer Wohnhäuser. Bäume und alle Schilder stürzen um. Völlige Zerstörung mobiler Heime, umfangreiche Evakuierung von Wohngebieten bis 6 km landeinwärts.
5	> 69	> 248	< 920	> 5,6	Vollständige Zerstörung der Dächer. Teils vollständige Zerstörung von Gebäuden. Zerstörung allen Buschwerks, aller Bäume und Schilder. Totale Zerstörung von mobilen Heimen. Umfangreiche Evakuierung von Wohngebieten in tiefen Lagen 8–16 km von der Küste entfernt erforderlich.

Sturmkategorien. Windstärken ab 20 m/sec werden als Sturm, ab 33 m/sec (ca. 120 km/h) als Orkan bezeichnet. Zur weiteren Kategorisierung der Intensität von tropischen Zyklonen dient die Saffir-Simpson-Hurrikanskala.

Europäische Winterstürme

Europäische Winterstürme, also außertropische Zyklonen, waren in den 1990er-Jahren ungewöhnlich häufig. Die Orkane „Daria" (25./26. Januar 1990), „Herta" (3./4. Februar 1990), „Vivian" (25. bis 27. Februar 1990) und „Wiebke" (28. Februar/1. März 1990) bildeten die erste, „Anatol" (3./4. Dezember 1999), „Lothar" (26. Dezember 1999) und „Martin" (27./28. Dezember 1999) die zweite Serie heftiger Stürme. In Deutschland wurden dabei maximale Windgeschwindigkeiten von 151 km/h in Karlsruhe, 184 km/h auf Sylt und 212 km/h auf dem Feldberg im Schwarzwald gemessen. Der europaweit versicherte Gesamtschaden von 2,4 Millionen Einzelschäden allein des „Weihnachtsorkans Lothar" belief sich dabei auf 5,9 Milliarden Euro. Die Hauptschäden traten an Dächern, Fassaden, Baugerüsten und -kränen, Wäldern, Freileitungen (Störung der Stromversorgung) sowie beim öffentlichen Verkehr (u. a. Schließung von Flughäfen) auf. Das bei „Lothar" in Frankreich angefallene Schadholz belief sich auf 140 Millionen m^3, was 300 Prozent der jährlichen Nutzung entspricht.

	außertropische Zyklone	tropischer Zyklon
Energiequelle	Nord-Süd-Temperaturkontrast	Kondensation von Wasser
Sturmsaison (Nord-Halbkugel)	Oktober–März	Sommer/Herbst
Sturmregion	mittlere Breiten	Tropen/Subtropen
Sturmdurchmesser	1 000–2 000 km	500–1 000 km
Windböenspitzen	20–50 m/s	33–90 m/s
Sturmdauer an festem Ort	3–24 Stunden	2–6 Stunden
Niederschlag	mäßig	stark
zusätzliche Phänomene	Sturmflut	Sturmflut, Tornado
Schadensbild	viele Kleinschäden	Klein- und Großschäden

Unterschiede zwischen einem tropischen Zyklon und einer außertropischen Zyklone.

Bei diesen Sturmereignissen handelt es sich um besonders intensive Tiefdruckgebiete mit extrem niedrigem Kerndruck. Es sind Randzyklonen des zentralen Island-Tiefs, die über dem Nordatlantik an der Polarfront entstehen. Die Luftdruckdifferenz zwischen dem subtropisch-randtropischen Azoren-Hoch einerseits und dem subpolaren Island-Tief andererseits ist dabei von entscheidender Bedeutung. Aufgrund der Strahlungs-, Temperatur- und Luftdruckverhältnisse ist diese im Winter größer als im Sommer. Sturmzyklonen sind also auf das Winterhalbjahr beschränkt. Diese jahresperiodische Schwankung der Luftdruckdifferenz wird durch eine aperiodische in der Größenordnung von 5 bis 25 Jahren, der sogenannten Nordatlantischen Oszillation (NAO), überlagert. Ist der NAO-Index hoch bzw. positiv, dann ist die Entwicklung von Sturmzyklonen bei verstärkter, zonaler Westzirkulation eher wahrscheinlich als bei einem niedrigen bzw. negativen Index, der ein Ausdruck für eine meridionale, ausgetrogte und windschwache Zirkulation mit Tendenz zu Blockaden der Westwinddrift und Kaltluftvorstößen aus dem kontinentalen Russland-Hoch ist. Die künftige Entwicklung des NAO-Index ist für die Häufigkeit, Intensität und Zugbahnen winterlicher Sturmzyklonen über Europa von entscheidender Bedeutung. Es ist unbestritten, dass die Winter in Mitteleuropa in den letzten Jahrzehnten durch eine Zunahme der Westwetterlagen gekennzeichnet und damit milder und feuchter geworden sind. So sind Starktiefs über dem Atlantik und Nordeuropa sowie Starkwindtage im Binnenland in den letzten Jahrzehnten häufiger aufgetreten sind. Die Untersuchung der Zusammenhänge zwischen NAO und globaler Klimaerwärmung ist derzeit ein wichtiges Forschungsthema.

Was ist eigentlich …

Nordatlantische Oszillation, NAO, meridionale Luftdruckdifferenzen zwischen den Wetteraktionszentren Azorenhoch und Islandtief. Sie wird meist in Form von Indexwerten, nach standardisiertem NAO-Index, beschrieben. Bei Langzeitbetrachtungen orientiert man sich auch an den Luftdruckmessungen (auf Meeresspiegelhöhe reduziert) an den Stationen Ponta Delgada (Azoren; ersatzweise auch Lissabon) und Reykjavik (Island). Die Nordatlantische Oszillation hat insbesondere im Winter großen Einfluss auf Wetter und Witterung in Europa. Dabei bedeutet ein hoher NAO-Index relativ starke meridionale Luftdruckunterschiede und somit eine intensive westliche Luftströmung, die zu milden und niederschlagsreichen Wintern führen. Ein relativ niedriger Index entspricht geringen meridionalen Luftdruckunterschieden und somit einer weniger intensiven westlichen Luftströmungskomponente.

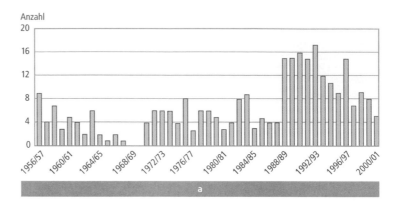

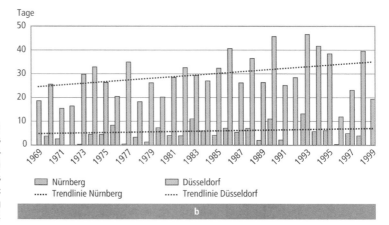

Sturmtief und Starkwind. a) Entwicklung von Sturmtiefs (< 950 hPa) über dem Nordatlantik und Europa und b) Starkwindtagen mit mindestens Beaufort 8 (ca. 20 km/sec oder 70 km/h) in Nürnberg und Düsseldorf.

Zunahme von Starkniederschlägen und Jahrhunderthochwässern

Großflächige Dauerregen, Starkniederschläge und Überschwemmungen treten in Mitteleuropa oft im Zusammenhang mit besonderen Witterungsregelfällen und Großwetterlagen auf. So ist das Weihnachtstauwetter ein statistisch signifikanter Warmlufteinbruch in den letzten Tagen des Jahres, der mit zonalen Westlagen und maritimen, milden Luftmassen verbunden ist. Die Niederschläge gehen in den Mittelgebirgen bis ins Gipfelniveau in Regen über, der bei gefrorenem Boden nicht versickern kann und in den oberflächlichen Abfluss geht. Verbunden mit der Schmelze des im Frühwinter gefallenen Schnees kann es so zu Hochwässern kommen. Bei besonders langer Andauer derartiger atlantischer Witterung mitten im Winter sind Überschwemmungen an Mosel und Rhein nicht ausgeschlossen. In Erinnerung sind noch die beiden „Jahrhunderthochwässer" in den Jahren 1993 und 1995, bei denen der Rhein in Köln neue Rekordhöchststände erreichte und zahlreiche Stadtviertel am Niederrhein unter Wasser standen. Auch beim Pfingsthochwasser im Mai 1999 an der Donau spielten Schneeschmelze und Alpenstau eine große Rolle. Verbreitet fielen in diesem Monat über 300 mm Niederschlag (höchster Mai-Niederschlag am Hohenpeißenberg seit Beginn der Messreihe 1879).

Die sommerliche Oderflut im Juni 1997 und das Hochwasser an Donau und Elbe im August 2002 stehen dagegen im Zusammenhang mit seltenen, aber höchst wetterwirksamen zyklonalen Südostwetterlagen (retrograde Zyklonen mit ungewöhnlicher Zugbahn und Anströmrichtung aus Südosten). Ein abgeschnittener „Kaltlufttropfen" bzw. das über Österreich und Tschechien stationäre Tief „Ilse" saugte auf seiner Vorderseite warm-feuchte Mittelmeerluft aus Süden an, die aufgrund ihres hohen Wasserdampfgehaltes über den Randgebirgen des Böhmischen Beckens zu lang anhaltenden Starkregen führte. Hinzu kam noch auf seiner Rückseite der orographische (reliefbedingte) Staueffekt des Erzgebirges auf die Nordwestströmung. So wurde an der Station Zinnwald-Georgenfeld im Osterzgebirge mit 321 mm am 12. August 2002 der bisher mit Abstand größte Tagesniederschlag Deutschlands gemessen. Die Weißcritz, ein Nebenfluss der Elbe, übertraf den bisher nur einmal in 100 Jahren zu erwartenden Hochwasserabfluss von 350 m^3/s fast um das Doppelte, kehrte in ihr altes Bett zurück und floss durch den Dresdener Hauptbahnhof. Dämme brachen an zahlreichen Flüssen des Elbeeinzugsgebietes und ganze Ortsteile verschwanden in Sachsen und Sachsen-Anhalt in den Fluten. Die volkswirtschaftlichen Schäden der Elbeflut wurden allein in Deutschland auf 9,2 Milliarden Euro geschätzt.

Die Hochwasserkatastrophe im Gebiet der Elbe und ihrer Nebenflüsse im August 2002 kostete 27 Menschen das Leben und verursachte vor allem in den östlichen Bundesländern gewaltige Schäden; auch Dresden mit der Semperoper (Bildmitte) und dem Zwinger (unten) stand unter Wasser.

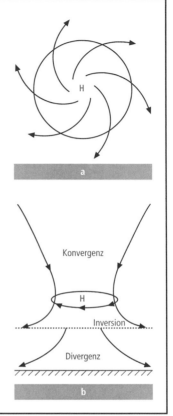
Die im Winter in Deutschland beobachtete Zunahme der zyklonalen Westlagen stimmt mit Modellberechnungen über die regionalen Auswirkungen des globalen Klimawandels überein. Auch sind in Deutschland in den letzten 40 Jahren des 20. Jahrhunderts Häufigkeit und Intensität von Starkniederschlägen – und deshalb auch die Hochwässer und Überschwemmungen – angestiegen. Das zufällige Eintreten zweier Jahrhunderthochwässer innerhalb eines Jahrzehnts wie in den 1990er-Jahren am Rhein ist zudem äußerst unwahrscheinlich. Derartige Einzelereignisse sind plausibel für ein wärmeres Klima mit höherem Wasserdampfgehalt der Atmosphäre. Da sie sich aber auf einer anderen Zeitskala als der Klimawandel abspielen, eignen sie sich nicht als Beweis für ein sich änderndes Klima.

Hitze- und Dürresommer

Der Hitzesommer 2003 gilt als eine der größten europäischen Naturkatastrophen der letzten Jahrhunderte. Niemals seit Beginn der Temperaturmessungen 1761 wurden derartige monatliche Monatsmittel-temperaturen in Deutschland gemessen. Deutschlandweit lagen die Temperaturen in diesem Sommer (Juni bis August) 3,4 K über dem Durchschnittswert von 1961 bis 1990. Wochenlang übertrafen dabei die Extremtemperaturen vielerorts 30 °C. Der bisherige Temperatur-maximalwert für ganz Deutschland in Höhe von 40,2 °C wurde am 9. August in Karlsruhe und erneut am 13. August 2003 in Karlsruhe und Freiburg eingestellt. Am Oberrhein wurden insgesamt 53 „heiße Tage" (Temperaturmaximum mindestens 30 °C) und 83 „Sommerta-ge" (Temperaturmaximum mindestens 25 °C) registriert. Beeindru-ckend neben der Länge der Hitzeperiode war vor allem die riesige Fläche, die zwischen Portugal und Rumänien betroffen war. Eine ex-treme Blockadesituation führte dazu, dass sich ein stabiles, dynami-sches, das heißt durch die ganze Troposphäre reichendes Hochdruck-gebiet wochenlang über Europa etablieren konnte. Hitzebedingt hat dieser Sommer in Europa vermutlich 35 000 bis 55 000 zusätzliche Menschenleben gekostet – dabei allein in Deutschland 3 500 und in Frankreich 14 800; denn hohe Temperaturen, verbunden mit hoher Globalstrahlung, niedrigen Windgeschwindigkeiten und vor allem hoher Luftfeuchtigkeit überfordern das Thermoregulationssystem insbesondere älterer Menschen. Dabei sind nicht nur die extremen

	Deutschland	weltweit
Lufttemperatur[1]		
höchste Temperatur	40,2 °C Gärmersdorf 1983, Freiburg und Karlsruhe 2003	57,3 °C El Asisija/Libyen 1923
niedrigste Temperatur	−37,8 °C Hüll/Niederbayern 1929	−89,2 °C Wostok/Antarktis 1983
Niederschlag[2]		
höchste vierundzwanzig-stündige Niederschlagshöhe	321,0 mm Zinnwald/Osterzgebirge 2002	1870 mm Cilaos/La Réunion 1952
größte jährliche Niederschlagshöhe	3503,1 mm Balderschwang/Allgäu 1970	26 461 mm Cherrapunji/Indien 1860/61
Luftdruck[3]		
höchster Luftdruck	1057,8 hPa Berlin 1907	1083,8 hPa Agata/Nordwestsibirien
niedrigster Luftdruck	955,4 hPa Bremen 1983	870 hPa Taifun „Tip" 1979
Wind		
höchste Böe	335 km/h Zugspitze 1985	416 km/h Mt. Washington/USA 1934

1) Schattentemperatur gemessen 2m über dem Erdboden
2) 1 mm Niederschlag entsprechen 1 Liter/m^2
3) Luftdruck auf Meereshöhe reduziert

Wetterextreme.

Tagesmaxima, sondern die zu hohen nächtlichen Minima – „Tropennächte" mit Temperaturen über 20 °C in den Wärmeinseln der Großstädte – von Bedeutung. Verbunden mit der Hitze war auch ein erhebliches Niederschlagsdefizit, das aufgrund der gesteigerten Verdunstung zu erheblichen Schäden in der Land- und Forstwirtschaft führte (weiterer Anstieg der Waldschäden). Dieser „Jahrhundertsommer", der sonnenscheinreichste seit 1951 und fünfttrockenste seit 1901, war somit auch ein „Dürresommer". Weitere gravierende Auswirkungen waren die Ausfälle bei der Binnenschifffahrt wegen Niedrigwasser, die Kühlprobleme bei den Kraftwerken und die deutlich verminderte Leistungsfähigkeit der Arbeitnehmer; nicht zuletzt sind auch die Belastungen durch hohe Ozonwerte anzuführen.

Der Sommer 2003 passt gut zu den Ergebnissen, die numerische Klimamodelle als Folgen des anthropogen induzierten Zusatztreibhauseffektes errechnen. Es ist wahrscheinlich, dass derartige Hitzesommer in Zukunft häufiger eintreten werden – allerdings immer noch extrem selten – und bereits als Folge des Klimawandels zu interpretieren sind, das heißt „die Zukunft hat schon begonnen".

Was ist eigentlich ...

Southern Oscillation, SO, in Indexform (SOI) standardisierte Luftdruckdifferenz zwischen den Stationen Darwin (Australien) und Tahiti; negativ korreliert mit El Niño, insgesamt Teil des El-Niño-Southern-Oscillation-Mechanismus (ENSO).

Der ENSO-Mechanismus

ENSO (Abkürzung für die gekoppelten Phänomene El Niño und Southern Oscillation) ist die bedeutendste natürliche Klimaschwankung der Erde und eindrucksvolles Beispiel für die enge Koppelung der Teilsysteme Atmosphäre und Hydrosphäre im Gesamtklimasystem. Sie ist als regionales Warmwasserereignis an der Pazifikküste

■ Klimaanomalie El Niño ■

Ursprünglich war El Niño nur die Bezeichnung für eine aus den Tropen nach Süden gerichtete Meeresströmung vor der südamerikanischen Westküste, die um die Weihnachtszeit auftrat und mit einer Erwärmung des Wassers verbunden war. Im Abstand von vier bis fünf Jahren übersteigt die Erwärmung die jahreszeitliche Variation um mehrere K, da die Sprungschicht vor der südamerikanischen Küste durch eine von Westen einlaufende äquatoriale Kelvinwelle abgesenkt wird. Dadurch erreicht der Küstenauftrieb, der normalerweise kaltes Wasser an die Oberfläche bringt, die Sprungschicht nicht mehr und fördert warmes Wasser. Das Ausbleiben des kalten, nährstoffreichen Wassers aus den tieferen Schichten wirkt sich auf die marinen Organismen aus, was zu Störungen der Entwicklung oder der Abwanderung der Fischbestände und damit zum Zusammenbruch der Fischerei führt. Die volkswirtschaftlichen Auswirkungen haben großes Interesse an der Vorhersage eines El Niño geweckt. Den Auswirkungen an der Küste gehen Vorläufer im zentralen bis westlichen Pazifik voraus, wie der Aufbau einer warmen Wassermasse durch veränderte Ozean-Atmosphären-Wechselwirkung und der Verlagerung der äquatorialen atmosphärischen Zirkulationszellen. Sie führen zur Verlagerung von Niederschlags- und Trockengebieten entlang des Äquators, was erhebliche Schäden durch Überschwemmungen einerseits oder Brände andererseits verursachen kann. Die atmosphärischen Variationen werden in der großräumigen Luftdruckverteilung deutlich, die durch den Southern Oscillation Index (SOI) gekennzeichnet ist. Der warmen Anomalie El Niño folgt häufig ein Kaltwasserereignis (La Niña).

des tropischen Südamerika bekannt geworden. Seine Auswirkungen auf die Ökologie des Humboldtstromes – Versiegen des Kaltwasserauftriebs – und den Lebensraum der peruanisch-chilenischen Küstenwüste – Starkregen und Überschwemmungen – sind schon seit Jahrtausenden nachzuweisen. Die „Luftdruckschaukel" der Southern Oscillation – hoher Luftdruck über dem tropischen Ostpazifik ist mit tiefem in der gleichen geographischen Breite über dem tropischen Westpazifik verbunden und umgekehrt – löst nun auch im austral-indonesischen Sektor des Pazifik tiefgreifende Änderungen im Witterungsgeschehen aus, nur mit umgekehrten Vorzeichen: Bei ENSO-Ereignissen verringern sich die Niederschläge über Ostaustralien, Neuguinea und dem indonesischen Inselarchipel drastisch bis hin zur Dürre. Diese Klimastörung am südhemisphärischen Pazifik ist über atmosphärisch-ozeanische Telekonnektionen mit anderen, oft weitab gelegenen Regionen der Erde verknüpft und hat auch dort katastrophale Folgen, etwa Dürre in Nordostbrasilien, Abschwächung des Sommermonsuns in Indien oder Zunahme der Niederschläge in Kalifornien. Aber auch eine besondere Verstärkung des Humboldtstromes, das Kaltwasserereignis einer La Niña, führt zu ähnlich gravierenden, nahezu weltweiten Klimastörungen wie El Niño. Inwieweit sich der Klimawandel auch auf Genese und Häufigkeit von ENSO auswirkt und ob in Zukunft bei wärmerer Atmo- und Hydrosphäre

Internet-Links

Weitere Informationen zum ENSO-Mechanismus
www.enso.info

Phänomen	Wahrscheinlichkeitsstufe beobachteter Veränderungen (2. Hälfte 20. Jahrhundert)	Wahrscheinlichkeitsstufe prognostizierter Veränderungen (21. Jahrhundert)
höhere Maximaltemperaturen und mehr heiße Tage in nahezu allen Landgebieten	wahrscheinlich	sehr wahrscheinlich
höhere Minimumtemperaturen, weniger kalte Tage und Frosttage in nahezu allen Landgebieten	sehr wahrscheinlich	sehr wahrscheinlich
höherer Hitze-Index in Landgebieten	wahrscheinlich, in vielen Gebieten	sehr wahrscheinlich, in den meisten Gebieten
häufigere Starkregen	wahrscheinlich, in vielen Landgebieten der mittleren und höheren Breiten der Nordhalbkugel	sehr wahrscheinlich, in den meisten Gebieten
Zunahme kontinentaler Trockenheit und Dürrerisiken im Sommer	wahrscheinlich, in wenigen Gebieten	wahrscheinlich, in den meisten kontinentalen Gebieten der mittleren Breiten (Fehlen konsistenter Prognosen über andere Gebiete)
Zunahme der Windgeschwindigkeitsspitzen in Hurrikanen	in den wenigen vorliegenden Analysen nicht beobachtet	wahrscheinlich, in einigen Gebieten
Zunahme der mittleren und extremen Niederschlagsstärken bei Hurrikanen	zu wenige Daten für eine Beurteilung	wahrscheinlich, in einigen Gebieten

Wahrscheinlichkeitslevel beobachteter und prognostizierter Veränderungen extremer Wetter- und Klimaereignisse (wahrscheinlich: 66 bis 90 Prozent; sehr wahrscheinlich: 90 bis 99 Prozent).

gar mit einem permanenten Warmwasserereignis zu rechnen ist, bleibt noch zu klären.

Fazit: Das Experiment mit dem Erdklima

Der weltweite Klimawandel, das globale Experiment mit den klima-wirksamen Spurengasen, birgt vielleicht das allergrößte Risiko. Der anthropogene Zusatztreibhauseffekt wird aber regional sehr unter-schiedliche Auswirkungen haben. Sicher wird aufgrund der Ausdeh-nung des erwärmten Oberflächenwassers und des permanenten Rückschmelzens der Gebirgsgletscher der Spiegel des Weltmeeres in den nächsten Jahrhunderten kontinuierlich ansteigen. Weit weniger klar sind die Auswirkungen des globalen Wandels im regionalen Maßstab, beispielsweise auf die bodennahe Lufttemperatur oder den

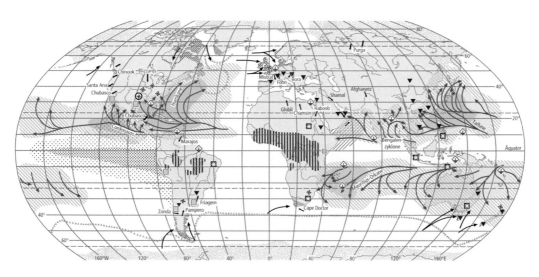

Risiko tropischer Wirbelstürme
(Windstärke ≥ 8 (Beaufort-Skala))

- 0,1 bis < 1,0 pro Jahr
- 1,0 bis 3,0 pro Jahr
- ≥ 3,0 pro Jahr
- → Hauptzugbahnen tropischer Wirbelstürme

Sturm, Tornado, Hagel (regional)

- ⚡ Tornadohäufigkeit 0,5-2 pro Jahr
- ⊕ Tornadohäufigkeit > 2 pro Jahr
- ▼ Hagelschwerpunkt
- — Hauptwindrichtung und Bezeichnung regionaler Stürme
- /// Monsunhäufigkeit
- ⸗ Gewittertage > 100 pro Jahr

Außertropische Stürme/Winterstürme

- erhöhte Gefährdung durch außer-tropische Stürme, überwiegend im Winter
- → Hauptzugbahnen außertropischer Stürme

El Niño-Folgen

- ▤ Starkniederschlag, Überschwemmung
- ▦ Trockenheit, Dürre
- ·::· Erwärmung der Meeresoberfläche 1-2°C
- ▒ Erwärmung der Meeresoberfläche > 2°C

Klimawandel und andere Naturgefahren

- ⬙ kritischer Meeresspiegelanstieg
- ▢ Packeis
- ..... Grenze der Eisbergvorstöße

Weltkarte atmosphärischer Gefahren.

Niederschlag. Für Europa wird sogar der eher unwahrscheinliche Fall eines Temperaturrückgangs diskutiert, der durch ein Abreißen der thermohalinen Zirkulation (horizontale und vertikale Strömungen) im Nordatlantik ausgelöst werden könnte. Ob, wo und wann eine global höhere Lufttemperatur und damit verbunden ein größerer Wasserdampfgehalt zur regionalen Modifikation einzelner Klimaelemente führen wird, kann durch Berechnungen verschiedener Szenarien immer nur bis zu einem gewissen Grad an Genauigkeit prognostiziert werden, da der Wandel mit sozialen, demographischen, ökonomischen und technologischen Veränderungen verknüpft ist. Der „Klimarat" (IPCC) rechnet aber mit einer Zunahme von Extremwetter und -witterung, das heißt mit einer Steigerung atmosphärischer Gefahren auch für die Gesundheit. Die prognostizierte Klimaänderung wird auf alle Fälle größer sein als irgendeine in den letzten 10 000 Jahren. Daraus resultieren Veränderungen ökologischer Beziehungen und biogeochemischer Systeme, die die Menschen noch Jahrzehnte, wenn nicht Jahrhunderte lang beschäftigen werden.

Grundtext aus: Gebhardt et al. (Hrsg.) *Geographie. Physische Geographie und Humangeographie*; Spektrum Akademischer Verlag.

Warme Welt

Noch nie musste sich der Mensch so schnell an veränderte Umweltbedingungen anpassen wie in diesem Jahrhundert. Die Klimaszenarien geben bereits einen Vorgeschmack auf das, was kommt

Tobias Hürter

Wie entwickelt sich das globale Klima?

Sicher ist: Es wird wärmer. Weniger klar ist: Um wie viel Grad, und wie schnell? Welche Mengen an Treibhausgasen wird die Menschheit noch in die Luft entlassen, und wie werden Atmosphäre, Biosphäre und Ozeane darauf reagieren? „Die globale Erwärmung wird bis 2050 wahrscheinlich zwischen 1 und 1,5 Grad Celsius betragen", sagt Stefan Rahmstorf vom Potsdam-Institut für Klimafolgenforschung (PIK). Im Entwurf für den nächsten Klimabericht der Vereinten Nationen, der im Mai vorzeitig an die Öffentlichkeit gelangte, gehen die Autoren von einem Temperaturanstieg zwischen 2 und 4,5 Grad Celsius bis Ende des Jahrhunderts aus. Mehrere Hundert Klimaforscher haben sich auf diese Spanne verständigt. In jedem Fall wäre die Atmosphäre dann so warm wie seit mehreren Jahrmillionen nicht mehr.

Von der industriellen Revolution bis heute stieg die globale Temperatur um 0,8 Grad Celsius, mit bereits deutlich spürbaren Folgen. Nach erdgeschichtlichen Maßstäben verläuft der Klimawandel damit atemberaubend schnell. Wohin das laufende Fieber-Experiment mit der Erde führen wird, lässt sich schwer voraussagen, sagt Malte Meinshausen vom Nationalen Zentrum für Atmosphärenforschung der USA (NCAR) in Boulder, denn: „Wir sind die Ersten, die es durchführen."

Die Schlüsselgröße der Klimaprognostik ist die sogenannte Klimasensitivität. Sie misst, wie stark eine Verdopplung des Kohlendioxidgehalts in der Atmosphäre die globale Durchschnittstemperatur erhöht. Ein Team der Universität Oxford unternahm vor zwei Jahren mit 90 000 vernetzten Computern den bisher ehrgeizigsten Versuch, die Klimasensitivität abzuschätzen, und kam auf eine Spanne zwischen 1,9 und 11,2 Grad Celsius – wobei am ehesten eine Drei vor dem Komma zu erwarten ist und alles, was vier Grad deutlich übersteigt, äußerst unwahrscheinlich ist.

Die meisten Projektionen gehen davon aus, dass der Kohlendioxidgehalt der Atmosphäre – er liegt derzeit bei 0,037 Prozent – irgendwann in der zweiten Hälfte dieses Jahrhunderts das Doppelte seines vorindustriellen Stands erreichen wird. Die weite Spanne zeigt die Unsicherheit der Simulationen. Wäre die Erde eine lichtbeschienene Kugel, dann wäre Klimaforschung eine einfache Angelegenheit. Aber sie schlingert durchs Sonnensystem, hat Gebirge, Meere und Wüsten. Ein Hauch mehr Meeresbrise wirft Schaumkronen auf, die einen wesentlichen Anteil des Sonnenlichts zurück ins All werfen. Und jeder Kondensstreifen eines Flugzeugs kann sich zu einem Wolkenfeld auswachsen – das je nach Gestalt aufheizend oder kühlend wirken kann.

Wird es in Deutschland wärmer oder kälter?

Dass sich diese Frage überhaupt stellt, liegt an der großen Unbekannten der Klimaforschung: dem Nordatlantikstrom. Dieser verlängerte Arm des Golfstroms transportiert Wärme aus den Tropen nach Norden. Die Leistung entspricht rund einem Drittel der Strahlungsleistung, die Westeuropa direkt von der Sonne bekommt.

Wenn der Nordatlantikstrom heute plötzlich stoppte, würde die Durchschnittstemperatur in Mitteleuropa womöglich um fünf Grad sinken. Würde er später versiegen, dann wäre der kühlende Effekt wohl gar nicht so unerwünscht, denn er würde der Klimaerwärmung entgegenwirken – zumindest in Europa. In den Äquatorgebieten jedoch, wo der Nordatlantikstrom heute kühlend wirkt, würde der Ausfall die Erwärmung noch beschleunigen. Zudem kann der Ozean ohne den Nordatlantikstrom nicht mehr so viel Kohlendioxid aufnehmen, was den globalen Treibhauseffekt verstärken würde.

Die Zirkulation wird von einem Wechselspiel aus Verdunstung, Versalzung und Abkühlung am Laufen gehalten, ein zu starker Zufluss an Frischwasser könnte sie abreißen lassen – wie es bereits mehrmals in der Erdgeschichte geschah. Ob nun wieder ein Versagen des Nordatlantikstroms droht, ist umstritten. Für die nahe Zukunft scheint die Fernwärme jedoch gesichert. „Bis 2050 muss ein Ausfall des Nordatlantikstroms als extrem unwahrscheinlich gelten", sagt Stefan Rahmstorf.

Laut einer Studie der EU-Umweltbehörde wird sich Europa sogar rascher als der Rest der Welt erwärmen. Im Jahr 2050 werden demnach drei Viertel der Schweizer Gletscher abgeschmolzen sein, und nach 2080 wird das, was wir „Winter" nennen, in Europa nicht mehr vorkommen. „Hitzewellen wie die des Sommers 2003 werden im Jahr 2050 nicht mehr als Jahrhundertsommer gelten, sondern schlicht Normalität sein", sagt Malte Meinshausen.

Eine Gruppe des Max-Planck-Instituts für Meteorologie berechnete vor ein paar Monaten erstmals das Klima des 21. Jahrhunderts in Europa mit hoher räumlicher Auflösung. Dabei wurden markante Unterschiede sichtbar: Die Sommer der fünften Dekade sollen im Mittelmeerraum um mehr als 2,5 Grad Celsius heißer sein als die der Jahre 1961 bis 1990, in Mitteleuropa nicht einmal um ein Grad. Die jährlichen Niederschläge sollen sich am Mittelmeer bis 2050 halbieren, in den skandinavischen Wintern jedoch zunehmen. Unter diesen Bedingungen wäre es denkbar, dass die Malaria, die sich in Afrika schon heute durch den Klimawandel ausbreitet, wieder den Sprung nach Südeuropa schafft.

Wird das Ozonloch weiter wachsen?

Im Gegenteil: Es wird wahrscheinlich zurückgehen. Zwar ist der Trend schwer zu messen, nach derzeitigem Wissensstand jedoch hat sich das Ozonloch über dem Südpol inzwischen stabilisiert und wird voraussichtlich in den nächsten zwei Jahrzehnten beginnen, sich wieder zu schließen. Bis zur Mitte des Jahrhunderts dürfte die Ozonschicht ihre alte Stärke zurückgewonnen haben.

Ozonloch und Klimaerwärmung haben verschiedene Ursachen, politisch jedoch viel gemeinsam. Denn die Sanierung der Ozonschicht ist ein Präzedenzfall für den Kampf gegen den Treibhauseffekt. Wäre das Montreal-Protokoll zum Schutz der Ozonschicht nicht in Kraft getreten, hätte die Erde bis 2050 womöglich die Hälfte ihres UV-Schutzes verloren, mit fatalen Folgen für Menschen, Tiere und Pflanzen. Allerdings gewann der Montreal-Prozess erst an Dynamik, als deutlich wurde, dass die Ächtung ozonschädigender Stoffe – vor allem der Fluorchlorkohlenwasserstoffe

(FCKW) – kaum ökonomische Nachteile bringt. Atmosphärenforscher Malte Meinshausen zieht die Lehre für den Klimaschutz: „Erst wenn die Wirtschaft sich Gewinne davon verspricht, werden wir unser heutiges Energiesystem in ein nachhaltiges umbauen können. Die Politik hat die Freiheit, die Märkte dafür zu schaffen."

Nehmen Wetterkatastrophen zu?

Ja, und zwar schon heute. Nach einer Studie der EU-Umweltbehörde hat sich die Zahl der Wetterkatastrophen in den 1990er-Jahren im Vergleich zum Vorjahrzehnt verdoppelt. Die Klimamodelle projizieren eine klare Tendenz zu mehr und heftigeren Dürren und Unwettern – nicht nur für Europa, sondern global. Dabei kann kein einzelnes Unwetter kausal auf die globale Erwärmung zurückgeführt werden, wohl aber statistische Trends: Für die Rekord-Hurrikansaison 2005 beispielsweise machen Klimawissenschaftler die Erwärmung der Karibischen See verantwortlich.

Es gibt mehrere Gründe, warum die globale Erwärmung extreme Wetterlagen fördert:

• Wärmere Luft kann mehr Feuchtigkeit aufnehmen. Die Niederschläge in wärmerem Klima werden sich auf wenige, aber heftigere Ereignisse konzentrieren. Dadurch steigt an Flüssen auch die Gefahr von Hochwassern: Bis 2050 werde sich die Zahl der von Fluten bedrohten Menschen in Europa verdoppeln, sagt eine EU-finanzierte Studie voraus.
• Hitze beschleunigt die Verdunstung. Dadurch trocknet der Boden schneller aus. Sobald der Kühleffekt durch die Verdunstung wegfällt, steigt die Temperatur noch stärker. „Dieser Mechanismus wirkte auch bei der Hitzewelle von 2003", sagt Stefan Rahmstorf.
• Mit den Meeresspiegeln steigt die Bedrohung durch Sturmfluten. Diese Gefahr

wird allmählich über die Jahrhunderte wachsen, mit dem Abschmelzen der polaren Eismassen.

Wird das Trinkwasser knapp?

„Der heutige Wasserverbrauch ist nicht aufrecht zu erhalten", schreibt der Wissenschaftsautor Fred Pearce in seinem neuen Buch *When the Rivers Run Dry*, der Kampf ums Wasser werde sich zur „prägenden Krise des 21. Jahrhunderts" entwickeln. Süßwasser wird ein rares Gut – vor allem in Entwicklungsländern, wo einerseits die Industrialisierung und die „grüne Revolution" der Landwirtschaft den Bedarf anheizen, andererseits die Klimaerwärmung den natürlichen Nachschub mindert. Etwa ein Drittel der Weltbevölkerung lebt mit ständigem Wassermangel, in zehn Jahren sollen es zwei Drittel sein. Indien, China und Pakistan – und auch der US-Bundesstaat Arizona – pumpen doppelt so viel Wasser aus dem Boden, wie dort an Regen fällt. Vom Rio Grande in Mexiko und vom Gelben Fluss in China wird inzwischen so viel Wasser abgezweigt, dass sie es in Trockenzeiten kaum noch an ihre Mündungen schaffen. Am Jordan droht der Streit ums Wasser in eine gewaltsame Auseinandersetzung zwischen Israelis und Palästinensern zu eskalieren.

Anders als die Klimaerwärmung könnte der Wassernotstand noch abgewendet werden. Der Münchner Geograph Wolfram Mauser rechnet ein Szenario für die Mitte des Jahrhunderts durch: Wenn die Erdbevölkerung auf 10 Milliarden Menschen anwüchse und sich der Pro-Kopf-Verbrauch verdoppelte, dann müsste die Menschheit rund 40 Prozent des globalen Wasserkreislaufs auf dem Festland kontrollieren, mehr als das Dreifache des heutigen Anteils. „Die Auswirkungen einer solch massiven Umorganisation des Wasserkreislaufs auf die Stabilität der Biosphäre und den Wärmehaushalt der Erde sind unabsehbar", warnt Mauser. Nur bei deutlich effizienterer Nutzung haben wir eine Chance, die globalen Wasserressourcen vor der Überlastung zu bewahren.

Breiten sich die Wüsten aus?

41 Prozent der weltweiten Landfläche sind Trockengebiet, und ein erheblicher Anteil davon droht zu lebloser Wüste zu verkommen. Die UN schätzen, dass die Wüstenbildung jährlich Schäden von 42 Milliarden US-Dollar verursacht, und messen ihr zunehmendes Krisenpotenzial zu. Als wichtigste Ursachen für die Ausbreitung der Wüsten sieht die Weltbehörde Erosion und Überbewirtschaftung. In allen UN-Szenarien werden die Wüsten bis 2050 weiter wachsen – wie schnell, hängt vor allem davon ab, ob Ackerbau und Beweidung auf ein nachhaltiges Niveau zurückgefahren werden. Die Wirkung des Klimawandels auf die Wüstenbildung ist zweischneidig: Einerseits stressen die gehäuften Wetterextreme die Ökosysteme der Trockengebiete, andererseits kann der erhöhte Kohlendioxidgehalt in der Luft das Pflanzenwachstum fördern.

Brennpunkte der Wüstenbildung sind Zentralasien und die Gebiete südlich der Sahara. Aber auch uns in Europa rücken die Wüsten näher. „Manche Gebiete Italiens und Spaniens erwartet im Jahr 2050 ein Klima wie heute in der Sahelzone", sagt Frank Böttcher voraus, der Herausgeber des Wettermagazins. „Auf Mallorca werden womöglich mehr Flugzeuge mit Wasser landen als mit Touristen."

Wie wird es dem Wald gehen?

In den 1980er-Jahren war „saurer Regen" das Schreckenswort der Umweltschützer: Man fürchtete, dass säurehaltiger Niederschlag den Wald großflächig dahinraffen würde – und sah Tausende Seen in Skandinavien und Nordkanada „umkippen". Heute ist der saure Regen in Europa weitgehend vergessen. Dank strengerer Emissionsnormen und dem Kollaps des Ostblocks neutralisierte sich der pH-Wert des Regens.

Es ist eine tragische Ironie, dass der Wald unter den politischen Bemühungen gegen den sauren Regen sogar leiden könnte. Manche Forscher führen den europäischen Hitzesommer von 2003 auf die verschärften Emissionsregeln der EU zurück. Denn Aerosole, die feinen Dunstteilchen aus den Schloten, trüben die Atmosphäre und dämpfen so die Sonneneinstrahlung. Seit die Stickoxid-Emissionen zurückgehen, enthält die Atmosphäre über Europa weniger Aerosole, die der Erwärmung entgegenwirken. Nach dem Trockenheitsstress von 2003 war der deutsche Wald in so schlechtem Zustand wie nie zuvor – laut Bundesumweltministerium waren drei Viertel aller Bäume geschädigt. Der Wald leidet unter fehlendem Regen weitaus mehr als unter saurem Regen. „Wenn die Klimaerwärmung über drei Grad Celsius hinausgeht, dann dürften die veränderten Niederschlagsbedingungen große Wald-Ökosysteme zum Kollabieren bringen", sagt Hans-Joachim Schellnhuber, Direktor des PIK und stellvertretender Vorsitzender des Wissenschaftlichen Beirats der Bundesregierung für globale Umweltveränderungen.

Besonders bedroht sind die tropischen Regenwälder im Kongo und am Amazonas. Nach Modellrechnungen des Hadley-Zentrums werden sie zur Mitte des Jahrhunderts bereits deutlich dezimiert sein und in den Jahrzehnten darauf womöglich ganz zu Grasland und Wüsten verkümmern. Obendrein droht der Tod der Regenwälder verstärkend auf die Klimaerwärmung zurückzuwirken. Laut den Berechnungen des Hadley-Zentrums würde der Kollaps des Amazonas-Regenwaldes so viel Kohlendioxid freisetzen, dass zum Ende des Jahrhunderts der Gehalt dieses Treibhausgases in der Atmosphäre um mehr als 40 Prozent höher läge als in früheren Modellen.

Können wir die Klimakatastrophe noch abwenden?

Die Menschheit kann den Klimaumschwung allenfalls noch lindern. Selbst wenn morgen alle Emissionen gestoppt würden, könnte sich das globale Klimasystem frühestens in einigen Jahrzehnten wieder unter das heutige Niveau abkühlen. „Es ist wie beim Backofen in der Küche", sagt Malte Meinshausen, „wir haben den Temperaturregler auf mittlere Temperatur hochgedreht und können jetzt zusehen, wie sich die Erde erwärmt. Auch wenn wir den Regler wieder herunterdrehen, wird die Erwärmung vorerst ein Stück weitergehen." Der Hauptgrund dafür ist das träge Verhalten des Kohlendioxids im System der Atmosphäre und der Ozeane. Die Treibhausgase von heute stammen zum großen Teil aus den Schloten und Auspuffen unserer Eltern und Großeltern, ebenso wird die Wirkung unserer Emissionen noch lange Zeit zu spüren sein.

Bisher merken wir wenig von der Klimaerwärmung, weil die weltweite Atmosphäre nach wie vor eine Menge Aerosole aus Industrieabgasen enthält. Sie dämpfen die Erwärmung erheblich, möglicherweise um die Hälfte.

Unabsichtlich verzögert die Menschheit also die globale Erwärmung, doch mit jeder größeren Wirtschaftskrise oder gut gemeinten politischen Entscheidung, den Brennstoffverbrauch zu senken, kann dieser Aerosoldunst verschwinden – und die globale Erwärmung sich drastisch beschleunigen. Als kritische Schwelle gilt eine globale Erwärmung von zwei Grad Celsius über das vorindustrielle Niveau. „Die Hinweise mehren sich, dass eine Erwärmung von mehr als zwei Grad zu massiven, möglicherweise nicht mehr beherrschbaren Risiken führt", warnt Hans-Joachim Schellnhuber. „Es entstünde ein völlig neues Konfliktklima, mit erheblichem Potenzial für Bürgerkriege und zwischenstaatliche Kriege." Erklärtes politisches Ziel der Europäischen Union ist es, die Erwärmung möglichst unter der Zwei-Grad-Marke zu halten. Aber womöglich ist es schon zu spät dafür: Britische Forscher schätzten im Frühjahr, dass die Konzentration an Treibhausgasen die kritische Schwelle inzwischen überschritten habe. „Das bedeutet, dass wir die zwei Grad erreichen werden", befürchtet Dennis Tirpak, Leiter des Klimawandel-Programms der OECD. Eine neue Studie des PIK hingegen kommt zu dem Schluss, dass die Erwärmung noch unterhalb von zwei Grad zu halten ist – sogar zu minimalem Preis. „Wenn der Staat die richtigen Anreize für eine Energiewende zur Nachhaltigkeit setzt, dann würde sich das globale Wirtschaftswachstum bis zum Ende des 21. Jahrhunderts lediglich um drei Monate verzögern", sagt PIK-Direktor Schellnhuber.

Welche Länder sind die größten Umweltverschmutzer?

Legt man die absoluten Zahlen zugrunde, dann ist die Antwort klar: Die USA sind derzeit Umweltsünder Nummer eins in fast allen Disziplinen, amerikanische Schornsteine und Autos blasen mit Abstand die meisten Treibhausgase in die Luft. Im Laufe der nächsten Jahrzehnte werden sie voraussichtlich vom Verkehr und der Industrie Chinas überholt.

Aber nicht alle Experten halten die bloßen Emissionsmengen für das richtige Maß, um das Umweltgebaren eines Staats zu bewerten. So stellt der Umweltforscher Geoffrey Hammond von der Universität Bath (England) dem „ökologischen Fußabdruck" eines Staats seine „Biokapazität" gegenüber – rechnet also ökologisches Soll und Haben gegeneinander auf. Weil große Flächenstaaten generell mehr natürliche Vegetation haben als kleine, dicht bevölkerte, können sie die Umweltbelastung besser kompensieren – weshalb Länder wie die USA, Kanada, Russland und Brasilien in Hammonds

Rechnung besser wegkommen, europäische und ost- asiatische Länder schlechter. Die USA und Bangladesch stünden auf einer Stufe in Sachen Umweltsünden. Solche Ranglisten sind keine rein akademische Übung, wenn die Lasten des global koordinierten Umweltschutzes, etwa in den Kyoto-Nachfolgeabkommen, nach dem Verursacherprinzip verteilt werden sollen: Wer mehr zerstört, muss mehr aufräumen. Doch wie auch immer man die Umweltschuld verteilt, es sollte keine Ausrede zum Nichtstun sein, meint der NCAR-Wissenschaftler Meinshausen: „Dem Klimaschutz ist nicht geholfen, wenn wir uns zurücklehnen und mit dem Finger auf andere zeigen."

Wer profitiert vom Klimawandel?

In den 1980er-Jahren, als sich die Anzeichen für eine globale Erwärmung verdichteten, begrüßte die Regierung der Sowjetunion diese Entwicklung unverhohlen. Sie erhoffte sich davon höhere Erträge ihrer Landwirtschaft und niedrigere Heizkosten. Zwei Jahrzehnte später unterschrieb Russland dann doch das Kyoto-Protokoll – was deutlich macht, dass letztlich niemand hoffen kann, zu einem Gewinner des Klimawandels zu werden.

Jeder scheinbare Vorteil wird von den Risiken überwogen. Denn der Klimawandel bringt nicht nur ein paar Grad mehr mit sich. Wenn der sibirische Permafrostboden taut, drohen ganze Städte im Schlamm zu versinken. Mildere Winter lassen nicht nur Nutzpflanzen, sondern auch Schädlinge gedeihen. In der Arktis droht gar ein Rückkopplungseffekt der Erwärmung: Wenn sich Büsche und Bäume auf Gebiete ausbreiten, in denen heute nur Flechten und Moose wachsen, dann absorbiert die dunklere Vegetation mehr Sonnenlicht, was die Temperatur weiter in die Höhe treibt. „Selbst wenn ein Staat Hoffnungen auf lokale Vorteile hegen würde, müsste er in unserer globalisierten Welt ein Interesse daran haben, den Klimawandel möglichst gering zu halten", sagt Malte Meinshausen.

Wenn sich die Klimaerwärmung letztlich doch positiv auf die Menschheit auswirken sollte, dann erst in ferner Zukunft. Aus vergangenen Klimaumschwüngen, auch wenn sie heftiger waren als der bevorstehende Wandel, sind unsere Vorfahren stets gestärkt hervorgegangen. Der aufrechte Gang war vermutlich eine Anpassungsreaktion auf die Versteppung Afrikas. Die Landwirtschaft entstand, als das Klima im Nahen Osten den alten Lebensstil nicht mehr erlaubte. Doch diese Entwicklungssprünge geschahen unter enormem Leidensdruck. Die Menschheit stand kurz vor dem Aussterben.

Aus: ZEIT-Wissen 04/06

„Klimaänderungen" war der Text von **Christian-Dietrich Schönwiese** überschrieben, als er 2007 zum ersten Mal im großen Lehrbuch *Geographie* erschien. „Klimaänderungen", das klingt so ganz anders als die viel beschworene „Klimakatastrophe". Und tatsächlich beginnt Schönwiese mit einer ganz nüchternen Feststellung: „Seit die Erde existiert – also seit zirka 4,6 Milliarden Jahren –, ändert sich das Klima."

Der studierte Meteorologe, der zu den führenden Klimaforschern Deutschlands gehört, vermittelt einen prägnanten Einblick in das Klimageschehen der Vergangenheit und seine vielfältigen Ursachen. Geboren 1940 in Breslau, studierte und promovierte Schönwiese in München. Von 1981 bis 2006 war er Professor an der Johann Wolfgang Goethe-Universität in Frankfurt am Main und leitete dort die Arbeitsgruppe Klimaforschung. Im Mittelpunkt seines Interesses stehen die Analyse der jüngeren Klimageschichte und die Erkennung anthropogener und natürlicher Faktoren in den Klimabeobachtungsdaten. Schönwiese hat das Thema in mehreren Sachbüchern auch für ein breiteres Publikum aufbereitet.

Während Schönwiese die Vergangenheit analysiert, blickt **Hans von Storch** in seinem Beitrag „Klimaszenarien" in die Zukunft. Dabei betrachtet er diese Zukunft sehr bewusst auch aus dem Blickwinkel vergangener Veränderungen – und nutzt umgekehrt die Vergangenheit, um die Vorhersagekraft der Zukunftsszenarien zu beurteilen. Storch warnt vor allzu hohen Erwartungen in die Prognosekraft solcher Zukunftsmodelle: „Szenarien sind keine Vorhersagen, sondern *storyboards*, verschiedene Entwürfe von Zukunft, die alle denkbar und plausibel, in sich konsistent, aber nicht notwendig wahrscheinlich sind."

Von Storch kam als studentischer Quereinsteiger zur Klimaforschung. Geboren 1949 in Wyk auf Föhr studierte er Mathematik, Physik und Dänisch an der Universität Hamburg. Dort arbeitete er zunächst als Programmierer für die Ozeanographen, bevor ihn nicht nur die Programme, sondern die Inhalte packten. Von 1987 bis 1995 arbeitete Hans von Storch am Max-Planck-Institut für Meteorologie. Heute ist er Professor am Institut für Meteorologie der Universität Hamburg und seit 2001 Leiter des Instituts für Küstenforschung am GKSS-Forschungszentrum Geesthacht.

Christian-D. Schönwiese und Hans v. Storch

Klimaänderungen – ein kompliziertes Erscheinungsbild

Von Christian-Dietrich Schönwiese

Seit die Erde existiert – also seit zirka 4,6 Milliarden Jahren –, ändert sich das Klima, und das in unterschiedlicher Art und aus unterschiedlichen Gründen. Da die Menschheit und mit ihr die gesamte Biosphäre (Leben) von günstigen Klimabedingungen abhängig ist, haben Klimaänderungen ökologische und sozioökonomische Folgen, die sehr gravierend sein können. Dies sowie die Tatsache, dass der Mensch seit der neolithischen Revolution, ganz besonders aber seit Beginn des Industriezeitalters, zu einem zusätzlichen Klimafaktor geworden ist, erklärt die besondere Aufmerksamkeit – in der Wissenschaft und in der Öffentlichkeit – für das Problem der Klimaänderungen. Die Informationsquellen, die uns Erkenntnisse über das Klima und seine Änderungen in der Vergangenheit liefern, lassen sich in drei Bereiche einteilen:

- direkt gewonnene Messdaten: instrumentelle Periode, Neoklimatologie
- Informationen aus historischen Quellen, die direkt oder auch indirekt Rückschlüsse auf das Klima erlauben: historische Periode
- indirekte Rekonstruktionen mithilfe der Methoden der Paläoklimatologie: paläoklimatologische Periode, die sich aber durchaus mit der neoklimatologischen überschneidet, was für die Anwendung der Rekonstruktionstechniken wichtig ist

Dabei beträgt die maximale Reichweite bei der instrumentellen Periode regional zirka 350 Jahre (Temperaturmessungen in England seit 1659), in einigermaßen globaler Abdeckung aber nur zirka 150 Jahre (seit 1850/60), bei der historischen Periode zirka 5 000 Jahre (Höhlenmalereien in Nordafrika, die im Gegensatz zu heute ein relativ regenreiches Klima nahelegen) und bei der paläoklimatologischen Periode zirka 3,8 Milliarden Jahre (älteste erhaltene Sedimente).

Informationen, die uns Einblicke in die Klimaänderungen der Vergangenheit erlauben, werden zumindest neoklimatologisch meist in Zeitreihenform dargestellt (wie in der Abbildung auf der nächsten Seite), das heißt die Daten der Klimaelemente, wie sie jeweils an einer bestimmten Station erfasst werden, beziehen sich der Reihe nach auf feste Zeitpunkte bzw. Zeitintervalle, beispielsweise als Monats- oder Jahres- oder vieljährige Mittelwerte. Daraus können dann Flächenmittelwerte bis hin zu global gemittelten Daten abgeschätzt werden. Andererseits dienen die an den einzelnen Stationen erhobenen Daten

Was ist eigentlich …

Neoklimatologie, im Gegensatz zur Paläoklimatologie der Teil der Klimatologie, der auf direkte Messdaten der Klimaelemente zurückgreift (seit 1659: bodennahe Temperatur im zentralen England, global erst seit den letzten 100–150 Jahren, dreidimensional seit 40–50 Jahren).

Was ist eigentlich …

Paläoklimatologie, Lehre vom Klima im Verlaufe der Erdgeschichte (historische Paläoklimatologie) und die Klärung der Ursachen des Klimawandels (genetische Paläoklimatologie) aufgrund von geologischen Klimazeugen sowie Modellrechnungen. Ausgehend vom Verständnis des heutigen Klimas wird versucht, das Klima der Vergangenheit zu rekonstruieren, was wiederum die Grundlage zur Modellierung des künftigen Klimas vor dem Hintergrund anthropogener Einwirkungen darstellt. Es stehen viele Methoden zur Verfügung wie die Rekonstruktion mittels Eiskernbohrungen im Polareis und Tiefseesedimentbohrungen. Als geologische Klimazeugen z. B. für kaltes Klima gelten glaziale Sedimente und Formen wie Moränen, Kare, Gletscherschliffe. Zum Erkennen arider Klimabedingungen dienen u. a. Verwitterungsbildungen oder Dünen.

Jährliche Anomalien (Abweichungen vom Referenzmittelwert 1961 bis 1990) der bodennahen Lufttemperatur in globaler Mittelung mit linearen Trends für die angegebenen Zeitintervalle.

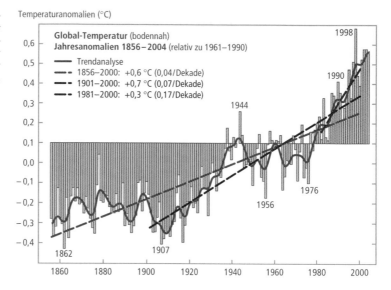

Temperaturanomalien (°C)

Global-Temperatur (bodennah)
Jahresanomalien 1856–2004 (relativ zu 1961–1990)

— Trendanalyse
— · 1856–2000: +0,6 °C (0,04/Dekade)
— · 1901–2000: +0,7 °C (0,07/Dekade)
— · 1981–2000: +0,3 °C (0,17/Dekade)

Was ist eigentlich ...

Klimaelement, meteorologisches Element, das zur Beschreibung des Klimas verwendet wird. Die wichtigsten Klimaelemente sind Lufttemperatur, Niederschlag, Luftfeuchtigkeit, Bewölkung und Wind. Ursächlich werden auch Größen der Strahlung und in Zusammenhang mit der allgemeinen atmosphärischen Zirkulation auch die Gegebenheiten von Luftdruck und Vertikalbewegung als Klimaelemente betrachtet. Weiterhin erfordert das Konzept des Klimasystems zumindest noch die Hinzunahme ozeanischer Größen (z. B. Meeresoberflächentemperatur) als Klimaelement.

auch dazu, mithilfe geeigneter Interpolationsverfahren regionale Änderungsstrukturen darzustellen, im Allgemeinen in Kartenform (wie in der Abbildung auf der nächsten Seite). Historische Informationen, die mehr oder weniger direkt das Klima betreffen, liegen nicht selten nur in verbaler Form vor, wobei es nicht einfach ist, sie in quantitative Aussagen umzusetzen. Die Paläoklimatologie liefert wie die Neoklimatologie Zeitreihen, beispielsweise aufgrund von Sediment- oder Eisbohrungen.

Zeitlich gesehen lassen sich gegebenenfalls lineare oder nichtlineare Trends über relativ lange Zeitspannen erkennen, die aber immer von Fluktuationen verschiedener Art (d. h. mit unterschiedlicher Zykluslänge und Amplitude) überlagert sind. Dabei beschreibt die Zykluslänge den mittleren Abstand von relativen Maxima bzw. Minima; periodische Schwankungen, bei denen beides konstant ist, kommen im Klimageschehen nicht vor. Abweichungen der Einzeldaten vom Mittelwert (ggf. von einem definierten „Normalwert") bzw. Trend heißen Anomalien. Sie können ein extremes Ausmaß besitzen, das heißt sehr stark vom Mittelwert bzw. Trend abweichen (z. B. um das Zwei- oder Dreifache der Standardabweichung), mit jeweils Unterschieden in der Dauer, in den betroffenen Regionen und Ausprägungen.

Nordhemisphärischer Überblick und globale Klimaänderungen

Ausgehend von der Frühzeit der Erde hat zunächst eine markante Abkühlung stattgefunden, bis vor zirka 1 bis 2 Milliarden Jahren in etwa das heutige Temperaturniveau erreicht war, das derzeit mit einer global gemittelten bodennahen Lufttemperatur von zirka 15 °C angegeben wird. In der Abbildung auf Seite 91 ist, aus Gründen der Informationsverfügbarkeit auf die Nordhemisphäre begrenzt, ein Überblick der mittleren Variationen der bodennahen Lufttemperatur zusammengestellt, beginnend mit der letzten Jahrmilliarde usw. bis zum letzten Jahrtausend. Man erkennt zunächst die relativ kalten Epochen der Eiszeitalter von jeweils einigen Jahrmillionen Dauer und die wesentlich längeren, erheblich wärmeren Epochen (akryogenes Warmklima, d. h. ohne Eisvorkommen in den Polarregionen).

Innerhalb der Eiszeitalter existiert ein Wechselspiel zwischen relativ kalten Epochen, den Kaltzeiten oder Eiszeiten im engeren Sinn (Glazialen) und relativ wärmeren Epochen, den Warmzeiten (Interglazialen), deren auffälligstes Unterscheidungsmerkmal die variierende Eisbedeckung der Erdoberfläche ist. Dies gilt wahrscheinlich für alle Eiszeitalter, ist aber für das noch andauernde quartäre Eiszeitalter verständlicherweise am besten erforscht. Während frühere Epochen, zuletzt die Würm-Kaltzeit bzw. -Eiszeit, die bis ungefähr 11 000 Jahre vor heute angedauert hat, sehr wahrscheinlich durch eine ausgeprägte Klimavariabilität gekennzeichnet waren, ist die nachfolgende Warmzeit – genannt Neo-Warmzeit, Postglazial oder Holozän –, in der wir leben, bisher relativ stabil gewesen, was die kulturelle Entwicklung der Menschheit sicherlich begünstigt hat.

Was ist eigentlich ...

akryogenes Warmklima, Klimazustand, der so warm ist, dass Eisbildungen auf der Erdoberfläche nicht möglich sind. Gegensatz: Eiszeitalter.

Was ist eigentlich ...

Eiszeitalter, Epoche bzw. Zustand des Klimas, bei dem Eisbildungen auf der Erdoberfläche auftreten. Derzeit existiert das quartäre Eiszeitalter. Die Eiszeitalter gliedern sich in relativ kalte Unterepochen, in denen die Eisbedeckung der Erdoberfläche relativ stark ausgedehnt ist (z. B. Würm-Kaltzeit), und relativ warme Unterepochen, in denen dies nicht der Fall ist (wie z. B. heute, Holozän).

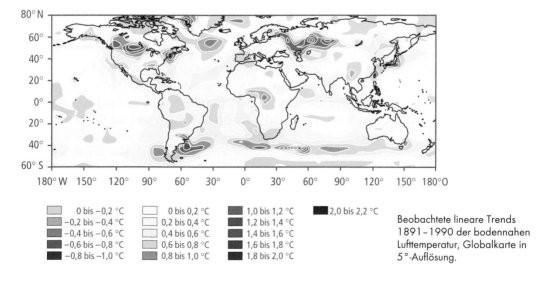

Beobachtete lineare Trends 1891–1990 der bodennahen Lufttemperatur, Globalkarte in 5°-Auflösung.

In den letzten ein bis zwei Jahrtausenden ist – unter relativ geringen, aber durchaus effektiven Fluktuationen – ein Abkühlungstrend zu erkennen, der uns nach gängigen Klimamodellrechnungen in die nächste Kaltzeit (Eiszeit der Zukunft, Präglazial) führen wird (mit Tiefpunkt in grob 60 000 Jahren, eiszeitähnlichen Gegebenheiten aber schon in einigen Jahrtausenden).Obwohl die letzten Jahrtausende – in paläoklimatologischer Perspektive – zur jüngsten Klimavergangenheit gehören und obwohl die bodennahe Lufttemperatur mit Abstand das am verlässlichsten rekonstruierbare Klimaelement ist, bestehen bei solchen Rekonstruktionen erhebliche quantitative Unsicherheiten, sodass es für das letzte Jahrtausend (unterste Kurve in der folgenden Abbildung) mehrere Alternativen gibt. Daraus geht hervor, dass das sogenannte Mittelalterliche Klimaoptimum (Höhepunkte vermutlich um 900(?), 1000, 1100 und zuletzt um 1400 n. Chr.) zumindest regional ähnlich warm oder sogar noch wärmer gewesen ist als unser heutiges Klima (mit einer auffälligen Häufung extremer Ereignisse wie beispielsweise Sturmfluten an den Nordseeküsten).

Zum Weiterlesen

Glaser, R. *Klimageschichte Mitteleuropas. 1000 Jahre Wetter, Klima, Katastrophen* (2001). Primus/Wissenschaftliche Buchgesellschaft, Darmstadt.

Es folgte die etwas übertrieben „Kleine Eiszeit" genannte kühle Epoche (Tiefpunkte zuletzt um ca. 1600/1650 und 1850), die zum Teil von Missernten und Hungersnöten begleitet war, bevor dann im Industriezeitalter eine markante Erwärmung einsetzte, die oft als *global warming* bezeichnet wird. Da sie in die neoklimatologische (instrumentelle) Epoche fällt, ist sie in ihren zeitlichen und räumlichen Strukturen auch im Detail gut bekannt und mit einem weitaus geringeren Unsicherheitsausmaß belastet als die indirekten Rekonstruktionen. Zudem sind für diese Zeit außer der bodennahen Lufttemperatur auch relativ genaue Informationen über andere Klimaelemente verfügbar, wobei hier aber im Wesentlichen nur noch auf den Niederschlag eingegangen werden soll.

Zunächst aber zur Lufttemperatur: Im globalen Mittel ist sie seit zirka 1850 um ungefähr 0,6 °C angestiegen. Dieser Trend ist, wie bei jeder klimatologischen Zeitreihe, jedoch von Fluktuationen und Anomalien überlagert, sodass die wesentliche Erwärmung in die Zeit 1907 bis 1944 und seit 1976 fällt. Die Bezeichnung *global warming* ist insofern zu relativieren, als sie offenbar von regional begrenzten Abkühlungen überlagert ist. Diese räumlichen Klimaänderungsstrukturen ändern sich zudem von Zeitintervall zu Zeitintervall und von Jahreszeit zu Jahreszeit, sodass sich insgesamt ein sehr kompliziertes Bild ergibt. Das gilt in noch höherem Maß für den Niederschlag.

Die zwar nicht global einheitliche, aber doch im globalen Mittel festzustellende Erwärmung der unteren Atmosphäre (Industriezeitalter) ist von einem Meeresspiegelanstieg begleitet, der im weltweiten Durchschnitt seit 1901 auf 17 cm geschätzt wird, verursacht vor allem durch die thermische Expansion des oberen (Mischungsschicht-)

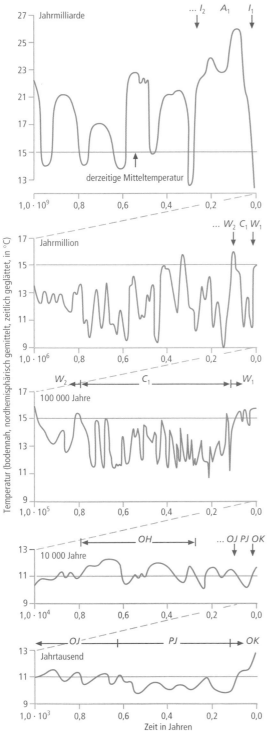

I_1 quartäres Eiszeit-
alter
A_1 akryogenes Warm-
klima, hier Trias bis
Tertiär usw.

W_1 Neo-Kaltzeit
(Holozän, „post-
glazial")
C_1 Würm-Kaltzeit
(Weichsel-Kaltzeit,
Wisconsin-Kaltzeit,
... , „glazial")
W_2 Eem-Warmzeit
(„interglazial")

OK modernes
„Optimum"
PJ kleine „Eiszeit"
OJ mittelalterliches
„Optimum"
OH holozänes
„Optimum"
(Altithermum,
„Hauptoptimum")

Übersicht der Änderungen der
nordhemisphärisch gemittelten
bodennahen Lufttemperatur in
der letzten Jahrmilliarde, der
letzten Jahrmillion usw. bis zum
letzten Jahrtausend.

Ozeans, aber auch durch das Rückschmelzen vieler Gebirgsgletscher. Während die antarktische Landeisbedeckung noch immer eher zunimmt (als Folge des dortigen Niederschlaganstiegs), ist in der Arktis in jüngster Zeit nicht nur ein deutlicher Rückgang der Meereisbedeckung feststellbar, sondern auch ein beginnendes Rückschmelzen des Grönlandeisschilds. Für Windtrends, insbesondere was die Häufigkeit von tropischen Wirbelstürmen, Sturmtiefs in gemäßigten Breiten und Tornados betrifft, gibt es keine eindeutigen bzw. einheitlichen Indizien, obwohl die Versicherungswirtschaft angesichts des enormen Schadensanstiegs durch Stürme, Überschwemmungen usw. alarmiert ist.

Klimaänderungen in Europa und Deutschland

In Europa ist bei der Temperatur die winterliche Erwärmung Osteuropas am auffälligsten (mit Werten bis über 2 °C in der Zeit 1891 bis 1990), beim Niederschlag die Abnahme im Mittelmeerraum und die Zunahme in Südskandinavien. In Deutschland lag 1901 bis 2000 die Erwärmung mit rund 1 °C etwas über dem globalen Mittel. Sie hat sich in den letzten Jahrzehnten intensiviert, insbesondere im Winter, verbunden mit einem sich ebenfalls verstärkenden Anstieg des Niederschlags, während im Sommer langzeitlich eher ein Rückgang des Niederschlags festzustellen ist. Die Gebirgsgletscher der Alpen, die überwiegend thermisch gesteuert sind, haben sich im Gegensatz zu den südskandinavischen spektakulär zurückgezogen (Volumenverlust seit 1850 ca. 50 Prozent).

Was ist eigentlich ...

Klimaoptimum, Wärmeoptimum, relativ warme Epoche des Klimas, z. B. das mittelalterliche Klimaoptimum. Der Begriff darf nicht mit optimalen Klimabedingungen gleichgesetzt werden, da warmes Klima auch mit erhöhter Sturmneigung oder einem Meeresspiegelanstieg verbunden sein kann.

Es ist möglich, dass die milder und niederschlagsreicher werdenden Winter Europas durch eine Verlagerung der Sturmzugbahnen auch von häufigeren Stürmen betroffen sind. Dies wird aber sicherlich durch die katastrophalen Nordsee-Sturmfluten, wie sie für die Zeit des Mittelalterlichen Klimaoptimums (am Höhepunkt und gegen Ende) dokumentiert sind, in den Schatten gestellt.

Klimaelement	Zeitspanne	Frühling	Sommer	Herbst	Winter	Jahr
Temperatur	1901–2000	+0,8 °C	+1,0 °C	+1,1 °C	+0,8 °C	+1,0 °C
	1981–2000	+1,3 °C	+0,7 °C	–0,1 °C	+2,3 °C	+1,1 °C
Niederschlag	1901–2000	+13%	–3%	+ 9%	+19%	+ 9%
	1971–2000	+13%	+4%	+14%	+34%	+16%

Übersicht der Klimatrends für das Flächenmittel Deutschland.

Ursachen – menschliche und natürliche Antriebskräfte

Noch komplizierter und vielfältiger als das globale bzw. regionale Erscheinungsbild der Klimaänderungen sind deren Ursachen. Prinzipiell wird zwischen internen Wechselwirkungen im Klimasystem und externen Einflüssen darauf unterschieden. Die internen Wechselwirkungen umfassen zunächst die gesamte Zirkulation der Atmosphäre einschließlich der Prozesse, die unter anderem zur Wolken- und Niederschlagsbildung führen, sodann deren Wechselwirkungen mit dem Ozean (insbesondere *El Niño/Southern Oscillation*, zusammenfassend als ENSO-Mechanismus bezeichnet, und Umstellungen der ozeanischen Strömungen), dem Land- und Meereis, der Erdoberfläche und der Vegetation. Ein für Europa besonders wichtiger weiterer atmosphärischer Zirkulationsvorgang ist die *Nordatlantische Oszillation (NAO)*.

Davon sind die externen Einflüsse auf das Klimasystem zu unterscheiden, die man am besten als Nichtwechselwirkungen definiert, obwohl das im konkreten Fall manchmal problematisch sein kann bzw. von der betrachteten zeitlichen Größenordnung (*scale*) abhängt. Ihr Einfluss wird stets von internen Wechselwirkungen modifiziert. Der wichtigste externe Einfluss ist die Sonneneinstrahlung, die als primärer Antrieb des gesamten atmosphärischen Strahlungshaushalts anzusehen ist (*radiative forcing*). Dabei sind im Zusammenhang mit Klimaänderungen weniger der Tages- und Jahresgang als vielmehr die Effekte der Variationen der Orbitalparameter und die Sonnenaktivität mit mittleren Zykluslängen von zirka 11, 22, 76 usw. Jahren von Interesse. Auch der Vulkanismus gehört zu den externen Einflüssen, und zwar sowohl hinsichtlich einzelner explosiver Ausbrüche, die jeweils für wenige Jahre die Stratosphäre erwärmen und die untere Atmosphäre abkühlen, als auch längerer Episoden mit mehr oder weniger Aktivität. Weitere Beispiele sind die Kontinentaldrift, welche über extrem lange Zeiträume (viele Jahrmillionen) die Randbedingungen der Land-/Meerverteilung und somit der ozeanischen und atmosphärischen Zirkulation verändert. Kosmische Ereignisse wie Einschläge großer Meteore haben in geologischen Zeiträumen wiederholt drastische Folgen für das Klima und Leben auf der Erde gehabt.

Schließlich muss gegenüber diesen vielen natürlichen Ursachen von Klimaänderungen der Mensch genannt werden, der seit der neolithischen Revolution, d. h. seit dem Sesshaft-Werden des Menschen Natur- in Kulturlandschaften umgewandelt hat und dadurch klimarelevant die Stoff- und Energieflüsse an der Grenzfläche Erde/Atmosphäre verändert, besonders wirkungsvoll durch Waldrodungen. Auch das Stadtklima ist hier einzuordnen. Besondere Aufmerksam-

Was ist eigentlich ...

Vulkanismus-Klima-Effekte, der Vulkanismus ist insofern auch für das Klima von Bedeutung, als explosive Vulkanausbrüche Gase und Partikel bis in die Stratosphäre, in extremen Fällen sogar bis in die Mesosphäre schleudern, wo sie die Strahlung der Atmosphäre beeinflussen. Wichtig sind dabei vor allem die über Gas-Partikel-Umwandlungen aus schwefelhaltigen Gasen entstehenden Sulfat-Partikel, die in der Stratosphäre eine Verweilzeit von einigen Jahren haben und dort einen Teil der Sonnenstrahlung absorbieren, was stets mit Erwärmungseffekten verbunden ist, bzw. streuen. Die dadurch verringerte Transmission von Sonneneinstrahlung in die untere Atmosphäre führt dort, simultan mit den stratosphärischen Erwärmungen, zu Abkühlungseffekten. Für den Pinatubo-Ausbruch, der als möglicherweise stärkster vulkanischer Einfluss auf das Klima im 20. Jh. anzusehen ist, sind die entsprechenden Strahlungsantriebe recht genau bekannt.

Eruptionswolke des Pinatubo im Jahr 1991, die bis in eine Höhe von 30 Kilometern reicht.

keit hat dabei der anthropogene Treibhauseffekt erlangt, der darin besteht, dass der natürliche Treibhauseffekt durch die zusätzliche Emission von Kohlendioxid, Methan, Lachgas, FCKW usw. – im Zusammenhang mit Energienutzung und landwirtschaftlicher sowie industrieller Produktion – die Zusammensetzung der Atmosphäre und dadurch wiederum den Strahlungshaushalt verändert. Nach gängigen Klimamodellrechnungen wird insbesondere die im Industriezeitalter beobachtete Erwärmung darauf zurückgeführt, aber unter anderem auch der Meeresspiegelanstieg und Niederschlagsumverteilungen. Dem anthropogenen Treibhauseffekt wirkt der ebenfalls anthropogene Sulfateffekt entgegen, und zwar durch die Anreicherung von Sulfatpartikeln (Sulfataerosol) in der unteren Atmosphäre aufgrund der Emission von Schwefeldioxid, ohne ihn allerdings kompensieren zu können, insbesondere nicht in den letzten Jahrzehnten.

Brandrodung im Tropischen Regenwald.

■ Der natürliche Treibhauseffekt ■

Ohne Atmosphäre ergibt sich aus der Strahlungsbilanz eine mittlere Temperatur an der Erdoberfläche von nur etwa $-18\ °C$. Die durch die Sonnenstrahlung dem Boden zugeführte Energie wird im infraroten Spektralbereich wieder an den Weltraum abgegeben. In der Atmosphäre wird die von der Erdoberfläche emittierte Wärmestrahlung von im Infraroten absorbierenden Spurengasen weitgehend absorbiert. Die Spurengase emittieren entsprechend der atmosphärischen Temperatur ihrerseits Wärmestrahlung, die partiell wieder zur Erdoberfläche zurückgestrahlt wird. Dies führt zu einer größeren Energieaufnahme der Erdoberfläche als ohne Atmosphäre und damit zur Erwärmung der Erdoberfläche sowie einem neuen Gleichgewichtszustand der Energieflüsse. Durch diesen Prozess stellt sich an der Erdoberfläche unter gegenwärtigen Bedingungen eine mittlere Temperatur von $+15\ °C$ ein. Da die meisten atmosphärischen Spurenstoffe jedoch die Sonnenstrahlung im sichtbaren Spektralbereich kaum schwächen, spricht man vom „Treibhauseffekt der Spurenstoffe".

Genau betrachtet ist der Vergleich mit einem Treibhaus nicht korrekt. In einem Treibhaus wird die erhitzte Luft am Entweichen gehindert. In der Atmosphäre dagegen wird die Strahlung durch die Spurengase absorbiert und damit die Ausbreitung der Strahlung in den Weltraum behindert. Ein zusätzliches Argument für den natürlichen Treibhauseffekt, auch Glashauseffekt, ergibt sich aus der Betrachtung der Strahlungsprozesse in der Troposphäre. In dieser Region nimmt die Temperatur mit zunehmender Höhe im Mittel um ca. $6,5\ °C/km$ ab. Die Spurengase in einer atmosphärischen Schicht emittieren Wärmestrahlung als Funktion der lokalen Temperatur; ihre Absorption hängt von der Temperatur der anderen atmosphärischen Schichten und der Erdoberfläche ab, da dort der Ursprung der einfallenden Strahlung ist. Aus diesem Grund absorbieren die Spurengase mehr von dem aufwärts gerichteten, aus warmen Schichten kommenden Strahlungsfluss als sie selbst an Strahlungsenergie wieder in den oberen Halbraum emittieren. Die Transmission der Spurengase im infraroten Spektralbereich ist der Grund, warum Spurengase mit sehr niedrigen Konzentrationen wesentlich zum Treibhauseffekt beitragen können. Die Beiträge der Spurengase zum natürlichen Treibhauseffekt teilen sich wie folgt auf: H_2O 60 %, CO_2 24 %, Ozon 8 %, N_2O 4 %, CH_4 2,5 %, sonstige Gase 1,5 %.

Im Einzelnen ist die ursächliche Interpretation der Klimaänderungen mithilfe von Klimamodellen zwar möglich, aber quantitativ und insbesondere auch in den regional-jahreszeitlichen Ausprägungen unsicher. Das gilt – wie auch der folgende Beitrag zeigen wird – in erhöhtem Maß für Zukunftsprojektionen anthropogener Effekte, die auf alternativen Szenarien der Bevölkerungsentwicklung, Energienutzung usw. beruhen. Derzeit werden aufgrund des anthropogenen Treibhauseffektes bis 2100 gegenüber 2000 unter anderem eine weitere Erhöhung der global gemittelten Lufttemperatur der unteren Atmosphäre um rund 1,5 bis 6 °C, ein ebenfalls global gemittelter Meeresspiegelanstieg um rund 10 bis 90 cm und weitere Niederschlagsumverteilungen erwartet. Möglicherweise muss – regional unterschiedlich – auch mit häufigeren und intensiveren Extremereignissen gerechnet werden.

Grundtext aus: Gebhardt et al. (Hrsg.) *Geographie. Physische Geographie und Humangeographie;* Spektrum Akademischer Verlag.

Klimaszenarien – *storyboards* der Zukunft

Von Hans von Storch

Szenarien – das sind Beschreibungen möglicher Zukünfte, Beschreibungen verschiedener denkbarer Zukünfte. Es sind keine Vorhersagen, sondern *storyboards*, verschiedene Entwürfe von Zukunft, die alle denkbar und plausibel, in sich konsistent, aber nicht notwendig wahrscheinlich sind. Die Idee von Szenarien ist es, Verantwortungsträger mit möglichen zukünftigen Situationen zu konfrontieren, damit sie sich rechtzeitig überlegen können, wie sie sich verhalten sollen, wenn eine bestimmte Zukunft eintritt. Oder um heute Beschlüsse zu ermöglichen, um Zukünfte zu vermeiden, die mit sehr unerwünschten Folgen einhergehen. Oder auch, um die Wahrscheinlichkeit für die Entwicklung hin zu wünschenswerten Zukünften zu erhöhen.

Im täglichen Leben operieren wir laufend mit Szenarien. Wenn wir im Frühjahr einen sommerlichen Kindergeburtstag planen, dann überlegen wir uns, wie wir den Tag gestalten könnten, falls schönes Sonnenwetter ist, oder falls es kalt und regnerisch ist; auf Schneefall bereiten wir uns nicht vor, weil dies für den Sommer ein nichtplausibles Ereignis ist. Wenn wir über die Pflege unseres Autos nachdenken, dann wägen wir die Szenarien ab, ob das Auto zusammenbricht wegen mangelnder Wartung oder nicht, dass wir weniger Ausgaben haben, wenn wir die nächste Inspektion überspringen und so weiter.

In der Klimaforschung werden Szenarien seit dem Beginn des IPCC-Prozesses (Intergovernmental Panel on Climate Change) Ende der 1980er-Jahre intensiv genutzt. Dabei gibt es Szenarien für die Emission von klimatisch wirksamen Substanzen in die Atmosphäre, vor allem Kohlendioxid, aber auch Methan oder industrielle Aerosole. Dies sind die Emissionsszenarien. Sie hängen von diversen Entwicklungen ab, von der Bevölkerungsentwicklung, von der Effizienz der Energienutzung, von der technologischen Entwicklung und vielem anderen. Im nächsten Schritt wird mit komplexen globalen Klimamodellen abgeschätzt, welche klimatischen Folgen diese möglichen zukünftigen Emissionen haben können. Dies sind die globalen Klimaänderungsszenarien. Sie geben Auskunft über die erwarteten globalskaligen Veränderungen, die mit möglichen Emissionsentwicklungen plausiblerweise einhergehen; regionale Details etwa für die Niederschlags- und Windverhältnisse in mitteleuropäischen Ländern liefern sie nicht. Um diese zu erhalten, wird die Methode des „dyna-

Was ist eigentlich ...

Intergovernmental Panel on Climate Change, Abk. IPCC, dt. Zwischenstaatlicher Ausschuss über Klimaänderungen, kurz „UN-Weltklimarat", von den Vereinten Nationen unter Federführung der Weltorganisation für Meteorologie und UNEP (United Nations Environment Program) 1988 begründetes Gremium mit der Aufgabe, den Sachstand zur Klimaproblematik, insbesondere der anthropogenen Klimabeeinflussung, wissenschaftlich zu erfassen, zusammenfassend zu berichten und Maßnahmenempfehlungen auszuarbeiten. Zu diesem Zweck erstellt das Gremium (bestehend aus rd. 2 500 Forschern und Vertretern von mehr als 100 Regierungen) in drei Arbeitsgruppen (Wissenschaft, Auswirkungen von Klimaänderungen, politische Konsequenzen) Statusberichte und Empfehlungen zum Problemkreis der anthropogenen globalen Klimaänderungen. Der 2007 erschienene 4. IPCC-Statusbericht („Klimareport") zeigt die Verantwortung des Menschen für die globale Erwärmung so deutlich auf wie nie zuvor.

Internet-Links

Ausführliche Informationen (deutschsprachig) zum 4. IPCC-Statusbericht und zu anderen Klimaschutzaspekten: www.bmu.de/klimaschutz

mischen Downscaling" verwendet – dabei werden regionale Klimamodelle mit horizontalen Gittern von 10 bis 50 km von den großskaligen (mehrere Hundert Kilometer) Verhältnissen angetrieben, die vorher in globalen Klimamodellen simuliert wurden. So ergeben sich regionale Klimaänderungsszenarien, die beschreiben, wie das regionale Klima sich auf Skalen von wenigen zehn bis ein-, zweihundert Kilometern entwickeln könnte. Hierin enthalten ist auch das Auftreten seltener und kurzzeitig auftretender Ereignisse, wie Starkniederschläge oder extreme Windstürme.

Methodisch werden diese Szenarien erzeugt als bedingte Vorhersagen. Man überlegt sich einige Schlüsselentwicklungen, die eben möglich, plausibel, konsistent aber nicht notwendigerweise wahrscheinlich sind, und verarbeitet diese mit Vorhersageinstrumenten. Diese Schlüsselentwicklungen beziehen sich auf die wirtschaftlich-sozialen Prozesse, die zu Emissionen führen. Für jede Gruppe von Annahmen der Schlüsselentwicklungen ergeben sich andere zukünftige Entwicklungen der klimatischen Folgen. Dabei stellt sich aber heraus, dass in all diesen möglichen zukünftigen Entwicklungen nicht nur die Lufttemperaturen, sondern auch die Wasserstände steigen. Im Falle dieser beiden klimatischen Größen ergibt sich also in allen bedingten Vorhersagen die gleiche Aussage – nämlich ein genereller Anstieg –, sodass diese Eigenschaft unabhängig von den angenommenen Voraussetzungen wird und daher eine echte unbedingte Vorhersage, sofern denn die sozio-ökonomischen Szenarien alle Möglichkeiten abdecken.

Emissionsszenarien

Internet-Links

Der IPCC-Sonderbericht über Emissions-Szenarien unter: www.grida.no/climate/ipcc/emission

Eine Reihe von Emissionsszenarien ist im *IPCC Special Report on Emissions Scenarios* (Abk. SRES) veröffentlicht worden. Neben Veränderungen in den Emissionen beschreiben sie auch Szenarien für zukünftige Landnutzung. Vier Gruppen von Szenarien werden ausgeführt, die wie folgt charakterisiert sind:

- A1: eine Welt mit schnellem Wirtschaftswachstum und der schnellen Einführung von neuer Technologie mit gesteigerter Energieeffizienz
- A2: eine sehr heterogene Welt, in der Familienwerte und lokale Traditionen große Bedeutung haben
- B1: eine „dematerialisierte" Welt, in der saubere Technologien eingeführt werden
- B2: eine Welt, in der lokale Lösungen für den nachhaltigen Umgang mit Wirtschaft und Umwelt im Vordergrund stehen

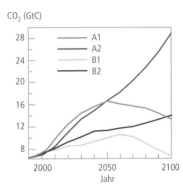

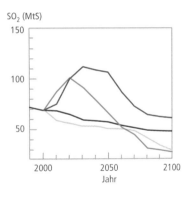

SRES-Szenarien für Emissionen von Kohlendioxid (als Beispiel für Treibhausgase, in Gigatonnen Kohlenstoff pro Jahr) sowie von Schwefeldioxid (repräsentativ für industrielle Aerosole, in Megatonnen Schwefel pro Jahr).

Diesen Szenarien liegen detaillierte *storyboards* zugrunde, wie beispielsweise in A1 Erwartungen, dass marktbasierte Lösungen verfolgt werden und dass private Haushalte auf hohe Sparleistungen und gute Ausbildung abzielen. Die A1-Szenarien-Familie teilt sich noch weiter in drei Gruppen auf, die unterschiedliche Ausrichtungen technologischer Änderungen im Energiesystem beschreiben. Ein anderes Beispiel in B2 bezeichnet einen geringen Fleischkonsum in Ländern mit hoher Bevölkerungsdichte als charakteristisch für diese Szenarienfamilie. Aus diesen Überlegungen leiten sich dann erwartete Emissionen von strahlungsrelevanten Substanzen in die Atmosphäre ab. Die Abbildung oben zeigt die erwarteten SRES-Szenarien für die Emission von Kohlendioxid (in Gigatonnen Kohlenstoff) als wesentlichem Repräsentanten von Treibhausgasen und von Schwefeldioxid (in Megatonnen Schwefel) als Repräsentanten für anthropogene Aerosole.

Die SRES-Szenarien treffen allerdings auf einige Vorbehalte, wie etwa dokumentiert durch eine Anhörung des Select Committee of Economic Affairs des House of Lords in London (2005). Ein wesentlicher Vorbehalt ist, dass die Erwartungen für wirtschaftlichen Wandel für die verschiedenen Wirtschaftsbereiche nach Marktwechselkurs (*market exchange ranges*, Abk. MER) statt nach Kaufkraftparität (*purchasing power parity*, Abk. PPP) berechnet werden. Ein anderer Punkt ist, dass implizit in den SRES-Szenarien die Erwartung enthalten ist, dass sich die Schere im Pro-Kopf-Einkommen zwischen der entwickelten und der sich entwickelnden Welt zum Ende des 21. Jahrhunderts weitgehend schließen wird. Ohne diese Annahmen würden die Emissionen bei gleichen wirtschaftlichen Annahmen vermutlich als kleiner abgeschätzt werden.

Globale Klimaänderungsszenarien

Höhe NN (km)

Vertikalgliederung der Atmosphäre nach Temperatur.

Die eben skizzierten Emissionsszenarien werden umgerechnet in erwartete atmosphärische Konzentrationen. Danach berechnen globale Klimamodelle ohne weitere Bereitstellung von Beobachtungsdaten eine oft hundertjährige Folge von beispielsweise stündlichem Wetter, mit einer großen Anzahl von relevanten Variablen sowohl in der Stratosphäre und der Troposphäre, aber auch in Bodennähe bzw. an der Grenzfläche Ozean/Meereis/Atmosphäre, wie etwa Lufttemperatur, Bodentemperatur, Meeresoberflächentemperatur, Niederschlag, Salzgehalt im Ozean, Meereisbedeckung oder Windgeschwindigkeit.

Leider reproduzieren die globalen Klimamodelle das gegenwärtige Klima nicht akkurat; vielmehr gibt es systematische Fehler, sodass man die erwarteten Klimaänderungen nicht einfach dadurch bestimmen kann, dass man eine Simulation mit sich erhöhenden Treibhausgaskonzentrationen rechnet. Da aber die erwarteten Klimaänderungen im geophysikalischen Sinne – nicht im sozialen oder ökologischen Sinne – „klein" sind, erwartet man, dass die Änderungen aufgrund veränderter atmosphärischer Komposition „richtig" dargestellt werden, trotz (relativ kleiner) systematischer Fehler bei der Darstellung des gegenwärtigen Klimas. Daher wird die Veränderung des Klimas abgeleitet aus dem Unterschied eines „Kontrolllaufs" (mit unveränderter Komposition) zu einem „Szenariolauf" (in der die Komposition zeitlich veränderlich vorgegeben wird).

Als ein Beispiel zeigt die Abbildung auf der nächsten Seite die erwarteten Änderungen der Lufttemperatur in einer Simulation mit dem Szenario A2 und mit dem Szenario B2 für die letzten 30 Jahre des 21. Jahrhunderts im Vergleich zu einem „Kontrolllauf" des Referenzzeitraumes 1960 bis 1990. Offensichtlich steigen die Lufttemperaturen fast überall; in Szenario A2 ist der Anstieg stärker als in B2. Der Anstieg ist langsamer über See wegen der höheren thermischen Trägheit des Ozeans; in arktischen Bereichen fällt die Erwärmung besonders stark aus, nachdem dort teilweise Permafrost und Meereis geschmolzen sind.

Regionale Klimaänderungsszenarien – Beispiel Zentraleuropa

Mit regionalen Klimamodellen sind diverse globale Klimaänderungssimulationen regionalisiert („gedownscaled") worden für Europa. Dabei stellte sich heraus, dass bei gleichem globalem Antriebsmodell die verschiedenen Regionalmodelle meist recht ähnliche Resultate hervorbringen – sodass die Wahl eines spezifischen re-

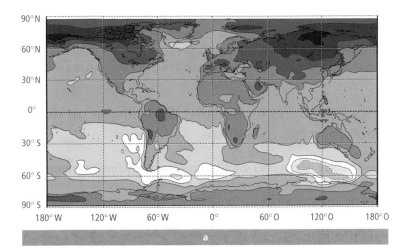

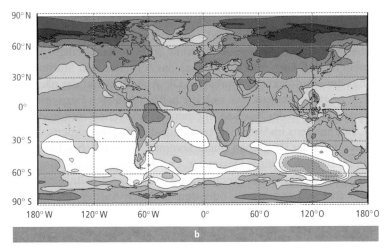

Erwartete Änderung der mittleren Lufttemperatur von 1961–1990 gegenüber 2070–2100. Szenario A2 (oben) und B2 (unten).

gionalen Klimamodells weniger signifikant erscheint. Wenn aber verschiedene globale Modellantrieb verwendet werden, liefert das gleiche Regionalmodell aber durchaus merkliche Unterschiede in den regionalen Szenarien. Auch die Erwartung, wonach stärkere Emissionsszenarien regional deutlichere Veränderungen hervorbringen würden, gilt nur eingeschränkt. Dies liegt daran, dass die Wetterdynamik auf der regionalen Skala variabler ist als im Falle großräumig gemittelter Größen – das *signal-to-noise*-Verhältnis „Änderung/Wettervariabilität" wird immer ungünstiger, je kleiner die betrachteten Gebiete werden.

1. Rekonstruktion eines „ungestörten" vorindustriellen Klimazustands
2. Klimaentwicklung seit Mitte des 19. Jahrhunderts unter Vorgabe beobachteter atmosphärischer Spurenstoffkonzentrationen (Treibhausgase und Aerosole)
3. Szenarienexperimente zum Klimawandel basierend auf unterschiedlichen Annahmen über die zukünftigen Konzentrationen atmosphärischer Spurenstoffe
4. Sensitivitätsexperimente, in denen eine jährliche Zuwachsrate der CO_2-Konzentration von 1 Prozent angenommen wird

Alle Rechnungen wurden auf dem HLRE – dem „Höchstleistungsrechnersystem für die Erdsystemforschung" des Deutschen Klimarechenzentrums (DKRZ) – in Zusammenarbeit mit der Gruppe „Modelle und Daten" durchgeführt. Die Modellergebnisse wurden in einer relationalen Datenbank gespeichert und stehen Forschern zur weiteren Auswertung zur Verfügung. Die Daten werden vom WDCC bereitgestellt. Ergebnisse der Simulationen können als Filme im DKRZ eingesehen werden. Sie zeigen die simulierte Änderung der bodennahen Lufttemperatur sowie die zeitliche Entwicklung der Meereis- und Schneebedeckung. Nach den neuen Berechnungen liegt die mittlere globale Erwärmung gegen Ende dieses Jahrhunderts (2090–2099) verglichen mit 1980–1999 zwischen 1,8 °C und 4,0 °C – je nachdem, wie viele Treibhausgase bis dahin in die Atmosphäre abgegeben werden.

Projizierte mittlere globale Erwärmung an der Erdoberfläche am Ende des 21. Jahrhunderts. (Quelle: Vierter IPCC-Statusbericht).

Fall	Temperaturänderung (°C: 2090–2099 verglichen mit 1990–1999)	
	beste Schätzung	wahrscheinliche Bandbreite
B1-Szenario	1,8	1,1–2,9
A1-Szenario	2,4	1,4–6,4
B2-Szenario	2,4	1,4–3,8
A2-Szenario	3,4	2,0–5,4

Die Tabelle veranschaulicht die Unterschiede zwischen niedrigeren und höheren SRES-Emissionsszenarien und die mit diesen Szenarien verbundenen Unsicherheiten der projizierten Erwärmung. Die Abnahme der Eisbedeckung liegt zwischen 30 Prozent und 50 Prozent. Als Folge der globalen Erwärmung könnte die Arktis gegen Ende des 21. Jahrhunderts im Spätsommer eisfrei sein.

Grundtext aus: Gebhardt et al. (Hrsg.) *Geographie. Physische Geographie und Humangeographie*; Spektrum Akademischer Verlag.

Einsackende Altbauten

Ein Institut in Sibirien erforscht die tauenden Dauerfrostböden. Die weit verbreitete Klimapanik lässt die Wissenschaftler kalt

Johannes Voswinkel

Wenn die Permafrostforscher im sibirischen Jakutsk ihr Untersuchungsobjekt anfassen möchten, müssen sie nur in den Institutskeller gehen. Hinter einer unscheinbaren Holztür im Erdgeschoss duftet die Lärchenholzschalung des Treppenschachts zwar nach Sauna, aber der Atem schlägt weißliche Wolken. Zwölf Meter unter der Erde funkeln Eiskristalle an den dunkelbraunen Wänden, von denen uralter Sand rieselt. Konstant minus sechs Grad Celsius misst das Thermometer im Laboratoriumskeller. „Im Winter, wenn draußen 50 Grad minus herrschen, können wir uns hier aufwärmen", spaßen die Wissenschaftler. Im heißen sibirischen Sommer dagegen kühlen sie sich hier ab, während die Hochzeitspaare beim Sekttrinken vor dem Gebäude ins Schwitzen geraten. Für frisch vermählte Jakutsker gehört das Wahrzeichen des Instituts, ein Mammut aus Gipsbeton, zu den traditionellen Fototerminen wie andernorts das Lenindenkmal. Es ist eben eine besondere Forschungsanstalt. Das Permafrostinstitut untersucht als einziges Institut weltweit die theoretischen und praktischen Probleme der Dauerfrostböden. 65 Prozent der russischen Landfläche sind ständig gefroren, teils bis zu einem Kilometer tief. In den kurzen Sommern taut er höchstens bis in Tiefen von zwei bis drei Metern zu Morast auf. Die Permafrostforscher entwickeln Techniken für den sicheren Bau von Häusern, Pipelines und Ölbohrstellen. Sie rekonstruieren mit Tiefenbohrungen oder an Meeresböschungen die Erdgeschichte und sammeln dabei auch Knochen von Mammuts oder Säbelzahntigern. Die natürliche Riesentiefkühl-truhe bewahrt Teile der Erdgeschichte wie ein Archiv.

Das Institut, 8 500 Kilometer östlich von Moskau gelegen, hat einzigartiges Fachwissen gesammelt und ist zugleich Sinnbild für die Verarmung der russischen Wissenschaft. „Manche Abteilungen sind modern eingerichtet und haben Poster internationaler Kongresse an der Wand", erzählt der deutsche Geologe Lutz Schirrmeister, der seit knapp zehn Jahren gemeinsame Forschungsprojekte betreut. „Andere erwecken den Eindruck, als ob der sowjetische Botaniker Iwan Mitschurin noch immer versuche, Mais in der Arktis anzubauen." Mitschurin leugnete, von Stalin und Lenin unterstützt, die moderne Vererbungslehre. Seit über zehn Jahren bemühen sich die Permafrostforscher, zwischen Geldnot und ihrer Ablehnung moderner Wissenschaftsvermarktung zu überwintern. Einige verbittern, andere zeigen Trotz.

Wie baut man aus drei Treibholzstämmen eine Sommerhütte?

Michail Grigorjew gehört zu jenen, die versuchen, der reinen Wissenschaft treu zu bleiben. „Ich wurde im Büro der Kaderabteilung geboren", scherzt der 51-Jährige. Seine Eltern zogen als junge Forscherpioniere im sowjetischen Dienst zur Eroberung des Nordens nach Jakutien. Jedes Mal, wenn Grigorjew in den Keller hinabsteigt, legt er eine Hand andächtig an die frostige Wand. In seinem Büro kramt er Expeditionsfotos hervor, auf denen das Schelf neben der kargen Weite des Eismeeres bernstein-farben im Sonnenlicht funkelt. Im Institut aber sind Enthusiasmus und Forscherromantik spätestens seit dem Zusammenbruch der Sowjetunion verflogen.

Der neue Staat ließ die Wissenschaft fallen, Chaos zog ein, Grigorjew bekam wie viele seiner Kollegen Angebote, ins Ausland zu wechseln. „Ich bin eben ein Patriot", sagt er mehr schicksalsergeben als stolz. Die Arbeit seines Labors konnte er nur durch internationale Zusammenarbeit sichern. Anfang der neunziger Jahre kooperierte das Permafrostinstitut mit Japanern, die den Russen auf gemeinsamen Expeditionen sogar ein Extragehalt zahlten. „Aber bald haben unsere russischen Kollegen gemerkt, dass sie wie Hilfskräfte behandelt und in wissenschaftlichen Publikationen kaum erwähnt wurden", erzählt Hans-Wolfgang Hubberten, Leiter der Potsdamer Forschungsstelle des Alfred-Wegener-Instituts für Polar- und Meeresforschung. Die Stunde der Deutschen kam.

Im Potsdamer Institut arbeitete Christine Siegert, die zu DDR-Zeiten 20 Jahre lang im sibirischen Permafrostinstitut geforscht hatte. Sie lag ihrem Chef Hubberten so lange mit Lobreden auf das Institut in den Ohren, bis dieser nach Jakutsk flog. Er landete im Oktober bei minus 45 Grad. Das Gästezimmer war überheizt, die Stimmung feindselig. „Dann lud mich der Direktor zum Abendessen nach Hause ein", erzählt Hubberten. „Dort hat mich seine Mutter ins Herz geschlossen." Zwei Flaschen Wodka und ein Cognac als zusätzliche Eisbrecher sicherten den Kooperationsvertrag zwischen gleichberechtigten Partnern.

Später fluchten die Potsdamer Wissenschaftler manchmal leise, wenn Siegert wieder eine ihrer Projektideen mit den Worten beerdigte: „Das ist alles in Jakutsk schon längst erforscht. Ihr kennt nur die dortige Fachliteratur nicht." Aber die Expeditionen in die jakutische Tundra machen den Frust wett. Potsdam bezahlt, Jakutsk

organisiert. „Unsere russischen Kollegen sind hundertprozentig verlässlich und arbeiten zudem entbehrungsvoll, wie es vielen westlichen Wissenschaftlern kaum mehr zu vermitteln wäre", erzählt Hubberten. „Vier Wochen lebt man im Gelände ohne warme Dusche." Die Deutschen lernen, wie man aus drei Treibholzstämmen eine Sommerhütte baut, sich durch Sandstürme auf dem Eismeer kämpft und auf Russisch Feuerholz, Suppe und Thermokarstsenke sagt.

Russische Bürokratie und Geheimniskrämerei behindern jedoch die internationale Symbiose. Bis zu 90 Prozent der gewonnen Bohrkerne müssen zur Untersuchung nach Deutschland, denn das Permafrostinstitut hat kein Geld dafür. Für jede Ausfuhr kämpft sich Grigorjew durch einen Stapel von Formularen. Für eine Schelfexpedition kann es länger als ein Jahr dauern, bis der Geheimdienst deutschen Wissenschaftlern erlaubt, das Grenzgebiet zu betreten. Dass dort an Uferabbrüchen Leuchtfeuer aus sowjetischer Zeit, die radioaktives Strontium enthalten, allmählich ins Wasser rutschen, beunruhigt die Staatsverteidiger offensichtlich weniger als der Forscherbesuch.

Mancher US-Geologe beobachtete lieber russische U-Boote

Allgemeine Landkarten der russischen Permafrostgebiete verschenken die Jakutsker lieber nicht mehr, schon ein Maßstab von einem Zentimeter pro 250 Metern fällt unter Geheimhaltung. Sogar der Betrieb von GPS-Geräten bedurfte bis Anfang des Jahres staatlicher Genehmigung. Siegert zeigt allerdings Verständnis für die russische Vorsicht. „Manche amerikanische Geologen haben uns da, wie ein russisches Sprichwort sagt, ein Schwein ins Nest gelegt", sagt sie. „Sie beobachteten auch die U-Boot-Bewegungen vor der Küste."

Dabei leistete gerade die russisch-amerikanische Militärkooperation dem Permafrostinstitut Geburtshilfe. Die Erforschung des Flughafenbaus auf eisigem Grund sollte im Zweiten Weltkrieg neue Landeplätze sichern für US-Hilfslieferungen aus Alaska. Dafür entstand während des Kriegs ein Vorläufer des Instituts in Jakutsk, dem historischen Zentrum der Permafrostforschung. Hier hatte 1828 der Direktor einer russisch-amerikanischen Firma einen Brunnen in die Erde treiben wollen. Neun Jahre buddelten seine Arbeiter, bis sie in 160 Meter Eisbodentiefe keine Luft mehr bekamen. Das Rätsel der tiefen Eisschicht war entdeckt, denn damals glaubten die meisten, es müsse zum Erdinneren hin gleich viel wärmer werden. Der Zar belohnte den Firmendirektor mit einem Brillantring. Ein deutscher Forscher kommentierte die Überraschung aus Jakutsk mit ätzender Skepsis: „Man darf niemals den Kosaken glauben."

Viele Russen betrachten die Erderwärmung noch als naturbedingt

Das Institut orientierte sich zunächst auf Bautechnik, erst später kam die Grundlagenforschung hinzu. In den siebziger Jahren erlebte es seine goldenen Zeiten, als die Wissenschaftler nicht um Geld und Anerkennung kämpfen mussten. Heute gleicht es eher einem Hort der Vergessenen und Enttäuschten, der stellvertretende Institutsdirektor prophezeit gallig eine Renaissance des Kommunismus. Abgeschabte Teppiche und düstere sowjetische Möbel lassen an eine Verwahranstalt der Wissenschaft denken. Professor Weniamin Balobajew nutzt die ausgestreckte Hand seiner Lenintischfigur, um seinen aufgespannten Regenschirm zum Trocknen aufzuhängen. Den Lenin hat er einst als Anerkennung für seine Dissertation erhalten. „Damals war ein Wissenschaftler ein Idol", sagt er. „Heute gelten wir als Heimatlose."

Die Bauarbeiter aus Tadschikistan, die im Institut immerhin neue Türen einsetzen, verdienen mehr als die Wissenschaftler. Ein Laborant bezieht 150 Dollar im Monat. Zu Sowjetzeiten konnte das Institut noch mit kostenlosen Wohnungen Nachwuchswissenschaftler herbeilocken. Heute werden die besten Absolventen der Moskauer Fakultät für Geologie direkt nach ihrem Abschluss von russischen Ölfirmen oder amerikanischen Universitäten abgeworben. Viele der verbliebenen Forscher verschwinden im Sommer auf ihre Datscha zur Kartoffel- und Kohlzucht für den Wintervorrat. Die älteren müssen bis zum Tod im Institut arbeiten, da ihre Rente nicht zum Leben reicht. „In einem Jahr gibt es uns vielleicht nicht mehr", sagt Balobajew resigniert und lädt zum Cognac ein.

Viele russische Forscher sind noch nicht in der neuen Wissenschaftswelt voller Konkurrenz und Selbstdarstellung angekommen. Nur wenige aus der älteren Generation verstehen Englisch. Mancher Fachvortrag auf internationalen Konferenzen fand noch vor Kurzem mit Kreide an der Wandtafel oder auf einer unleserlich vollgeschriebenen Folie für den Overheadprojektor statt. Aufgemotzte Artikel in der Zeitschrift Nature für ein breiteres Publikum und grobe Schlagzeilen wie „Sibirien-Klimabombe mit Zeitzünder" sind ihnen zuwider. „Viele Wissenschaftler in Russland arbeiten gewissenhaft bis ins letzte Detail, kommen aber nie zur Geltung", sagt Hubberten.

Gerade die globale Erderwärmung gilt vielen im Permafrostinstitut als Beispiel für pseudowissenschaftlich abgehandelte Modethemen westlicher Prägung. „Wenn wir lesen, dass die südliche Permafrostgrenze um Hunderte von Kilometern nach Norden zurückgewichen sei, müssen wir alle lachen", sagt der stellvertretende Institutsdirektor Wiktor Schepeljow. Seine zerknirschte Miene verrät, dass er es eher zum Weinen findet. „Diese Übertreibungen sollen doch vor allem Geld für weitere Forschungsaufträge lockermachen."

Während im Westen Skeptiker der These von der menschengemachten Erderwärmung mittlerweile als Einzelgänger am Rande der wissenschaftlichen Welt wahrgenommen werden, neigen viele russische Klimaforscher der These zu, die globale Erwärmung sei eine Folge vermehrter Sonneneinstrahlung und geologischer Zyklen. Trotz und Stolz schwingen bei manchen mit, da sie amerikanische Kollegen oft als marktschreierisch empfinden und mit neu erwachtem Patriotismus unbedingt ihre inhaltliche Eigenständigkeit beweisen möchten. Andere lesen bis heute kaum die internationalen Veröffentlichungen auf Englisch. Zudem lässt man sich von starken Temperaturschwankungen und Wetterkatastrophen in Sibirien schon lange nicht mehr nervös machen. Manche Experten sehen gar goldene Zeiten auf Russland zukommen: geringere Heizkosten, leichter gewinnbare Bodenschätze im arktischen Norden und eine ganzjährig befahrbare Schiffspassage durch das Eismeer.

Ihre bisherigen Beobachtungen, versichern die Permafrostforscher in Jakutsk, gäben kaum Anlass zur Sorge. Zwar ist ein Anstieg der Jahresdurchschnittstemperatur in Ostsibirien von minus zehn auf minus acht Grad in den vergangenen 25 Jahren zu verzeichnen. „Aber das ist eine Folge der veränderten Vermischung der Luftmassen", erklärt Balobajew. „Es kommt mehr warme Luft als früher aus dem Westen hierher." Er warnt vor Verallgemeinerungen, da die Phänomene widersprüchlich und kompliziert seien. So falle die allgemeine Erwärmung regional sehr unterschiedlich aus: in Zentraljakutien deutlich, an der Küste schwächer. „Bei der Untersuchung der Dynamik des Ufers", sagt Grigorjew, „haben wir bisher keinen Zusammenhang mit der Erderwärmung gefunden. Allerdings schmilzt das Packeis stärker als früher."

In den Randgebieten Westsibiriens komme es zu leichtem Abschmelzen des Permafrostbodens, und die Oberfläche taue im Sommer tiefer auf. Doch die Jakutsker Forscher schätzen den Anteil der Treibhausgase wie Methan, die verstärkt aus dem aufgetauten Permafrostboden durch bakterielle Zersetzung von Pflanzenresten freigesetzt werden, bisher als minimal ein. Sogar die dramatischen Zahlen aus Jakutsk über Bauschäden durch Zurückweichen des Permafrosts in tiefere Bodenschichten erscheint ihnen nicht als Menetekel. Zwischen 1990 und 1999 hat die Zahl der Gebäudeschäden durch ungleiches Absinken des Fundaments um 61 Prozent zugenommen. Unterirdische Naturgefrierkammern, wie sie fast alle Haushalte in Permafrostgebieten besitzen, sind in Jakutsk mittlerweile eine Rarität. Der Boden gefriert auch in drei Meter Tiefe nicht mehr dauerhaft. „Daran ist nicht die Erderwärmung schuld, sondern Baupfusch", erklärt Balobajew.

Forschungsartikel auf Englisch werden gar nicht gelesen

Die oberste Regel jakutischer Bauingenieure sollte lauten: Der Dauerfrost muss gewahrt bleiben, um stabil zu tragen. Deshalb stehen moderne Gebäude hochbeinig auf Betonpfeilern. Dazwischen trägt die Luft die abgestrahlte Hauswärme davon. Zudem ist der Boden unter den Häusern im Sommer vor der Sonne geschützt und im Winter schneefrei, wodurch er kälter bleibt. Sechs Meter tief ruhen die Pfeiler normalerweise in der Erde. Übliche Betonfundamente beginnen im aufgetauten Sommerboden zu schwimmen und irgendwann zu kippen, traditionelle Holzhäuser sacken in ihrer Mitte, wo die meiste Wärme herrscht, tiefer in den Boden ein.

Doch die Erkenntnisse des Instituts scheitern häufig an der Ignoranz der Bauherren, an Sparsamkeit und schlechtem Material. „Lecks sind der Tod des Permafrosts", sagt

Balobajew. Aus maroden Kanalisationsrohren dringt Wasser, wärmt den Boden und hinterlässt beim Verdunsten Salz, das den Gefrierpunkt senkt. Wo das Wasser gefriert, dehnt es sich aus und zerstört die Stabilität des Grunds. Die Stadt versinkt langsam. „Das ist tatsächlich menschengemacht", sagt Balobajew.

Sonst sei die Sonne klimabestimmend, und mehr noch die Ozeane, weil sie das meiste Kohlendioxid der Erde binden und bei wärmeren Temperaturen verstärkt abgeben. Hubberten kennt dieses Argument gut, und er winkt ab: „Die Meinung, die Klimaerwärmung sei natürlichen Ursprungs, ist in Russland noch verbreitet." Es gebe in Jakutsk und in Moskau auch andere sehr fundierte Messreihen an Permafrostböden, die Balobajew ausblende. „Am anthropogenen Klimawandel gibt es keinen Zweifel."

Doch Balobajew beharrt darauf, dass die Erwärmung in Sibirien eine natürliche Klimaschwankung sei, wie sie regelmäßig auftrete. „Wenn wir diese Periodizität auf die Zukunft projizieren, errechnen wir für 2060 eine Abkühlung der Jahresdurchschnittstemperatur um drei auf minus elf Grad", verkündet er. In Westsibirien lasse sich bereits der Scheitelpunkt der Erwärmungskurve erkennen. Erst wenn diese Entwicklung nicht eintrifft, will auch Balobajew akzeptieren, dass die Menschheit an der Erderwärmung schuld sei. Vorerst gibt er sich zuversichtlich und prophezeit sogar: „In Wirklichkeit stehen wir am Beginn einer Kälteperiode." So klingt der Berufsoptimismus eines Permafrostforschers.

Aus: ZEIT Nr. 19, 3. Mai 2007

eim Schreiben versuche ich immer zu zeigen, wie die dem Menschen vertrauten Dinge ins große Bild passen", sagt der „britische Paläontologe **Richard Fortey**. „Das Problem mit den meisten wissenschaftlichen Texten ist, dass die Wissenschaftler meinen, das Wichtigste sei die Theorie, der wissenschaftliche Durchbruch: Sie scheinen zu vergessen, dass der gewöhnliche Leser diesen Ansatz nicht hat."

Fortey, geboren 1946 in London, war leitender Paläontologe am National History Museum in London und ist Mitglied der Royal Society. Er wurde mehrfach als Autor ausgezeichnet, erhielt unter anderem den Lewis-Thomas-Preis für wissenschaftliches Schreiben und den Michael-Faraday-Preis der Royal Society für seine gekonnte Wissenschaftsvermittlung. Er hat Dinosauriergedichte für Kinder geschrieben und als Berater und Ideengeber für die BBC und den Discovery Channel gearbeitet.

„Die Geologie ist die Grundlage von allem. Sie formt die Landschaft, bestimmt die Landwirtschaft und entscheidet über das Aussehen von Siedlungen: Die Geologie wirkt wie eine Art von kollektivem Unterbewusstsein der Erde, eine beherrschende Kraft unter den Ozeanen und Kontinenten", schreibt Fortey, der soeben zum Präsidenten der Geological Society of London gewählt worden ist. Anfang und Grundlage von Forteys Karriere, als Forscher wie als Buchautor, war seine Leidenschaft für bestimmte Fossilien, die Trilobiten. Den ersten eigenen Trilobitenfund machte er im Alter von vierzehn Jahren.

Mit seinem Buch *Der bewegte Planet* hat er eine kenntnisreiche und fast warmherzige Biografie der Erde geschrieben. Im Zentrum des Buches steht die Theorie der Plattentektonik. „Die Plattentektonik hat unser Verständnis vom Wesen der Landschaften verändert, denn die Welt wandelt sich unter dem Einfluss der Platten. Leider ist jedoch ein Großteil dieser Veränderung in der kühlen Prosa von wissenschaftlichen Abhandlungen verfasst", sagt Fortey. „Ich möchte zeigen, wie die Beschaffenheit des Landes auf einen tieferen Rhythmus, einen langsamen und grundlegenden Herzschlag antwortet."

Richard Fortey

Die großen Störungslinien

Von Richard Fortey

Manche Menschen lieben Los Angeles. Sie lieben seine Endlosigkeit und die Art, wie ein Ballungsraum entlang von Freeways, die mehr Freiheit versprechen, als sie jemals gewähren werden, mit dem nächsten verschmilzt. Sie lieben die Bürgersteige, die so regelmäßig von schwankenden Palmen gesäumt sind, als wären sie von Staubwedeln überwuchert. Sie lieben den hemmungslosen Eklektizismus der wohlhabenden Villen, in denen sich spanische Haziendas mit korinthischen Säulen und vielleicht einer Prise elisabethanischen Pseudo-Tudor verbinden und wo dies alles von unglaublich sattgrünen, stetig bewässerten Rasen flankiert wird, auf denen die Zitrusbäume ständig in Blüte oder in Frucht zu stehen scheinen. Die Innenstadt von L. A. mag wie jedes andere hochaufragende Stadtzentrum aus Glas und Stahl sein, doch abseits des Geschäftszentrums gibt es einzigartige Orte. Venice Beach ist für Narzissten, was Rom für katholische Priester ist. Es ist eine Stadt mit perfekten Körpern und nahtloser Sonnenbräune, aber auch mit einer der besten Buchhandlungen, die ich jemals besucht habe und wo man in aller Ruhe einen Cappuccino trinken kann und die wahre Bedeutung von Entspannung erfährt. In älteren Städten wie Riverside gibt es immer noch unverwechselbare Hotels, Art-déco-Villen und Orangenhaine, die der Sanierung entkommen sind. All das lässt erahnen, wie verlockend dieser Teil von Kalifornien gewesen sein muss, bevor alles zusammenwuchs und Drive-in-Einkaufszentren den täglichen Handel zu einem Einerlei machten.

L. A. – Impressionen und tektonische Tatsachen

Kalifornien hat den Ruf, gelassen zu sein, und das warme Klima lässt den Besucher tatsächlich in eine Art Tagtraum verfallen. Die smogerfüllte Luft, die sich über der verbauten Küstenebene gegen die San Gabriel Mountains staut, erzeugt einen unwirklichen, impressionistischen Dunstschleier. Recht bald stellt man fest, dass sich hier mediterranes Klima und nordamerikanischer Arbeitsethos vermischen und die Menschen in L. A. genauso hektisch wie die New Yorker sind. Nur tragen sie hier Hawaiihemden. Es scheint folgerichtig, dass die Mikrochiprevolution von hier ausging. Ich war etwas enttäuscht, als ich herausfand, dass Häagn-Dazs-Eiscreme in einer riesigen Fabrik im Großraum L. A. produziert wird, denn ich hatte mir naiverweise vorgestellt, dass sie von flämischen Mädchen in Kuhställen zu-

▬ Tektonik – Teildisziplin der Erdwissenschaften ▬

Die Tektonik befasst sich mit der dreidimensionalen Form und den Formveränderungen von Gesteinen in den festen Teilen der Erde, d. h. mit allen Aspekten globaler, regionaler, lokaler und mikroskopischer Gesteinsdeformation. Die bei der Deformation entstehenden tektonischen Strukturen sind Hauptforschungsgegenstand der Tektonik, die daher auch als Strukturgeologie bezeichnet wird. Strukturen existieren in sehr verschiedenen Skalenbereichen: Mikrostrukturen sind kleiner, als dass sie mit bloßem Auge erkannt werden können, sie werden mithilfe von Lichtmikroskop, Rasterelektronen- und Transmissionselektronenmikroskop sichtbar gemacht. Mesostrukturen sind mit bloßem Auge sichtbar, sie umfassen Strukturen von der Größe eines Handstücks bis zu einer Bergwand. Makrostrukturen sind normalerweise im Gelände nicht zu überblicken, sondern umfassen ganze Gebirge bis zum globalen Bereich, wie dies zum Beispiel bei Plattentektonik der Fall ist. Makrostrukturen werden u. a. mit Karten, Luft- und Satellitenbildern sichtbar gemacht. Aus der Analyse von Strukturen werden Rückschlüsse auf die zugrunde liegenden tektonischen Bewegungen gezogen; es erfolgt eine kinematische Analyse. Aus dem Bewegungsablauf wird wiederum auf die die tektonischen Bewegungen hervorrufenden Kräfte und Spannungen geschlossen.

Was ist eigentlich ...

Störung, geologische Störung, Dislokation, tektonische oder atektonische Unterbrechung oder Veränderung des primären Gesteinsverbandes an Fugen, Brüchen, Klüften oder Verwerfungen oder aber auch weiträumige bruchlose Verbiegungen. Häufig wird der Begriff nur auf Verwerfungen angewandt. Im Untergrund verborgene Störungen können durch Bohrungen und durch geophysikalische Messungen aufgespürt werden. Eine Störungszone entsteht durch starke Deformation der beidseitig zu einer Störung liegenden Gesteinsschollen. Es handelt sich um mehrere Meter breite, zerrüttete oder zerscherte Gesteinsbereiche und/oder um weitere Parallelstörungen von lokaler bis regionaler Erstreckung.

sammengemischt würde. Filme, Mikrochips und Schoko-Karamell-Eisbecher, alles wird hier im globalen Maßstab hergestellt. Als ich für einen Arbeitsbesuch auf dem unvergleichlich gut ausgestatteten Campus der UCLA (University of California, Los Angeles) weilte, stellte ich beschämt fest, dass ich jeden Morgen der Letzte am Schreibtisch war. Wahrscheinlich war ich auch der Erste, der ihn jeden Abend wieder verließ. Die Kunst, Kalifornier zu sein, besteht anscheinend darin, eine lockere Unbekümmertheit zu pflegen, während man im Stillen vor sich hinarbeitet wie eine hektische Ameise.

Diese seltsame Kombination aus Unbekümmertheit und Fleiß könnte die Antwort auf ein Leben drohenden Unheils sein. Kalifornien ist eine der instabilsten Gegenden der Erde. Dies ist der Erdbeben-Staat. Vielleicht soll die Jagd nach Ruhm und Dollars von den tektonischen Tatsachen ablenken. Hier gibt es keinen Schutzheiligen San Gennaro wie in Neapel. Hier herrscht die kollektive Verdrängung: Man macht die Augen zu und füllt seine Taschen. Ganz plötzlich kann der Boden anfangen zu zucken, und die Säulen der prachtvollsten Villen

Die Skyline von Los Angeles.

werden zusammenstürzen, die Rasensprenger austrocknen und die Autos auf dem Freeway hin- und hergeworfen wie trockene Bohnen in einem Sieb. All dies wird passieren, wenn es ein Erdbeben gibt; und ein Erdbeben wird stattfinden, wenn es plötzliche Bewegung an einer geologischen Störung gibt.

Würde man irgendjemanden auf der Straße bitten, eine einzige geologische Struktur zu benennen, erhielte man wahrscheinlich als Antwort: San-Andreas-Störung. Im Denken mancher Menschen ist sie tatsächlich gleichbedeutend mit Geologie. Es gibt andere große Störungen, wie die Anatolische Störung, die in der Türkei regelmäßig Verwüstungen anrichtet, doch es ist die San-Andreas-Störung, die als Symbol für die Kraft der Erde irgendwie in das allgemeine Bewusstsein eingedrungen ist: der große Erschütterer.

Störungen sind Risse in der Erdkruste. Viele von ihnen sind spröde Brüche, die entstehen, wenn Gesteine auseinanderbrechen. Die meis-

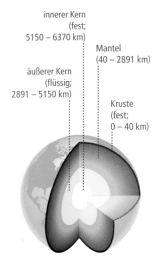

innerer Kern
(fest;
5150 – 6370 km)

Mantel
(40 – 2891 km)

äußerer Kern
(flüssig;
2891 – 5150 km)

Kruste
(fest;
0 – 40 km)

Der Schalenbau der Erde: von der Erdkruste bis zum inneren Kern. Die einzelnen Schalen der Erde sind durch „seismische Diskontinuitätssprünge" getrennt, an denen sich die Ausbreitungsgeschwindigkeiten von seismischen Wellen und damit die Dichte, der Aggregatzustand und/oder die mineralogische Zusammensetzung des Erdinneren signifikant ändern.

mittlere Tiefe (km) Ozeane	Gliederung des Erdinnern, Erdschalen Kontinente	Gliederung von Erdkruste und Erdmantel	stoffliche Zusammensetzung	Zustand der Materie	seismische Wellen* (km/s) p	s	Magmaherde MORB** Hot Spots Manteldiapire		Erdbeben-herde
basaltische Ozeankruste	obere Erdkruste (Sial)	Lithosphäre	Sedimente, Granite, Gneise, saure Silicatgesteine	fest	< 4 - 6	2,4 3,6			
8-10	10-20			Conrad-Diskontinuität					
	untere Erdkruste (Sima) 30-50	bis zu ca. 100 km	Gabbro, basische Silicatgesteine	fest Mohorovičić-Diskontinuität	6,5 7,5	3,9			
			Peridotit	fest	8,1	4,65			
100 400	oberer Erdmantel	Asthenosphäre (Konvektions-zone)	ultrabasische Gesteine	fließfähig (plastisch, 1-10 cm/a)	(7,7)	(4,3)			
-670		Übergangszone	Druckoxide	fest	11,4	6,4			
2 900	unterer Erdmantel (evtl. 2. Kon-vektionszone)		Hochdruck-oxide	fest (oder plastisch) Gutenberg-Wiechert-Diskontinuität	13,6	7,3			max. Tiefe: 700 km
5 000	äußerer Erdkern		metallisch	flüssig	8,1 - 10,0	0			
5 160				Übergangszone	9,7				
6 370	innerer Erdkern		metallisch	fest	11,2 11,3				

* primäre und sekundäre Raumwellen, die durch das Erdinnere laufen
**MORB = mittelozeanische Rücken-Basalte

ten starren Materialien brechen, wenn sie über die Maßen beansprucht werden. Knochen brechen, wenn sie in die „falsche Richtung" gebogen oder gezwungen werden, mehr zu tragen, als sie aushalten können. Selbst Stahlträger brechen bei einer gewissen Last oder wenn einige mikroskopische Schwachstellen in ihnen lauern. Warum sollte die Erde selbst eine Ausnahme sein? Für übliche Materialien kann die Spannung, die sich vor dem Bruch ansammeln muss, experimentell bestimmt werden. Ein Großteil der modernen Architektur beruht auf dem genauen Wissen darüber, was ein tragendes Teil aushalten kann, ohne zu brechen. Ereignet sich ein Bruch, ist das Material ermüdet; es hat „versagt". So findet die Sprache der Tektonik einen Nachhall in unserem eigenen Wesen, unseren eigenen Störungen, unserem eigenen Versagen. Störungen gehen tief. „Man sagt, die besten Männer werden durch Schwächen geformt", wie es Shakespeare in *Maß für Maß* ausdrückte. Jeder Mensch ist sein eigener Planet, mit tiefsitzenden Schwachstellen. Die Möglichkeit zu versagen, lauert immer dann, wenn Druck auf uns ausgeübt wird; dann können wir sicher sein, dass unsere Schwächen uns erwischen. Wahrscheinlich verstehen wir von allen geologischen Prozessen in dieser intimen Geschichte der Erde die Störung gefühlsmäßig am allerbesten, denn wir alle kennen das Versagen, und die meisten von uns bemerken die Risse, die durch unsere eigene dünne Kruste gehen.

Die San-Andreas-Störung – Flaggschiff einer ganzen Flotte von Störungen an der Westküste Nordamerikas

Die San-Andreas-Störung ist nur eine von vielen Störungen, die einen ganzen Komplex von möglichen Katastrophenauslösern bilden, die dicht am westlichen Rand Nordamerikas entlanglaufen. Die meisten dieser Störungen verlaufen mehr oder weniger parallel zur Küste. Doch an einigen Stellen sehen Karten von miteinander verwobenen Störungen eher wie ein geflochtenes Netz aus und nicht wie der einzelne, tiefe Schnitt, als den wir uns Störungen vorstellen. Los Angeles liegt abseits der Hauptstörung, ist aber durch die Bewegung anderer Störungen verletzlich. Das gesamte System ist 1 280 Kilometer lang. Es ist einer der großen Brüche auf unserem Planeten. An manchen Orten ist die Störungszone mehr als einen Kilometer breit. Man kann sie vom Weltraum aus sehen, da sich viele Besonderheiten an ihr entlang aneinanderreihen. Von weit oben gesehen, bildet sich eine Reihe von Steilhängen und Vertiefungen. Seen werden entlang der Störungszone wieder zu Teichen, zum einen wegen der Schwäche der Zone, zum anderen weil sich auf beiden Seiten des Bruches verschiedenartige Gesteine gegenüberliegen. Buchten und Täler folgen ihr. Nur selten zeigt sie sich als offener Spalt, als deutlicher Riss.

Doch in ariden Gebieten, wie der Carrizo-Ebene in Zentralkalifornien, erscheint sie gerade wie ein Strich, der von einem gigantischen Stichel gezogen wurde, und ist deutlich sichtbar. Die San-Andreas-Störung im eigentlichen Sinne verläuft von Nordkalifornien über die Bucht von San Francisco nach Süden zum Cajon-Pass, nahe San Bernadino. Hier spaltet sie sich in eine Reihe von Nebenstörungen einschließlich der San-Jacinto- und der Banning-Störung (der nordöstlichste Teil des Störungssystems wird in dieser Gegend immer noch San-Andreas-Störung genannt) auf. Wie Fußballmannschaften erhalten Störungen oft den Namen von Städten, die San-Andreas-Störung allerdings wurde nach einem See in der Gegend von San Francisco benannt, an dem die Hauptstörung entlangläuft. Immer noch werden neue und aktive Seitenarme entdeckt, besonders, wenn ein plötzliches Erdbeben enthüllt, was bis dahin unter einer Decke von Gesteinen oder Böden verborgen war – geruht hat, wenn man so will. Diese vermeintliche Sicherheit der Erde ist eine schmutzige Sache, und kann diesen verletzlichen Ort vollkommen überraschen.

Die Gesteine entlang der San-Andreas-Störung bewegen sich in eine Richtung. Auf der dem Meer zugewandten Seite von Kalifornien gleiten sie an den Gesteinen auf der Seite des Küstengebirges vorbei und bewegen sich nach Norden. Man stelle sich vor, es wäre möglich, auf der westlichen Seite der Störung zu stehen und von hier die Bewegung zu beobachten. Man könnte sehen, dass sich die Gesteine auf der gegenüberliegenden Seite nach rechts bewegen. Aus diesem Grund wird diese Störung als dextral oder rechtshändig bezeichnet.

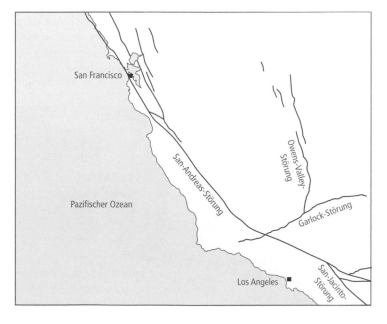

Die San-Andreas- und andere mit ihr in Zusammenhang stehende Störungen verlaufen entlang der Westküste Nordamerikas. Die San-Andreas-Störung ist eine Transformstörung, an der die Pazifische und die Nordamerikanische Platte aneinander vorbeigleiten.

Der langfristige Durchschnitt der Bewegungen beläuft sich in manchen Abschnitten der Störung auf nur etwa 30 Millimeter im Jahr. Wäre die Bewegung der Erde eine kontinuierliche, wäre es sicherlich langweilig, sie zu beobachten. Doch natürlich bewegen sich die Krustenabschnitte nicht gleichmäßig aneinander vorbei. Der Grund, warum es überhaupt Erdbeben gibt, ist, dass sich die Kruste ruckartig bewegt; sie ist eingekeilt, sie ruckelt, sie klemmt fest, bis sie gezwungen ist nachzugeben. Weder sind Störungen glatt und gut geölt, noch verläuft die Bewegung an ihnen entlang innerhalb eines Systems gleichmäßig. In einem bestimmten Abschnitt baut sich eine Spannung auf, bis Versagen eintritt. Dann kann sich dieses Segment dramatisch verschieben und Energie in Form von zerstörerischen Wellen abgeben. Je länger die Ruheperiode einer aktiven Störung andauert, desto beunruhigter sind die Seismologen. Das Vorspiel zur seismischen Kakofonie ist eine Stille, die länger dauert, als sie eigentlich sollte. Wenn die Störung schließlich „nachgibt", ist die Richtung des Versatzes so offensichtlich, als gäbe es einen Wegweiser dorthin: „→ Kruste". Flüsse werden umgeleitet. Entlang der gesamten Störung sind die Täler aller Flüsse, die von den kalifornischen Berghängen auf das Meer zufließen, verbogen. Nach dem Erdbeben von San Francisco im Jahre 1906 wurde eine Straße in Tomales Bay um 6,4 Meter versetzt. Die Spannung von einem Jahrhundert oder mehr löste sich in einem dramatischen Sprung. Das gleiche Ereignis richtete in der Stadt eine Zerstörung gigantischen Ausmaßes an. Allerdings lieferte dieses Erdbeben die Daten, die zum wissenschaftlichen Verständnis der Zerstörungskräfte beitrugen. Am 18. April um 5 Uhr 13 schlug es zu. Viele der ehrwürdigen viktorianischen Häuser waren ohne einen Gedanken an ein Erdbeben gebaut worden und fielen in sich zusammen. Geologen, die sich mit Katastrophen auskennen, sind überrascht, dass überhaupt noch so viele von den alten Häusern stehen. Ausgewachsene Bäume wurden herausgerissen, und in der Nähe der Störungslinie wurden sie sogar

Als Folge des Erdbebens von 1906 stand die Stadt San Francisco in Flammen.

vollständig herausgeschleudert. Schätzungsweise waren mehr als 375 000 Quadratmeilen, die Hälfte des Landes, direkt vom Beben betroffen. Kaum hatte sich der Staub gelegt, als menschliche Störungen begannen, die Tektonik des Charakters zu erschüttern. Es gab Plünderungen. Bürgermeister Schwartz war gezwungen zu handeln. Einheiten der Polizei und der Armee sorgten für Ordnung. Doch die Probleme des Bürgermeisters begannen erst. Um 20 Uhr 14 gab es ein Nachbeben. Die Gesteine „setzten" sich nach dem Hauptereignis, und der Stoß reichte aus, um bereits anfällige Gebäude zum Einsturz zu bringen. Tausende gerieten in Panik. Und erst dann begann das wahre Unheil: Feuer. Eine Feuersbrunst breitete sich in der Stadt aus. In den darauffolgenden Tagen zerfielen großartige Hotels und ganze Wohnviertel zu Schutt und Asche. Irgendwann gab es eine Massenrettung über das Meer, das wahrscheinlich größte Unterfangen dieser Art vor der Evakuierung der britischen Truppen aus Dünkirchen im Zweiten Weltkrieg. Nach der letzten Berechnung belief sich die Zahl der Todesopfer auf 3 000.

Die San-Andreas-Störung und andere Störungen, die mit ihr in Zusammenhang stehen, werden sich nicht beruhigen. Das System ist mindestens seit dem Miozän, also seit etwa 20 Millionen Jahren, aktiv. Die Störung war bereits alt, als die ersten Primaten von den Bäumen herunterkamen, um das Leben auf dem Erdboden zu testen.

Die Intensität von Erdbeben

Die Intensität von Erdbeben auf der Richter-Skala wird nicht wie die Temperatur auf der Celsius-Skala gemessen. Ein Grad mehr bedeutet nicht ein Grad mehr Beben. Es ist eine logarithmische Skala, die auf der während des Ereignisses freigesetzten Energie basiert, das heißt, eine Magnitude von 7 setzt 30-mal mehr Energie frei als eine

Internet-Links

Liste automatisch lokalisierter Erdbeben des GeoForschungs-Zentrums (GFZ) Potsdam: geofon.gfz-potsdam.de/db/eqinfo.php

Erdbeben-Information des United States Geological Survey (USGS): earthquake.usgs.gov

Porträt

Richter, *Charles Francis*, amerikanischer Geophysiker, *26.4.1900 Hamilton (Ohio), †30.9.1985 Pasadena (Cal.); 1927–1970 Professor am California Institute of Technology in Pasadena; Arbeiten über den Bau des Erdkörpers und seismische Wellen; entwickelte eine Methode zur objektiven Feststellung der Stärke von Erdbeben und stellte 1935 die Richter-Skala auf.

◼ Was ist eigentlich ... ◼

Richter-Skala, Richter-Magnitude, nach oben nicht begrenzte Erdbebenskala, welche die bei einem Erdbeben ausgelöste Energie mithilfe von Seismographen feststellt. Als Maß gilt die von Charles F. Richter eingeführte Magnitude M_L: $M_L = \log_{10}(A) - \log_{10}(A_0)$. A ist die gemessene maximale Amplitude (in mm) auf einem Wood-Anderson (WA) Horizontalseismographen, A_0 die Referenzamplitude für ein $M_L = 0$ Erdbeben, das in der gleichen Herdentfernung registriert worden wäre. Die Definition für M_L nach Richter gilt nur bis zu einer Herdentfernung von 600 km. Die Werte für A_0 berücksichtigen die Dämpfung seismischer Wellen mit zunehmender Herdentfernung. Die von Richter abgeleiteten Werte von A_0 gelten streng genommen nur für Kalifornien, für andere Gebiete müssen regional typische Werte benutzt werden. Gemäß der Definition beträgt auf einem WA-Seismographen $A_0 = 0,001$ mm in einer Epizentralentfernung von 100 km. Anders ausgedrückt: Ein Erdbeben der Magnitude $M_L = 3$ wird auf einem WA-Seismographen in 100 km Entfernung mit einer maximalen Amplitude von 1 mm aufgezeichnet. WA-Seismographen werden heute nur noch selten betrieben. Aus der bekannten Frequenzcharakteristik anderer Seismographen kann jedoch die wahre Bodenbewegung ausgerechnet und in eine WA-Amplitude umgerechnet werden.

Magnitude von 6. Charles Richter war ein Geologe, der seine berühmte Skala im Jahr 1935 aufgrund der Bewegungen der San-Andreas-Störung entwickelte. So wurde die Sprache der Seismologie entlang der Pazifischen Küste geboren. Die Skala wurde mit modernen Instrumenten präzise geeicht, doch sie ist auch in den allgemeinen Sprachgebrauch eingegangen. Das Ereignis von San Francisco im Jahre 1906 hatte eine geschätzte Stärke von 8,3 auf der Richter-Skala.

Was ist eigentlich …

Mercalli-Skala, zwölfteilige Skala für die makroseismische Intensität, ursprünglich 1897 vom italienischen Vulkanologen und Seismologen Mercalli entworfen und seitdem häufig modifiziert. Die unteren Stärkegrade von I („nur von Seismographen registriert") bis V („viele Schlafende erwachen, hängende Gegenstände pendeln") klassifizieren die Vibrationen, die in Gebäuden oder im Freien vom Menschen wahrgenommen werden. Die mittleren Grade von VI („leichte Verputzschäden") bis IX („an einigen Gebäuden stürzen Wände und Dächer ein") beschreiben die Erdbebenwirkung auf Bauwerke unterschiedlicher Ausführung und Qualität. Katastrophale Auswirkungen eines Erdbebens werden durch die höchsten Stärkegrade von X („Einsturz vieler Gebäude") bis XII („starke Veränderungen an der Erdoberfläche") beschrieben, wobei Intensität XII wie bei anderen Intensitätsskalen auch in der Praxis nie erreicht wird.

Ich empfinde eine heimliche Bewunderung für die Mercalli-Skala, die die Intensität von Erdbeben danach beschreibt, was man auf dem Erdboden fühlt. Arthur Holmes entwarf eine zwölfteilige Skala dieser Art (unter Benutzung römischer Ziffern), die einige reizende Eigenschaften besitzt. Hier sind ein paar Beispiele:

Intensität II. Schwach: wahrgenommen nur von sensiblen Menschen …
Intensität V. Eher stark: allgemein bemerkt; Schlafende wachen auf und Glocken läuten …
Intensität VII. Sehr stark: Allgemeine Panik; Mauern brechen; Putz bröckelt ab …
Intensität VIII. Zerstörerisch: Autofahren unmöglich; Schornsteine stürzen ein; schlecht gebaute Gebäude werden beschädigt …
Intensität XII. Katastrophal: totale Zerstörung; Gegenstände werden in die Luft gewirbelt; der Boden hebt sich und wirft Wellen.

Man stelle sich die Szene vor: Eine kalifornische ranchartige Hazienda mit ionischem Säuleneingang; Myron (ein Seismologe) nimmt vage irgendetwas wahr. „Könnte das ein Erdbeben der Intensität II sein?", grübelt er. „Ich sollte Christabel anrufen, sie ist so sensibel …" Das Kribbeln nimmt zu. „Uh, oh, es ist stärker als das … ist das tatsächlich eine Glocke, die ich läuten höre? ... Es muss eine V sein!" Fast gleichzeitig fällt eine ionische Säule zusammen: „Oh mein Gott! Ich gerate in Panik und der Putz bröckelt ab! Wir haben eine VII!" Ein Fahrer mit irrem Blick wankt in den Vorgarten … „Du lieber Himmel! Es ist ein ernsthaft beunruhigter Autofahrer! Wir sind bei einer VIII angekommen." … „Aaaah!" (Myron wird durch die Luft gewirbelt … Es war eine XII.)

Was ist eigentlich …

Störungsbrekzie, tektonische Brekzie, Verwerfungsbrekzie, an einer Verwerfung durch Bruch des Gesteins entstandenes Trümmergestein mit eckigen Bruchstücken.

Ich habe Straßenböschungen gesehen, die durch die Störungszone schnitten. Das Gestein, das aufgeworfen wird, ist schwer zu beschreiben. Es ist ein bräunlicher Brei von kleinen Bröckchen, in dem sich auch einige größere Bruchstücke befinden. Es ist der Schutt, der beim Aneinanderreiben der Platten entsteht, eine Art tektonisches Hackfleisch, das man als Störungsbrekzie bezeichnet. Geophysikalische Daten belegen, dass die San-Andreas-Störung mindestens 16 Kilometer in die Kruste hinunterreicht. Somit kann man sich vorstellen, dass diese große Störung lange feststecken kann und eine so gro-

EMS-98 Intensität	Definition	Beschreibung der maximalen Wirkung
I	nicht fühlbar	nicht fühlbar
II	kaum bemerkbar	nur sehr vereinzelt von ruhenden Personen wahrgenommen
III	schwach	von wenigen Personen in Gebäuden wahrgenommen, ruhende Personen fühlen leichtes Schwingen oder Erschüttern
IV	deutlich	im Freien vereinzelt, in Gebäuden von vielen Personen wahrgenommen; einige Schlafende erwachen; Geschirr und Fenster klirren; Türen klappern
V	stark	im Freien von wenigen, in Gebäuden von den meisten wahrgenommen; viele Schlafende erwachen; wenige werden verängstigt; Gebäude werden insgesamt erschüttert; hängende Gegenstände pendeln stark; kleine Gegenstände werden verschoben; Türen und Fenster schlagen auf oder zu
VI	leichte Gebäudeschäden	viele Personen erschrecken und flüchten ins Freie; einige Gegenstände fallen um; an vielen Häusern, vornehmlich in schlechterem Zustand, entstehen leichtere Schäden wie feine Mauerrisse und das Abfallen von kleinen Verputzteilchen
VII	Gebäudeschäden	die meisten Personen erschrecken und flüchten ins Freie; Gegenstände fallen in großen Mengen aus den Regalen; an vielen Häusern solider Bauart treten mäßige Schäden auf (kleine Mauerrisse und das Abfallen von Putz, Herabfallen von Schornsteinteilen); vornehmlich Gebäude in schlechterem Zustand zeigen größere Mauerrisse und Einsturz von Zwischenwänden
VIII	schwere Gebäudeschäden	viele Personen verlieren das Gleichgewicht; an vielen Gebäuden einfacher Bauart treten schwere Schäden auf, d. h. Giebelteile und Dachgesimse stürzen ein; einige Gebäude sehr einfacher Bauart stürzen ein
IX	zerstörend	allgemeine Panik unter den Betroffenen; gut gebaute gewöhnliche Bauten zeigen sehr schwere Schäden und teilweise Einstürze tragender Bauteile; viele schwächere Bauten stürzen ein
X	sehr zerstörend	viele gut gebaute Häuser werden zerstört oder erleiden schwere Beschädigungen
XI	verwüstend	die meisten Bauwerke, selbst einige mit gutem erdbebengerechten Konstruktionsentwurf und -ausführung, werden zerstört
XII	vollständig verwüstend	nahezu alle Konstruktionen werden zerstört

EMS-98: Europäische Makroseismische Skala 1998 (Kurzform): Sie klassifiziert die makroseismische Intensität, wobei die Art der Baustrukturen und ihre Verletzlichkeit gegenüber Erdbeben ausführlich berücksichtigt wird. Die EMS-98-Skala wurde in zehnjähriger Arbeit durch eine internationale Expertengruppe entworfen und 1998 eingeführt. Wie die Mercalli-Skala umfasst sie zwölf Stufen, die untereinander weitgehend kompatibel sind. Die EMS-98-Skala ordnet vier Bauweisen (Mauerwerk, Stahlbeton, Stahl und Holzkonstruktion) in sechs verschiedene Klassen der Verletzlichkeit ein. Die Kurzform stellt eine sehr starke Vereinfachung der ausführlichen Fassung dar.

ße Spannung aufbaut, die, wenn sie plötzlich gelöst wird, das Winchester Hotel in San Francisco zum Einsturz bringen kann.

Die Geburt der San-Andreas-Störung

Um zu verstehen, was unter der sonnigen Küste der westlichen USA vor sich geht, muss man global denken. Am Rand von Asien, auf der anderen Seite des Pazifischen Ozeans, trifft Platte auf Platte, doch

Plattentektonische Zusammenhänge: Ozeanbodenspreizung und Subduktion im überhöhten Querschnitt.

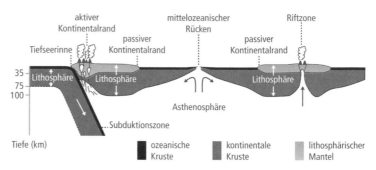

Was ist eigentlich ...

Subduktionszone, Bereich, in dem Subduktion stattfindet oder sich aus seismischen Untersuchungen interpretieren lässt. Sie entspricht damit dem Kontakt von Oberplatte und Unterplatte zwischen dem konvergenten Plattenrand in der Tiefseerinne und etwa 700 km Tiefe. Die Subduktionszone wird vor allem durch die Position der Hypozentren von subduktionsgesteuerten Erdbeben nachgezeichnet, die sich bis in maximal 700 km Tiefe auf einer Wadati-Benioff-Fläche (geneigte, seismisch aktive Zone von mitteltiefen Beben und Tiefherdbeben) anordnen.

dort befindet sich eine ozeanische Subduktionszone. Kalifornien ist ganz anders. Um zu begreifen, was hier passiert, muss man über die hedonistischen Küsten von Venice Beach hinausschauen, über und unter das Meer, nach Süden zum Boden des Pazifiks vor Mittel- und Südamerika. Schon seit den frühen Tagen der modernen ozeanographischen Erkundung wurde hier eine gebirgszugartige, verhältnismäßig flache Region erkannt, die sich über dem allgemeinen Niveau des Meeresbodens erhebt: die Ostpazifische Schwelle. Sie wurde später als aktiver Rücken identifiziert und als mehr oder weniger lineare Struktur über mehrere tausend Kilometer kartiert. Ihr glatter Verlauf wird von Transformstörungen versetzt, die ihren Kamm in ein Dutzend oder mehr Abschnitte aufteilen. Doch es ist kein typischer mittelozeanischer Rücken, nicht zuletzt weil er weit entfernt vom Zentrum des Pazifischen Ozeans liegt. Stattdessen steuert er auf und unter Nordamerika zu. Dort geht er entlang des seltsamen, langen und schmalen Meeres, dem Golf von Kalifornien, der die Halbinsel Baja California vom mexikanischen Hauptland trennt, in den Kontinent über. Das lässt die Folgerung zu, dass die Ostpazifische Schwelle unterhalb des nordamerikanischen Kontinents „verschwunden" ist. Ein ganzer Brocken des östlichen Pazifiks liegt also irgendwo unter der großen Masse der heutigen USA verborgen. Um es anders auszudrücken: Die Bildungsrate neuer Kruste im Zentrum des Rückens wurde von der Geschwindigkeit der Aufzehrung ozeanischer Kruste am westlichen Rand des großen Kontinents übertroffen. Das Ergebnis war, dass der Rücken auf Amerika zu, und später „daruntergesaugt" wurde. Im Oligozän, vor 30 Millionen Jahren, gab es noch eine durchgehende Ostpazifische Schwelle vor der kalifornischen Küste. Drei Millionen Jahre später verschwand sie teilweise unter Nordamerika. Das nachfolgende Wandern der kontinentalen und ozeanischen Blöcke sorgte für die Nordwärts-Rotation der westlichen Küste, die bis heute anhält. Die San-Andreas-Störung war geboren. Einen Beweis für diese langfristige Bewegung lieferten schalentragende Fossilien, die im Westen der Störung auftreten. Wenn dieses zum Meer gewandte Teilstück tatsächlich für eine ausreichend lange Zeit nach Norden gewandert ist, dann müsste es eine Fracht aus Muschelschalen und Schnecken mit sich tragen – die Überreste von

Tieren, die ursprünglich in den Subtropen gelebt haben, aber nun auf tektonische Weise die ganze Strecke in kalte nördliche Klimate transportiert wurden. Diese fossilen „Fremdlinge" wurden in der Tat von einem Paläontologen entdeckt, der seinen Hammer auf alte Meeresablagerungen niederließ. Das Schöne an solchen Theorien der Erde ist, dass alle Zweige der Wissenschaft eine Rolle spielen, um die Abfolge der Krustenbewegungen offenzulegen. Charles Lyell hätte sich daran erfreut.

Der Blick nach unten – seismische Tomographie und Erdbebenvorhersage

Als Nächstes muss man nach unten gehen. Die neuesten Methoden zur Analyse von Erdbebenwellen erzeugen ein dreidimensionales Bild von „Scheiben" der Erdkruste. Es besteht aus horizontalen Schnitten in verschiedenen Niveaus, vergleichbar der Computertomographie, bei der das Körperinnere Schicht für Schicht durchstrahlt wird. Diese Methode ist als seismische Tomographie bekannt. Ein Projekt in der Bucht von San Francisco sollte zum Verständnis der tieferen Verbindungen in der Erde, bis zu zehn Kilometern hinunter, beitragen. Es trägt die Abkürzung BASIX (*bay area seismic image experiment*). Anhand der bereits entwickelten 3-D-Modelle ist zu erkennen, wie die abtauchende ozeanische Lithosphäre den sich nordwärts bewegenden Teil der Küste unterlagert. Die verschiedenen Störungen in der Region zeigen sich als senkrechte Flächen, die nachdrücklich durch die Kruste schneiden. Überraschenderweise scheinen sie jedoch über eine tiefe, nahezu horizontale Schwächezone, eine Scherzone, miteinander verbunden zu sein, an der sich die Nordamerikanische und die Pazifische Platte in der Tiefe gegenseitig beeinflussen. Trifft ein pazifischer Stoß auf einen amerikanischen Ruck, tanzen all die fleißigen Kalifornier offensichtlich zu einer tieferen Melodie.

All diese Fortschritte führen zu einer verbesserten Vorhersage des nächsten Erdbebens. Erdbeben vorauszusagen, wurde einst als außerordentlich schwierige Angelegenheit erachtet, die genauso viel Kunst wie Wissenschaft erforderte. Ein plötzliches Absinken der Wasserstände in den Brunnen zeigte Bewegungen entlang von Störungen in der Tiefe an und wie bei Stärke II auf der Mercalli-Skala waren einige Tiere sensibel genug, frühe Anzeichen zu registrieren, die für Menschen nicht wahrnehmbar waren. Heute kann man frühe seismische Signale, die anzeigen, wenn die Spannung an einer bestimmten Störung ein kritisches Maß erreicht hat, von den anderen „Geräuschen", die unsere knirschende Erde erzeugt, unterscheiden.

■ Seismische Tomographie – Methode zur Erkundung ■ der dreidimensionalen Struktur des Erdinneren

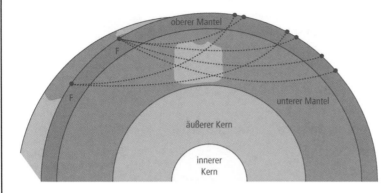

Seismische Tomographie: Laufwege seismischer Wellen, wie sie in tomographischen Untersuchungen benutzt werden.

Die Schalenmodelle des Erdkörpers sind durchschnittliche Erdmodelle, die die Laufzeiten seismischer Wellen in teleseismischer Entfernung (Herdentfernung größer als 25 Grad) größtenteils mit einer Genauigkeit von weniger als einer Sekunde vorhersagen (Laufzeittomographie). Laterale Variationen der seismischen Geschwindigkeiten sind in diesen Modellen nicht berücksichtigt. Obwohl diese relativ klein sind und in den meisten Regionen des oberen Erdmantels selten um mehr als 10 Prozent von denen in radial-symmetrischen Erdmodellen abweichen, markieren sie wichtige dynamische Prozesse im Erdinneren. Laterale Variationen der seismischen Geschwindigkeiten im Erdinneren werden wahrscheinlich durch Variationen der Temperatur verursacht. Kalte Regionen, wie z. B. die in den Mantel abtauchenden ozeanischen Lithosphärenplatten, sind durch höhere Geschwindigkeiten gekennzeichnet, während wärmere Regionen, wie z. B. heißes aufsteigendes Mantelgestein im Bereich Mittelozeanischer Rücken, niedrigere Werte aufweist. Unterschiedliche Temperaturen verursachen Variationen der Gesteinsdichte, was zur Bildung von Konvektionsströmen führen kann. Damit bietet die seismische Tomographie eine vielversprechende Methode, aus der Beobachtung seismischer Geschwindigkeiten ein Abbild der zurzeit vorherrschenden Konvektionsströme im Erdinneren zu gewinnen.

Ebenso ist die Bautechnologie an den Herausforderungen gewachsen, gewaltsamen Erschütterungen Rechnung zu tragen, ohne zusammenzubrechen. Stoßdämpfer wurden entwickelt, bei denen ganze Gebäude auf riesigen Kissen aus Gummi und Stahl lagern. Netze und Verstrebungen aus Stahl verstärken Betonplatten, um eine ähnliche Wirkung zu erzielen. Trotzdem war die Welt von Bildern eingestürzter, obwohl verstärkter Betonüberführungen nach dem Kobe-Erdbeben vom 17. Januar 1995 schockiert, bei dem über 5 000 Menschen starben. Dieses verheerende Ereignis in Japan passierte genau ein Jahr nach einem Erdbeben in Northridge, Kalifornien, einer der Vorstädte im Großraum Los Angeles, die auf einer bis dahin unbemerkten Nebenstörung der San-Andreas-Störung liegt. Auch dort brachen Straßen zusammen; 60 Menschen starben. Ist ein Erdbeben gewaltig genug, zählt der menschliche Einfallsreichtum letztlich nur wenig. Trotzdem errichten Ingenieure auch in Erdbebenzonen hohe Gebäude. Ihr Selbstbewusstsein spiegelt sich in der Transamerica Pyramide im Zentrum von San Francisco wider: Eine 265 Meter hohe Nadel, die die Skyline durchstößt und ihre Nachbarn in den Schatten stellt. Sie ist erdbebensicher – so wird jedenfalls behauptet. Leider ist eine solche Sicherheit in China, der Türkei oder in Afghanistan nicht möglich. Dort fallen Gebäude immer noch in sich zusammen wie Kartenhäuser, wenn der Erde die Spannung zu groß wird.

Kobe und Northridge sind Sinnbilder der Zerstörung. Ozeanische Kruste wird unterhalb von Japan vernichtet – und einstürzende Freeways sind eine Folge davon. Genauso verschwinden ozeanische Gesteine auf der kalifornischen Seite des Pazifischen Ozeans. Obwohl er der größte unter den Ozeanen der Welt ist, wird er langsam kleiner – aufgezehrt an seinen Rändern. In 50 Millionen Jahren wird es keine Herausforderung mehr darstellen, ihn mit dem Schiff zu überqueren.

Störung durch Absenkung – das Death Valley

Die Transamerica Pyramide in San Francisco (Bildmitte).

Die San-Andreas-Störung ist zugegebenermaßen am Boden nicht besonders beeindruckend. Professor Peter Sadler von der University of California in Riverside hat die San-Andreas-Störung und ihre Nebenstörungen jahrelang kartiert. Er lächelt irgendwie schwermütig, als wir in die Ausläufer der San Gabriel Mountains fahren. „Hier ist es", sagt er. „Wo?", frage ich. Mit einiger Anstrengung kann man eine längliche, nordwärts verlaufende Vertiefung im spärlich bewachsenen Erdboden ausmachen, und vielleicht eine bescheidene Böschung an ihrem östlichen Rand. Sie sieht nicht so aus, als wäre sie für verbogene Freeways verantwortlich. Die Erosion der weichen Störungsbrekzie verändert die legendäre Einzigartigkeit der Störung schnell. Wir fahren weiter in die Berge und lassen den rutschenden Rand der wohlhabendsten Nation der Erde hinter uns. Die Berge selbst sind das Ergebnis früherer tektonischer Ereignisse. Ein Großteil des bergigen Nordamerikas wurde an den Kontinent „angekleistert". Jenseits der Berge liegt die Mojave-Wüste.

Die Gefühle gegenüber Wüsten sind wahrscheinlich genauso gemischt wie gegenüber Los Angeles. Viele Leute fahren so schnell sie können durch sie hindurch. Normalerweise steuern sie direkt auf Las Vegas zu, wo sie niemals eine Salzpfanne sehen müssen. Die meisten Geologen, die ich kenne, sind Wüstenliebhaber. Es gibt nichts, was an die Klarheit des Lichtes in einer Wüste heranreicht. Nirgendwo kann man Geologie deutlicher sehen. In Tonsteinen, die normalerweise zu Brei verwittern, können hier Fossilien gefunden werden. Strukturen, die gewöhnlich über Monate herausgearbeitet werden müssen, liegen hier für jeden sichtbar ausgebreitet. Geologische Karten sind auf dem Erdboden ausgelegt, ausnahmsweise einmal eindeutig. Die Natur ist faszinierend, und kein Beobachter, der fähig ist,

Blühende Mojave-Wüste.

ein Erdbeben der Intensität II wahrzunehmen, kommt umhin, über die Anpassungsfähigkeit der Organismen im Angesicht der Not zu staunen. Irgendwo in der Mojave-Wüste gibt es eine Gegend, in der massenhaft Joshua-Bäume auf sanften Hängen wachsen. Ihre Triebe tragen einen hoch aufgerichteten Ballen aus scharf gezackten Blättern, als würde ein Elefantenrüssel ein Stachelschwein tragen. Weiter unten sind ihre kahlen Stämme nur wenig gegabelt und häufig fantastisch verbogen, als hätten sie sich einst unter der Last der Entbehrungen gebeugt und sich dann in Zeiten des Überflusses wieder erholt, um himmelwärts zu weisen. Daneben gibt es Yuccas. Manchmal sind sie mit einer großen Spitze aus weißen, glockenartigen Blüten geschmückt, die aus einer stacheligen Blattrosette aufsteigt. Es gibt viele andere Arten von stacheligen oder holzigen Pflanzen, denn an solch einem harten Platz wird den Pflanzenfressern nichts Nahrhaftes überlassen. Doch kleine Fußabdrücke im Sand beweisen, dass es nach Einbruch der Dunkelheit vor Tieren wimmelt. Der Gliedertierspezialist in mir erkennt die Spuren von Skorpionen.

Biegt man bei Baker nach links ab, kann man dem Death Valley einen Besuch abstatten. Jeder sollte dies tun. Wie beinahe alle Hauptstrukturen hier im äußersten Westen, verläuft das Tal von Nordnordwest nach Südsüdost und steht unter tektonischer Kontrolle. Störungen bestimmen die Ränder der Landschaften: den östlichen Rand der mächtigen Sierra Nevada im Owens Valley, den westlichen Rand des Death Valley. Das Hochland der Sierra ist, um es vorsichtig auszudrücken, schwierig zu erreichen. Die schneebedeckten Gipfel erscheinen beinahe einschüchternd, wenn man sie von den eher gemäßigten White Inyo Mountains im Osten aus betrachtet. Am Rand des

Berge in der östlichen Sierra Nevada (Inyo National Forest, Kalifornien).

grünen und gezähmten Owens Valley sehen sie aus wie mit dem Messer abgeschnitten – einer der größten landschaftlichen Gegensätze auf der Erde. John Muir, Pionier für den Naturschutz, brach bei diesem Anblick angeblich in Tränen aus. Die Erforschung der Sierra Nevada ist, wie Eduard Suess sagt, „Whitneys unvergängliches Verdienst". Josiah Dwight Whitney kartierte zwischen 1864 und 1870 als Erster die Geologie dieses Gebiets und der höchste Berg der Sierra Nevada wurde nach ihm benannt. Er war es, der die Grenzen der Hauptstörungen erkannte, die auf heutigen Karten immer noch festgelegt sind. Dies sind keine Störungen, die Gesteine in Manier der San-Andreas-Störung über weite Strecken seitwärts verschieben, sondern Störungen, die große Krustenteile absenken. Die Schwerkraft allein lässt Dinge sinken, sodass überall dort, wo es Spannungen oder Dehnungen in der Kruste gibt, Störungen dieser Art auftreten. Die Gesteine entspannen sich auf einem anderen Niveau, und eine Störung kennzeichnet die Grenze. Entlang der älteren Störungen in Kalifornien finden immer noch Bewegungen statt, und das ist nichts Ungewöhnliches. So spürte ich einmal eine Erschütterung in der netten Altstadt von Bishop's Castle im walisischen Grenzland, die von einer mehrere Hundert Millionen Jahre alten Störung herrührte. Das Death Valley sinkt bis auf 85 Meter unter den Meeresspiegel ab; diese dramatische Differenz ist das Ergebnis von Bewegungen (Abschiebung) an der Störung. Hier ist es so heiß, dass der Schweiß sogar von der Nasenspitze tropft. Bei Badwater verdunsten salzige Quellen in der Sonne und hinterlassen einen weißen, krustigen Überzug aus Salzablagerungen. Erstaunlicherweise gibt es Dinge, die in diesen Tümpeln leben, und struppige, salzliebende Pflan-

Porträt

Suess, *Eduard*, *20.8.1831 (London), †26. 4.1914 (Wien), Geologe und Politiker; 1852–1862 Kustos am Hof-Mineralien-Cabinett in Wien, ab 1857 Professor für Geologie und Paläontologie an der Universität Wien. Suess betrieb den Bau der ersten Wiener Hochquellenleitung und die Donauregulierung. 1870 wurde er Abgeordneter zum Niederösterreichischen Landtag. – Suess schuf bahnbrechende Arbeiten auf dem Gebiet der Geologie und war ein Wegbereiter der „Deckentheorie" (Theorie des Gebirgsaufbaus, nach der zahlreiche Gebirge, z.B. die Alpen, aus einer Vielzahl von Überschiebungsdecken aufgebaut und durch Überschiebung großräumiger Falten entstanden sind).

zen scheinen sich mehr schlecht als recht auch auf dem kargsten Boden durchzuschlagen. Wegen der Lage des Tals unterhalb des Meeresspiegels ist es hier unvorstellbar heiß. Klimaanlagen schaffen es in der glühenden Hitze einfach nicht, das Innere eines Fahrzeugs zu kühlen. Motoren geben über diese Anstrengung den Geist auf. Die Oberfläche dieses Tals wurde einfach zu weit heruntergelassen: Es ist heißer, als es sein sollte. Und schuld ist die Störung.

Das Ostafrikanische Grabensystem – Großes Rift Valley im Süden

Viele weitere Störungslinien überspannen die Erde. Es gibt große Täler, die von Norden nach Süden durch Ostafrika schneiden: Eine Vertiefung verläuft südwärts vom Golf von Aden durch Äthiopien, dann teilt sie sich in zwei Arme auf, die an beiden Seiten des Victoria-Sees entlangführen. Der östliche Arm streicht nach Süden durch Kenia. Sein Verlauf ist von Seen auf seiner Talsohle gekennzeichnet: Turkana-See, Baringo-See, Magadi-See, Natron-See. Der zuletzt genannte ist eine der großen natürlichen Quellen für Soda, denn er ist ein weiterer großer Salzsee, in dem die Verdunstung lösliche Salze angereichert hat. Natron ist ein alter Name für hydratisiertes Soda und hat sein Vermächtnis im chemischen Symbol für das Element Natrium (Na) hinterlassen. Der See ernährt einen riesigen Bestand an zartrosa Flamingos, die mit ihren außergewöhnlichen Schnäbeln nahrhafte Mikroorganismen aus dem warmen, alkalischen See filtern. Für diese Vögel ist eine Sodaquelle die wörtliche Beschreibung für ihre Nahrungsquelle – und sie erhalten ihre Farbe von ihrem Futter. Der westliche Arm ist eine der offensichtlichsten Linien auf dem Gesicht der Erde, ein beinahe ununterbrochenes Band aus Wasser, das südwärts vom Albert-See zum Edward-See, und von da weiter zum Tansania-See und zum Nyasa-See (Malawi-See) fließt: das Große Rift Valley. Eduard Suess hätte den Begriff „Graben" für diese Art von Struktur benutzt. Die Gesamtlänge des Systems beträgt mehr als 3000 Kilometer, die Breite des Grabens ungefähr fünfzig Kilometer über seine ganze Länge. Man muss kein Naturkundler sein, um diese Linie zu verstehen, denn politische Grenzen und, vor ihnen, Stammesgrenzen wurden an ihr entlang gezogen. Die Störungen zu beiden Seiten des großen Grabens haben das Krustenstück dazwischen abgesenkt: Rutschende Risse begrenzen ein Tiefland. Entlang des Rifts konzentrieren sich so viele Erdbeben, dass eine Karte der Epizentren eine Art pointillistisches Bild von ihm erzeugt. Zweifellos ist die Oberfläche der Erde entlang dieser Linien nervös. Aus der Luft sind die Störungen, die die Ränder des Rifts definieren, deutlich sichtbar und manchmal so gerade, als wären sie mit dem Lineal gezogen. Diese geologischen Linien sind in den Erdboden eingraviert. Häufig tre-

Olduvai-Schlucht im Großen Rift Valley (Tansania) – Bruchstufe des Ostafrikanischen Grabens.

ten anstatt einer einzigen mächtigen Störung an jedem Rand eine ganze Serie von Störungen auf, die treppenartig bis zum Talboden hinunterführen. In der Nähe des Turkana-Sees ist der Graben bis zu einer Tiefe von 8 000 Metern mit Vulkaniten und Sedimenten gefüllt. Da die Seitenränder bis zu 2 000 Meter hoch sind, bedeutet das eine Bewegung von nicht weniger als 10 000 Metern an der Störung. Auch wenn diese absolute Summe erstaunlich sein mag, wenn man sie durch dic zehn Millionen Jahre teilt, über die diese Bewegungen stattgefunden haben, dann beträgt die Rutschung im Mittel nur etwa einen Millimeter pro Jahr. Flechten wachsen schneller.

Die Vulkane folgen der Linie des Rifts weniger sklavisch als die Erdbeben (der größte, der Kilimandscharo, liegt außerhalb), doch in ganz Äthiopien und Kenia, und weiter im Süden, gibt es viele aktive oder ruhende Vulkane, die eng an den Störungslinien liegen. Einige von ihnen fördern seltsame Laven, die reich an Karbonatmineralen sind, die man eher mit Sedimentgesteinen verbindet. Eher weniger überraschend bezeichnet man sie als Karbonatite. Ol Doinyo (2 891 Meter) ist ein typischer Vulkankegel, der Laven ausgeworfen hat, die an der Bildung der weißen Krusten im Natron-See beteiligt waren. Der Krater auf dem Gipfel des Vulkans ist einer der trostlosesten Orte der Erde. Ein gekräuselter und versteinerter See aus Karbonatiten ist von steilwandigen kleinen Kegeln übersät, deren dunkle Löcher an ihren Enden die vulkanischen Schlote darunter verraten. Alles ist weiß. Es ist eine höllische Umkehrung von allem, was wir von einem Vulkan erwarten würden, ein ausgebleichtes Gegenstück zu Peles Reich. Von Zeit zu Zeit wird immer noch Lava auf die Oberfläche des Kraters ausgestoßen, und sie ist schwarz wie andere Lava auch. Doch wenn sie abkühlt, verändert sie sich. Zuerst wird sie kastanienfarben und dann, nach ein paar Stunden, weiß und krustig. Die Laven, die

Was ist eigentlich ...

Vulkanit, Extrusivgestein, Ergussgestein, vulkanisches Gestein, ein Magmatit, der durch Austritt einer an die Erdoberfläche herausgetretenen Lava entstanden ist. Der Begriff umfasst sowohl ausgeflossene Effusivgesteine als auch das in die Atmosphäre ausgeschleuderte und wieder herabgefallene pyroklastische Material. Durch die schnelle Abkühlung sind Vulkanite klein- bis feinkörnig oder porphyrisch und können Glas (Gesteinsglas, ein amorphes Produkt) enthalten.

hier im Herzen von Afrika gefördert werden, haben sich mit Säften aus der kontinentalen Kruste angereichert und dabei eine völlig neue und seltsame Zusammensetzung angenommen. Schwarz wird zu Weiß.

Fortsetzung des Riftsystems im Norden – Afarsenke und Rotes Meer

Als Eduard Suess sein dreibändiges Buch *Das Antlitz der Erde* (1885–1909) schrieb, war die Struktur des afrikanischen Rift Valley bereits teilweise bekannt. Mit der ihm eigenen Selbstsicherheit zog er aus dem wenigen, was die wegbereitende Geologie in diesem Teil von Afrika herausgefunden hatte, seine Rückschlüsse. Über Nyasa und Tansania schrieb er:

> In der Tat wüsste ich nicht, wie diese beiden großen Vertiefungen, deren jede bei geringer Breite durch etwa 5 Breitengrade sich hinzieht, auf anderem Wege als durch Grabenversenkung sollten erzeugt sein, und bin der Meinung, dass der Vorgang bei ihrer Entstehung ein ähnlicher war wie bei der Entstehung des Roten und des Toten Meeres.

Suess hat eine Verbindung hergestellt, die wir noch heute beobachten und die wir durch tiefliegende Abläufe erklären können. Die afrikanischen Rifts („Grabenbrüche") verlaufen nach Norden, bis zum Horn von Afrika. Im Westen besitzt das Rote Meer mit Störungen besetzte Ränder. So verläuft die große Absenkung also jenseits des östlichen Randes des Mittelmeeres weiter nach Norden. Das Tote Meer liegt an seinem tiefsten Punkt unter dem Meeresspiegel, eine Senke für die Wasser des Jordans. Eines der ersten Bilder, an die ich mich aus meinem Kinderlexikon erinnere, zeigt jemanden, der auf seinem Rücken im Toten Meer liegt und eine Zeitung liest. Salz ist hier durch die Verdunstung derart angereichert, dass man nicht absinken kann. Störungen haben es tief absinken lassen: Sollte es eine neue biblische Flut geben, das Meer würde hineinstürzen und die gesamte Region innerhalb eines geologischen Augenzwinkerns überschwemmen.

Das Rote Meer ist ein junger Ozean. Schaut man auf die Karte, braucht man nur wenig Fantasie, um ihn wieder zu schließen. Er ist wie ein einfacher Sprung in einem Teller. Man kann sich Afrika und die Arabische Halbinsel vereinigt in einem einzigen Kontinent vorstellen, bevor eine unwiderstehliche Kraft sie auseinandertrieb. Zuerst bezeugt ein Rift Valley die Spannung in der belasteten Kruste: Sie biegt durch und gibt nach. Wie Suess bemerkte, sind die Störungen heute entlang der Flanken des Roten Meeres erhalten. Vulkanausbrüche standen damit in Zusammenhang, von denen viele an bereits vorhandene Durchbrüche in die Unterwelt gebunden waren, die durch Störungen entlang des Rifts vorgegeben wurden. Dann öffnete sich der richtige Ozean, als neue, ozeanische Basalte in dem in Entstehung begriffenen Becken Platz nahmen. Ein mittelozeanischer Rücken wächst. Dieser Ozean hat zwei „Arme", einer entlang des Roten Meeres und der andere entlang des Golfs von Aden, der die Somalische Platte von der Afrikanischen Platte trennt. Beide Arme treffen sich bei Afar (Ort einer sogenannten Triple Junction) am nördlichen Ende des Ostafrikanischen Grabens. Unaufhaltsam bewegen sich die afrikanische und die arabische Küste auseinander. In seinen Frühphasen wurde das neue Meer von Zeit zu Zeit vom Indischen Ozean getrennt und bis zur völligen Trockenheit eingedampft, um mächtige Salzablagerungen zu hinterlassen. Heute gibt es in diesem jugendlichen Ozean eine Menge aktive Geologie: Erdbeben reihen sich dort aneinander, wo man dies erwartet, nämlich entlang seiner Mittellinie, wo auch ozeanische Lava gefunden wird; 13 Becken mit heißer Sole sind auf dem Rücken in örtlich genau definierten „Vertiefungen" erkannt worden. An diesen Stellen haben sich wertvolle Metalle wie Zink und Kupfer angesammelt. Ursprünglich von vulkanischer Herkunft, sind sie in den Solen durch Zirkulation durch die unterlagernden Gesteine extrahiert worden. Der junge Ozean ist eine Art chemisches Brauhaus, wo sich die Zutaten von Kontinent und Mantel gegenseitig beeinflussen und neue Rezepte zusammenkochen. Viele alte Erzvorkommen sind die Frucht solcher Begegnungen. Im Roten Meer bekommen wir einen Eindruck von der Geburt anderer, größerer Ozeane. Wir können uns die Frühzeit des Atlantischen Ozeans ausmalen; auch er ging von „Rift zu Drift" über, als sich Pangäa selbst zerstückelte. Wir können uns vorstellen, wie die heutigen, vertrauten Kontinente am Anfang in ihre getrennten Iden-

Was ist eigentlich ...

Basalt, basischer Vulkanit, der im Wesentlichen aus Plagioklas und Klinopyroxen (Augit) besteht. Gesteine der Basaltfamilie sind die mit Abstand dominierenden Gesteine der ozeanischen Kruste und treten auch häufig bei kontinentalen Vulkanen auf. Ihre Entstehung wird auf eine partielle Aufschmelzung von Peridotiten des Erdmantels zurückgeführt. Basalte sind in Bezug auf ihre chemische und mineralogische Zusammensetzung komplex und variationsreich, sodass mehrere Klassifizierungsschemata gebräuchlich sind.

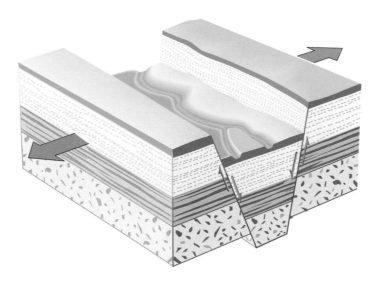

Ein an Störungen abgesunkener Krustenblock oder Graben. Große tektonische Grabenstrukturen werden auch als Rift-Valleys bezeichnet.

■ Was ist eigentlich ... ■

Triple junction, Tripelpunkt [von lat. *triplex* = dreifach], Ort des Zusammentreffens von drei Lithosphärenplatten und damit drei Plattengrenzen. Entsprechend den drei Arten von Plattenrändern (divergent, Kürzel R wie Ridge im Sinne von Mittelozeanischer Rücken; konvergent, Kürzel T wie Trench oder Tiefseerinne; transformierend, Kürzel F wie Transform-Fault), kann es zehn Arten von Tripelpunkten geben, nämlich FFF, FFR, FFT, FRR, FRT, FTT, RRR, RRT, RTT, TTT. Von diesen sind einige stabil, wie z. B. Tripelpunkt RRR (drei von einem Punkt ausgehende Mittelozeanische Rücken), der auch bei unterschiedlichen Spreizungsgeschwindigkeiten bestehen bleiben kann. Andere Tripelpunkte sind instabil (z. B. FFF), sodass sie nach Entstehen in andere Anordnungen der Plattengrenzen übergehen müssen. Weitere Tripelpunkte können nur dann stabil bleiben, wenn sich in ihnen die Plattengrenzen unter bestimmten Winkeln treffen (z. B. TTF, wenn die beiden T in einer Geraden liegen). Bei Afar treffen sich drei auseinanderstrebende Systeme: das Rote Meer, wo sich die Afrikanische und die Arabische Platte trennen, der Golf von Aden, wo die Somalische und die Arabische Platte auseinanderstreben, und das ostafrikanische Riftsystem, wo die Somalische und die Afrikanische Platte getrennt werden. Da hier drei Lithosphärenplatten aufeinandertreffen, ist Afar der Ort einer Triple Junction.

titäten schlüpften – nur eine späte Phase im langsamen Tanz der Platten über das Angesicht der Erde.

Wenn das Rote Meer die Geburt eines Ozeanbeckens anzeigt, so stellen nach Meinung vieler Geologen die Grabenbrüche in Afrika noch frühere Stadien im Zerbrechen der Kontinente dar: eine neue Geographie im *statu nascendi*. Das Rote Meer und der Golf von Aden sind nur ein Teil von Suess' miteinander verbundenem System, das sich nach Süden in den großen Kontinent fortsetzt. Vorausgesetzt, es steht genug Zeit zur Verfügung, wird sich wahrscheinlich der östliche Teil von Afrika vom westlichen abspalten, und ein neuer Ozean wird die Somalische Platte von der Mutterplatte trennen. Ein neuer Tanz wird beginnen.

Als Ursache für die Trennung der benachbarten Platten gelten vielen Hinweisen zufolge Manteldiapire, die auf die Kruste unterhalb des östlichen Afrika einwirken. Die aufsteigenden Äste können die tief-

Superkontinent Pangäa während des Oberkarbons nach Alfred L. Wegener. Er begründete die Kontinentalverschiebungstheorie (Kontinentaldrifttheorie), die davon ausging, dass sich die Umrisse einander gegenüberliegender Kontinente gut entsprechen (z. B. die Atlantikküsten Afrikas und Südamerikas). Wegener schloss daraus, dass die heutigen Erdteile ursprünglich in einem einzigen Kontinent zusammengeschlossen waren, den er Pangäa nannte. Dieser Superkontinent sei von einem Urozean (Panthalassa) umgeben gewesen und erst im Mesozoikum aufgespalten worden. Danach seien seine Fragmente bis in ihre heutige Position auseinandergedriftet (Kontinentaldrift).

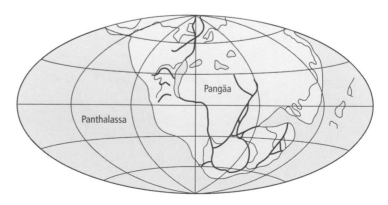

liegende Triebfeder für die Spannungen sein, die den fortschreitenden Riftvorgang in den Gräben auslösen: Wie riesige heiße Hände trennen sie die dünne Haut der Erde. Auch die Vulkane, von denen die Überreste der frühen Hominiden begraben wurden, sind nichts weiter als die Folge der tiefgründigen Bewegungen. Diese treten dort auf, wo der heiße Mantel tief unter den Kontinenten teilweise schmilzt, um Magma zu produzieren. Die Diapire verbreiten sich wie Pilze unter der Lithosphäre. Das erklärt auch, warum große Vulkane wie der Kilimandscharo jenseits des Rifts selbst liegen. Sie erheben sich wie Vereiterungen aus der heißen Sepsis unter der Haut der Erde. Viele aktuelle Messungen entlang des Rift Valley deuten auf das Aufsteigen des heißen Mantels darunter hin. So ist zum Beispiel der generelle Hitzefluss innerhalb des Grabens größer als auf den stabilen Kontinenten zu beiden Seiten. Messungen von kleinsten Änderungen in Schwerkraftanomalien über die Region stimmen auch mit einem heißen Diapir unterhalb der Gräben überein. Gegenwärtige geophysikalische Arbeiten versuchen zu modellieren, was in der Tiefe vor sich geht. Einige Geologen glauben, dass sich das Riftsystem innerhalb Afrikas nicht weiterentwickeln wird und für immer ein „missglückter Ozean" bleibt. Bedenkt man den langsamen Gang geologischer Veränderungen, ist es eher unwahrscheinlich, dass die Menschheit noch hier sein wird, um dies zu bestätigen. Wer weiß, ob

Porträt

Wegener, Alfred Lothar, deutscher Geophysiker und Meteorologe, *1.11.1880 (Berlin), †Mitte November 1930 Grönland (beim Rückmarsch von der Station „Eismitte"); ab 1919 Vorstand der Abteilung Meteorologie der Deutschen Seewarte und Professor in Hamburg, ab 1924 Professor in Graz. Wegener nahm 1906–1908, 1912–1913 sowie (als Leiter) 1929 und 1930 an Expeditionen zum Inlandeis Grönlands teil; bedeutender Förderer der wissenschaftlichen Polarforschung. Sein Ruhm gründet v. a. auf der (ab 1912) entwickelten Kontinentalverschiebungstheorie (*Die Entstehung der Kontinente und Ozeane*, 1915), Vorläufer der heute herrschenden Theorie der Plattentektonik. Weitere Hauptschriften sind die *Thermodynamik der Atmosphäre* (1911) und *Die Klimate der geologischen Vorzeit* (1924), das gemeinsam mit seinem Schwiegervater Wladimir P. Köppen (1846–1940) entstand. Auch im Bereich der Thermodynamik der Atmosphäre und der Wolkenphysik machte er sich einen Namen. Nach ihm ist das Alfred-Wegener-Institut für Polar- und Meeresforschung in Bremerhaven (1980 gegründet) benannt.

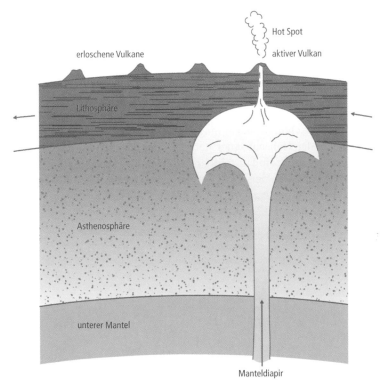

Manteldiapir: Das von der Basis des unteren Mantels aufsteigende heiße Mantelmaterial erzeugt einen Hot Spot mit aktivem Vulkanismus auf der über ihm in Pfeilrichtung driftenden Lithospärenplatte. Sich anreihende erloschene Vulkane markieren ältere Positionen der Platte über dem Diapir.

die fossilen Reste des Letzten unserer Art unter einem Aschefall begraben liegen werden – nur eine weitere Art unter den Millionen anderer, die bereits ausgestorben sind?

Vergleichbar mit einer gesprungenen Glasplatte ist die Erdoberfläche von Störungen durchzogen. Wie könnte es auch anders sein, nach Tausenden von Millionen Jahren, in denen die Kruste großen Strapazen ausgesetzt war? Hebung erzeugt Risse, Belastung der Kruste führt häufig zum gleichen Ergebnis, auch Dehnung der Kruste bewirkt Störungen. Tektonischer Druck kann Gesteine huckepack übereinanderstapeln, wenn sich die Kruste verkürzt. Sie zucken vor Kräften, die größer sind, als sie aushalten können, ruckartig zusammen. Nur in tief versenkten Gesteinen wird plastische Verformung vorherrschen. Für den Rest gibt es überall Hinweise auf Zerbrechen und Bewegung. Im Durchschnitt gilt, dass je länger Gesteine überdauert haben, sie umso wahrscheinlicher irgendwann im Laufe ihrer Geschichte von Störungen betroffen waren. Bei einem Spaziergang an nahezu jedem Strand, hinter dem sich ein Kliff aus Sedimentgesteinen befindet, wird man auf Stellen treffen, an denen die Schichten von kleinen Störungen versetzt wurden. Manchmal sieht das so sauber und deutlich aus, als würde man ein Sandwich durchschneiden und die beiden Hälften vertikal versetzen. Man kann die Schichten vergleichen und sehen, um wie viel die Störung die Schichten verschoben hat. An anderen Stellen könnte eine größere Störung ganz verschiedene Gesteinsabfolgen nebeneinander bringen. Möglicherweise lassen sich entlang der Störung zerbrochene Gesteine erkennen oder hat das Meer eine Höhle entlang der Störungsfläche herausgenagt. In Steinbrüchen, die in die Eingeweide alter Gebirgszüge hineingetrieben wurden, ließen sich die polierten Flächen von Störungen untersuchen, die seit langem in Ruhe versunken sind: zerschrammt und gerillt in die Richtung der Bewegung. Was einst die Erde auch erschüttert haben mag, heute ist es nicht mehr als ein vorübergehender Halt auf einer geologischen Exkursion. Die Störungen der alten Erde sind unzählbar. Grüne Felder mögen sie bedecken oder, wie im Osten der USA, Gebirgszüge begrenzen. Störungslinien schneiden den Charakter in das Gesicht der Erde.

Grundtext aus: Richard Fortey *Der bewegte Planet. Eine geologische Reise um die Erde*; Spektrum Akademischer Verlag (Originalausgabe: *The Earth. An Intimate History*; Harper Collins; übersetzt von Jens Seeling).

Die Enden sind nah

Überall auf der Welt wachsen die Megastädte ausgerechnet dort, wo die Gefahr am größten ist. Neben Stürmen droht ihnen die Vernichtung durch Erdbeben, Vulkanausbrüche und Feuersbrünste

Axel Bojanowski, Karsten Lemm und Philipp Kohlhöfer

Unabhängig von der Frage, ob die Zunahme von Naturkatastrophen in den letzten Jahrzehnten durch den Menschen mit verursacht worden ist, fordern die Experten: Wir müssen vorsorgen für den Ernstfall. Doch wann wird der eintreten?

Erdbeben

Auf einmal wackeln die Wände, Glas klirrt, Möbel rutschen umher und fallen um – die Erde bebt. Draußen zerbersten elektrische Leitungen. Lichter gehen aus, Menschen schreien. Dann krachen Gebäude zusammen, Staub liegt in der Luft. Nach einigen Sekunden beruhigt sich der Boden. Die Stadt liegt im Dunkeln, örtlich lodern Feuer auf. Alarmanlagen unzähliger Autos jaulen. Glasscherben und Trümmer versperren den Weg – oder haben alles verschüttet.

Weltweit stehen Metropolen auf unsicherem Grund, müssen jederzeit ein vernichtendes Beben fürchten. Die Gefahr wächst, einige Städte werden gar nach Erwartung der Vereinten Nationen (UN) ihre Einwohnerzahl innerhalb von 15 Jahren verdoppeln. So werde es in zehn Jahren in Erdbebenregionen 25 Städte mit mehr als zehn Millionen Einwohnern geben. Vor jährlich einer Million Toten durch Beben warnt der Geologe Roger Bilham von der University of Colorado in Boulder, USA. Es werde in diesem Jahrhundert so schreckliche Erdbebenkatastrophen geben wie nie zuvor.

Besonders gefährdet ist Tokyo, die „Stadt, die auf ihren Tod wartet", wie es Bill Mc-Guire, Gefahrenforscher am Londoner University College, formuliert. Die Region Tokyo mit ihren 35 Millionen Einwohnern ist besonders unglücklich platziert. Sie liegt in einem Gebiet, in dem drei Erdplatten zusammentreffen. Diese schieben sich wenige Zentimeter pro Jahr voran. Verhaken sich zwei ineinander, staut sich Energie. Irgendwann bricht schlagartig das Gestein, die Platte schnellt nach vorn wie ein reißendes Gummiband.

Tokyo wurde zuletzt am 1. September 1923 von einem starken Erdbeben erschüttert, 142 000 Menschen starben. Seither steigt die Spannung im Gestein unter der Metropole wieder an. „Ein Beben in Tokyo ist überfällig", sagt Jochen Zschau, Seismologe am GeoForschungsZentrum Potsdam. Die Münchener Rückversicherung kalkuliert die Schäden auf 2 000 bis 3 000 Milliarden US-Dollar – es wäre die mit Abstand teuerste Naturkatastrophe aller Zeiten.

Auch Los Angeles und San Francisco liegen an einer spannungsgeladenen Nahtstelle der Erdkruste. Jederzeit könnten die Metropolen von einem schweren Beben getroffen werden. Tausende Tote, Schwerverletzte und Schäden in Höhe von 200 Milliarden Dollar wären die Folge. Die 15-Millionen-Metropole Istanbul wartet ebenfalls auf den längst fälligen Schlag. Seismologen haben die besonders gefährdeten Stadtteile ermittelt.

Wenigstens dort sollten baufällige Betonhäuser stabilisiert werden, fordern die Forscher. Denn die Menschen werden nicht drückt hatte, ist nichts mehr zu sehen; nur die hastig auf den Tisch gestapelten Dokumente erinnern noch an einen Jahrhundertsturm, der von Anfang an unterschätzt worden ist. „Wir haben gelacht, weil da überhaupt nichts war", erzählt Shuyi Chen, eine 46-jährige gebürtige Chinesin, „und auf einmal mussten wir alle das Gebäude verlassen." Innerhalb von nur 24 Stunden war aus einem tropischen Tiefdruckgebiet vor den Bahamas ein ausgewachsener Hurrikan geworden, der mit unerwarteter Gewalt über Südflorida hinwegfegte, en passant neun Menschen tötete und anschließend Kurs auf New Orleans nahm, um dort erst richtig seine Wut zu entfalten.

Wieso unerwartet, wieso unterschätzt? So ein Hurrikan ist ja nie allein – von seiner Geburt als zarter Strömungswirbel irgendwo über dem warmen Wasser der Tropen bis zu seinem Ende als erschlaffende Schlechtwetterfront, meist viel weiter nördlich, steht der Sturm unter ständiger Beobachtung: Satelliten und Radaranlagen behalten ihn aufmerksam im Blick, Schiffe und Bojen messen seine Stärke, die Strömungsverhältnisse sowie die Atmosphäre, die ihn umgibt. Aus all dem errechnen Experten im National Hurricane Center in Miami alle sechs Stunden eine neue Vorhersage darüber, welchen Weg der Wirbelsturm voraussichtlich nehmen wird und mit welcher Kraft er zuschlagen wird, wenn er zuschlägt.

Einer dieser Experten ist Michael Nelson, ein gelassener, grauhaariger Mann von 48 Jahren, der die Hälfte seines Lebens mit dem Beobachten von Hurrikanen zugebracht hat. „Die Fortschritte, die wir bei der Vorhersage gemacht haben, sind enorm", sagt er. „Wir verstehen heute ziemlich genau, wie ein Hurrikan entsteht und wohin er sich bewegt. Das Problem ist die Intensität. Wieso ist Katrina so schnell so stark geworden? Wir haben keine Ahnung. Da liegt unsere größte Schwäche."

Genau deshalb lässt ein Forschungsteam, das Shuyi Chen leitet, Flugzeuge in den Sturm fliegen, im Idealfall drei zur selben Zeit, eines ins Auge des Hurrikans, zwei weitere in die äußeren Sturmwirbel, die sogenannten Regenbänder. Rainex heißt das Projekt, das erklären soll, warum ein Hurrikan binnen Stunden von einem Durchschnittssturm der Kategorie 3 (Windgeschwindigkeiten bis zu 210 Stundenkilometer) zu einem Monster der Kategorie 5 wachsen kann: Mit 250 Stundenkilometern und mehr. Oder umgekehrt – eben noch ein Kraftprotz, plötzlich ein Schwächling. „Das Problem bei der Vorhersage der Stärke ist, dass man die Struktur des Sturms sehr genau kennen muss", erklärt Chen. Satelliten und Doppler-Radar sind da keine große Hilfe, weil sie in die tosenden Wirbel nicht hineinschauen können.

Die Rainex-Forscher haben nicht viel Zeit: Ihr Budget von drei Millionen Dollar erkauft ihnen ein Fenster von gut sechs Wochen, das sie auf Mitte August bis Ende September gelegt haben – traditionell die Haupt-Hurrikan-Saison in der Karibik. Aber darauf scheint es in diesem Jahr gar nicht anzukommen. Es gibt keine Ruhe vor dem Sturm und auch keine nach dem Sturm, fast jede Woche braut sich neues Unheil über dem Atlantik zusammen. Natürliche Schwankungen in der Meerestemperatur begünstigen oder behindern von jeher die Bildung von Hurrikanen, die nur über Wasser mit einer Temperatur von mindestens 26,5 Grad Celsius entstehen. Nach etwa 25 Jahren relativer Ruhe stehen die Zeichen seit Mitte der 90er-Jahre wieder auf Sturm.

„Wir hatten lange Zeit einfach irres Glück, und damit ist es jetzt vorbei", sagt Hugh Willoughby, Klimatologe am International Hurricane Center der Florida International University in Coral Gables, einem Vorort von Miami. Früher ist Willoughby an der Seite von Captain „Shaky Jim" in einer Lockheed Super Constellation selbst ins Auge des Sturms geflogen, insgesamt 416-mal. Heute konzentriert er sich auf das, was ein Hurrikan anstellt, wenn er an Land rauscht – besonders in einem dicht besiedelten Gebiet wie dem Großraum Miami, in dem gut vier Millionen Menschen leben. „Das Albtraumszenario für Miami ist ein Sturm wie der von 1926", sagt Willoughby. Das war ein namenloser Hurrikan der Stärke 4, der direkt über die Innenstadt hinwegfegte, 240 Menschen das Leben kostete und nach heutigem Dollarwert einen Schaden von 1,7 Milliarden Dollar anrichtete.

Damals war Miami noch eine Kleinstadt. Träfe ein solcher Monster-Wirbelsturm die heutige Millionen-Metropole, die sich über viele Meilen direkt am Wasser erstreckt, Glasturm neben Glasturm, als wollte sie den Elementen trotzig den Mittelfinger entgegenstrecken – die Folgen wären kaum abzusehen. „Im schlimmsten Fall", sagt Willoughby, „werden Gebäude einfach platt gemacht, die Fenster fliegen aus den Hochhäusern, der Sturm zerstört den Hafen und den Flughafen und bringt den Tourismus ein ganzes Jahr lang zum Erliegen." Bis zu 120 Milliarden Dollar, so Studien, könnte eine solche Katastrophe kosten – das Fünffache der Schäden von Hurrikan Andrew, der 1992 südlich an Miami vorbeischrammte und der teuerste Sturm aller Zeiten war, ehe Katrina New Orleans verwüstete.

Die gute Nachricht für Willoughby: „Es würde wohl hauptsächlich bei Sachschäden bleiben. Die Evakuierungen funktionieren in Florida recht gut." Die schlechte Nachricht: „Der Volltreffer auf Miami wird kommen, das ist unausweichlich, denn wir werden mehr Hurrikane erleben, das steht fest. Wenn wir hierbleiben und nicht alle nach Minnesota ziehen wollen, dann müssen wir uns besser vorbereiten." Von Wegziehen kann indes keine Rede sein, es kommen sogar immer mehr Menschen: Seit 1990 sind über 400 000 in den Regierungsbezirk Miami-Dade gezogen. Ihre Häuser werden sturmfest sein – jedenfalls diktieren das die Bauvorschriften, die nach Hurrikan Andrew drastisch verschärft wurden.

„Andrew hat uns wachgerüttelt", sagt Denis Hector, Architekturprofessor an der University of Miami. „Wenn man 20 Jahre lang keinen Hurrikan erlebt hat, schleichen sich Nachlässigkeiten ein." Dachschindeln wurden nicht mehr festgenagelt, sondern billig angetackert, Giebel nicht ausreichend verstärkt, Türen und Garagentore lückenhaft eingepasst. Andrew fand wenig Gegenwehr. „Regenwasser, das mit 160 Stundenkilometern auf Ihr Haus trifft, zeigt Ihnen ziemlich schnell, wo die Schwachstellen sind", sagt Hector.

Doch die Bauherren hätten aus Fehlern gelernt, und vieles sei verbessert worden – was allerdings nicht heiße, dass ein Sturm von Andrews Stärke heute einfach so vorüberwehen würde. „Ich würde Gebäude niemals als ‚hurrikansicher' bezeichnen", sagt Hector. „Widerstandsfähig müssen sie sein, damit sie den Sturm überstehen. Vielleicht muss man sie reparieren – aber in erster Linie sollen sie die Bewohner schützen, das ist das entscheidende Kriterium."

Wenn die Bewohner überhaupt noch da sind, denn eigentlich sollen sie sich dem Hurrikan ja nicht entgegenstemmen, sondern vor ihm fliehen. Aber dazu gehört natürlich, dass man die Bedrohung ernst nimmt. Katrina, Kategorie 1? „Ach, haben wir gedacht, das ist doch bloß ein bisschen Regen", erinnert sich Rainex-Forscherin Shuyi Chen und schaut auf die Papierstapel auf ihrem Tisch. „Wenn's ein Kategorie-5-Sturm gewesen wäre, wären wir natürlich längst weg gewesen."

Hurrikane und Taifune bedrohen besonders diese Metropolen: Manila, Kalkutta, Shanghai, Dhaka, Hongkong, Miami. Gefährdet sind alle Städte am Golf von Mexiko, an der US-Atlantikküste bis Philadelphia sowie am westlichen Pazifikrand von Papua-Neuguinea bis Nordjapan.

D ie Erde brodelt. 50 bis 70 Vulkane sind oder werden jedes Jahr weltweit aktiv. Weitere 550 gelten als tätig, ruhen aber gegenwärtig. Darunter sind einige gefährliche Schläfer, die oft erst nach Hunderten von Ruhejahren plötzlich und heftig ausbrechen. Der Pinatubo auf den Philippinen, 600 Jahre ruhig und unauffällig, spuckt zwischen dem 12. und dem 16. Juni 1991 fünf bis acht Kubikkilometer Asche und andere Materie aus. Bis 30 Kilometer hohe Eruptionswolken steigen auf, einen halben Meter dick ist die Ascheschicht auf den umliegenden Kokoswäldern. Die tropischen Gipfel der Zambales-Berge sehen plötzlich aus wie die Alpen im tiefen Winter. 1883 sprengt der Vulkan Krakatau eine ganze Insel in die Luft, eine 40 Meter hohe Flutwelle rast Tausende von Kilometer durch den Pazifik.

Nicht nur meeresnahe Eruptionen können weltweite Auswirkungen haben. Fünf bis sechs Ausbrüche pro Jahrhundert sind sogar stark genug, um eine messbare Veränderung der globalen Temperatur zu bewirken. Es sind vor allem Wolken aus Schwefelsäuretröpfchen, die als sogenannte Aerosole das Sonnenlicht absorbieren und so den Planeten abkühlen.

Hans Pichler, geboren 1931, ist wohl einer der kenntnisreichsten Vulkanexperten Deutschlands. Und Pichler ist kein Theoretiker. Der heute emeritierte Professor für Mineralogie, Petrologie und Vulkanologie an der Universität Tübingen kennt fast alle Vulkangebiete der Erde aus eigener Anschauung.

Pichler begann seine akademische Karriere 1961 am damals gerade neu gegründeten Internationalen Institut für Vulkanologie in Catania am Fuß des Ätna, wo er vor allem die italienischen Vulkane erforschte. Über sie hat er ein international beachtetes fünfbändiges Werk geschrieben. Auf Ätna und Vesuv geht er auch in seinem Beitrag ein.

Er hat aber auch den Thera-Vulkan auf Santorin, die Vulkane der Anden, der Philippinen und Javas erforscht. Das mit seinem Sohn **Thomas Pichler** veröffentlichte Buch *Vulkangebiete der Erde* ist ein Fazit seiner jahrzehntelangen wissenschaftlichen und naturkundlichen Tätigkeit.

Hans und Thomas Pichler

Vulkane und Vulkanismus

Von Hans Pichler

Blickt man auf eine Weltkarte der Vulkanverteilung (vgl. Abbildung Lithosphärenplatten, S. 8–9), dann fällt auf, dass bestimmte Bereiche, wie Island oder die Umrahmung des Pazifiks, sehr dicht mit Vulkanen besetzt sind. Auf den großen Landmassen und in den Weiten der Ozeane abseits der Mittelozeanischen Rücken sind sie selten oder fehlen ganz. Der Grund für diese diskordante Verteilung ist die Plattentektonik der Erde.

Vulkanverteilung und Plattentektonik

Die starre, etwa 70–150 km dicke äußere Schale der Erde – die Lithosphäre – ist in acht große und mehrere kleinere Platten zerbrochen, die wie Eisschollen auf ihrer „weichen", zähplastischen asthenosphärischen Unterlage driften. Als Asthenosphäre wird der sublithosphärische Teil des Oberen Erdmantels (bis 700 km Tiefe) bezeichnet. Die Asthenosphäre enthält wenige Prozent schmelzflüssiger Anteile, in ihr verlaufen die großen walzenförmigen Konvektionsströme, die die Drift der Platten bedingen.

Im oberen Bereich der Asthenosphäre und örtlich auch darüber, in einer Tiefe zwischen 50 und 250 km, entstehen die meisten Magmen. Durch eine geringe Änderung der thermodynamischen Parameter Temperatur und Druck kann sich der Aufschmelzungsgrad örtlich auf 20–30 Prozent erhöhen. Die sich bildenden Magmen sammeln sich und können nach oben steigen. Als Magma, als 1 200–800 °C heißer Schmelzfluss, speisen sie die Vulkane oder erstarren als Plutone innerhalb der Erdkruste. Der Grad der Aufschmelzung bedingt die unterschiedliche Zusammensetzung der Magmen. Magmen können sich auch im Bereich der Erdkruste bilden. Jener Bereich, in dem Magma entsteht, wird als *low velocity*-Zone bezeichnet. In dieser ist die Geschwindigkeit seismischer Wellen deutlich herabgesetzt, denn flüssige Anteile „bremsen" deren Lauf durch einen solchen Gesteinskörper.

Da die Plattengrenzen Schwächezonen der äußeren Erdschale sind, treten an ihnen Erdbeben und Vulkane gehäuft auf. Mehr als 90 Prozent aller Vulkane sind an Plattenränder gebunden – und dementsprechend nennen wir sie Plattenrand-Vulkane. Der verbleibende Rest der Feuerberge gehört dem Typ der Intraplatten-Vulkane an. Die lithosphärischen Platten können sich entweder auseinander oder

Laacher See, am Kaiserstuhl oder im Hegau. Solche Hot-Spot-Vul-
kane bilden sich dadurch, dass unter ihnen, in Tiefen zwischen 30
und 100 km im Oberen Erdmantel, Zonen mit höherer Wärmekon-
zentration gelegen sind als sonst im Oberen Mantel üblich. Diese
„heißen Flecke" – Brennern in der Ballon-Luftfahrt vergleichbar –
entstehen durch konvektiv aufsteigende Wärmeströmungen aus großer Tiefe. Die Aufheizung in einer solchen Zone bewirkt nicht nur
die Zunahme des Aufschmelzungsgrades, sondern aufgrund der thermischen Ausdehnung auch den Auftrieb und das Aufsteigen der
Schmelzen. Solche Hot Spots können über Jahrmillionen bestehen.

Magma, Lava und daraus entstehende Gesteine

Als Magma bezeichnet man eine unterirdische (subterrane) Silicat-
oder, in Ausnahmefällen, Karbonatitschmelze unterschiedlicher chemischer Zusammensetzung, die leichtflüchtige Bestandteile (Gase),
zumeist in gelöster Form, enthält. Meist sind im Magma auch bereits
ausgeschiedene Kristalle vorhanden. Fließt Magma oberirdisch aus
oder wird ausgeworfen, sprechen wir von Lava.

Mit sinkender Temperatur kristallisieren in der Schmelze Minerale
aus, die schließlich das entstehende magmatische Gestein, den der
chemischen Zusammensetzung entsprechenden Magmatit, bilden.
Das geschieht, indem chemische Bestandteile sich in Form von Molekülen zu Mineralverbindungen zusammenfügen. Wird die Schmelze rasch abgekühlt, die Kristallisation sozusagen unterlaufen, entsteht vulkanisches Glas. Wir kennen dieses in Form von Obsidian
oder Bimsstein. In fast allen vulkanischen Gesteinen (Vulkaniten) ist
ein kleinerer oder größerer Anteil an Glas enthalten.

Vulkanische Gesteine werden von bis zu fünf verschiedenen ge-
steinsbildenden Mineralen zusammengesetzt, das sind jene, die
quantitativ den Hauptanteil an dem Gestein ausmachen. Es sind dies
entweder die hellen Minerale Quarz, Alkalifeldspat und Plagioklas
(ein Calcium-Natrium-Feldspat) oder Nephelin, Leucit, Alkalifeldspat und Plagioklas. Hinzu kommen in beiden Fällen dunkle Minerale, vor allem Biotit (dunkler Glimmer), Amphibol (Hornblende),
Pyroxen (Augit u. a.) und Olivin.

Aus diesen Mineralen können wir uns die sieben wichtigsten vulkanischen Gesteinstypen zusammenstellen:

* *Basalt* ist auch quantitativ das wichtigste vulkanische Gestein,
  denn die Böden der Ozeane und die Mittelozeanischen Rücken
  werden größtenteils von Basalt aufgebaut. Er besteht hauptsächlich aus Plagioklas und den dunklen Mineralen Pyroxen und Olivin.

- *Andesit* ist viel reicher an Plagioklas und viel ärmer an Pyroxen als der Basalt. Sehr oft enthält der Andesit keinen Olivin, dafür jedoch einen Anteil an Quarz. Der Name dieses Gesteins bezieht sich auf die Anden Südamerikas.

- *Dacit* und *Rhyolith* sind weltweit verbreitete saure Gesteinstypen. Beide enthalten sowohl Quarz als auch Alkalifeldspat und Plagioklas, wobei der Dacit deutlich mehr Plagioklas aufweist als der an Alkalifeldspat viel reichere Rhyolith.

- *Trachyt*, das Gestein des Drachenfelses im Siebengebirge, wird fast ausschließlich von Alkalifeldspat (Sanidin) zusammengesetzt. Dieses Mineral kommt nicht selten in zentimetergroßen, tafelförmigen Einsprenglingen vor.

- *Phonolith* und *Tephrit* enthalten keinen Quarz, sondern Foid-Minerale. Der Phonolith, der im Laacher-See-Gebiet und im Hegau vorkommt, führt daneben sehr viel Alkalifeldspat.

Stellt man die vier quantitativ wichtigsten hellen Minerale – Quarz (Q), Alkalifeldspat (A), Plagioklas (P) und die Foidminerale (F) – in einem Doppeldreieck einander gegenüber, erhält man ein Klassifikationsschema, in dem fast alle magmatischen Gesteine ihren Platz finden (Abb. S. 146). Aus einem solchen QAPF-Doppeldreieck ist die mineralogische Zusammensetzung eines vulkanischen Gesteins leicht ableitbar. Diese Klassifikation ist international gebräuchlich. Sie gilt für beide großen Gruppen der Magmatite, nämlich sowohl für die an der Erdoberfläche oder sehr nahe darunter erstarrten Vulkanite als auch für die in der Tiefe kristallisierten Plutonite. Diese, in der deutschen Fachsprache auch Tiefengesteine genannten Magmatite haben eigene Namen: Granite entsprechen dem Rhyolith, Granodiorite dem Dacit, Syenite dem Trachyt, Gabbros den Basalten.

Der Weg des Magmas nach oben

Die schmelzflüssige Materie liegt in der Asthenosphäre bereits vor oder wird dort in besonders heißen Bereichen – unter den Mittelozeanischen Rücken, in Subduktionszonen oder in den Hot Spots – zusätzlich aus festem Gestein aufgeschmolzen. Solche Aufschmelzungsprozesse können sich auch in der unteren kontinentalen Kruste ereignen; dort ist die große Masse der granitoiden Schmelzen gebildet worden. Die Temperatur der Magmen hängt von ihrer chemischen Zusammensetzung ab: Basaltische weisen Temperaturen von durchschnittlich 1 200 °C auf, granitische bzw. rhyolithische entstehen schon bei etwa 800 °C.

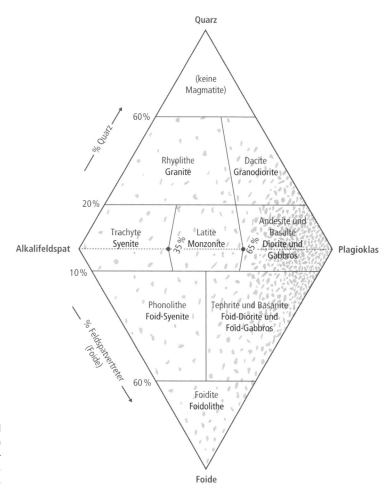

Im QAPF-Doppeldreieck sind alle Magmatite gemäß ihrem Mineralbestand in Feldern festgelegt. Schwarz = Vulkanite, blau = Plutonite.

Was ist eigentlich ...

Rift, Rifting, Riftzone, [engl. *rift* = Spalte, Riss], Absenkung, Grabenbildung an mehr oder weniger parallelen Brüchen, meist von großer regionaler Länge und verbunden mit vulkanischer und seismischer Aktivität. – Riftvulkane sind an Riftzonen gebundene Vulkane, z. B. Kaiserstuhl/Oberrheingraben.

Voraussetzung für den Aufstieg der Magmen ist das Vorhandensein von „Wegen", die aus der Tiefe nach oben führen. Tief hinabreichende Brüche, die in Dehnungszonen wie den Mittelozeanischen Rücken oder längs kontinentaler Grabenzonen (Riftstrukturen) vorkommen, sind solche Förderwege.

Der Aufstieg des Magmas erfolgt deswegen, weil die (flüssige) Schmelze leichter ist als das entsprechende feste Gestein. Damit ergibt sich ein Auftrieb. Je nach der Zusammensetzung beträgt die Dichte des rhyolithischen bzw. basaltischen Magmas etwa 2,2 bzw. 2,8 g/cm³, die des festen Gesteins dagegen 2,7 bzw. 3,3 g/cm³. Etwa 2–3 km unterhalb der Erdoberfläche wird infolge der zunehmenden Porosität der Gesteine die Dichte-Differenz zwischen flüssig und fest immer geringer. Ab etwa 2–3 km Tiefe übernehmen die im Magma enthaltenen Gase den weiteren Aufstieg, denn ab dieser Tiefe ist der hydrostatische (Auflast-)Druck geringer als der Gasdruck in der Schmelze. Damit scheiden sich Gase ab, die als eigene Phase im und mit dem Magma nach oben steigen. Durch diese Phasentrennung wird die Schmelze wiederum leichter als ihre Umgebung, vor allem aber erzeugen die nach oben strebenden Gase eine aufwärtsgerichtete Konvektion. An der Oberfläche der Magmasäule entweichen die Gase in die Atmosphäre. Diese Phasentrennung ist vergleichbar der Abscheidung von Kohlendioxid (CO_2) beim Öffnen einer Flasche kohlensäurehaltigen Mineralwassers.

Der Motor der Vulkane: die Gase

Die Art der vulkanischen Tätigkeit hängt prinzipiell davon ab, wie leicht oder wie schwer die vulkanischen Gase in die Atmosphäre entweichen können. Ein basaltisches Magma, gekennzeichnet durch relativ niedrige Gehalte an Kieselsäure (SiO_2), ist bei Temperaturen zwischen 1 100 und 1 200 °C sehr dünnflüssig. Daher können in einem solchen Fall die Gase leicht entweichen. Im offenen Schlot brodelt ein Lavasee, es dampft stark, platzende Gasblasen schleudern Fetzen von Schmelze empor. Die durch die Gasentbindung schwerer gewordene Lava sinkt an den Schlotwänden in die Tiefe, wird dort wieder aufgeheizt und nimmt erneut Gase auf, die den konvektiven Kreislauf in Gang halten. Eine solche Lavaseetätigkeit, wie sie auf Hawaii, am Nyiragongo in Ostafrika oder am Erebus in der Antark-

Gesteinstyp:	Basalte	Andesite	Dacite
Chemismus:	basisch	intermediär	sauer
SiO$_2$-Gehalt (Gewichts-%):	46–52	52–58	58–68
Temperatur der Schmelze:	heiß ⟶ (1100 °C–1200 °C)		weniger heiß (700–900 °C)
Fließverhalten:	dünnflüssig ⟶		zähflüssig
Entgasungsvermögen:	gut bis sehr gut ⟶		schlecht
Ausbruchsverhalten:	effusiv	gemischt	explosiv
Explosivitätsindex (E):	sehr niedrig (3–7)	mittel (60–80)	hoch (> 80)
Produkte:	fast ausschließlich Laven	Laven und Pyroklastika	großenteils Pyroklastika (Bimssteine, Aschen, Ignimbrite)
Vulkanbauten:	Schildvulkane, Basaltplateaus	lavareiche Stratovulkane	lavaarme Stratovulkane, Staukuppen
berühmte Beispiele:	Kilauea, Ätna, Stromboli	Mayon, Fujiyama	Krakatau, Merapi, Montagne Pelée, Mt. St. Helens

Charakteristika von Basalt-, Andesit- und Dacit-Vulkanen.

Was ist eigentlich ...

Pahoehoe-Lava, der hawaiianische Ausdruck bezeichnet eine „glatte", meist zusammenhängende Lava-Oberfläche, wie sie für heiße, dünnflüssige basaltische und basaltoide Schmelzen charakteristisch ist. Besondere Formen dieses Typs sind Seil- oder Stricklava, Fladenlava, Gekröselava und (durch Zerbrechen der „glatten" Oberfläche gebildete) Schollenlava.

Was ist eigentlich ...

Bocca, Pl. Bocchen, (ital. = Mund, Maul, Mündung], generell kleine (< 10 m) Austrittsöffnung für ausfließende Lava (effusive Bocca) und/oder explosive Tätigkeit (explosive Bocca). Der von italienischen Vulkanologen viel verwendete, v. a. auf den Ätna bezogene Ausdruck hat sich als Fachbegriff weitgehend eingebürgert.

Was ist eigentlich ...

Aa-Lava, oberflächlich in Form scharfzackiger, schlackiger Brocken erstarrende Lava. Lava bildet sich aus Pahoehoe-Aa-Lava, wenn im Laufe des Fließens die Temperatur der Schmelze sinkt und die Zähigkeit (Viskosität) zunimmt. Das Wort „Aa" stammt aus dem Hawaiianischen.

tis auftritt, kann, mit Unterbrechungen, jahre- und jahrzehntelang anhalten.

Ist der Lava-Nachschub aus der Tiefe sehr stark, tritt die basaltische Schmelze oft in Form rasch abfließender Lavaströme aus, die Längen von 10 km und mehr erreichen können. Sie sind durch glatte, oft seilartig zusammengedrehte Oberflächenformen gekennzeichnet. Man nennt sie auf Hawaii Pahoehoe-Laven, und dieses Wort ist ein Fachbegriff geworden. Auch die Menge der austretenden Gase kann enorm zunehmen. In solchen Fällen entstehen mehrere Hundert Meter hohe Lavafontänen, die sich bei aufreißenden Spalten zu einem Feuervorhang zusammenschließen. Nach dem Ort ihres häufigen Auftretens nennt man alle diese Aktivitätsformen hawaiische Tätigkeit.

Handelt es sich um eine andesitische Schmelze, beträgt deren höchste Temperatur zwischen 1 000 und 1 100 °C, sie liegt also um etwa 100 °C niedriger als basaltische. In diesem Fall findet Schlackenwurftätigkeit statt, wie wir sie vom Stromboli kennen. Die meist nur 200 bis 300 m hochgeschleuderten Lavafetzen fallen bei dieser strombolischen Tätigkeit nicht mehr in halbflüssiger, sondern in erstarrter, wenn auch noch glühender Form als Schlacken am Boden auf. Die Krateröffnungen (= Bocchen) des Stromboli sind relativ kleine, nur durch loses vulkanisches Material locker verschlossene Krater. Haben sich in dem unter dem Schuttdeckel des Schlotes wabernden Schmelzfluss Gase angesammelt, deren Druck hoch genug ist, das „Überdruckventil" zu öffnen, kommt es zu einem meist mäßig explosiven Ausbruch. Treten Laven aus, ist aufgrund der niedrigeren Temperatur die Fließgeschwindigkeit deutlich verlangsamt; sie beträgt oft nur wenige Kilometer pro Stunde. Meist wälzt sich ein solcher Aa-Lavastrom in der Art eines Raupenfahrzeuges noch viel langsamer vorwärts. Die sehr zähfließende Schmelze im Inneren des Stromes ist von erstarrten scharfzackigen Schlackenblöcken bedeckt, die an der Stromstirn herunterrollen und „überfahren" werden. Solche Lavaströme sind für den Ätna typisch.

Ganz anders verläuft der Eruptionsmechanismus, wenn die Gase nur sehr schwer oder gar nicht entweichen können. Das tritt dann ein, wenn die Schmelzen SiO_2-Gehalte von 60 und mehr Gewichtsprozent aufweisen. Sie sind in solchen Fällen überdies nur etwa 900 °C heiß. Es liegen damit dacitische oder, bei SiO_2-Anteilen von 70 Prozent und mehr, rhyolithische Magmen vor. Vulkane, die solche Schmelzen fördern, sind überaus gefährlich. Sie können zu Recht als „Killer-Vulkane" bezeichnet werden, denn fast alle Vulkankatastrophen der Vergangenheit gingen von ihnen aus. In ihrem Inneren bauen sich sehr hohe Drücke auf, weil der Schlot durch einen aus erstarrter Lava gebildeten Pfropfen verschlossen ist. Dessen explosive Zertrümmerung führt oft zu plinianischen Ausbrüchen. Mit dieser Be-

Pahoehoe-Lava. Chain of
Craters Road, Kilauea, Hawaii
(oben). Aa-Lava. Straße südlich
Hookena, Hawaii (unten).

zeichnung wird an den katastrophalen, von Plinius dem Jüngeren
(* 61/62, † um 113) beschriebenen Paroxysmus (ein sehr schwerer
Ausbruch) des Vesuvs im Jahre 79 n. Chr. erinnert.

Pyroklastische Förderprodukte

Solche gewaltigen Ausbrüche liefern vor allem pyroklastisches Material, eine Sammelbezeichnung für „durch das Feuer zerbrochene"
Förderprodukte wie Blöcke, (vulkanische) Bomben, Schlacken, Lapilli, Bimssteine und Aschen. Dieses Material kann entweder gefallen – also aus einer Eruptionswolke herabgeregnet – oder geflossen
sein. Im letztgenannten Fall übernehmen bis zu 800 °C heiße, mit
Bimssteinen, Aschen, Lavafetzen und zertrümmerten älteren Vulkaniten beladene Gasmassen den bodennahen, einem Luftkissenboot
vergleichbaren Transport. Die enorme Mobilität und Tragkraft solcher mit Geschwindigkeiten von bis zu 400 km/h die Hänge des Vul-

Was ist eigentlich ...

Pyroklast, Fragment (Bims,
Schlacke, Kristall, Gesteins-
bruchstück), das bei magmatischen oder phreatomagmatischen Eruptionen entsteht, transportiert bzw. abgelagert wird.

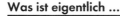

Was ist eigentlich ...

pyroklastischer Strom, bis
800 °C heißes Gemisch von
Gasen sowie festem und oft
auch flüssigem bis halbflüssigem
pyroklastischem Material unterschiedlicher Korngrößen. Solche
Glutwolken werden meist mit hohem Druck ausgestoßen, fließen,
oft den Tälern folgend, bodennah ab und erreichen, von der
Gasmasse getragen, Transport-
weiten von bis zu mehreren Zeh-
nern von Kilometern. Ablagerungen pyroklastischer Ströme
können verschweißt sein
(= Ignimbrite).

kans hinab „fließender" Glutwolken (*nuées ardentes*) entstammt dem
mitgeführten glühenden und heißen Material, aus dem während des
Transportes neue Gase frei werden, sich ausdehnen und luftkissenar-
tig nach oben drängen. Meist folgen diese pyroklastischen Ströme
den vom Vulkan herabführenden Tälern. Längs ihres Weges setzt
sich, der Schwere folgend, immer mehr Material ab, ein ungeschich-
tetes, regelloses Durcheinander unterschiedlicher Korngrößen. Herrschen Bimssteine vor, spricht man von Bimssteinstromablagerungen,
dominieren Aschen sind es Aschenstromablagerungen. Durch Plät-
tung und Verschweißung der mitgeführten Lavafetzen und der noch
plastisch verformbaren Bimssteine entstehen weltweit verbreitete
pyroklastische Gesteine, die erstmals 1932 aus Neuseeland als neuer
vulkanischer Gesteinstyp beschrieben wurden. Sie werden Ignimbrite genannt. Der größte Teil des (vielfach als Pflastersteine verwendeten) permischen „Bozener Quarzporphyrs" sind solche Ignimbrite.
Die explosive Aussprengung des den Förderschlot verschließenden
Lava-Pfropfens hat die schlagartige Druckentlastung des aufgestau-
ten und mit Gasen übersättigten Magmas zur Folge. Der Öffnung einer durchgeschüttelten Sektflasche gleich, schäumt die Schmelze
stark auf und wird durch die überaus heftige Gasentbindung bis in
kleinste Partikel zerblasen. Die so entstandenen Aschen und Bimssteine (= hochporöse, weiße bis graue Lapilli) gelangen in der sich
bildenden Eruptionssäule kilometerhoch in die Atmosphäre. Starker
Aschen- und/oder Bimssteinfall, wie jener, der 79 n. Chr. Pompeji
begrub, sind die Folge. Bei nicht wenigen der sehr schweren Ausbrüche der letzten 200 Jahre gelangten Aschen- und Säurepartikel als
Aerosole bis in die Stratosphäre oder gar noch höher. Eine kurzjähri-
ge Beeinflussung des Klimas war nicht selten die Folge.

Diese Art der abrupten Schlotöffnung und Gasentbindung führt fast
immer zur Bildung von pyroklastischen Strömen. Dabei wird das anfänglich unter hohem Druck stehende Gemisch von heißen Gasen
und glühenden Aschen, Bimssteinlapilli, Bimssteinschlacken und
Blöcken in der Art eines seitlich gerichteten Wasser- oder Druckluft-
strahles freigesetzt, ein Fördermechanismus, der über Stunden anhalten kann, und durch den enorme Massen an Gas, Schmelze und Fest-
stoffen freigesetzt werden. Diese Massen hatten bei einigen historischen Ausbrüchen Größenordnungen von mehreren Kubikkilometern und mehr. Beim Ausbruch des Tambora im Jahre 1815 dürften
es sogar an die 150 km³ gewesen sein. Noch höhere Beträge wurden
für superplinianische Ausbrüche im Pleistozän, zum Beispiel im Gebiet der Vereinigten Staaten oder im Taupo-Gebiet auf Neuseeland,
berechnet.

Die Folge einer solchen Massenförderung ist eine weitgehende Entleerung der Magmakammer. Die entstandenen Hohlräume brechen
ein, der Vulkan stürzt ganz oder teilweise in sich zusammen, es bil-

Panoramasicht der Caldera von Santorin.

det sich eine *Caldera*. Solche Einbruchskessel, deren Ausdehnung bis zu 300 km² betragen kann – jene von Santorin umfasst 84,5 km² – sind nicht selten. Man findet sie an den meisten Vulkanen der Erde.

Als die Auswirkungen des Ausbruches des Taal-Vulkans auf den Philippinen, der im September 1965 stattgefunden hatte, untersucht wurden, entdeckte man in dem geförderten Material eigenartige Strukturen sehr ähnlich denen, wie sie von Atombombentests bekannt waren. Es handelt sich um Ablagerungen von bodennahen Druck- oder Grundwellen (*base surges*), die bei hochbrisanten Ausbrüchen entstehen, zum Beispiel bei der Freisprengung des Schlotes oder dem Kollaps einer Eruptionssäule oder eines Teiles von ihr. Diese ringförmigen Druckwellen aus bis zu 300 °C heißen Gasen und Aschen, die sich mit Geschwindigkeiten von bis zu 400 km/h konzentrisch vom Eruptionszentrum wegbewegen, haben hochgradig zerstörerische Wirkung. Beim Ausbruch des Mount St. Helens am 18. Mai 1980 vernichteten sie ein Waldgebiet von 550 km² Ausdehnung.

Phreatomagmatische und phreatische Ausbrüche

Das Zusammentreffen von Glutfluss und Wasser kann die Brisanz vulkanischer Ausbrüche in hohem Maße steigern. Kommt aufsteigende oder ausfließende Schmelze in Kontakt mit Grundwasser, Oberflächenwasser, Meerwasser oder Eis, ereignen sich phreatomagmatische Eruptionen, wie man sie zum Beispiel bei der Entstehung der Insel Surtsey 1963/64 vor Islands Südküste beobachten konnte. Nicht nur der Eruptionsmechanismus mit seinen charakteristischen hahnenschwanzartigen Schussbahnen ist deutlich verschieden von dem gewöhnlicher Ausbrüche, sondern auch beider Produkte. Die hohe Explosivität solcher, auch hydrovulkanische Eruptionen genannter Phänomene führt zu einer sehr starken Fragmentierung der geförderten Produkte. Die Pulverisierung der Schmelze in pyroklastisches Material sehr kleiner Korngrößen ist typisch. Auch Bomben mit blumenkohlartiger Oberfläche sind für solche Ausbrüche charakteristisch. Sie sind infolge der starken Durchtränkung des pyroklas-

Was ist eigentlich ...

Caldera, Pl. Calderen, [spanisch = Kessel], kesselartige Einbruchsstruktur von bis zu 30 km Durchmesser (Long Valley-Caldera in Kalifornien), entstanden durch die weitgehende Entleerung des Magmaherdes bei einem plinianischen bis superplinianischen Ausbruch.

Was ist eigentlich ...

Base surge, heiße Druckwelle, die mit hoher Geschwindigkeit (bis zu 400 km/h) radial und bodennah vom Eruptionszentrum ausgeht und oft vernichtende Folgen hat. Auch der Begriff Hochgeschwindigkeits-Druckwelle wird gebraucht. Beispiele: Taal/Philippinen 1965, Mount St. Helens 1980, Unzen 1991.

151

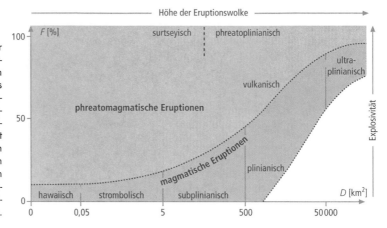

Klassifikationsschema explosiver Eruptionen anhand der von pyroklastischen Fallablagerungen bedeckten Fläche (D) und des Grades der Tephrazerkleinerung (F). Neben den rein magmatischen Eruptionen unterscheidet man je nach Verfügbarkeit von externem Wasser zwischen gemäßigt phreatomagmatischen (vulkanischen) und extrem phreatomagmatischen (surtseyanischen und phreatoplinianischen) Eruptionen.

tischen Materials mit Wasser tief und charakteristisch in ihre Unterlage eingebombt.

Phreatomagmatische Ausbrüche von Typ Surtsey, auch surtseyische Tätigkeit genannt, führen zu Eruptionssäulen von bis zu 20 km Höhe. Durch Magma-Wasser-Kontakt gesteuerte Ausbrüche von höherer Explosivität, mit Eruptionssäulen von bis zu 40 km, werden als phreatoplinianisch bezeichnet.

Phreatische Eruptionen sind hydrovulkanische Dampfexplosionen. Sie entstehen, wenn durch abstrahlende Hitze eines tiefergelegenen Magmakörpers Niederschlags- und/oder Grundwasser in Dampf umgewandelt wird. Phreatische Förderprodukte enthalten kein juveniles magmatisches Material, sondern bestehen lediglich aus zersprengtem Altgestein. Wird durch einen solchen Ausbruch der Schlot freigesprengt, kann es jedoch zum Aufstieg von Magma und zu phreatomagmatischer Tätigkeit kommen.

Kommt der Glutfluss in Kontakt mit Wasser oder Eis, so wird dieser als subaquatische Lava ausfließen, wenn der Wasserdruck groß genug ist, um phreatomagmatische Tätigkeit zu unterbinden. Das ist immer dann der Fall, wenn die Wassertiefe mehr als 200 m beträgt oder, wie im Fall von Island, der hydrostatische Druck der Eismassen entsprechend hoch ist. Bei geringeren Tiefen kann es – wie das Beispiel Surtsey zeigte – zu phreatomagmatischer Tätigkeit kommen.

Aufgrund der Abschreckung bildet sich an der Oberfläche subaquatisch ausfließender Laven eine glasige Kruste, die durch den Druck der nachdrängenden Schmelze abplatzt und fragmentiert wird. Noch während diese Kruste zerbröckelt, erstarrt die darunter befindliche Lavahaut zu einer neuen Glaskruste, die ebenfalls abgesprengt wird. Dieser Vorgang der „Selbstzerbrechung" (Autoklastitisierung) setzt

Phreatomagmatische Eruption, Insel Surtsey/Island, Dezember 1963.

sich so lange fort, bis die Bewegung der Lava zum Stillstand gekommen ist.

Der Vulkanismus als globales Phänomen

Überblickt man die Zeit seit 1783, dem Jahr des Laki-Ausbruchs auf Island, so haben in unregelmäßigen Abständen von mehreren Jahren immer wieder heftige bis sehr heftige Vulkanausbrüche stattgefunden. Dieser „Pulsschlag" des Vulkanismus hat die Geschichte der Erde seit jeher begleitet, er hatte in ihrer frühen Zeit jedoch zeitlich viel engere und quantitativ wesentlich größere Ausschläge.

Für die Stärke von Vulkanausbrüchen gibt es, ähnlich wie bei Erdbeben, eine bislang achtteilige, jedoch nach oben hin offene Skala. Als Maß für die Stärke des (explosiven) Ausbruchs gelten die Höhe der Eruptionssäule und das Volumen des geförderten pyroklastischen Materials.

Ein heftigerer Ausbruch als der des Tambora (Insel Sumbawa, Indonesien) 1815 mit der Stärke 7 hat in der Zeit der bisherigen menschlichen Geschichte bislang nicht stattgefunden. Ausbrüche mit viel höherer Brisanz sind jedoch aufgrund der Menge und der weiten Verbreitung ihrer „Hinterlassenschaften" nachgewiesen: Mindestens drei solcher Ereignisse auf der Nordinsel Neuseelands (zuletzt 186 n. Chr. im Taupo-Seegebiet mit wenigstens Stärke 8), noch gewaltigere in den USA (zuletzt vor 620 000 Jahren im Yellowstone-Gebiet mit

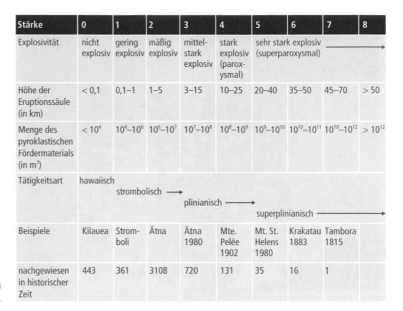

Stärke	0	1	2	3	4	5	6	7	8
Explosivität	nicht explosiv	gering explosiv	mäßig explosiv	mittel-stark explosiv	stark explosiv (paroxysmal)	sehr stark explosiv (superparoxysmal) →			
Höhe der Eruptionssäule (in km)	< 0,1	0,1–1	1–5	3–15	10–25	20–40	35–50	45–70	> 50
Menge des pyroklastischen Fördermaterials (in m³)	$< 10^4$	10^4–10^6	10^6–10^7	10^7–10^8	10^8–10^9	10^9–10^{10}	10^{10}–10^{11}	10^{10}–10^{12}	$> 10^{12}$
Tätigkeitsart	hawaiisch	strombolisch →		plinianisch →		superplinianisch →			
Beispiele	Kilauea	Stromboli	Ätna	Ätna 1980	Mte. Pelée 1902	Mt. St. Helens 1980	Krakatau 1883	Tambora 1815	
nachgewiesen in historischer Zeit	443	361	3108	720	131	35	16	1	

Größenordnungen von Vulkanausbrüchen.

mindestens der Stärke 10). Nach der Statistik ist im Verlauf von einer Million Jahren mit ein bis drei solcher Superparoxysmen zu rechnen.

Im Lauf der menschlichen Geschichte scheint es 16 Ausbrüche der Stärke 6 gegeben zu haben. Dazu zählen seit 1783 nur drei Ausbrüche (Krakatau 1883, Santa Maria 1902 und Katmai 1912). Die Stärke 5 erreichten 35 Ausbrüche, dazu gehören Paroxysmen wie die der Askja 1875, des Tarawera 1886, des Bezymianny 1956, des Mt. St. Helens 1980, des El Chichón 1982 und des Pinatubo 1991. Ausbrüche der Stärke 4 werden 131 angegeben. Zu dieser Kategorie zählt auch der Ausbruch der Montagne Pelée 1902.

Mit diesen Katastrophen sind wir bei den Todeszahlen, die die Vulkane der Menschheit abforderten. Das Fallbeispiel der Montagne Pelée – 29 000 Menschen fanden durch Glutwolken den Tod – zeigt, dass die Höhe der Opfer nicht von der Stärke eines Ausbruches abhängt. Die Katastrophe im Umfeld des Nevado del Ruiz im November 1985, die 25 000 Menschen nicht überlebten, ging gar nur auf mäßig explosive Ausbrüche der Stärke 2 zurück.

Addiert man die Zahlen der Opfer seit 1700, so sind das gut 260 000. Hinzu kommen noch etwa 15 000 Tote von Ausbrüchen, deren Zahl unter 1 000 lag.

Trotz aller Vorsorgemaßnahmen, die in den vulkanbedrohten Ländern der Erde in unterschiedlichem Maß realisiert sind, wird die rapide anwachsende Menschheit dem gewaltigen Naturphänomen des Vulkanismus auch in Zukunft ausgesetzt sein. Die Ballungszentren der Bevölkerung zu Füßen hochgefährlicher Vulkane – wie am Vesuv, am Merapi in Indonesien, am Popocatépetl in Mexiko, am Fujijama und am Sakurajima in Japan oder am Mayón auf den Philippinen, um nur einige Beispiele zu nennen – stellen ein Gefährdungspotenzial höchsten Ausmaßes dar. Es ist in seiner latenten Brisanz leider noch nicht voll erkannt.

Welche Auswirkungen ein hoffentlich in der fernen Zukunft stehender Superparoxysmus auf das irdische Leben haben wird, ist schwer abzuschätzen.

Der Ätna – Europas Vorzeige-Vulkan

„Hinauf zum Gipfel des alten, heil'gen Ätna."

Sizilien-Besucher sollten die Reiseempfehlung des Dichters Friedrich Hölderlin (1770–1843) ernst nehmen. Es lohnt sich! Man benötigt zwar gutes Schuhwerk und warme Bekleidung, aber keine nennenswerte bergsteigerische Qualifikation. Mit eigenem Pkw oder in einem Bus fährt man auf geteerten Bergstraßen hinauf zur Cantoniera in knapp 2 000 m Höhe. Hier wird man von den Ätna-Bergführern in Empfang genommen, in geländegängige Busse komplimentiert und bis an den Fuß der Gipfelkrater in knapp 3 000 m Meereshöhe gefahren. Dort oben beginnt eine etwa einstündige Führung, die jedoch aus Sicherheitsgründen nicht höher bergwärts geht. Etwa 300 m höher dampfen die Gipfelkrater, hört und spürt man das Rumoren der vulkanischen Kräfte, wenn man Glück hat, schießt der Vulkan sogar Salut.

Allein der Blick über die weite Ebene von Catania bis nach dem fernen Syrakus und auf das Bergland Innersiziliens, auf die lange Küste und die Bläue des Meeres lohnt eine solche Unternehmung, auf der einem bewusst wird, welche ungefesselten, immer wieder ausbrechenden tellurischen Gewalten unter unseren Füßen schlummern. Das zeigt auch der Tiefblick in das gewaltige, von jungen schwarzen Laven überflutete Valle del Bove, ein etwa 8 × 5,5 km weiter und bis zu 1 200 m tiefer riesenhafter Einbruchskessel, der eine komplexe Caldera darstellt.

Ein geologisch sehr junger Vulkan

Europas größter tätiger Vulkan nimmt eine Fläche von knapp 1 200 km^2 ein und hat ein Volumen von rund 500 km^3. Allerdings bestehen nur die obersten 2 000 m aus vulkanischem Material. Dieses liegt einem nichtvulkanischen Sockel auf, der sich aus Sedimentgesteinen von der Oberkreide (rund 100 Millionen Jahre vor heute) bis zum Quartär (der geologischen Gegenwart) zusammensetzt. Der derzeit 3 315 m hohe Ätna besteht aus sich überlagernden Produkten mehrerer längst erloschener und weitgehend abgetragener älterer Vorgänger, er ist damit ein komplexer Vulkan. Seine Geschichte begann vor etwa 600 000 Jahren. Damals, im älteren Pleistozän, flossen in einem flachen Meeresgolf, der heute vom Ätna eingenommen wird, untermeerisch Laven aus, die später zum Teil herausgehoben wurden und die malerischen Kyklopen-Inseln bei der Stadt Aci Castello nördlich von Catania bilden. Der Burgfelsen von Aci Castello mit seinen prächtig aufgeschlossenen Pillow-Laven gehört in das Exkursionsprogramm eines jeden Gesteinsliebhabers! Erst vor rund 100 000 Jahren begann der eigentliche Aufbau des komplexen Stratovulkans. Nacheinander und durch längere und kürzere Zeiten vulkanischer Ruhe abgesetzt, entstanden mindestens fünf große lavareiche Schichtvulkane. Der älteste lag am weitesten im Osten, in der Gegend nahe des Bergstädtchens Zafferana. Im Laufe der Zeit verlagerte sich das Hauptzentrum der vulkanischen Aktivität mehrere Kilometer weit nach Westen. Der heute tätige, derzeit aus drei zusammengewachsenen Kegeln und ihren Kratern bestehende Gipfelbereich des Ätna entstand erst vor ungefähr 3 000 Jahren über der Ruine seines zusammengestürzten Vorgängers, des Leone-Vulkans. Der

Was ist eigentlich ...

Pillow-Lava, Kissen-Lava, fingerförmige, im Querschnitt kissenförmige Lavakörper, die subaquatisch bei niedriger Effusionsrate entstehen. Bei höherer Effusionsrate entstehen Lavadecken.

Was ist eigentlich ...

Stratovulkan, Schichtvulkan, durch wechselnde effusive und explosive Tätigkeit entstandener Vulkan; man unterscheidet lavareiche und tephrareiche Stratovulkane.

Der Gipfelbereich des Ätna: der Zentralkegel mit einer mäßigen Aschen-Eruption des schachtförmigen Bocca Nuova-Kraters, davor der 1979 entstandene Südostkrater, hinten rechts der Nordostkegel (Foto September 1981).

Ätna ist ein typischer Rift-Vulkan, sitzt er doch dem Westrand des Ionischen Grabens auf.

Ein Vulkan, der nie ruht

Der Ätna steht hinsichtlich der Zahl seiner Ausbrüche in historischer Zeit unter den rund 550 aktiven Feuerbergen der Erde nach dem Stromboli auf Platz zwei. Seine Dauertätigkeit ist eines seiner besonderen „Markenzeichen", denn nur acht Vulkane der Erde weisen eine solche auf.

Die Dauertätigkeit, wie sie auch für den Stromboli typisch ist, setzt einen offenen bis locker verstürzten Schlot voraus, durch den die Gase ungehindert entweichen können. Langsam aufsteigendes Magma gibt von Zeit zu Zeit seinen Gasgehalt in Form von Schlacken und/oder Aschenwürfen explosiv ab, eine Tätigkeit, wie sie beim Stromboli zum Dauerzustand geworden ist. Auch der Ätna kennt eine solche, oft jahre- bis jahrzehntelang anhaltende Aktivität.

Wird das die Dauertätigkeit in Gang haltende fluktuierende Gleichgewicht zwischen dem Gasdruck im Magma und dem hydrostatischen Druck der Magmasäule gestört, ereignet sich ein heftiger, ein paroxysmaler Ausbruch. Das geschieht entweder durch eine Blockierung der Entgasung oder ein „Überangebot" an nach oben drängender Schmelze bei einer Überfüllung der Magmakammer.

Ein Überangebot an Magma kann zu einem heftigen explosiven Gipfelausbruch führen. Bei besonders starker Gasentbindung wird die Schmelze zu feiner Glasasche zerstäubt, man spricht dann von einer Ascheneruption. Die bis mehrere Kilometer in die Atmosphäre hochgeschossene und emporgewirbelte Aschenwolke kann bei starkem Wind weit abgetrieben werden und Aschenregen verursachen. So brachten im August 1979 stundenlange Aschenfälle des Ätna den Verkehr in Catania zum Erliegen. Das Gleiche geschah während des starken Ausbruchs Ende Oktober 2002.

Bei starkem Lavanachschub aus der Tiefe quillt der Hauptschlot über; die hochtemperierte und deshalb dünnflüssige Lava fließt dann terminal über den Rand eines der Gipfelkrater ab. Zugleich schleudert die heftige explosive Entgasung gewaltige, bis zu 800 m hohe Lavafontänen in die Luft.

Sind die Gipfelkrater durch Zusammensturz blockiert, platzt durch das Überangebot an nach oben dringender Schmelze der Vulkan seitlich „aus den Nähten", es öffnet sich eine oft kilometerlange Spalte, längs der sich ein Lateral- oder Flankenausbruch ereignet. Reißt unter heftigen Erdstößen eine solche Spalte auf und dringt Schmelze in sie ein, sinkt die Magmasäule (wie in einer kommunizierenden Röh-

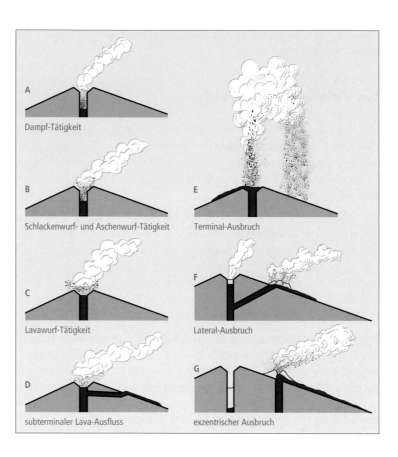

A
Dampf-Tätigkeit

B
Schlackenwurf- und Aschenwurf-Tätigkeit

C
Lavawurf-Tätigkeit

D
subterminaler Lava-Ausfluss

E
Terminal-Ausbruch

F
Lateral-Ausbruch

G
exzentrischer Ausbruch

Tätigkeitsarten des Ätna und typologisch ähnlicher Vulkane. A – D: Dauertätigkeit, E – G: paroxysmale Ausbrüche.

re) im Schlot ab. Dadurch fällt der hydrostatische Druck, während der Gasdruck unverändert bleibt. Das vorher bei relativ hohem hydrostatischem Druck noch gasgesättigte Magma kann wegen des geringeren Belastungsdruckes nicht mehr die gesamte Gasmenge in Lösung halten, es schäumt heftig auf, drängt nach oben und gibt den Gasüberschuss in einem paroxysmalen Ausbruch ab.

Ein Beispiel: Der große Lateralausbruch 1983 dauerte 131 Tage. Auf der Südseite des Ätna riss am 28. März 1983 in 2 450 bis 2 250 m Höhe eine 750 m lange Eruptionsspalte auf, entlang der an mehreren Stellen explosive Tätigkeit einsetzte. Zugleich traten am unteren Ende der Spalte Lavaströme aus. Sie hatten schon am Abend des 28. März die Bergstraße zur Cantoniera, der alten meteorologischen und vulkanologischen Station, an der die Panoramastraße endet, auf breiter Front überflutet und mehrere Gebäude zerstört. Im Laufe der nächsten Wochen entstand ein mehr als 1,5 km breites und bis zu 40 m dickes Lavafeld, dessen längste Ströme sich über sieben Kilometer erstreckten und bis auf 1 100 m Meereshöhe hinabflossen. Die Austrittsgeschwindigkeit der Lava lag im April 1983 zwischen

1,5 bis 4 m/s; das entspricht etwa 5–15 km/h. Die Ausflussrate dürfte 15–30 m^3/s betragen haben.

Beim großen Ätna-Ausbruch von 1669 bahnte sich das Magma auf einer vom Hauptschlot unabhängigen Spalte den Weg an die Oberfläche. Es handelte sich damit um einen exzentrischen Ausbruch.

Mehr als 95 % der Förderprodukte des Ätna sind (ausgeflossene) Laven. Pyroklastisches Fördermaterial, das durch explosive Tätigkeit ausgeworfen wird, macht bei diesem Vulkan nur weniger als 5 % aus. Der Ätna gehört damit zu dem relativ „ungefährlichen" Typ von Feuerbergen – wie auch der Kilauea auf Hawaii. Solche Vulkane fördern dünnflüssige, basische, d. h. kieselsäurearme Schmelzen, die deswegen leicht entgasen können. Freilich bedeutet das Adjektiv „ungefährlich" auch: stets potenziell lebensbedrohend und zerstörend.

Die Kombination von oft monate- bis jahrelang anhaltender Dauertätigkeit mit relativ häufigen, kürzer ablaufenden, heftigen Flankenausbrüchen macht den Ätna zu einem besonders interessanten vulkanologischen Studienobjekt. Hinzu kommt seine leichte Zugänglichkeit, die zahlreichen wissenschaftlichen Teams aus Europa und Übersee Untersuchungsprogramme verschiedenster Art ermöglicht. Die Arbeiten werden in enger Kooperation mit dem 1960 gegründeten Internationalen Institut für Vulkanologie in Catania durchgeführt.

Die dicht besiedelten, fruchtbaren Fußregionen des Ätna sind, je nach ihrer Lage, mit einem unterschiedlichen vulkanischen Risiko belastet. Aufgrund dessen hat man ein Netz von Registrierstationen zur Vulkan-Überwachung geschaffen. Zu diesen zählen u. a. solche zur Aufzeichnung seismischer Signale, zur Messung langsamer und

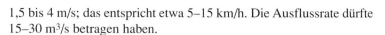

■ Ätna-Mythen

Wie alle im Altertum tätigen Vulkane des Mittelmeerraumes galt auch der Ätna als die Werkstatt des kunstfertigen göttlichen Schmiedes Hephaistos und seiner Gehilfen, der Kyklopen. Berühmt sind die Schilderungen der ätnäischen Kyklopen-Werkstatt bei Vergil, und das von Homer niedergeschriebene Abenteuer, das Odysseus und seine Begleiter mit dem einäugigen Kyklopen Polyphemos zu bestehen hatten. Die von dem geblendeten Kyklopen dem fliehenden Schiff der Griechen nachgeschleuderten Lavablöcke sollen, nach sizilianischer Überlieferung, die Kyklopen-Inseln nordöstlich von Catania gebildet haben.

Vor allem durch Hölderlins Dramenfragmente bekannt ist der Mythos vom Tod des Empedokles im Krater des Ätna. Diogenes Laertios überlieferte, dass der griechische Naturphilosoph, Arzt und Dichter (5. Jh. v. Chr.) aus Akragas/Agrigento in den Krater des Ätna gesprungen sei, um den Glauben an seine Vergöttlichung zu erwecken. Bei Hölderlin wird der Todessprung des Empedokles in das Ätna-Feuer zur Vereinigung „mit der unendlichen Natur", dem mythischen Heimweh zum mütterlichen Ursprung alles Seienden folgend.

abrupter Verformungen des Bodens (Klinometrie), zur Registrierung lokaler Änderungen des Magnetfeldes und solche zur Feststellung von Gasaustritten.

Der Stromboli – „Leuchtturm des Tyrrhenischen Meeres"

Seit Menschengedenken – nach schriftlichen Überlieferungen mindestens seit dem Jahre 300 v. Chr. – wirft der Stromboli in kurzen Intervallen seine feurigen Lavafontänen zum Himmel, ein, so Alexander von Humboldt (1769–1859), „natürlicher Leuchtturm des Tyrrhenischen Meeres", der schon den griechischen und römischen Seefahrern zur Nachtzeit den Weg wies. Diese auf der Welt einzigartige und ungewöhnliche Dauertätigkeit hat den Vulkan – und mit ihm die kleine, knapp 13 km^2 einnehmende Insel – berühmt gemacht. Da das Eiland leicht erreichbar ist und die morphologische Besonderheit der Umgebung des tätigen Vulkans eine relativ gefahrlose Beobachtung der eruptiven Phänomene aus nächster Nähe ermöglichte, galt der Stromboli – bis zum Ausbruch Ende 2002 – bei Erdwissenschaftlern und Touristen als ein besonders faszinierendes Exkursionsziel. Freilich: dem Vulkan nahe zu kommen, ihm von oben, wie von einem Balkon aus, in die Schlünde zu blicken, setzte einen gut dreistündigen, mühsamen und steilen Aufstieg voraus.

Der aktive Eruptionsapparat des Stromboli befindet sich auf der in 760 bis 790 m Höhe gelegenen Kraterterrasse. Diese nach Nordwesten, gegen die See hin offene und abfallende Plattform mit einem Durchmesser von 200×300 m ist nach den übrigen Seiten von steilen Kraterwänden umgeben, deren höchster Punkt, der Pizzo, 918 m Höhe erreicht. Von ihm aus beobachteten alljährlich Tausende von Zuschauern fasziniert die Tätigkeit des Vulkans zu ihren Füßen.

Die Kraterterrasse, von der eine durchschnittlich 35 Grad steile Feuerrutsche, die Sciara del Fuoco, zum Meer hinabschießt, trägt mehrere Eruptionszentren, von denen einige zeitweise ruhen, andere dafür unterschiedlich tätig sind. Die Lage, die Form und die Größe sowie die Anzahl dieser Bocchen ändern sich immer wieder. Meist handelt es sich um kleinere Schlackenkegel, denen ein bis drei Trichter-Bocchen, mit oder ohne flache Aufschüttungswälle, beigesellt sind. Meist sind es fünf bis sechs, gelegentlich sogar zehn bis 15 Förderzentren. Jede Bocca zeigt ihre eigene Tätigkeitsart, die abhängig ist von der Heftigkeit der Entgasung, der Höhe der Magma-Säule im Schlot sowie von dessen Form, Durchmesser und den fingerförmigen, zu den einzelnen Bocchen führenden Verzweigungen.

Strombolische Tätigkeit

Lava- und Schlackenwürfe, kombiniert mit dem Auswurf von sandigem und aschigem vulkanischem Material, ist die häufigste Tätigkeitsform des Stromboli. Sie kennzeichnet die typische strombolische Aktivität. Immer wieder kommt es zu spektakulären strahlartigen Auswürfen von glühenden Lavabrocken. Strombolische Eruptionen ereignen sich am Typvulkan in Zeitabständen von 10 Minuten bis Stunden in unterschiedlicher Intensität.

Einige Bocchen fördern lediglich Gase, teils in konstanter Abgabe, teils mit strahligem, an das Röhren von Düsentriebwerken erinnerndem Gebläse in längeren Zeitabständen. Auch seltene Knallgas-Explosionen kommen vor. Schwankungen in der Intensität der Schlacken und Lavawürfe sind durch die wechselnde Höhe des Magmas im Schlot und die Stärke der Entgasung bedingt. Diese Dauertätigkeit wird durch eine Zwei-Phasen-Konvektion in Gang gehalten: In einem bestimmten Niveau des Schlotes überwindet der Dampfdruck der im Magma molekular gelösten Gase den hydrostatischen Druck der auflastenden Flüssigkeitssäule, sodass sich Gasblasen bilden, die nach oben steigen. Da der Schlot des Stromboli mehrere, zeitlich wechselnd aktive Kratermündungen (Bocchen) besitzt, die wie Überdruckventile wirken, verteilt sich die Entgasung. Einige rauchen nur, geben die Gase also ruhig ab, ein oder zwei dagegen sind auch explosiv tätig. Bei diesen ist die Öffnung durch eingerollte lose Blöcke und sandig-aschiges Material locker verschlossen, sodass sich unter diesem „Deckel" ein bestimmter Gasdruck aufbauen kann. Ist er groß genug geworden, oder steigt eine größere Gasmasse aus der Tiefe auf, erfolgt die Eruption. Dabei werden Lava-Fetzen mitgerissen und als Schlacken ausgeworfen. Die entgaste und dadurch spezifisch schwerer gewordene Schmelze sinkt im Schlot wieder nach unten, wodurch ein Kreislauf des Aufsteigens und Absinkens bewirkt wird.

Der Ablauf einer solchen Eruption verläuft folgendermaßen: Zuerst setzt ein immer stärker werdendes Zischen ein, Asche wird hochgewirbelt, der sich bald gröberes vulkanisches Material beimengt. Das Zischen verstärkt sich zu einem mächtigen Brausen, das rasch in Donnern übergeht. Der ausbrechende Gasstrom wird stärker und wirbelt die immer dichter werdende Aschenwolke pinienförmig empor. In das Donnern mischt sich das Prasseln der meist in den Krater zurückfallenden Gesteine. Erst nachdem der Ausbruch eine gewisse Stärke erreicht hat, werden rotglühende Schlacken und Lavafetzen in oft herrlichen Fontänen ausgeworfen. Die mit klirrenden und platschenden Geräuschen zu Boden fallenden Projektile bleiben liegen und glühen langsam aus oder rollen in weiten Sprüngen hinab in Richtung Meer. Der Ausbruch klingt rasch ab, die graubraune

Eruption des Stromboli bei
Nacht (Herbst 1995).

Aschenwolke wird höher gewirbelt und vom Wind abgetrieben. Die
Wurfhöhe der Projektile beträgt 200–300 m, die Aschenwolke erreicht etwa die doppelte Höhe. Die Dauer solcher Ausbrüche liegt
durchschnittlich zwischen drei und 15 Sekunden.

Paroxysmen des Stromboli

Die Dauertätigkeit des Stromboli wird, im Abstand von Jahren bis
Jahrzehnten, von paroxysmalen Ausbrüchen unterbrochen, die – wie
am Ätna – mit überaus heftigen Eruptionen beginnen und meist mit
kurzzeitigen Lava-Ausflüssen zu Ende gehen. Meist kündigt sich ein
solcher Ausbruch durch eine stunden- bis tagelange völlige Ruhe des
Vulkans an, das bedeutet, dass der Schlot blockiert und die Entgasung unterbrochen ist („Thrombose-Effekt"). Im Vulkan baut sich
ein entsprechend großer Überdruck auf, dessen Entladung schwer-
wiegende, lebensbedrohende Folgen haben kann.

Der wohl stärkste Paroxysmus des Stromboli in historischer Zeit, bei
dem sechs Menschen getötet und 22 verletzt wurden, ereignete sich
am 11. September 1930. Er lief innerhalb von 15 Stunden in vier
Phasen ab: Einer Aschen-Eruption gegen 8 Uhr morgens folgten um

9 Uhr 52 zwei überaus heftige Explosionen, die durch Wegsprengung der alten Kraterterrasse dem Magma den Weg ins Freie bahnten. Riesige, bis 30 t schwere Blöcke schlugen wie großkalibrige Geschosse in dem 1,8 km entfernten Ginostra ein, wo sie 14 Häuser ganz oder teilweise zerstörten. Glücklicherweise fand zur selben Stunde ein Begräbnis statt, und alle Bewohner waren auf dem abgelegenen Friedhof versammelt, wo keines dieser Projektile niederging. Unmittelbar danach wurde durch die zweite Explosion die Gegend westlich von San Bartolo bombardiert und dabei vier in den Weinbergen arbeitende Landleute erschlagen. Danach prasselten auf den Nordostteil der Insel etwa 40 Minuten lang große Mengen hellglühender Schlacken nieder, die sich im Gipfelbereich meterdick anhäuften. Teile davon kamen ins Rutschen, sodass sich eine etwa 700 °C heiße Glutlawine bildete, die mit einer Fronthöhe von 8–10 m und einer Geschwindigkeit von 60–70 km/h durch die Vallonazzo-Schlucht ins Meer sauste. In einem Umkreis von 20 m geriet das Wasser ins Sieden, dabei wurde ein Fischer zu Tode verbrüht. Ab 10 Uhr 40 beruhigte sich der Vulkan. Von etwa 11 Uhr bis in die Nacht zum 12. September folgte die effusive Phase: von der Kraterterrasse ergossen sich zwei Lavaströme ins Meer. Nach diesem verheerenden Ausbruch nahm die Auswanderung von der Insel auf das Festland, in die Neue Welt und nach Australien erneut stark zu. Im Jahre 1911 lebten auf der Insel Stromboli 2 447 Einwohner, 1971 waren es nur noch 380.

Am 28. Dezember 2002 begann ein für den Stromboli ungewöhnlicher, monatelang anhaltender effusiver Ausbruch. An jenem Tag traten aus einer 200 m langen Spalte am Fuß der Nordost-Bocca drei Lavaströme aus. Sie flossen die Sciara del Fuoco hinab, vereinigten sich und erreichten in einer Breite von 300 m das Meer. Dort verursachten sie phreatische Explosionen. Zwei Tage später bildeten sich in etwa 500 m und 300 m Höhe zwei neue effusive Bocchen mit wechselnd starkem Lava-Ausfluss. Die Konsequenz dieser Ereignisse war, dass der Zugang zum Gipfel seitdem strikt gesperrt ist. Man kann nur noch bis zur ehemaligen Signalstation (Semaforo di Labronzo) in gut 100 m Höhe aufsteigen und von hier die Feuergarben der Ausbrüche oben auf der Kraterterrasse beobachten.

Am Morgen des 5. April 2003 ereignete sich während eines vulkanologischen Überwachungsfluges unerwartet eine Serie starker explosiver Eruptionen, denen der Helikopter nur durch viel Glück entkam. Jetartig schoss aus zwei Kratern glühendes pyroklastisches Material empor und bildete eine pilzartige Eruptionswolke, die gut einen Kilometer hoch über dem Gipfel stand. Aus ihr regneten Bomben, Blöcke, Schlacken und Aschen auf den Nordosthang der Insel oberhalb 400 m Höhe. Streckenweise geriet die Vegetation in Brand. Der Gipfelbereich oberhalb 700 m Höhe wurde vollständig mit pyroklastischem Material bedeckt. Teile davon gingen in der Sciara del Fuoco lawinenartig zu Tal. Erst am 22. Juli 2003 endete, langsam abnehmend, der Ausfluss von Lava. Ein etwa 50 m mächtiges Lavafeld war entstanden. Seitdem befindet sich der Stromboli wieder in seiner gewohnten explosiven Tätigkeit.

Der Somma-Vesuv – eine tickende Zeitbombe

Mit dem gewaltigen Paroxysmus des Somma-Vulkans im Jahre 79 n. Chr. – dem wohl berühmtesten Ausbruch eines Vulkans, geschildert in den beiden Briefen, die Plinius der Jüngere 27 oder 28 Jahre nach der Katastrophe an Tacitus schrieb – beginnt die Geschichte der Vulkanologie. Er beobachtete aus 30 km Entfernung eine riesige, schwarze Wolke, die „zuckend aufriss und in ihrem Innern lange Flammen sehen ließ, die gewaltigen Blitzen glichen". Am nächsten Tag lag die ganze Gegend durch den Ascheregen in tiefster Finsternis wie ein „fensterloses Zimmer ohne Licht". Zu Ehren des Onkels des Briefschreibers, Plinius des Älteren, Flottenadmiral und passionierter Naturforscher, der bei diesem Ausbruch umkam, hat man diesen Typ gewaltiger Eruptionen plinianische Ausbrüche genannt. Auch der vulkanologische Ausdruck „Pinienwolke" stammt aus jener Zeit; er findet sich im ersten Brief an Tacitus.

Was ging dieser Katastrophe voraus? Ein in Pompeji geborgenes Fresko zeigt die Form des Vulkans vor jenem Ausbruch: Ein eingipfeliger, bis oben hin mit wildem Wein bewachsener Berg, von dessen vulkanischer Natur, einige wenige Gelehrte ausgenommen, niemand eine Ahnung hatte. Im Norden lag eine baumbestandene Kratermulde; in ihr lagerte das Heer der aufständischen Sklaven unter Sparta-

Gipfel und Krater des Vesuvs.

kus im Jahre 73 v. Chr. Dieser Vorgänger des Vesuvs heißt Mte. Somma, seine erhalten gebliebenen Teile nehmen den gesamten Nord- und Nordostteil des besser Somma-Vesuv zu nennenden Vulkanmassivs ein. Vor allem der Somma-Wall, ein charakteristischer Teil der Silhouette des Berges, ist ein Überrest des Ausbruches von 79 n. Chr.

Die Bildung des Somma-Vulkans begann vor etwa 300 000 – 500 000 Jahren, im mittleren Pleistozän. In dem weit ins Land hineinreichenden Campanischen Golf wuchs ein Stratovulkan empor, dessen Tätigkeit im jüngeren Pleistozän von Zeit zu Zeit in gewaltigen Ausbrüchen kulminierte. Sie förderten vor allem Bimsstein- und Aschenströme, die in aufgelassenen Abbauen auf der Nordseite des Berges studiert werden können. Im Zeitraum von 25 000 Jahren vor heute und der „Pompeji-Eruption" von 79 n. Chr. waren es acht solcher Großausbrüche. Am Ende solcher Paroxysmen erfolgten calderartige Zusammenstürze der Gipfelregion des Somma-Vulkans, denen sich lange Ruhezeiten anschlossen.

Der Untergang von Pompeji

Den Ablauf der „Pompeji-Eruption" kann man aus den beiden schon erwähnten Briefen, vor allem aber anhand der Stratigraphie der Förderproduktc, rekonstruieren. Ausgelöst durch eine Serie heftiger, den Schlotpfropfen lockernder Erdstöße, sprengte am Morgen des 24. August 79 n. Chr. eine gewaltige Explosion den Gipfel des Berges in die Luft. Durch die abrupte Druckentlastung schäumte das gasreiche Magma bis tief in den Schlot hinab auf und wurde in einer sich rasch folgenden Serie von Bimsstein-Eruptionen ausgeworfen. Über dem Vulkan stand eine etwa 20 km hohe Eruptionssäule. Die Hauptmasse der Bimssteine ging – bei herrschendem Nordwestwind – im südöstlichen Sektor und Vorland des Vulkans nieder; inner halb von weniger als 30 Stunden waren Pompeji und seine Umgebung unter einer 6–7 m mächtigen Schicht von Bimsstein-Lapilli und Aschen begraben.

Als der Ausbruch am Morgen des 24. August begann, war das Tagewerk schon im Gange. Da der Bimsstcinregen immer heftiger wurde, setzte aus Pompeji und den umliegenden Siedlungen eine Massenflucht in Richtung Süden ein. Viele Bewohner flüchteten zu Pferde und mit Gespannen, denn man fand bei den Ausgrabungen nur sehr wenige Pferde- und Maultiergeripppe und noch weniger Fahrzeuge. Bis zum frühen Morgen des 25. August gab es nur wenige Tote. Es handelte sich meist um Opfer, die von den unter der Last der Bimsstein-Massen zusammenbrechenden Dächern erschlagen wurden.

Ein Teil der etwa 15 000 Bewohner Pompejis hatte in ihren Häusern und Kellern ausgeharrt. Andere waren wohl, als am frühen Morgen

Pompeji und der Vesuv.

des 25. August der Bimsstein- und Aschenfall nachließ, und man annehmen konnte, das Schlimmste wäre überstanden, in die Stadt zurückgekehrt, um nach Angehörigen zu suchen oder noch einige Habseligkeiten zu retten. Am Morgen des zweiten Ausbruchstages traf die meisten von ihnen schlagartig der Hitze- und Erstickungstod. Man fand ihre Überreste sehr oft auf der mehr als 2 m mächtigen gefallenen unteren Bimsstein-Schicht, die von kreuzgeschichteten Aschen-Lagen überdeckt wird, wie sie für Grundwellen (*base surges*) typisch sind. Solche zwischen 300 und 400 °C heiße Hochgeschwindigkeits-Druckwellen sind für die zweite Phase der „Pompeji-Eruption" charakteristisch. In dieser gelangten größere Wassermassen in den Schlot, sodass phreatomagmatische Ausbrüche von enormer Brisanz die Folge waren. In der Nacht zum 25. August und an diesem Tag kam es zu sechs paroxysmalen Eruptionen, die jeweils eine schwer mit Aschen beladene Eruptionssäule aufbauten. Als deren Auftrieb nicht mehr ausreichte, das nach oben geblasene pyroklastische Material in der Schwebe zu halten, kollabierte das System. Die zusammenstürzende Eruptionssäule erzeugte bei ihrem Aufprall gerichtete Druckwellen, deren glühendes Gas-Asche-Gemisch mit Geschwindigkeiten von bis zu 300 km/h die Hänge des Vulkans herabraste. Die Menschen starben in Sekundenschnelle, ihre Leichname verkohlten jedoch nicht, dazu reichte die Temperatur nicht aus, sondern wurden gegart. Im Laufe der Zeit lösten sich die Kadaver auf, es bildeten sich Hohlformen, die man mittels Gipsausgüssen abbildete. Bis heute sind in Pompeji etwa 3 000 Opfer ausgegraben worden.

Ausbrüche des Vesuvs

Bei der „Pompeji-Eruption" von 79 n. Chr. waren durch den Auswurf großer Massen an pyroklastischem Material (schätzungsweise 3 km^3) der Schlot und der oberste, in etwa 5,5 km Tiefe gelegene Herd weitgehend entleert worden. Das seiner Stütze beraubte Herddach sackte längs radialer und konischer Brüche zusammen, es entstand ein Riesenkrater von gut 4 km Durchmesser. In dieser Gipfel-Caldera des Somma-Vulkans wuchs in der Folgezeit der Tochtervulkan Vesuv empor (Abb. 1.15). Feuerberge dieser Art werden in der Vulkanologie *Somma-Vulkane* genannt.

Die Eruptionsgeschichte des heute 1132 m hohen Vesuvs vor 1631 ist nur bruchstückhaft bekannt. Erst von jenem Jahr an sind die Ausbrüche nahezu lückenlos aufgezeichnet. Von 1631 bis 1944 war der Vesuv fast durchgehend „in Betrieb", wobei die jahrzehntelang anhaltende, relativ ruhige Gipfel-Aktivität mit Schlacken- und Lavawürfen sowie interkrateren Lava-Austritten immer wieder – wie beim Ätna – von paroxysmalen Flanken- und Gipfel-Ausbrüchen unterbrochen wurde. Da die unteren Hänge des Vulkans sehr dicht besiedelt sind, hatte die Bevölkerung immer wieder Opfer zu beklagen: Beim großen Ausbruch des Jahres 1631 wurden 4 000 Menschen und 6 000 Tiere getötet.

Der bislang letzte Ausbruch des Vesuvs im März 1944 ereignete sich während der schweren Kämpfe um die Stadt Cassino und den berühmten Klosterberg. Wann bricht der Vesuv wieder aus?

Dass der Vesuv früher oder später wieder erwachen wird, ist nicht nur die Überzeugung vieler Geowissenschaftler, sondern auch der für die Sicherheit der dort ansässigen Bevölkerung verantwortlichen Stellen. In der am meisten gefährdeten Zone I, rund 200 km^2 groß, leben etwa 550 000 Menschen, in der Zone II rund eine Million, in dem durch Schlammlawinen bedrohten Gebiet an den Nordhängen des Mte. Somma weitere 200 000 Menschen. Im gesamten Großraum Neapel sind es über drei Millionen. Das ist eine Bevölkerungskonzentration, die in Anbetracht der Gefährlichkeit des Vesuvs zu höchster Besorgnis Anlass gibt. Man hat deshalb von regierungsamtlicher Seite weitgehende Vorsorge getroffen. Dazu gehört zunächst die intensive Überwachung des Vulkans. Zum Zweiten ist ein minutiöser Notfallplan für die Zone I ausgearbeitet worden. Mithilfe der Armee soll innerhalb weniger Tage die Evakuierung aller ihrer Bewohner durchgeführt werden. In einem solchen Fall wird das Gebiet dem Kriegsrecht unterstellt. Auch die Orte der Verbringung der Evakuierten, zum Teil bis nach Norditalien, liegen schon fest. Seit einigen Jahren läuft überdies ein Programm zur Ausdünnung der Zone I: 150 000 Bewohner sollen freiwillig wegziehen. Bis zum Herbst 2003 hatten sich jedoch erst 900 Familien entschlossen, ihre Häuser an den

Hängen des Vulkans aufzugeben. Jede Familie erhielt/erhält eine Abfindung von 30 000 Euro.

Grundtext aus: Hans und Thomas Pichler *Vulkangebiete der Erde*. Spektrum Akademischer Verlag.

Unruhe vor der Eruption

Jedes Jahr spucken über fünfzig Vulkane Feuer und Rauch. Der Mount St. Helens ist einer der gefährlichsten. An ihm proben Forscher die genaue Vorhersage. Denn jeder Ausbruch kündigt sich an

Klaus Jacob

Die Gefahr reizt: Wenn irgendwo auf der Erde einer im Club der aktiven Vulkane zu rumoren beginnt, hoffen Vulkanologen und Vulkantouristen auf ein spektakuläres Schauspiel. Seit vor drei Wochen der Mount St. Helens im US-Bundesstaat Washington erneut erwachte, pilgern an Schönwettertagen Tausende Schaulustige zu den Aussichtspunkten in seiner Nähe. Vielleicht bricht er ja demnächst aus? Auch anderswo regen sich die Feuerberge. Als hätten sie sich abgesprochen, sind zwei der berühmtesten Vulkane nach über einem Jahr Ruhe wieder aufgewacht. Am zweiten Januarwochenende fingen sowohl der Ätna auf Sizilien als auch der mexikanische Popocatépetl gleichzeitig an, Asche in den Himmel zu spucken. Wochenlang hustete und rotzte der Ätna, über dem Popocatépetl ragte ein kilometerhoher Qualmturm auf. Derweil droht auf der Insel La Réunion im Indischen Ozean der Fournaise mit einem Ausbruch: Seit einigen Wochen fließen dort Lavaströme aus dem Berg, mittlerweile ist es verboten, den Krater zu überfliegen.

Der Berg blähte sich auf wie ein Hefeteig

Doch über keinen dieser Vulkane weiß die Wissenschaft so viel wie über den Mount St. Helens. Der Berg im gottverlassenen amerikanischen Nordwesten gilt als der bestuntersuchte Vulkan der Welt. Rund um die Uhr observieren ihn die Forscher, achten auf kleinste Zuckungen. Sein Ausbruch im Mai

1980, der 57 Menschen das Leben kostete, hat die Zunft aufgerüttelt und eine Menge Forschungsgelder fließen lassen.

Viele Experten empfanden damals das Naturschauspiel in der wohlhabenden Industrienation als Glücksfall, trotz der Toten. Denn hier konnten sie endlich einmal einen Ausbruch gründlich studieren – mit allen Hilfsmitteln, welche die Technik zu bieten hatte. Fast über Nacht wandelte sich der Berg von einem idyllischen Ausflugsziel für Familien zum abgeschirmten Studienobjekt.

Als der St. Helens im März 1980, zwei Monate vor dem Kollaps, nach mehr als hundertjährigem Schlaf mit ersten schwachen Erdstößen erwachte, stand nur ein einziges Seismometer auf seinen Hängen. In aller Eile schafften Geologen weitere Geräte heran. Sie stellten auch Reflektoren in die Gefahrenzone, um aus sicherer Entfernung mit Laserstrahlen messen zu können, wie schnell sich der Untergrund hob. Denn aus der Nordflanke wuchs im erschreckenden Tempo von rund zwei Metern pro Tag eine gewaltige Beule heraus und war bald hundert Meter hoch. Der Berg glich einem Hefeteig – untrügliches Zeichen für die bevorstehende Explosion.

Die Fachleute wussten damals zwar, dass höchste Gefahr drohte, waren sich aber nicht sicher, was genau passieren würde. Heute wären sie schlauer. Ein Flankenkollaps, der schließlich den halben Berg zerfetzte, gilt inzwischen als übliches Verhalten vieler Vulkane. Heute würde niemand mehr auf vorgeschobenem Posten sitzen wie damals der Geologe David Johnson, der neun Kilometer vom Krater entfernt seine Beobachtungen notierte. Von dem Mann wurden später nicht einmal Reste gefunden, eine Glutwolke hatte ihn zu Asche verbrannt. Begonnen hatte der Ausbruch mit einem heftigen Erdstoß. Die Rüttelei nahm der aufgeblähten, morschen Nordflanke den letzten Halt, sodass zwei Kubikkilometer Gesteinstrümmer, die gesamte Spitze des Berges, im ICE-Tempo ins Tal rutschten. Die Entlastung ließ das Magma im Schlot aufschäumen wie Sekt nach dem Korkenknall: Weil plötzlich die Auflast von 500 Metern Gestein fehlte, perlte Gas aus, und überhitztes Wasser explodierte. Ein Orkan aus Dampf und Asche fegte fast 30 Kilometer weit übers Land, knickte Bäume wie Streichhölzer um und ließ alles Brennbare in Rauch aufgehen. Die Glut schoss so schnell wie Gewehrkugeln aus dem Schlot und trieb eine Aschewolke 25 Kilometer hoch in die Stratosphäre. Als sich der Berg nach neun Stunden beruhigt hatte, war aus dem grünen Ferienparadies eine Mondlandschaft geworden. In den nächsten sechs Jahren folgten einige kleinere „Rülpser", dann schlief der geköpfte Riese wieder ein. Doch die Forscher behielten ihn im Auge.

Weltweit sind rund 550 Vulkane aktiv

Das ist nicht selbstverständlich: Immerhin gelten rund 550 Vulkane weltweit als aktiv, jedes Jahr brechen 50 bis 65 von ihnen aus. Sie alle über Jahrzehnte intensiv zu überwachen könnte sich niemand leisten. Vor allem den armen Ländern fehlen die Mittel zur Vorsorge. Der grummelnde El Misti in Peru zum Beispiel wird gar nicht überwacht, obwohl an seinem Fuß Arequipa, die zweitgrößte Stadt des Landes, liegt. „Die zuständigen Stellen haben nicht mal das Geld für einen Computer", sagt der Göttinger Vulkanologe Gerhard Wörner. Allerdings unterhält der U. S. Geological Survey (USGS) eine schnelle Eingreiftruppe, eine „Taskforce", die bei Bedarf innerhalb von zehn Stunden mit ihren Geräten zur Stelle sein kann.

Am Mount St. Helens kann man sehen, was mit moderner Technik möglich ist. Der Gerätepark hat sich seit dem Ausbruch 1980 gründlich verändert. Vieles läuft inzwischen automatisch ab, der Datenstrom ist zur Flut angeschwollen. Der Vulkan ähnelt einem Patienten auf der Intensivstation, dessen vitale Funktionen mit zahlreichen Sensoren kontinuierlich überwacht werden. Seismometer, Neigungsmesser, GPS-Stationen, Mikrofone, Kameras – sie alle senden, von Solarzellen und Akkus mit Strom versorgt, rund um die Uhr ihre Daten per Funk an die Zentrale. Dazu kommen Messwerte von Satelliten und – wenn es brenzlig wird – Daten aus dem Hubschrauber oder dem Flugzeug. Infrarotkameras an Bord einer Cessna etwa können Hitzequellen aufspüren. Oft liefern dabei erst mehrere Parameter zusammen die entscheidenden Informationen. Wenn zum Beispiel ein Seismometer ausschlägt, kann ein Mikrofon oder eine Kamera klären, ob nur ein harmloser Steinschlag heruntergeprasselt ist oder ob der Untergrund rumort hat.

Hektik breitete sich erstmals wieder im vergangenen September aus, als der Mount St. Helens erneut gewaltige Rauchzeichen in den Himmel schickte. Damals waren sich die Experten zwei Wochen lang sicher, dass eine Eruption unmittelbar bevorstünde. Eine 70-prozentige Wahrscheinlichkeit für einen Ausbruch in den folgenden Tagen oder Wochen ermittelten sie mit ihren Messgeräten. Wäre der Vulkan in einer dicht besiedelten Region gelegen, hätten die verantwortlichen Politiker damals eine Evakuierung angeordnet. Mittlerweile ist – trotz der jüngsten Rauchzeichen – die Erdbebentätigkeit wieder erlahmt. Die Vulkanologen rechnen derzeit eher nicht mit einem Ausbruch. Im Oktober haben Hubschrauber-Messflüge etwa gezeigt, dass der St. Helens überraschend wenig Schwefel ausstößt – ein beruhigendes Indiz.

Jedes Knistern am Berg ist verdächtig

Kernstück jeder Überwachung ist eine Erdbebenstation. Denn Magma, das sich einen Weg nach oben bahnt, lässt das umliegende Gestein brechen und knistern. Fast jedem Ausbruch gehen wochenlange Erschütterungen voraus, manche heftig, die meisten nur so schwach, dass sie ohne empfindliche Geräte unentdeckt blieben. Am St. Helens hat die Vulkanwarte Anfang September, als sie Alarm schlug, bis zu vier Mikrobeben pro Minute registriert. Auch die Art der Erschütterung liefert wertvolle Hinweise. Verräterisch sind harmonische Schwingungen mit einem sinusförmigen Verlauf. Sie stammen, so vermutet man, von Magma, das durch den Untergrund fließt – wie das Rauschen von Wasser in einer Leitung. Manchmal gehen einem Ausbruch auch seltsame schraubenförmige Schwingungen von nur wenigen Minuten Dauer voraus – als würde eine Saite angeschlagen, deren Ton langsam verklingt. Eine zufriedenstellende Erklärung dafür steht noch aus.

Neben dem seismischen Knistern gelten Veränderungen der Geländeoberfläche als verdächtig. Drückt Magma gegen die Gesteinshaut, wölbt sich der Boden auf. GPS-Sensoren spüren die Bewegung, da sich dabei ihr Standort verändert. Auch Neigungsmesser zeigen an, ob ein Hang steiler wird. Besonders aufschlussreich sind Messungen per Satellit: Dabei werden zwei Radarbilder überlagert, die im Abstand von Tagen oder Wochen aus dem All geschossen wurden. So entsteht ein Interferenzmuster, das zentimetergenau darstellt, wo sich etwas bewegt hat. Und das nicht nur für einzelne Punkte, sondern für die gesamte Fläche.

Trotz intensiver Überwachung ist bislang kein Wissenschaftler in der Lage, einen Ausbruch sicher vorherzusagen. Die Natur macht, was sie will: Oft bleibt das aufsteigende Magma im Erdinneren stecken, obwohl alle Daten höchste Gefahr signalisieren – so wie diesmal vielleicht am St. Helens. Manchmal ist es auch umgekehrt, und der Vulkan bricht ohne Vorwarnung aus. Das geschah im Januar 1993 beim kolumbianischen Galeras. Der amerikanische Vulkanologe Stanley Williams hatte zu einer internationalen Tagung eingeladen und an einem vortragsfreien Tag Kollegen auf den Krater in mehr als 4 000 Meter Höhe geführt. Gerade als die 13 Forscher ihre Proben nahmen und Geräte aufstellten, brach die Hölle los. Es war nur eine relativ schwache Eruption, die in den umliegenden Ortschaften keinen Schaden anrichtete. Aber sechs Wissenschaftler und drei Wanderer starben, Williams selbst wurde schwer verletzt.

Um die Gefahr, die von einem Vulkan ausgeht, einzuschätzen, muss man seine Vorgeschichte studieren. Die Forscher müssen ihn kennen lernen wie der Chef einen neuen Mitarbeiter. Denn jeder Berg hat seinen eigenen Charakter, der sich aus den Ablagerungen herauslesen lässt. Es gibt aggressive Typen wie den Merapi in Indonesien, die zu spektakulären Ausbrüchen neigen, und gutmütige wie den Kilauea auf Hawaii, deren Lava ruhig und gleichmäßig wie ein Springbrunnen sprudelt.

Der Mount St. Helens ist ein Choleriker

Manche Vulkane gelten als faul wie der philippinische Pinatubo, von dem man vor seinem Ausbruch 1991 nicht einmal wusste, dass er ein Vulkan ist. Andere wie der Stromboli schleudern so fleißig glühendes Gestein in den Himmel, dass Schiffer sie als Leuchtturm nutzen. Dann gibt es launische Feuerspucker wie den Vesuv, die ihr Verhalten innerhalb weniger Jahrhunderte ändern. In den Anden lauern besonders heimtückische Gesellen, die sich 10 000 Jahre lang als gemütliche Riesen gaben und dann plötzlich explodierten.

Der Mount St. Helens ist ein Choleriker. Dwight Crandell und Donald Mullineaux vom USGS haben sich in der Vulkanologen-Zunft einen Namen gemacht, weil sie 1978, also zwei Jahre vor dem großen Knall, auf die Gefahr eines explosiven Ausbruchs hingewiesen hatten. Das war zwar keine Vorhersage, aber immerhin eine brauchbare Warnung. Die beiden Geowissenschaftler hatten alle Vulkane der Kaskaden-Kette untersucht, die sich von Kalifornien bis Britisch-Kolumbien parallel zur Pazifik-Küste erstreckt. Die ozeanische Erdkruste schiebt sich hier unter die kontinentale und verursacht dabei einen brisanten Vulkanismus.

Crandell und Mullineaux kamen zu dem Schluss, dass der St. Helens von all diesen Feuerbergen der gefährlichste sei. Seit 4 500 Jahren war er im Mittel alle 225 Jahre ausgebrochen, wobei die Ruhephasen bevorzugt 100 bis 150 Jahre oder 400 bis 500 Jahre dauerten. Zuletzt war er zwischen 1831 und 1857 aktiv, zu einer Zeit, als außer der indianischen Urbevölkerung nur ein paar Trapper in dieser Gegend lebten.

Brisanter als die Jahreszahlen war die Art der Ausbrüche. Crandell und Mullineaux fanden rund um den Berg alle Indizien, die einen Vulkan zum Killer stempeln: Lavamassen, so zäh, dass sie den Krater verstopfen, mächtige Ablagerungen von Schlammströmen, die sich einst weit durch die Täler gewälzt hatten, und – besonders tückisch – Reste so genannter pyroklastischer Ströme. Das sind mehrere hundert Grad heiße Glutwolken aus Gas, Asche und Gesteinstrümmern, die mit irrsinniger Geschwindigkeit die Hänge hinabrasen und alles verbrennen, was ihnen im Weg steht. Der Mont Pelé auf der französischen Karibikinsel Martinique ist berühmt geworden, als er 1902 einen solchen Glutorkan losschickte, der innerhalb von Minuten alle 30 000 Einwohner der Stadt St. Pierre tötete. Nur ein Sträfling, ge-

schützt von dicken Gefängnismauern, überlebte schwer verletzt.

Je länger ein Vulkan schläft, desto bösartiger ist sein Erwachen

Die Ergebnisse von Crandell und Mullineaux gelten noch immer – allerdings dienen sie heute zur Beruhigung. Denn wenn der St. Helens seinen Aktivitätsrhythmus beibehält, womit die Experten rechnen, kann er nicht schon wieder spektakulär explodieren. Er hat sein Pulver fürs Erste verschossen. Die Faustregel lautet: Je länger ein Vulkan schläft, desto bösartiger wird er erwachen.

Der Ausbruch des St. Helens gab 1980 der Vulkanforschung eine ganz neue Richtung. Vorher hatte kein Vulkanologe einen Flankenkollaps ernsthaft auf der Rechnung. Ein katastrophaler Bergsturz, bei dem der ganze Gipfel wegbricht, galt als Ausnahme – nur möglich, wenn viele unwahrscheinliche Umstände zusammenkommen. Das war offensichtlich ein Irrtum. Kaum war der Eruptionsdonner verklungen, suchten Experten überall auf der Welt nach den charakteristischen hufeisenförmigen Kratern, die bei einem solchen Flankenkollaps entstehen. „Schon nach drei, vier Jahren hatte man mehr als 100 Aspiranten entdeckt", erinnert sich Vulkanologe Hans-Ulrich Schmincke vom Kieler Forschungszentrum Geomar. Vor allem Inselvulkane, die schnell emporwachsen, brechen häufig zusammen, weil ihnen die nötige Stabilität fehlt.

Wenn dort ein Hang abrutscht, donnern gewaltige Gesteinsmassen ins Meer und bleiben auf dem Grund liegen. Bei den Kanarischen Inseln haben Suchtrupps elf der charakteristischen Schuttfächer aufgespürt, längs der Inselkette von Hawaii sogar 68 – der größte hat ein Volumen von 5 000 Kubikkilometern; mehr als tausendmal so viel Schutt wie beim St. Helens kamen dort einst in Bewegung. Auch der Teide auf der Ferieninsel Teneriffa lieferte in der Vergangenheit ein solches Höllen-Schauspiel, von dem man inzwischen sogar das Datum kennt. Der Vulkan explodierte vor 185 000 Jahren und schuf dabei das Orotava-Tal, die Schleifspur des Felssturzes. Damals müssen gewaltige Wellen, die gefürchteten Tsunamis, über den Atlantik gerollt sein. Mit Sicherheit haben sie nicht nur die Küsten der Nachbarinseln verwüstet, sondern auch die des europäischen und afrikanischen Festlands.

Nach statistischen Berechnungen ist auf Hawaii alle 350 000 Jahre mit einem gewaltigen Bergsturz samt Tsunami zu rechnen, auf den Kanaren sogar alle 120 000 Jahre. Dann wären auch weit entfernte Küstenstädte wie Lissabon, Casablanca, San Francisco oder Tokyo in großer Gefahr. Die Brecher könnten dort kilometertief ins Landesinnere schwappen. Doch ob – und wenn ja, wann – es passiert, kann niemand sagen. Die Erde bleibt unberechenbar.

Aus: Die ZEIT, Nr. 15, 6. April 2005

Diesen Mann konnte nichts erschüttern. **Bruce A. Bolt** war Professor für Seismologie an der University of California in Berkeley. Der weltweit führende Erdbebenforscher wurde 1930 in der kleinen Stadt Largs in New South Wales, Australien, geboren. Er studierte angewandte Mathematik an der Universität Sydney, dort unterrichtete er auch von 1954 bis 1962. Doch wie wird ein Mathematiker zum Erdbebenexperten? Bolts frühe mathematische Leidenschaft waren Modelle, und er arbeitete schon in Sidney unter anderem an einem mathematischen Modell des Erdinneren. Über Forschungsaufenthalte in New York und im britischen Cambridge kam er 1963 nach Berkeley – und wurde dort zu dem Mann, der die Erdbebenregion Kalifornien sicherer machte.

In den Sechziger- und Siebzigerjahren trug Bolts Forschung entscheidend zum Verständnis der Kräfte im Erdinneren bei. Zur Analyse der vielen Messdaten über die unruhige Erde setzte Bolt sehr früh auf Computer und lieferte so einen der Beiträge, der Berkeley zu einem der einfluss- und erfolgreichsten Computerforschungszentren machte. Er schlug aber auch die Brücke zwischen Ingenieurwissenschaften und Geologie; der Mathematiker wurde schon 1978 in die National Academy of Engineering gewählt.

Immer wieder arbeitete Bolt mit Bauingenieuren zusammen, die Rat bei der Konstruktion erdbebensicherer Häuser suchten. Seine Tätigkeit beschränkte sich jedoch keineswegs auf die Gegend des San-Andreas-Grabens. Bolt hat nahezu jedes große Bauprojekt in Sachen Erdbebensicherheit beraten: den Bau von Dämmen, Brücken, Pipelines, Kernkraftwerken oder Flughäfen – von Ölpipelines in Alaska bis zum Assuan-Staudamm in Ägypten.

Als langjähriges Mitglied der kalifornischen Erdbebensicherheitskommission war er einer der einflussreichsten Politikberater bei der Vorbeugung vor Erdbebengefahren. Er arbeitete an Bau- und Sicherheitsvorschriften für Schulen und Krankenhäuser mit und konzipierte Erdbebensimulationen und -ausstellungen für Wissenschaftsmuseen.

Bruce Bolt

Zum 100. Jahrestag des großen kalifornischen Bebens von 1906 sollte er im April 2006 in San Francisco sprechen. Doch er starb im Juli 2005 im Alter von 75 Jahren.

Die Entstehung von Erdbeben

Von Bruce A. Bolt

Eine der größten Leistungen der Seismologie war die vollständige Ergründung des erdbebenerzeugenden Mechanismus. Noch zur Wende vom 19. zum 20. Jahrhundert kommentierte einer der führenden Wissenschaftler auf dem Gebiet der Erdbebenkunde, dass „die Ursachen für Erdbeben immer noch im Dunkeln liegen und wahrscheinlich auch dort bleiben werden, da diese gewaltigen Erschütterungen in Tiefen weit unter dem Bereich der menschlichen Beobachtungsmöglichkeiten entstehen". Viele seiner Zeitgenossen sahen Vulkanismus als den Hauptverursacher großer Erdbeben an, während andere die an hohe Bergketten gebundenen Gravitationsunterschiede als Auslöser vermuteten.

Nach der Errichtung des seismographischen Netzwerks zu Beginn des 20. Jahrhunderts wurde durch die weltweite Überwachung der Erdbebenaktivitäten deutlich, dass sich viele große Erdbeben auch weit entfernt von Vulkanen und Gebirgen ereignen. Zunehmend machten es sich Geologen damals zur Aufgabe, die durch Erdbeben zerstörten Gebiete zu besuchen. Sie waren fasziniert von den langen Oberflächenrissen, die kartographisch häufig als lineare Systeme mit abrupten Wechseln in der Topographie dargestellt werden konnten. Es wurde deutlich, dass normale Erdbeben in engem Zusammenhang mit weitreichenden Verformungen der Erdkruste stehen, die Bergketten, Grabensysteme, mittelozeanische Rücken und Tiefseegräben entstehen lassen. Die Geologen vermuteten den Grund für die heftigen Bodenerschütterungen in schnellen, großräumigen Hebungen von Oberflächengesteinen. Ihre Theorien verdichteten sich bald zu der Überzeugung, dass der Mechanismus für die Entstehung der überwiegenden Anzahl von Erdbeben gefunden war.

Heute werden fast alle Flachbeben auf die gleiche Ursache zurückgeführt. Diese Bodenerschütterungen resultieren letztlich aus großräumigen Verformungen der äußeren Erdschale, die wiederum auf tief ansetzende Erdkräfte, sogenannte tektonische Kräfte, zurückzuführen sind. Der unmittelbare Auslöser für die Ausbreitung seismischer Wellenenergie ist die plötzliche Bewegung entlang einer geologischen Störung.

Geologische Störungen

Wenn Gesteine im Labor hohem Druck ausgesetzt werden, können sie auf verschiedene Weise „brechen" oder „nachgeben". An einigen Schwachstellen bilden sich Brüche, die das Gestein teilen. Die Flanken werden als Störungsflächen bezeichnet und gleiten beim Bruch des Gesteins schlagartig aneinander vorbei. Könnten die Bruchstücke wieder zusammengesetzt werden, spricht man von einem Sprödbruch. Bei Brüchen, an denen die Bewegung nicht plötzlich stattfindet, sondern das Gestein langsam zerreibt, bleibt die Kohäsion entlang der geneigten Störungsfläche erhalten. Diese können die gespeicherte elastische Energie nicht so schnell freisetzen wie ein Sprödbruch.

In der Natur werden ausgedehnte Trennfugen als geologische Störungen bezeichnet. Wie beim Gesteinsbruch im Labor können die Störungsflächen allmählich und nicht wahrnehmbar aneinander vorbeigleiten oder plötzlich brechen und die Energie in Form eines Erdbebens freisetzen. In diesem Fall bewegen sich die beiden Seiten der Störung in entgegengesetzte Richtungen, sodass Gesteine, die vorher über die Störung hinweg eine Einheit bildeten, nun versetzt sind. Viele Störungen sind extrem lang, einige können entlang der Erdoberfläche über Tausende von Kilometern verfolgt werden.

Störungen können eine Vielzahl von Merkmalen aufweisen. Sie können als klare Brüche mit nur geringem, kaum sichtbarem Versatz ausgebildet sein oder aber als zehn bis Hunderte von Metern breite, diffus zertrümmerte Gesteinszonen – das Ergebnis immer wiederkehrender Bewegungen entlang der Störungszone. Hat sich eine Störung erst einmal gebildet, wird sie als Reaktion auf die anhaltende Beanspruchung zum Schauplatz andauernder Verschiebung. Dies wird durch zermalmtes Gestein und toniges Material in der Nähe von Störungsflächen belegt. Die meisten Gesteine an der Erdoberfläche weisen eine Fülle von Brüchen auf, an denen Gesteinsverschiebungen stattgefunden haben.

Was ist eigentlich ...

Sprödbruch, Bruch eines Festkörpers unter Einwirkung einer Spannung. Ein Material reagiert spröde, wenn bei einer Belastung keine plastischen Deformationen (irreversible Verformung eines Ein- oder Polykristalls) stattfinden, bevor es zum Bruch kommt. Unter sprödem Material versteht man all das Material, das bereits bei geringer Belastung bruchhaft reagiert.

Was ist eigentlich ...

Einfallen, Fallen, Bestimmungselement einer geologischen Fläche im Raum. Diese Fläche besteht aus Falllinie, Fallrichtung und Fallwinkel.
Streichen, Schnittlinie einer geologischen Fläche (z. B. Schicht- oder Verwerfungsfläche) mit einer gedachten Horizontalebene (= Streichlinie). Den Winkelbetrag zwischen der Streichlinie und der Nordrichtung, z. B. 30°, bezeichnet man als Streichwert.

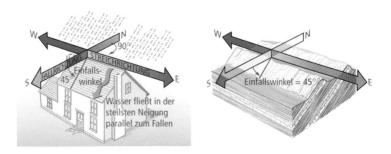

Die Begriffe Streichen und Einfallen (Fallen) beschreiben die räumliche Lage einer Schichtenfolge.

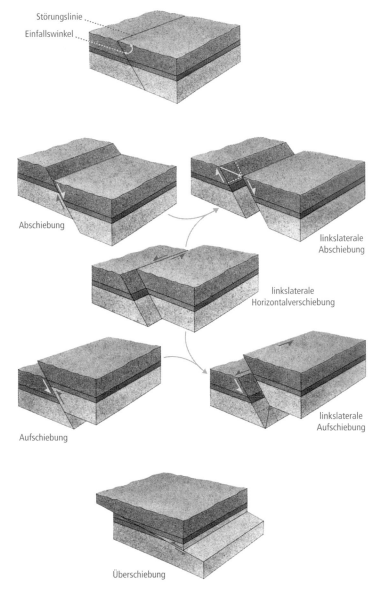

Störungslinie

Einfallswinkel

Die Arten geologischer Störungen, Schrägauf- und -abschiebungen (rechts) vereinen Charakteristika von Störungen, die eine horizontale Bewegung (Horizontalverschiebungen) und die eine vertikale Bewegung (Auf- und Abschiebungen) haben.

Abschiebung

linkslaterale Abschiebung

linkslaterale Horizontalverschiebung

Aufschiebung

linkslaterale Aufschiebung

Überschiebung

Die Einteilung von Störungen erfolgt gemäß ihrer Geometrie und relativen Bewegungsrichtung. Wie in der folgenden Abbildung gezeigt wird, ist die Orientierung einer Störung in den drei Dimensionen durch zwei Winkel festgelegt. Der erste ist der Einfallswinkel der Störung, also der Winkel der Störungsfläche zur Horizontalen. Der zweite ist das Streichen der Störung, die Richtung der Störungslinie an der Oberfläche relativ zur Nordrichtung.

Störungen werden anhand der Bewegungsorientierung entlang des Einfallens und Streichens unterschieden. An einer Horizontalverschiebung bewegen sich die beiden Schollen horizontal gegeneinander. Das Gestein wird parallel zum Streichen verschoben. Wenn wir auf der einen Seite einer solchen Störung stehen und sehen, dass die Bewegung auf der anderen Scholle von links nach rechts verläuft, ist dies eine rechtslaterale Horizontalverschiebung. Entsprechend gibt es auch linkslaterale Horizontalverschiebungen.

An Störungen können auch ausschließlich vertikale Bewegungen ablaufen. Bei Verwerfungen kommt es zu vertikalen Relativbewegungen der Schollen. Der Bewegungssinn ist dabei weitgehend parallel zum Einfallen der Störung gerichtet, und manchmal bildet das vertikal versetzte Gestein kleine, aber sichtbare Geländestufen. Dieser Störungstyp wird wiederum in zwei Untergruppen aufgeteilt. Bei einer Abschiebung bewegt sich das Hangende (oder überlagernde Gestein) auf der geneigten Störungsfläche relativ zum Liegenden (oder unterlagernden Gestein) nach unten. Im Gegensatz dazu ist eine Aufschiebung eine Störung, an der sich die Scholle oberhalb der Störungsfläche nach oben bewegt. Überschiebungen sind Aufschiebungen mit kleinem Einfallswinkel. Selten sind Störungen ausschließlich Auf- oder Abschiebungen, gewöhnlich kommt es sowohl zu horizontalen als auch vertikalen Bewegungen. Solche Störungen werden als Schrägabschiebungen bzw. -aufschiebungen bezeichnet.

Einige Störungsbrüche dringen nicht vom Grundgebirge durch die überlagernden Erdschichten, da der Versatz nahe der Oberfläche absorbiert wird. In solchen Fällen kann die Bewegung nur durch das Ausheben von Gräben oder durch Anschnitte entlang der Störungsböschung untersucht werden.

Was ist eigentlich ...

Grundgebirge, die älteren, in ihrer ursprünglichen Lagerung gestörten und meist aus Metamorphiten und Plutoniten bestehenden Schichtkomplexe. Darüber lagert vielerorts ein Deckgebirge aus jüngeren, ungefalteten Sedimentschichten.

Verwerfungstyp	Verschiebung	Spannungen
Horizontalverschiebung	horizontal, sinistral oder destral	$\sigma 1$ und $\sigma 3$ horizontal, $\sigma 2$ vertikal
Abschiebung	horizontal und vertikal	$\sigma 1$ vertikal, $\sigma 2$ und $\sigma 3$ horizontal
Aufschiebung	horizontal und vertikal	$\sigma 1$ und $\sigma 2$ horizontal, $\sigma 3$ vertikal

Verwerfungstypen und dazugehörige Verschiebungs- und Spannungstypen.

Weitere Ursachen seismischer Unruhe

Die Mehrheit der zerstörerischen Erdbeben – wie 1906 das Erdbeben von San Francisco, 1988 das Erdbeben von Armenien und 1992 das Landers-Erdbeben von Kalifornien – entstehen dann, wenn Gesteine entlang eines Störungsbruches plötzlich nachgeben. Obwohl wir normalerweise gerade diese sogenannten tektonischen Erdbeben mit dem Wort *Erdbeben* verbinden, entstehen solche Erdstöße auch aufgrund anderer Ursachen.

Größte Erdbeben				
Jahr	Datum	Magnitude	Opfer	Region
2007	12.09.	8,4	9	Süd-Sumatra, Indonesien
2006	15.11.	8,3	0	Kurilen
2005	28.03.	8,6	1313	Nord-Sumatra, Indonesien
2004	26.12.	9,1		vor der Westküste Nord-Sumatras
2003	25.09.	8,3	0	Hokkaido, Japan
2002	03.11.	7,9	0	Zentral-Alaska
2001	23.06.	8,4	138	nahe der Küste Perus
2000	16.11.	8,0	2	Neuirland, Papua-Neuguinea
1999	20.09.	7,7	2297	Taiwan
1998	25.03.	8,1	0	Balleny-Inseln
1997	14.10.	7,8	0	im Süden der Fiji-Inseln
1997	05.12.	7,8	0	an der Ostküste der Kamchatka-Halbinsel
1996	17.12.	8,2	166	Irian Jaya, Indonesien
1995	30.07.	8,0	3	vor der Küste Nord-Chiles
1994	04.10.	8,3	11	Kurilen
1993	08.08.	7,8	0	Südliche Marianen
1992	12.12.	7,8	2519	Flores, Indonesien
1991	22.04.	7,6	75	Costa Rica
1990	16.07.	7,7	1621	Luzon, Philippinen

Größte Erdbeben 1990–2007.

Ein zweiter bekannter Typ von Erdbeben ist eine Begleiterscheinung von Vulkanausbrüchen. Viele Menschen waren mit den alten griechischen Philosophen der Ansicht, dass Erdbeben mit vulkanischer Aktivität verbunden seien. In der Tat ist es erstaunlich, dass Erdbeben und Vulkane in vielen Teilen der Welt korreliert sind. Mittlerweile wissen wir jedoch, dass Vulkanausbrüche und Erdbeben auf tektonische Kräfte im Gestein zurückzuführen sind, aber nicht unbedingt zusammen vorkommen müssen. Heute bezeichnen wir ein Erdbeben, das in Verbindung mit vulkanischer Aktivität auftritt, als vulkanisches Erdbeben.

Der eigentliche Mechanismus der Erzeugung seismischer Wellen bei großen vulkanischen Erdbeben ist wahrscheinlich der gleiche wie bei tektonischen Erdbeben. In der Umgebung eines ausbrechenden Vulkans bauen sich im Gestein als Folge der Ansammlung und Bewegung von Magma elastische Spannungen auf. Sie führen zu Störungsbrüchen, genau wie bei den tektonischen Erdbeben, die in keiner Weise in Verbindung mit Vulkanen stehen. Darüber hinaus können Erschütterungen aber auch durch die schnelle Bewegung von

Verheerendste Erdbeben				
Jahr	Datum	Magnitude	Opfer	Region
2007	15.08.	8,0	519	nahe der Küste Zentralperus
2006	26.05.	6,3	5749	Java, Indonesien
2005	08.10.	7,6	80361	Pakistan
2004	26.12.	9,1	283106	vor der Westküste Nord-Sumatras
2003	26.12.	6,6	31000	Südost-Iran
2002	25.03.	6,1	1000	am Hindukusch, Afghanistan
2001	26.01.	7,7	20023	Indien
2000	04.06.	7,9	103	Süd-Sumatra, Indonesien
1999	17.08.	7,6	17118	Türkei
1998	30.05.	6,6	4000	Afghanistan-Tajikistan-Grenze
1997	10.05.	7,3	1572	Nord-Iran
1996	03.02.	6,6	322	Yunnan, China
1995	16.01.	6,9	5530	Kobe, Japan
1994	20.06.	6,8	795	Kolumbien
1993	29.09.	6,2	9748	Indien
1992	08.08.	7,8	0	Südliche Marianen
1991	19.10.	6,8	2000	Nordindien
1990	20.06.	7,4	50000	Iran

Verheerendste Erdbeben 1990–2007.

aufsteigendem Magma in den Förderröhren unterhalb des Vulkans oder durch die explosive Entladung von überhitztem Wasserdampf und Gasen hervorgerufen werden. Dieser vulkanische Tremor oder auch harmonische Beben (*harmonic tremors*) sind durch relativ konstante Wellenlängen gekennzeichnete Beben, die Stunden oder sogar Tage andauern können.

Ein weiterer Erdbebentyp tritt auf, wenn Höhlen oder Bergwerksschächte kollabieren und ein kleines Einsturz-Erdbeben verursachen. Eine häufig beobachtete Variante dieses Phänomens ist der sogenannte Bergschlag. Er entsteht, wenn der durch Arbeiten im Bergwerk hervorgerufene Druck um das Abbaugebiet große Gesteinsmassen von der Abbaufront explosiv absprengt und seismische Wellen hervorruft. Ein aufsehenerregender Erdrutsch entlang des Flusses Mantaro in Peru verursachte am 25. April 1974 seismische Wellen, die einem Erdbeben der Magnitude 4,5 entsprachen. Eine Gesteinsmasse von mehr als 1,6 Kubikkilometern Volumen rutschte sieben Kilometer weit und begrub ungefähr 450 Menschen unter sich. Dieser Erdrutsch wurde nicht durch ein nahes tektonisches Erdbeben, sondern durch die natürliche Instabilität des Berghangs ausgelöst.

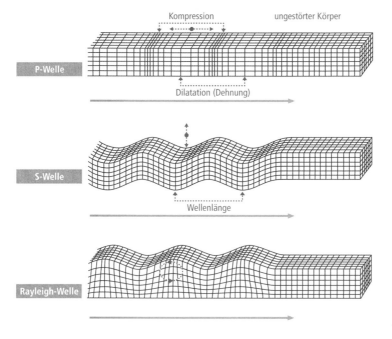

Kompression ungestörter Körper

P-Welle

Dilatation (Dehnung)

S-Welle

Wellenlänge

Rayleigh-Welle

Seismische Wellen sind elastische Verformungen, die sich durch die Erde (Raumwellen) und entlang der Erdoberfläche (Oberflächenwellen) ausbreiten. Sie werden in der Seismologie benutzt, um den physikalischen und strukturellen Aufbau des Erdinneren zu untersuchen. Erdbeben und Sprengungen sind einige der vielfältigen Ursachen, die seismische Wellen erzeugen. Je nach Bewegungsrichtung der dabei in Schwingung gesetzten Materieteilchen unterscheidet man die schnelleren Kompressionswellen (Bewegung in Ausbreitungsrichtung; P-Wellen = Primärwellen) und die langsameren Scherwellen (Bewegung senkrecht zur Ausbreitungsrichtung; S-Wellen = Sekundärwellen). Oberflächenwellen (Haupttyp: Raleigh-Welle) sind die langsamsten, aber energiereichsten. Sie bewirken die heftigsten und zerstörerischsten Bodenbewegungen bei Erdbeben.

Ein Teil der Gravitationsenergie verlor sich in der schnellen Abwärtsbewegung der Gesteinsmasse und wurde in seismische Wellen umgewandelt, die auch noch Hunderte von Kilometern entfernt von Seismographen deutlich aufgezeichnet werden konnten. Ein Seismograph in 80 Kilometern Entfernung registrierte drei Minuten lang Bodenbewegungen. Diese Dauer entspricht der Geschwindigkeit und Ausdehnung der Rutschung, die sich mit ungefähr 140 Kilometern in der Stunde über eine Entfernung von sieben Kilometern bewegte.

Da Erdbeben sehr oft Erdrutsche hervorrufen, manche von gigantischem Ausmaß, kann es schwierig sein, Ursache und Wirkung zu unterscheiden. Der vielleicht größte Erdrutsch in der jüngeren Geschichte ereignete sich 1911 bei Usoy im russischen Pamirgebirge. Fürst Boris B. Golizyn (1862–1916), ein Pionier der modernen Seismographie, zeichnete mit seinem Seismographen (Galitzin-Pendel) bei St. Petersburg Erdbebenwellen auf, die von einem über 3 000 Kilometer entfernten Bergsturz ausgingen. Zuerst nahm er an, ein normales tektonisches Erdbeben aufgezeichnet zu haben. Erst 1915 wurde eine Expedition zur Erforschung des Usoy-Erdrutsches losgeschickt, die herausfand, dass hier 2,5 Kubikkilometer Gestein in Bewegung geraten waren!

Es ist selten, dass die Atmosphäre und Erdoberfläche von sehr großen Meteoriten getroffen werden, die dann Auslöser von Einschlagsbeben sind. Ein faszinierender Fall ist daher der Tunguska-Meteorit, der am 30. Juni 1908 in einer entlegenen Region Sibiriens in die Erd-

Was ist eigentlich ...

Galitzin-Pendel, [nach B. B. Golizyn], Tauchspulenseismometer, ein Seismometer, bei dem eine sehr kleine Pendelmasse, die eine Induktionsspule trägt, an den Polen eines starken Dauermagneten vorbeischwingt. Die in der Spule induzierten elektrischen Ströme werden mit einem empfindlichen Spiegelgalvanometer gemessen und stellen ein Maß für die Geschwindigkeit beziehungsweise Beschleunigung der Bodenbewegung dar.

atmosphäre eintrat. Unter dem Druck und der Hitze, ausgelöst durch die schnelle Abbremsung in der Atmosphäre, explodierte der Meteorit weniger als zehn Kilometer über der Erdoberfläche und ebnete dabei ein riesiges Waldgebiet ein. Seismographen in Russland und Europa zeichneten bis in 5 000 Kilometern Entfernung seismische Wellen auf. Aufgrund der Werte wurde zunächst angenommen, dass es sich um ein starkes tektonisches Erdbeben gehandelt hatte.

Es sind auch einige Fälle von Erdbeben gut beschrieben, die nach der Injektion von Flüssigkeiten (beispielsweise Spülungen) in tiefe Bohrlöcher oder dem Auffüllen von großen Stauseen ausgelöst wurden. Obwohl auch hier das Freisetzen von Spannung durch Störungsbrüche als Ursache angesehen wird, stellt sich die Frage, in welchem Umfang Bewegungen durch Wasser in einem Bohrloch oder einem Stausee ausgelöst werden können, die sonst erst viele Jahre später aufgetreten wären.

Ein gut belegtes Fallbeispiel ist der Lake Mead, der 1935 hinter dem Hoover Dam des Colorado aufgestaut wurde. Bevor der See entstand, gab es keinerlei Aufzeichnungen von Erdbebentätigkeit in dieser Gegend, danach jedoch kam es häufig zu kleinen Erdbeben. Ferner haben lokale seismographische Stationen, die nach dem Auffüllen des Stausees errichtet wurden, einen engen Zusammenhang zwischen der Häufigkeit der Erschütterungen und den Wasserspiegelschwankungen festgestellt.

Dieser Effekt zeigt sich besonders bei großen Reservoirs mit mehr als 100 Metern Wassertiefe und einem Kubikkilometer Wasservolumen. Die Mehrzahl dieser großen Stauseen aber ist seismisch völlig ruhig. Von den 26 größten Reservoirs auf der Welt haben nur fünf zweifelsfrei Erdbeben verursacht, darunter der Kariba-Damm in Sambia und der Assuan-Damm in Ägypten. Die plausibelste Erklärung ist vielleicht, dass das Gestein in der unmittelbaren Nähe von Bohrlöchern oder Reservoirs schon vorher tektonisch gespannt war, sodass bereits vorhandene Störungen kurz vor der Entlastung standen. Die Wassermasse fügt einen zusätzlichen Druck hinzu, der die Spannung im Gestein verstärkt und die Rutschung auslöst.

Letztendlich verursachen auch wir Menschen durch Sprengung von konventionellen oder nuklearen Sprengsätzen Explosionsbeben. Bei oberflächennahen Explosionen ruft die Verdichtung des Gesteins in den Bruchzonen seismische Wellen hervor, die sich in alle Richtungen ausbreiten. Wenn die erste seismische Druckwelle die Oberfläche erreicht, wölbt sich der Boden nach oben. Reicht die Wellenenergie aus, werden Erde und Gestein wie in einem Steinbruch weggesprengt und Gesteinsbrocken durch die Luft geschleudert. Kleine Erdbeben können sogar durch das Stampfen von Mensch und Tier ausgelöst werden.

Der langsame Anstieg elastischer Energie

Lassen Sie uns ausführlicher über die Ursache tektonischer Erdbeben, der eigentlichen Erdbeben, nachdenken. In seismisch aktiven Regionen deformieren tief angreifende Kräfte im Laufe der Zeit das Gestein im Untergrund. Ein großer Teil dieser Deformationen ist zumindest über einen Zeitraum von Jahrtausenden im Zustand elastischer Spannung gespeichert. Größe und Gestalt des Gesteinskörpers ändern sich, und wenn die Kräfte schlagartig freigesetzt werden, schnellen die Gesteine wie ein komprimierter Gummiball in ihren energetischen Ausgangszustand zurück. Solche elastischen Gesteinsbewegungen können durch sorgfältige geodätische Vermessungen aufgespürt werden, die die Unterscheidung der elastischen und irreversiblen Verformungen erlauben.

Es gibt drei wesentliche Methoden geodätischer Vermessungen, die für diesen Zweck geeignet sind. Bei zweien wird das Ausmaß der horizontalen Bewegung bestimmt. Bei der Triangulation werden kleine Teleskope benutzt, um den Winkel zwischen Markierungen auf der Erdoberfläche zu messen. Bei der Trilateration werden die Entfernungen von Markierungen auf der Bodenoberfläche entlang ausgedehnter Profile bestimmt. In der modernen Trilaterationstechnik wird Licht (manchmal ein Laserstrahl) mithilfe eines sogenannten Geodimeters von einem Spiegel an einem entfernt liegenden hohen Punkt, zum Beispiel einem Berggipfel, reflektiert. Dabei wird die Zeit, die das Licht für den Hin- und Rückweg braucht, gemessen. Über große Entfernungen verändert sich die Geschwindigkeit des Lichts unter den atmosphärischen Bedingungen; daher werden bei präzisen Vermessungen kleine Flugzeuge oder Hubschrauber eingesetzt, die Luftdruck und -temperatur entlang der Messlinien erfassen und spätere Korrekturen ermöglichen. Solche Messungen haben eine Genauigkeit von ungefähr einem Zentimeter über eine Distanz von 20 Kilometern.

Bei der dritten Vermessungsmethode wird durch Festlegung von Höhenniveaus im Gelände der Grad der Vertikalbewegung bestimmt. Diese Methode der Höhenbeobachtung besteht einfach in der Messung der Höhenunterschiede zwischen vertikalen Messlatten, die an festen Vermessungspunkten an verschiedenen Stellen der Erdoberfläche verankert sind. Wiederholungen dieser Vermessungen lassen jede Veränderung zwischen den Messungen erkennen. Die Markierungspunkte befinden sich über das Land verteilt auf einem nationalen Netzwerk von Fixpunkten. Wo immer es möglich ist, wird das Vermessungsnetz zu den Küsten hin ausgedehnt, sodass auch der mittlere Meeresspiegel als Referenzgröße zur Bestimmung der absoluten Änderungen der Landhöhen herangezogen werden kann. In den letzten Jahren kamen als Bezugspunkte zudem geostationäre Satelli-

Geodimeter in Aktion.

■ Erdbebenvorhersage – noch keine gesicherten Methoden ■

Erdbebenvorhersage bezeichnet die Vorhersage von Erdbeben nach Ort, Zeit und Magnitude. In Abhängigkeit von der Genauigkeit, mit der v. a. die Zeit vorhergesagt werden kann, unterscheidet man drei Kategorien der Erdbebenvorhersage: a) langfristige Vorhersagen viele Jahre im Voraus, b) mittelfristige Vorhersagen Wochen bis Monate im Voraus und c) kurzfristige Vorhersagen Stunden oder wenige Tage im Voraus.

Langfristige Vorhersagen beruhen auf langjährigen Beobachtungen von Erdbeben und der Auswertung von historischen Erdbeben, deren Ergebnisse in Erdbebenkatalogen festgehalten werden. Die Angaben, die gemacht werden können, sind vorwiegend statistischer Natur. Die Identifizierung von seismischen Lücken ist ein weiteres Beispiel einer Beobachtung, die der langfristigen Vorhersage dienen kann. Erdbebenvorläufer sind die Grundlage von mittel- und kurzfristigen Vorhersagen. Der am leichtesten zu beobachtende Parameter ist die Verteilung von Erdbeben in Raum und Zeit. Man hat in einigen Gegenden beobachtet, dass die Erdbebenaktivität vor einem großen Beben sehr niedrig ist. Diese seismische Ruhe kann Monate oder Jahre anhalten. Ihr Ende wird häufig, aber nicht immer, durch Vorbeben angekündigt. Es ist meist nicht möglich zu entscheiden, ob die Vorbeben in der Tat Vorläufer eines starken Erdbebens sind. Leider zeigen diese und andere mögliche Erdbebenvorläufer eine außerordentliche Variationsbreite und sind häufig überhaupt nicht zu erkennen, sodass eine gesicherte Methode der Erdbebenvorhersage trotz vielfältiger Bemühungen, v. a. in den USA und Japan, bis jetzt noch nicht gefunden werden konnte.

Das Haicheng-Erdbeben (M = 7,3) im Nordosten von China war das erste und bis jetzt einzige starke Erdbeben, das kurzfristig zum Nutzen der dort lebenden Bevölkerung vorhergesagt werden konnte. Vorausgegangen waren Änderungen des Grundwasserspiegels, Neigungsänderungen der Erdoberfläche, Vorbeben und seltsames Verhalten von Tieren. Als die Zahl der Vorbeben am 4.2.1975 dramatisch zunahm, gab das regionale Büro des Chinesischen Seismologischen Dienstes eine Erdbebenwarnung heraus. Diese veranlasste die Behörden, die schnelle Evakuierung der Bevölkerung aus den Gebäuden der Stadt anzuordnen. Das am gleichen Tag folgende Erdbeben verursachte an 90 Prozent der Gebäude schwere Schäden und Zerstörungen, forderte aber dank der Evakuierung kaum Menschenleben in der Millionenstadt. Nach der anfänglichen Euphorie unter Seismologen wurden die Schwierigkeiten der Erdbebenvorhersage 18 Monate später durch ein noch stärkeres Erdbeben (M = 7,7) bei Tangshan, etwa 200 km südwestlich von Haicheng gelegen, leider sehr deutlich gemacht. Wahrscheinlich über 200 000 Menschen fanden bei dem Erdbeben den Tod. In diesem Fall wurden keine Vorläufer beobachtet und deshalb auch keine Warnungen veröffentlicht. Das Problem der mittel- bis kurzfristigen Vorhersage von Erdbeben ist eines der bedeutendsten Forschungsthemen in der Seismologie. Solange es nicht gelöst ist, muss man die seismische Gefährdung durch erdbebensichere Bauweise so weit wie möglich vermindern.

ten hinzu. Entfernungen werden dabei über die Laufzeit von Radiowellen von Sendern an festgelegten Punkten auf der Erdoberfläche zum Satelliten gemessen.

Die unterschiedlichen Vermessungsmethoden zeigen, dass in seismisch aktiven Gebieten wie Kalifornien oder Japan horizontale und vertikale Krustenbewegungen in deutlich messbaren Größenordnungen stattfinden. Sie bestätigen darüber hinaus, dass auf den stabilen Kontinentalgebieten, wie zum Beispiel den alten Landmassen des Kanadischen und Australischen Schildes, zumindest in der jüngsten Vergangenheit kaum Veränderungen stattfanden.

Die vielleicht wichtigsten geodätischen Daten zu regionalen Deformationen in Bezug auf Erdbeben stammen aus Kalifornien. Sie reichen zurück bis in das Jahr 1850 und trugen im Anschluss an das Erdbeben von 1906 in San Francisco entscheidend zur Entwicklung der modernen Theorie der Erdbebenentstehung bei. In den letzten Jahrzehnten wurden entlang des San-Andreas-Störungssystems verbesserte Messungen im Hinblick auf Erdbebenvorhersagen durchgeführt. Mit optischen und Lasergeodimetern werden die Entfernungen zwischen Festpunkten auf den Berggipfeln beiderseits der San-Andreas-Störung vermessen. Entwicklungen im Aufbau von Spannungen sind erstaunlich deutlich: Die Messungen bestätigen rechtslaterale Deformationen entlang der Störung, während Vermessungslinien, die die Hauptstörungszone nicht queren, nur sehr kleine Längenänderungen aufweisen.

Die Theorie vom elastischen Rückstoß

In der wissenschaftlichen Forschung ist die erste Beschreibung eines Vorfalls oder einer Hypothese oft von geringerer Bedeutung als der Nachweis, der die wissenschaftliche Gesellschaft davon überzeugt, dass wirklich etwas Neues entdeckt worden ist. Dementsprechend etablierte sich die heute allgemein anerkannte Theorie von der Erdbebenentstehung durch Störungsbrüche erst aufgrund der überzeugenden Studien über das San-Francisco-Erdbeben von 1906. Vor 1906 wurden mittels Triangulation zwei Dreiecksnetze über die Region gelegt, durch die die San-Andreas-Störung verläuft: ein Netz von 1851–1865, das andere von 1874–1892. Der amerikanische Ingenieur H. F. Reid stellte fest, dass sich weit auseinanderliegende Punkte auf beiden Seiten der Störung über einen Zeitraum von 50 Jahren vor 1906 um 3,2 Meter gegeneinander verschoben hatten, wobei die westliche Seite nach Nordnordost gewandert war. Als diese Messungen mit Daten einer dritten Vermessung kurz nach dem Erdbeben verglichen wurden, fand man eine auffällige horizontale Scherung, die das Gestein parallel zu der gerissenen San-Andreas-Störung sowohl vor als auch nach dem Erdbeben versetzt hatte.

Seit dieser Arbeit von Reid gilt die seismologische Theorie (Elastic-Rebound-Theorie), dass ein natürliches Erdbeben durch die schlagartige Bewegung ausgelöst wird, die sich entlang einer geologischen Störung in dem oberen Teil der Erdkruste fortpflanzt. Entsprechend dieser Theorie des elastischen Rückstoßes baut sich Spannung über Hunderte oder gar Tausende von Jahren *langsam* im Gestein auf. Im schwächsten Bereich des beanspruchten Gesteins schließlich, gewöhnlich an einer bereits bestehenden Störung, verursachen *plötzliche* Entspannungen einen Versatz, sodass sich die gegenüberliegenden Krustenteile gegeneinander verschieben. Der Versatz breitet sich entlang der Störungsfront mit einer Geschwindigkeit aus, die geringer ist als die der seismischen Scherwellen im umgebenden Gestein.

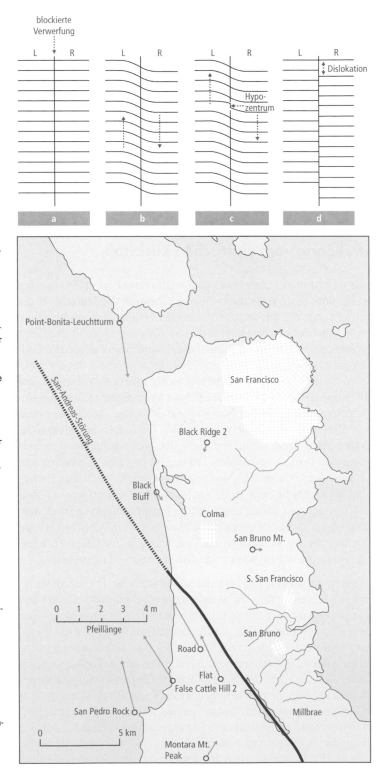

Die Elastic-Rebound-Theorie nach Reid (1910); a–d zeigen vier Momentbilder von geodätischen Linien (L, R = linke bzw. rechte Lithosphärenplatte). Ihre wesentlichen Merkmale sind: Eine Verwerfung trennt zwei Lithosphärenplatten; im Beispiel der San-Andreas-Verwerfung sind dies die pazifische und die nordamerikanische Platte. Diese beiden Platten gleiten langsam aneinander vorbei. Entlang von Teilen der Verwerfungsfläche wird stetiges Gleiten durch den hohen Reibungswiderstand vorübergehend blockiert. In größerer Entfernung von der Verwerfung kommt es dann zur Deformation innerhalb der beiden Blöcke, die zu einer Verformung der geodätischen Linien führt und gemessen werden kann. Vor dem San-Francisco-Beben betrug die gemessene Verformung 3,2 m über einen Zeitraum von 50 Jahren. Die Deformation schreitet so lange fort, bis die Scherspannungen an einem Punkt der Verwerfungsfläche einen kritischen Wert erreichen, der der Scherfestigkeit zwischen den festgehakten Lithosphärenplatten auf der Verwerfungsfläche entspricht. Die beiden Blöcke beginnen aneinander vorbeizuschnellen, wobei der Ausgangspunkt des Bruches das Hypozentrum des Erdbebens darstellt. Der Bruch breitet sich vom Hypozentrum mit einer Geschwindigkeit von 1–3 km/s aus, und er endet erst dort, wo die Scherspannungen die Scherfestigkeit unterschreiten. Bei sehr starken Erdbeben erstreckt sich der Bruch über sehr große Entfernungen. So betrug beim San-Francisco-Beben die Längsausdehnung der Bruchfläche 400 km.

Die aufgestaute elastische Spannungsenergie wird freigesetzt, indem die beiden Flanken der Störung in einen mehr oder weniger ungespannten Zustand zurückfallen. Daraus folgt in der Regel: Je länger und breiter der Bereich der Versetzung ist, desto mehr Energie wird freigesetzt und desto stärker wird das tektonische Erdbeben sein.

Kräfte wie jene, die das Erdbeben von 1906 hervorriefen, können Sie sich als einen Zaun aus der Vogelperspektive vorstellen, der quer über die San-Andreas-Störung verläuft. Der Zaun verläuft über viele Meter geradlinig auf jeder Seite der Störungslinie. Die tektonischen Kräfte wirken auf die elastischen Gesteine. Dadurch krümmt sich der Zaun; die linke Seite wandert im Verhältnis zur rechten. Die Gesteinsverschiebungen summieren sich im Verlauf von etwa 50 Jahren auf mehrere Meter. Diese Beanspruchung kann sich jedoch nicht auf unbestimmte Zeit fortsetzen; früher oder später werden die schwächsten Gesteinspartien oder diejenigen im Bereich der größten Spannung nachgeben. Diesem Bruch folgt eine Rückformung oder ein Rückstoß auf jeder Seite der Störung. Das Foto zeigt den Versatz eines Zauns über einer Störung nach dem Erdbebenbruch von 1906.

Dieser Zaun in Mahn County verläuft über die San-Andreas-Störung und wurde bei dem San-Francisco-Erdbeben von 1906 um 2,6 Meter versetzt.

In den Jahren nach 1906 wurde immer wieder dieser elastische Rückstoß als unmittelbarer Auslöser für tektonische Erdbeben bestätigt. Es ist wie bei einer Uhrfeder, die immer strammer aufgezogen wird: Je größer die elastische Spannung der Gesteine, desto mehr Energie speichern sie. Wenn eine Störung bricht, wird die im Gestein gespeicherte Energie teilweise in Form von Wärme und teilweise als elastische Wellen schlagartig freigesetzt. Diese Wellen lösen das Erdbeben aus.

Häufig sind auch Gesteinsverschiebungen in vertikaler Richtung. In solchen Fällen ereignet sich die elastische Rückformung entlang der geneigten Störungsfläche und verursacht vertikale Spalten, die als Linien auf der Oberfläche erkennbar sind und steile Bruchstufen bilden. Bei großen Erdbeben sind sie viele Meter hoch und dehnen sich entlang der Bruchfläche manchmal über zehn bis Hunderte von Kilometern aus.

Experimente in gesteinsmechanischen Labors haben die Veränderungen der beanspruchten Gesteine in der Phase vor dem Erdbeben geklärt. Bei diesen Untersuchungen werden Proben von wassergesättigtem Gestein bei hohen Temperaturen in hydraulischen Pressen unter Druck gesetzt. Die Ergebnisse deuten darauf hin, dass die langsame Beanspruchung der Kruste unter lokalen tektonischen Kräften eine Konzentration von feinen Rissen in der Umgebung der tektonischen Störung zur Folge hat. Langsam diffundiert das Wasser in die Brüche und Gesteinsporen. Während dieser Phase nimmt das Volumen der hoch beanspruchten Region entlang der Störung zu, wobei dieser Dehnungsvorgang die Störungszone anfänglich zusätzlich schwächt. Gleichzeitig reduziert das Wasser in den Brüchen die zusammenhaltenden Kräfte und setzt die Reibung entlang der angrenzenden Störungsfläche herab. Schließlich löst sich ein Segment, sodass sich der Hauptbruch durch Bewegung entlang der Störungsfläche ausdehnen kann. Auf diese Weise beginnt die elastische Rückformung an der beanspruchten Störung und breitet sich aus.

Auch Vor- und Nachbeben können durch die Untersuchung der Bruchentwicklung in der Umgebung der Hauptstörung erklärt werden. Ein Vorbeben wird durch einen einleitenden Bruch im verformten und zerrütteten Bereich entlang der Störung ausgelöst. Der Bruch entwickelt sich jedoch nicht weiter, denn die physikalischen Bedingungen sind zu diesem Zeitpunkt noch nicht optimal. Der begrenzte Versatz bei Vorbeben hat eine geringfügige Veränderung des Kräftemusters, der Wasserbewegung und der Verteilung von Mikrorissen zur Folge. Schließlich kommt es zu einem ausgedehnteren Bruch und damit zum Hauptbeben. Die Trennung des Gesteins entlang des Hauptbruches ist begleitet von einem heftigen Beben und lokaler Wärmeentwicklung und führt entlang der Störungszone zu physikalischen Bedingungen, die sich sehr von denen vor dem Hauptbeben unterscheiden. Als Ergebnis werden zusätzlich kleine Brüche ausgelöst, die Nachbeben hervorrufen. Die Spannungsenergie in der Region nimmt wie in einer ablaufenden Uhr nach und nach ab, bis schließlich nach vielen Monaten wieder Stabilität einkehrt.

Seismisches Moment

Das mechanische Modell einer schlagartig aktivierten Störungsfläche als Antwort auf tektonische Beanspruchungen hat zu einem brauchbaren Maß für die Gesamtgröße von Erdbeben geführt. Dieses Maß wird das seismische Moment M_0 genannt und wurde zuerst 1966 von dem amerikanischen Seismologen K. Aki geprägt. Mittlerweile bevorzugen es die Seismologen, da es direkt mit den physikalischen Vorgängen bei Störungsbrüchen in Beziehung gesetzt werden kann. Tatsächlich kann es sogar der Herleitung geologischer Parameter entlang aktiver Störungszonen dienen. Das zugrunde liegende mechanische Konzept vom Moment kann durch ein einfaches Experiment demonstriert werden. Legen Sie beide Hände auf die gegenüberliegenden Ecken eines schweren Tisches, drücken Sie in horizontaler Richtung auf eine Ecke und ziehen Sie an der anderen. Je weiter der Abstand zwischen den Händen, desto leichter wird es, den Tisch zu drehen. Mit anderen Worten, die erforderliche Energie zur Drehung des Tisches wird durch die Steigerung der Hebelkraft, die durch beide Arme ausgeübt wurde, vermindert – selbst wenn die Kraft der Hände gleich bleibt. Diese beiden gleichen, aber entgegengesetzt wirkenden Kräfte werden als Kräftepaar bezeichnet. Die

Was ist eigentlich ...

Nachbeben, Erdbeben, die nach einem großen Erdbeben, dem Hauptbeben, im gleichen Gebiet auftreten. Durch das Hauptbeben wird gewöhnlich nicht die gesamte im Herdvolumen angestaute Deformationsenergie freigesetzt. Außerdem kommt es durch Spannungsumlagerung zur Erhöhung von Spannungen an benachbarten Punkten bis in die Nähe der Bruchgrenze. Die genaue Lokalisierung von Nachbeben mit lokalen seismischen Netzen ermöglicht es, die Geometrie der Bruchfläche des Hauptbebens und ihre genaue räumliche Ausdehnung zu erfassen. Diese Daten liefern wichtige Hinweise zum Verständnis des Herdprozesses und über mögliche Ursachen von Schäden und Zerstörungen. Hunderte bis Tausende von Nachbeben können über eine Zeit von Wochen bis mehreren Monaten nach dem Hauptbeben auftreten. Dabei nimmt die Zahl der Nachbeben meistens rasch ab.

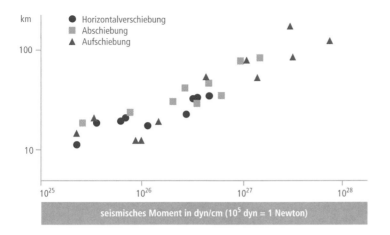

Dieses Diagramm von großen Intraplatten-Erdbeben verdeutlicht, dass sich das seismische Moment mit der Länge des Störungsbruches vergrößert.

Größe dieses Paares heißt das Moment: Sein numerischer Wert ist das Produkt des Wertes einer der beiden Kräfte und der Entfernung zwischen ihnen.

Dieses Prinzip kann leicht auf das Kräftesystem übertragen werden, das für Rutschungen entlang einer geologischen Störung verantwortlich ist. In diesem Fall ist das seismische Moment als Produkt dreier Mengen definiert: der elastischen Festigkeit des Gesteins, dem Bereich, auf den die Kraft einwirkt, und der Sprunghöhe, die Folge eines schlagartigen Versatzes ist. Ein Vorteil dieses Maßes ist, dass im Unterschied zu Größen, die auf seismischen Wellenamplituden beruhen, die Resultate nicht durch Streuung der Energie aufgrund der Gesteinsreibung in der sich fortpflanzenden Welle verzerrt sind. In günstigen Fällen kann das Moment einfach über die im Feld gemessene Länge des Oberflächenbruches und die Tiefe des Bruches, die sich aus der Lage der Nachbebenherde ergibt, abgeschätzt werden.

Die seismischen Momente schwanken vom schwächsten bis zum stärksten Erdbeben über mehrere Größenordnungen. Zwischen den Magnituden 2 und 8 eines Erdbebens bewegt sich das seismische Moment über sechs Größenordnungen. Das Moment des San-Francisco-Erdbebens von 1906, hervorgerufen durch den über 450 Kilometer langen Bruch der San-Andreas-Störung, wurde auf das Zehnfache des Moments des Loma-Prieta-Erdbebens von 1989 geschätzt, wo sich der Bruch nur über 45 Kilometer ausdehnte.

Die Entwicklung eines Störungsbruches

Ein Störungsbruch setzt am Erdbebenherd innerhalb des Krustengesteins ein und breitet sich in alle Richtungen entlang der Störungsflä-

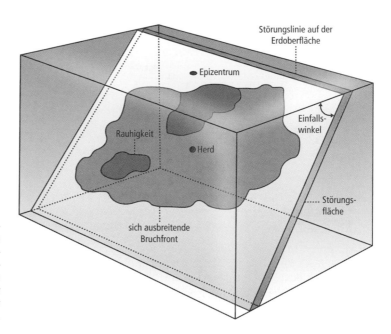

Dieses Blockbild aus der Erdkruste zeigt einen Bruch, der sich entlang der rutschenden Störungsfläche nach außen bewegt. An den Rauhigkeiten kann der Bruch seine Geschwindigkeit ändern oder zeitweise sogar zum Stillstand kommen.

che aus. Da sich Störungen in ihren physikalischen Eigenschaften von Ort zu Ort verändern, pflanzen sich die Ränder des Bruches nicht gleichmäßig fort, sondern zickzackförmig und unregelmäßig. Auf der Störungsfläche befinden sich Rauhigkeiten, Änderungen der Störungsrichtung und andere Strukturen, die die Bewegungen erschweren. Manchmal werden diese Hindernisse beim Bruch zerstört, aber gelegentlich bleiben sie auch erhalten. Dann wird die Bruchfront aufgrund der Verlagerung elastischer Kräfte plötzlich auf der anderen Seite des Hindernisses frei und pflanzt sich rasch fort, um sich später wieder mit dem Bruch zu vereinen. Bricht das Hindernis nach dem eigentlichen Erdbeben, resultiert daraus ein Nachbeben. Beobachtungen an frischen Störungsflächen im Gelände und kleinmaßstäbliche Modelle in Gesteinslabors haben bestätigt, dass Rauhigkeiten entlang der Störung für abwechselnde Blockierung und Lösung verantwortlich sind.

Der Prozess der Erdbebenentwicklung wurde von Reid in seiner Studie über das San-Francisco-Erdbeben von 1906 treffend beschrieben: „Wahrscheinlich findet die gesamte Bewegung an irgendeinem Punkt nicht auf einmal, sondern in unregelmäßigen Schritten statt. Ein mehr oder weniger plötzliches Ende der Bewegung und Reibung sind Grund für die Erschütterungen [Wellen], die sich in die Ferne fortpflanzen. Der plötzliche Beginn von Bewegung würde ebenso wie das plötzliche Stoppen Erschütterungen hervorrufen." Ein Großteil der Komplexität im hochfrequenten Bereich ist auf Geschwindigkeitsschwankungen der Bruchfront zurückzuführen. Diese Geschwindigkeitsänderungen führen zu Ausbrüchen zusammenhangloser Wellen, die sich in ihrer Frequenz, Amplitude und Phase unterscheiden und die Komplexität der Wellenformen erhöhen.

Bei jedem Erdbeben hängt die Ausweitung des Störungsbruches von der Geschichte und Vielfalt der regionalen Gesteinsverformung und von der Eigenart des gestörten Gesteins und der Störungsfläche ab. Der Bruch breitet sich so lange aus, bis er Gesteine erreicht, die nicht ausreichend beansprucht sind, um die Energie für eine weitere Ausbreitung bereitzustellen. Die Bewegung kommt zum Ende.

In seiner Aufwärtsbewegung gegen die Erdoberfläche wird der Störungsbruch durch die aufgestaute Energie des elastischen, festen Gesteins angetrieben. In Tiefen von einem bis zwei Kilometern trifft der Bruch aber auf weniger festes Gestein, das durch Klüftung und Verwitterung mürbe geworden ist. Besonders in der Nähe der Störungsoberfläche gibt es oft tonige Gesteine und Mylonite, die erst allmählich gleiten. In diesem Material können sich seismische Wellen kaum ausbreiten.

Was ist eigentlich ...

Mylonit, durch Druck an tektonischen Bewegungsflächen zerriebenes und wieder verfestigtes Gestein.

Wenn ein Bruch die Oberfläche erreicht (was nur bei wenigen flachen Erdbeben passiert), verursacht er eine erkennbare Bruchspalte. Wissenschaftlich wurde dies zum ersten Mal in Verbindung mit dem Borah-Peak-Erdbeben in Idaho vom 28. Oktober 1983 beobachtet. Zwei Elchjäger sahen zu ihrem Erstaunen etwa 20 Meter vor ihrem Fahrzeug plötzlich eine markante, fast zwei Meter hohe Bruchstufe auftauchen. Sie beschrieben zuerst eine verschwommene Wahrnehmung (möglicherweise P-Wellen von dem entfernt liegenden Erdbebenherd?) und zwei bis drei Sekunden später die mehr oder weniger gleichzeitige Entstehung des Störungsbruches und ein heftiges Schaukeln des Autos.

Die Theorie der elastischen Rückformung bei der Erdbebenentstehung wird gestützt durch die Eigenschaften seismischer Wellen, die von Seismographen rund um die Welt aufgezeichnet wurden. Die registrierten Wellen stehen in Übereinstimmung mit Geländebeobachtungen, wo Bruchspalten an der Oberfläche auftraten und zugänglich waren. Unter den am besten dokumentierten Erdbeben der vergangenen Jahrzehnte ist das San-Fernando-Erdbeben in Kalifornien im Jahre 1971 dasjenige, an dem die Auswirkungen von Störungsbrüchen als Auslöser seismischer Wellen am besten studiert werden konnten.

Tiefbeben

Es gibt eine Gruppe von Erdbeben, die nicht durch einfache elastische Entspannung entlang einer Störung entstehen. Diese Erdbeben haben ihre Herde tief unter der Erdoberfläche. Seit 1964 hat das International Seismological Centre in England mehr als 60 000 Erdbeben mit Herdtiefen von mehr als 70 Kilometern registriert. Das sind 22 Prozent aller Erdbeben, deren Tiefe bekannt ist. Obwohl diese Tiefbeben im Allgemeinen an der Oberfläche schwächer als Flachbeben sind, können auch sie sich zuweilen zerstörend auswirken. Zum Beispiel beschädigte das Erdbeben unter den Karpaten am 4. März 1977 die Stadt Bukarest in Rumänien erheblich, obwohl seine Herdtiefe sogar bei etwa 90 Kilometern lag.

Die tiefsten Erdbebenherde liegen bei ungefähr 680 Kilometern. Diese tiefen Erdbeben haben eine besondere Bedeutung für eine Vielzahl geologischer Theorien. Da sich die tiefsten von ihnen dort ereignen, wo das Gestein großem Druck und hohen Temperaturen (etwa 2 000 °Celsius) ausgesetzt ist, liefern sie gleichzeitig Erkenntnisse über die Gesteinseigenschaften bei diesen extremen Bedingungen.

Gegenwärtig bleibt der Mechanismus für Erdbeben mit sehr tiefgelegenen Herden spekulativ. Einig ist man sich jedoch, dass die durch Gleiten entlang von Störungen in sprödem Gestein entstehenden elastischen Rückformungen, die die flachen Erdbeben erklären, kaum zu übertragen sind. Seit Beginn der instrumentellen Seismologie waren Tiefbeben Diskussionsthema. Es dauerte lange, bis die Seismologen die Existenz dieser Erdbeben überhaupt akzeptierten. 1922 machte der Oxforder Professor und damalige Direktor des International Seismological Summary, H. H. Turner, auf einige Widersprüche hinsichtlich der Wellenlaufzeiten bei Erdbeben rund um die Welt, insbesondere bei japanischen Erdbeben, aufmerksam. Bei manchen Erdbeben kamen die seismischen Wellen an den auf dem Globus gegenüberliegenden Stationen später als erwartet an, bei anderen früher. Turner schlug eine normale Herdtiefe von 200 Kilometern vor.

Porträt

Jeffreys, *Sir Harold*, *22.4. 1891 Fatfield County Durham, †18.3.1989 Cambridge. Professor für Astronomie und Experimentelle Philosophie in Cambridge. Jahrzehntelang begleitete Jeffreys die physikalische Erforschung der Erde mit theoretischen Arbeiten und zusammenfassenden Darstellungen. Bekannt ist sein Werk *The Earth* (1924). Ferner sind die seismologischen Jeffreys-Bullen-Tabellen (1939) zu nennen, die über Jahrzehnte als Referenz für die Interpretation der seismologischen Registrierungen dienten.

Damit erlangte er die Aufmerksamkeit von Sir Harold Jeffreys, der vierzig Jahre lang der führende Theoretiker der Seismologie war. Jeffreys reklamierte, dass das Gestein in Tiefen unter 50 Kilometern aufgrund von Druck und Temperatur erweichen und somit bei zunehmender Spannung eher fließen als plötzlich brechen würde. Jeffreys schlug vor, Turners These durch die Analyse der Seismogramme von Tiefbeben nach Oberflächenwellen zu überprüfen. Theoretisch können ganz bestimmte Wellenformen nicht entstehen, wenn das System an einer Stelle gestört wird, an der keine Bewegung stattfindet. Da Bewegungen von Oberflächenwellen auf oberflächennahe Bereiche beschränkt sind, können sie somit keinen tiefen Ursprung haben. Jeffreys erinnerte sich später: „Ich wies Turner darauf hin, dass ein Tiefbeben sehr kleine Oberflächenwellen oder gar keine erregen würde. Dieses könnte durch eine einfache Überprüfung von Seismogram-

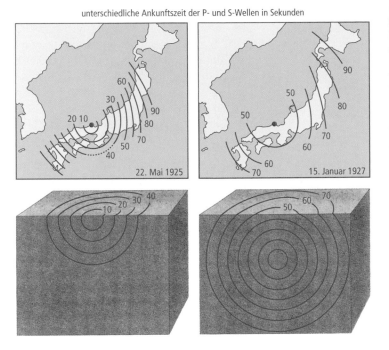

unterschiedliche Ankunftszeit der P- und S-Wellen in Sekunden

22. Mai 1925

15. Januar 1927

Das Intervall zwischen der Ankunft der *P*- und der *S*-Welle erlaubt die Unterscheidung zwischen flachen und tiefen Erdbeben. Die Zahlen an den Linien geben das Zeitintervall zwischen den Ankünften der *S*- und *P*-Wellen an jedem Punkt an. Eine Studie von Kiyoo Wadati hat gezeigt, dass der Unterschied in der Ankunftszeit von *S*- und *P*-Wellen am Epizentrum eines oberflächennahen Ereignisses von 1925 geringer als zehn Sekunden war. Die Verzögerung nahm mit der Entfernung aber schnell zu, während der Unterschied zwischen der *S*- und *P*-Welle bei einem Erdbeben 1927 mindestens 40 Sekunden betrug, wobei die Geschwindigkeitsdifferenz aber langsamer zunahm. Wadati war sogar in der Lage, für das Erdbeben von 1927 einen Erdbebenherd in einer Tiefe von 400 Kilometern anzugeben.

men getestet werden, doch Turner war von seinen eigenen Argumenten so überzeugt, dass er sich nicht darauf einlassen wollte."

Entschieden wurde die Angelegenheit endgültig durch Kiyoo Wadati (1902–1995), als er in der Meteorological Agency in Tokio arbeitete. 1928 veröffentlichte er überzeugende direkte Beweise, dass sich die Erdbebenherde unter Japan zwischen einigen zehn und Hunderten von Kilometern Tiefe befinden. Bald darauf bestätigten andere Seismologen Wadatis Ergebnisse mit Jeffreys Test. Jeffreys kritischer Einwurf aber blieb bestehen: Wie wird die Beanspruchung in Gesteinen freigesetzt, die durch überlagerndes Material stark zusammengepresst werden? Wenn sich eine Spalte öffnete, würde das Gewicht des überlagernden Gesteins sie wieder zusammenschweißen. Wenn es bei so hohen Temperaturen überhaupt zu Deformationen käme, dann nur durch plastisches Fließen.

Die Seismologen begannen die Suche nach detaillierteren Anhaltspunkten für die Unterschiede von flachen und tiefen Erdbeben. Ein Unterschied bestand darin, dass tiefe Erdbeben im Allgemeinen nur sehr wenige Nachbeben folgen. 1970 hat sich beispielsweise in Kolumbien in einer Tiefe von 650 Kilometern das vielleicht größte Tiefbeben der letzten 25 Jahre mit einer Magnitude von 7,6 ereignet. Die Seismographen registrierten überhaupt keine Nachbeben. Nach großen flachen Erdbeben liegen die Herde der Nachbeben gewöhnlich

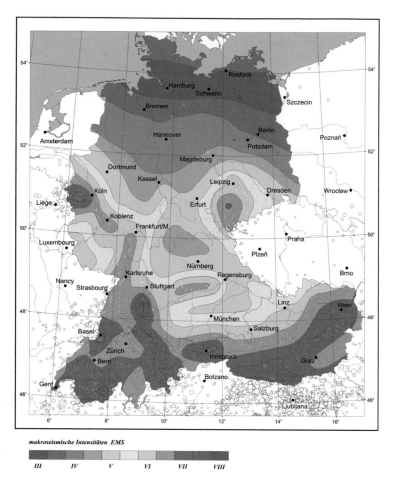

Erdbebengefährdungskarte: Abschätzung der Erdbebengefährdung für Deutschland, Österreich und die Schweiz, mit unterlegter Karte der Epizentren tektonischer Erdbeben. Gefährdung in Form berechneter Intensitätswerte für eine Nichtüberschreitungswahrscheinlichkeit von 90 % in 50 Jahren.

nahe der gerade aktivierten Störungsfläche. Im Gegensatz dazu sind die Nachbeben tieferer Erdbeben, wenn überhaupt, mehr oder weniger zufällig um den ursprünglichen Herd verteilt.

Diese Unterschiede deuten darauf hin, dass die Ursache für Tiefbeben in einem plötzlichen Wechsel des Gesteinsvolumens liegen muss, der aus der Phasenänderung der Minerale resultiert – genauso wie Wasser an Volumen zunimmt, wenn es zu Eis gefriert. Die plötzliche Ausdehnung des Gesteins könnte seismische Wellen hervorrufen. Diese Hypothese würde allerdings bedeuten, dass es entweder eine Implosion oder eine Explosion von Wellenenergie gibt, das heißt, dass die Seismographen weltweit bei den ersten P-Wellen nur Kompression beziehungsweise nur Dilatation ermitteln würden. So ein regelmäßiges Muster hat man allerdings nie beobachtet. Die Ersteinsätze von P-Wellen auf Seismogrammen variieren mit größerer Tiefe in verschiedenen Zonen der Erde ganz ähnlich wie die ersten

Ausschläge von P-Wellen bei flachen Erdbeben. Außerdem produzieren tiefe Erdbeben neben P-Wellen auch noch ausgeprägte S-Wellen, was nicht der Fall wäre, wenn eine Explosion oder Implosion die einzigen Auslöser wären. Die Scherkräfte wären dann nur sehr gering.

Für Tiefbeben wurden erst in jüngerer Vergangenheit zwei spezifische Mechanismen zur Diskussion gestellt. Die erste These geht davon aus, dass die spröden und plastischen Eigenschaften des Gesteins durch Wasser bei hohen Druck- und Temperaturverhältnissen in größeren Tiefen grundlegend beeinflusst werden. Viele Mineralien der Krustengesteine enthalten Kristallwasser, das bei hohen Temperaturen und Drücken mobilisiert werden kann. Tatsächlich konnte in Laborexperimenten herausgefunden werden, dass sich Gesteine mit dem grünen, wasserhaltigen Silicat Serpentin unter diesen Bedingungen spröde verhalten. Die Bedingung dabei ist offenbar eine vollständige Migration (langsames Wandern) von fluiden Phasen in die Gesteinsporen, um dort als Schmiermittel an potenziellen Schwachstellen zu wirken und so das Einsetzen der Gleitung zu ermöglichen.

Die zweite der Hypothesen geht die wenig befriedigende Theorie vom schnellen Wechsel der Mineralphasen anders an. Der Übergang der Phasen würde sich demnach an den Grenzen zwischen Gesteinslinsen abspielen, möglicherweise dort, wo die Bedingungen im Porenchemismus für einen plötzlichen Übergang besonders günstig sind. Entlang existierender Korngrenzen könnte sich die Kristallstruktur schnell verändern und so die Bindungen zwischen den Körnern schwächen.

Zur Überprüfung dieser Hypothesen werden die tief in der Erde herrschenden Bedingungen in einem Labor simuliert, indem kleine Gesteinsproben zwischen zwei Diamanten gespannt werden. Ein durch den Diamanten geführter Laserstrahl erhitzt das Gestein und ermöglicht zudem, jeden plötzlich auftretenden physikalischen Übergang zu fotografieren. Akustische Sensoren ermitteln, analog zu einem Erdbeben, jede schlagartige Energiefreisetzung. Auf diese Weise hofft man, das große Rätsel der Ursachen tiefer Erdbeben zu lösen.

Grundtext aus: Bruce A. Bolt *Erdbeben. Schlüssel zur Geodynamik*; Spektrum Akademischer Verlag (Originalausgabe: *Earthquakes and Geological Discovery*, W. H. Freeman; übersetzt von Bettina Klare und Helga Großkopf).

Gleich kracht's!

Mit ausgefeilten Methoden können Seismologen Erdbeben besser vorhersagen. Noch in diesem Monat soll es Los Angeles treffen

Axel Bojanowski

Wissenschaftsmagazine boten in den vergangenen Wochen grausige Lektüre: In den Journalen wurde mehrfach der Tod Tausender Menschen angekündigt. Am 9. Juni warnte der Seismologe Kerry Sieh vom California Institute of Technology in *Nature* vor weiteren Tsunamis in Südasien. Zwei Wochen später sagten Forscher um Rolando Armijo vom Tektonischen Labor in Paris in *Geochemistry, Geophysics, Geosystems* ein schweres Erdbeben nahe der Millionenmetropole Istanbul voraus. In *Science* berichtete das Team des Geophysikers Hiroshi Sato am 15. Juli von einer gefährlichen Erdspalte, die Tokyo in nur wenigen Kilometern Tiefe unterquert. Die Verwerfung könne jederzeit beben und Teile der Megastadt zerstören. Japan gilt als eine der gefährdetsten Regionen der Erde, jedes fünfte starke Beben ereignet sich dort. Wie ernst die Warnungen der Seismologen zu nehmen sind, zeigte sich in dieser Woche erneut: Am Dienstagvormittag erschütterte ein Beben mit der Stärke 7,2 den Nordosten des Inselstaats: 27 Menschen wurden verletzt, 17 000 Haushalte waren zeitweilig ohne Strom. Noch im 350 Kilometer entfernten Tokyo wankten die Hochhäuser.

Auch in Kalifornien leben die Menschen in steter Gefahr: Erst am 13. Mai hatte Ray Weldon von der Universität Oregon ein vernichtendes Erdbeben in Los Angeles prognostiziert. Dort, an der University of California, arbeitet einer von Weldons Kollegen, der gebürtige Russe Wladimir Keilis-Borok. Und der wird sogar konkret: Noch im August werde sich in seiner Heimatstadt ein Starkbeben ereignen, kündigt Keilis-Boroks

auf einer Internet-Seite des kalifornischen Katastrophenschutzes an.

Erdbebenwarnungen werden mit Gefängnis bestraft

Zwar verstoßen die Geowissenschaftler mit ihren Kassandrarufen gegen das Gesetz. Öffentliche Erdbebenvorhersagen können in den USA mit bis zu drei Monaten Haft bestraft werden. Die Strafnorm gilt Scharlatanen, die regelmäßig ominöse Erdbebenwarnungen herausgeben. Sie können angeblich drohende Beben aus dem Stand von Himmelskörpern ablesen, sie vorher hören oder haben andere „Beweise". Nun aber werden auch die seriösen Wissenschaftler zu Propheten. Forscher wie Keilis-Borok preschen mit konkreten Warnungen vor. Geowissenschaftler aus Europa, Japan und den USA haben Verfahren entwickelt, die jetzt im Realitätstest bestehen müssen. Ein aufregender Wettbewerb um die verlässlichste Prognose ist entbrannt, sie würde ihren Entdeckern einen Platz in den Geschichtsbüchern sichern.

In Kalifornien gibt es seit Mai sogar täglich eine offizielle Erdbebenprognose – wie beim Wetterbericht wird der nächste Tag vorhergesagt. Dabei wird ein statistisches Verfahren benutzt, das Stefan Wiemer von der ETH Zürich kürzlich in *Nature* präsentierte. Es gilt der Vorhersage von Nachbeben, die stärker sein können als ein Hauptbeben. Nachbeben, die einem Starkbeben oft jahrelang folgen, ereignen sich nicht zufällig, sondern mit einer gewissen Wahrscheinlichkeit an bestimmten Orten und werden dabei kontinuierlich gemessen. Bislang lassen sich die Kalifornier in ihrer Tagesplanung durch die neue Dienstleistung freilich nicht beeinflussen. Zu gering sind die angegebenen Wahrscheinlichkeiten, selten sind sie höher als 1:1 000. Kein Grund also, die Stadt zu verlassen.

Doch der Tag wird kommen, an dem die Kalifornier wünschen werden, überall zu sein, nur nicht zu Hause: In San Francisco und Los Angeles lässt ein großes Beben schon zu lange auf sich warten – „*The Big One*" ist längst überfällig. Ein Bericht der US-Regierung sagt Los Angeles bei dem Ereignis 15 000 Tote, 50 000 Schwerverletzte und einen Schaden von 200 Milliarden Dollar voraus. Die Erdbebenprognose soll die Leute ermuntern, Vorkehrungen für den Ernstfall zu treffen. Denn das Unausweichliche scheint die Kalifornier kaum zu beunruhigen. Appelle der Behörden, Medikamente, Kleidung, Batterien und Konserven für den Ernstfall bereitzuhalten, verhallen oft ungehört. Viele verdrängen, dass der Boden der Siedlungsräume im Küstengebirge so stabil ist wie ein Pudding.

Wenn Wladimir Keilis-Borok mit seiner Warnung Recht hat, sollten die Einwohner von Los Angeles sofort ihre Sachen packen. Im Dezember sagte er der Stadt bis einschließlich August ein Starkbeben mindestens der Stärke 6,4 voraus. „ *The Big One*" hätte wenigstens die Stärke 7,5. Die Prognose von Keilis-Borok beruht auf der Verteilung von Mikrobeben, die eine große Spannungsentladung ankündigen können. Ereignen sich in kurzer Zeit mehrere Beben einer bestimmten Stärke entlang desselben Bruches in der Erdkruste, ist das ein Alarmzeichen. Zwei schwere Beben hat der 83-jährige Keilis-Borok erfolgreich vorhergesagt: eines in Zentralkalifornien im Dezember 2003 und eines in Nordjapan im September 2003. Eine weitere Katastrophenprognose für Südkalifornien letztes Jahr erwies sich allerdings als Fehlalarm.

Die aufsehenerregenden Warnungen des Russen spalten die Fachwelt. Zwar hält der Geologische Dienst der USA (USGS) die Methode für seriös. Doch die meisten Seismologen meinen, sie sollte nicht öffentlich gemacht, sondern bei einer Fachjury hinterlegt werden – so wie es üblich ist. Manch zunächst vielversprechende Methode erwies sich nach jahrelanger Prüfung in Fachkreisen als untauglich und wurde stillschweigend eingemottet.

Russische Seismologen lässt die Kritik kalt, sie verbreiten weitere spektakuläre Warnungen: Wolodoja Kossobokow von der Russischen Akademie der Wissenschaften sagt einen „Erdbebensturm" an den Pazifikküsten voraus, mit nachfolgenden schweren Tsunamis. Ursache sei das Tsunami-Beben vom zweiten Weihnachtstag, das die Spannung in der Erdkruste von Indonesien bis Alaska erhöht habe. Kossobokow erinnert daran, dass die stärksten Beben Schlag auf Schlag auftraten: Sie ereigneten sich in kurzen Abständen von 1952 bis 1965 an den Pazifikküsten. Die Möglichkeit, dass die Häufung Zufall ist, beträgt weniger als ein Prozent, hat er berechnet.

Der von Kossobokow prognostizierte „Erdbebensturm" setzt allerdings voraus, dass sich Spannungen über große Distanzen übertragen können – ein umstrittenes Szenario. Berechnungen der Seismologen Roland Bürgmann und Fred Pollitz ergaben, dass es etwa 30 Jahre dauern würde, bis sich von einem Beben ausgelöste Verformungen der Erdplatten von einer Pazifikküste zur anderen übertragen. Eine schlüssige Erklärung für die Häufung der Megabeben an den Pazifikküsten vor 40 Jahren steht noch aus.

Zeitliche Vorhersagen sind noch immer Zufallstreffer

Erdbebenserien auf kürzeren Entfernungen indes erscheinen plausibel. Deshalb verdienen Prognosen wie die von Kossobokow Beachtung – spätestens seit das zweite schwere Seebeben im März vor Sumatra örtlich exakt vorhergesagt worden war.

Dass es die bezeichnete Stelle treffen würde, hatten nur zwei Wochen vor dem Beben Seismologen um John McCloskey von der Universität Ulster in Nordirland in Nature prognostiziert. Gleichwohl, dass es so schnell gehen würde, überraschte selbst die Forscher. Denn trotz Keilis-Boroks präziser Erdbebenwarnung für Los Angeles erwiesen sich zeitliche Erdbebenprognosen bisher noch immer als Zufallstreffer.

Die örtliche Vorhersage hingegen konnte schrittweise verbessert werden, seit Geologen Mitte der Sechzigerjahre die Ursache von Erdbeben klären konnten: Die Erdoberfläche besteht aus einem Mosaik von Gesteinsplatten. Die Platten rutschen, von heißem, zähflüssigem Gestein im Erdinnern geschoben, wenige Zentimeter pro Jahr voran. Verhaken sich zwei ineinander, baut sich Druck auf: Bei etwa 30 Bar bricht das Gestein schlagartig, die Platte schnellt vor, und es wird wie bei einem reißenden Gummiband Energie frei.

An Plattengrenzen finden mithin die allermeisten Erdbeben statt. Doch nicht alle Grenzabschnitte sind gleichermaßen bedroht. „Gefährdungskarten" von Versicherungen, Behörden und Baukonzernen beruhen auf der Häufigkeit von Starkbeben in einer Region. Aus diesen Daten errechnen Seismologen Zeitspannen. Kam es in der Vergangenheit alle 500 Jahre zu verheerenden Erdstößen, dann erwarten sie dort in einem Zeitraum von 50 Jahren mit zehnprozentiger Wahrscheinlichkeit eine Katastrophe. Die Forscher nehmen an, dass die Spannung mit der Zeit zunimmt – längere Ruhephasen schlagen sich also in einer höheren Bebenwahrscheinlichkeit nieder. Hinweise auf zunehmende Spannung liefern auch die Signale von GPS-Navigationssatelliten, die Plattenbewegungen registrieren.

Damit sind die Seismologen nun in der Lage, Auskunft über die Spannungen im Untergrund zu geben. Bei einem Erdbeben wird nicht nur Spannung abgebaut, sondern auch ans Ende des Gesteinsrisses verscho-

ben. So ereignete sich das schwere März-Beben vor Sumatra am Ende jenes Bruches, der beim Tsunami-Beben am zweiten Weihnachtstag entstanden war. Das Beben von Weihnachten hatte die Spannung dort um vier Bar erhöht, hatte McCloskey zuvor gewarnt.

Auch über die Bruchzone hinaus verändern Beben nach Meinung vieler Forscher die Spannungen. Die spröde Erdkruste widersteht Laborversuchen zufolge stetem Druck nicht lange. Wird eine zehn Kilometer lange Gesteinsplatte nur einen Meter zusammengedrückt, bricht sie. Seismologen am USGS errechnen deshalb nach einem Beben anhand von Satellitendaten die Verschiebung der Erdplatten und bestimmen die neuen Spannungsverhältnisse.

Ein großes Beben würde in Istanbul 55 000 Menschen töten

In der Türkei manifestierte sich die Spannungstheorie mit tödlicher Präzision. Im gesamten Verlauf der tausend Kilometer langen Nordanatolischen Verwerfung haben verheerende Erdbeben in den letzten 66 Jahren den Druck der Gesteine abgebaut. 1939 setzte am östlichen Ende der Verwerfung das erste Beben ein. Mit den Katastrophen von 1999 in Düzce und Izmit erreichten die Erdbeben den bisher am weitesten westlich gelegenen Punkt der Verwerfung. Das Izmit-Beben hat nun vermutlich das westliche Ende der Verwerfung zum Zerreißen gespannt. Ein Starkbeben in der 70 Kilometer langen Marmara-Sektion, 20 Kilometer südlich von Istanbul, würde in der Megastadt einer UN-Studie zufolge 55 000 Tote und eine Vielzahl Verletzter fordern. Die Erdbebenprognose kann Istanbul als Warnung dienen: Jedes Haus, das dort schnellstmöglich stabilisiert wird, würde die Zahl der Opfer verringern.

Etwa 70 Prozent aller Erdbeben ereignen sich in den von den Forschern berechneten

„roten Zonen" hoher Spannung. „ Das belegt den Erfolg unserer Methode", sagt USGS-Forscher Ross Stein. Der Züricher Seismologe Stefan Wiemer ist kritisch. Möglich wäre, dass die Zonen großer Spannung Regionen mit ohnehin hoher Bebenwahrscheinlichkeit entsprächen, die Spannungstheorie also keine neuen Erkenntnisse bringe.

Die Statistik scheint Wiemer Recht zu geben; denn umgekehrt ereignen sich 30 Prozent der Beben in Regionen niedrigerer Spannung. Das widerspreche nicht der Spannungstheorie, sagt Stein, auch in diesen Gebieten sinke die Spannung nie auf null. Beben seien dort seltener, doch jederzeit möglich. Ausgerechnet das starke Beben vom 17. Januar 1994 in Northridge, Kalifornien, ereignete sich in einer Region, die als weniger gefährdet galt. Auf die Frage, ob das Beben vorhergesagt worden sei, antwortete ein Seismologe des USGS: „Noch nicht."

Die Lakonik unterstreicht das Dilemma der Seismologen, die meist erst nach einem heftigen Erdstoß erklären können, warum das Beben gerade an diesem Ort zuschlug. So präsentierte Pjotr Schebalin vom Geophysikalischen Institut Moskau im April eine Rechnung, die zeigen sollte, dass mit der Prognosemethode von Keilis-Borok das Tsunami-Beben von Weihnachten hätte vorhergesagt werden können.

Tiere sind als Erdbebenwächter zu unzuverlässig

Eindeutige Warnsignale sind der „heilige Gral" der Seismologie. Doch alle vor Ort messbaren Anzeichen wie die elektrische Spannung des Untergrunds, die Dehnung der Erdkruste oder Veränderungen des Grundwasserspiegels erwiesen sich als unzuverlässig. Tiere scheiden als Erdbebenwächter wohl ebenfalls aus – trotz der obligatorischen Berichte, Katzen oder Hühner

seien vorher unruhig geworden. Von jenen Tieren, die nichts gemerkt hatten, wird freilich nie erzählt. Vermutlich reagieren Tiere auf die auch von Menschen am besten messbaren Signale, meint Susan Hough vom USGS – auf Vorbeben. Auch der größte Prognoseerfolg aller Zeiten beruht auf der Erfassung von Vorbeben: Im Februar 1975 wurden wegen des zunehmenden Rumorens der Erde Hunderttausende aus der chinesischen Stadt Heicheng evakuiert – einen Tag vor einem verheerenden Starkbeben. Der Triumph blieb ein Einzelfall. Ein Jahr später kamen bei einem Beben im chinesischen Tangshan eine halbe Million Menschen ums Leben.

Nun versuchen die Seismologen das Herz der Erdbeben selbst zu untersuchen. An der San-Andreas-Verwerfung in Kalifornien, einer der gefährlichsten Erdbebenlinien, wagen Ingenieure derzeit eine Erkundung mitten in einem Bebenherd. Erstmals wühlt sich ein Bohrer durch die Nahtzone zweier Erdplatten - eine wissenschaftliche und technische Pioniertat.

In der Gegend zittert die Erde mehrere Dutzend Male am Tag, meist unmerklich. Die Seismologen hoffen, in unterirdischen Labors im Bohrloch Warnsignale zu entdecken. Möglicherweise gehen Erdstößen Veränderungen im Gestein voraus. So gibt es Hinweise, dass vor schweren Beben Wasser aus den Gesteinen quillt, die Reibung an Gesteinsklüften herabsetzt und quasi als Schmiermittel für das Beben wirkt. Am 2. August drang der Bohrer in die Erdbebenzone in drei Kilometer Tiefe vor. Behält Keilis-Borok Recht und es knallt noch in diesem Monat, kommt der Vorstoß zu spät. Doch vielleicht erhält Kalifornien eine Schonfrist. Dann könnte es gelingen, Alarmsignale zu entdecken, bevor *„The Big One"* zuschlägt. Ein Wettlauf gegen die Zeit hat begonnen.

Aus: DIE ZEIT, Nr. 34, 18. August 2005

Michael F. Jischa ist ein wissenschaftlicher Quereinsteiger – und ein wissenschaftlicher Queraussteiger. Der 1937 in Hamburg geborene Ingenieur absolvierte zunächst eine Lehre als Kraftfahrzeugmechaniker, bevor er an der Ingenieurschule Hamburg Flugzeug- und Kraftfahrzeugbau studierte. Jischa lernte, forschte und lehrte an der Universität Karlsruhe (Diplom in Maschinenbau), an der Technischen Universität Berlin, in Bochum, Essen und an der Technischen Universität Clausthal, wo er bis zu seiner Emeritierung Professor für Mechanik war. Gastprofessuren führten Jischa nach Haifa, Marseille und Schanghai.

Bereits einige Jahre vor der ersten großen weltweit erfolgreichen UN-Konferenz für Umwelt und Entwicklung in Rio de Janeiro begann Jischa über das Verhältnis von Gesellschaft und Technik nachzudenken. Soeben hat er sein Buch *Herausforderung Zukunft* in einer überarbeiteten zweiten Auflage herausgebracht. In seinem Beitrag erörtert Jischa eine der wichtigsten Herausforderungen der Gegenwart: den Umgang mit den Ressourcen unseres Planeten.

Wie viele Menschen kann die Erde ernähren? Für wie viele und für wie lange Zeit reichen die fossilen Brennstoffe? Diese sorgenvollen Fragen sind nicht neu. Schon einmal hat es deutliche Warnungen gegeben, es werde knapp auf unserem Planeten. Im Jahr 1972 erschien der Bericht *Grenzen des Wachstums* des Club of Rome. Er warnte eindringlich vor einer katastrophalen Energie- und Rohstoffkrise, vor Mangel und Hunger. Es kam anders. Ganz offensichtlich war die Einschätzung der Versorgungslage zu dramatisch. Die Autoren hatten die Zuwachsraten im Energie- und Ressourcenverbrauch zu hoch angesetzt und nicht vorhersehen können, welche Potenziale in energie- und ressourcensparenden Technologien steckten, im Recycling oder in der Umstellung auf alternative Materialien.

Doch bald könnten auch die *Grenzen des Wachstums* eine Neuauflage erleben, wenn die Menschheit mit den Schätzen der Erde nicht verantwortungsbewusst und klug umgeht. Michael F. Jischa liefert ein Plädoyer für einen umsichtigen Umgang mit begrenzten Ressourcen, geschrieben von einem Ingenieur, dessen Vertrauen in nachhaltige technische Entwicklung dem Text einen leisen Optimismus verleiht und ihn so wohltuend von kulturpessimistischen Zukunftsszenarien abhebt.

Michael F. Jischa

Endliche Ressourcen *oder* Plündern wir unseren Planeten?

Von Michael F. Jischa

Wir benutzen die Erde, als wären wir die letzte Generation.
René Jules Dubos, 1901–1982, Umweltschützer und Gewinner des Pulitzer-Preises

Rohstoffe lassen sich in unterschiedlicher Weise unterteilen. Zum einen unterscheiden wir nachwachsende (regenerierbare) von erschöpflichen (nicht regenerierbaren) Rohstoffen. Zu der ersten Gruppe gehören die agrarischen Rohstoffe aus der Land- und der Forstwirtschaft: der Wald und der Pflanzenbestand (Zellstoff, Naturkautschuk, Baumwolle u. a.), die Ernährungsgüter (Getreide, Gemüse, Zucker, pflanzliche Öle u. a.) sowie der Tierbestand (Leder, Wolle, Seide u. a.).

Zu der Gruppe der nicht regenerierbaren Rohstoffe gehören zum einen die fossilen Primärenergieträger Kohle, Erdöl und Erdgas. Wir bezeichnen sie als organische Rohstoffe, auch Energierohstoffe. Des Weiteren gehören in diese Gruppe die mineralischen Rohstoffe, sie sind anorganischen Ursprungs. Einige Mineralien wie Sande, Kiese, Steine und Diamanten hält die Natur für eine direkte Nutzung bereit. In den meisten Fällen sind jedoch physikalische und/oder chemische

Was ist eigentlich ...

Rohstoff, im übergeordneten Sinn Bezeichnung für unbehandelte Produkte aus dem organischen und anorganischen Stoffkreislauf der Erde (z. B. nachwachsende Rohstoffe wie Holz und landwirtschaftliche Produkte oder nicht regenerierbare mineralische Rohstoffe und fossile Brennstoffe), die meist zur Verwertung erst weiterverarbeitet werden müssen. Im engeren Sinn werden darunter mineralische Naturprodukte (z. B. Steine und Erden, Industriemineralien), Energierohstoffe (z. B. Erdöl, Erdgas, Kohle, Uranerze) und metallische Rohstoffe (z. B. Erze) unterschieden. Sekundärrohstoffe sind verarbeitete Produkte, aus denen nach ihrer Verwendung/Nutzung durch Recycling erneut Wertstoffe gewonnen werden können.

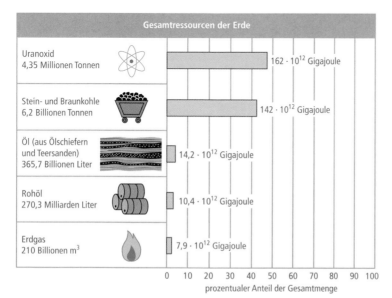

Gesamtressourcen der Erde

Uranoxid 4,35 Millionen Tonnen	$162 \cdot 10^{12}$ Gigajoule
Stein- und Braunkohle 6,2 Billionen Tonnen	$142 \cdot 10^{12}$ Gigajoule
Öl (aus Ölschiefern und Teersanden) 365,7 Billionen Liter	$14,2 \cdot 10^{12}$ Gigajoule
Rohöl 270,3 Milliarden Liter	$10,4 \cdot 10^{12}$ Gigajoule
Erdgas 210 Billionen m³	$7,9 \cdot 10^{12}$ Gigajoule

0 10 20 30 40 50 60 70 80 90 100
prozentualer Anteil der Gesamtmenge

Noch vorhandene, nicht regenerierbare Energierohstoffe: Die nicht erneuerbaren Weltenergievorräte belaufen sich auf insgesamt rund $338 \cdot 10^{12}$ Gigajoule (Maßeinheit des Energieinhalts, der aus einer bestimmten Menge Brennstoff freigesetzt wird).

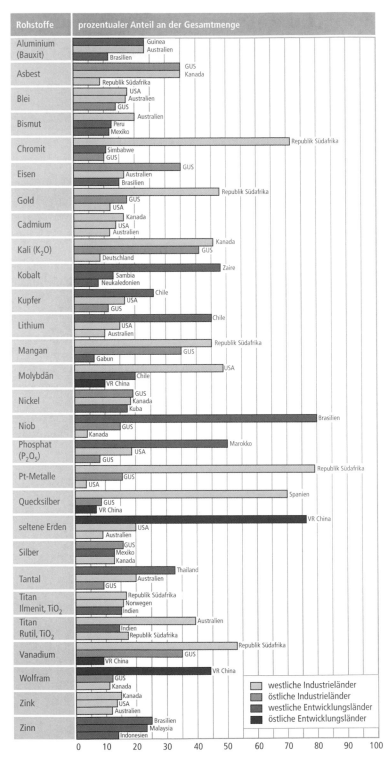

Mineralische Rohstoffe:
regionale Verteilung der Welt-
rohstoffvorräte.

Aufbereitungsprozesse erforderlich, um die natürlich vorkommenden Rohstoffe als Materialien nutzen zu können. Hier ist vor allem die große Gruppe der Metalle zu nennen, die aus Erzen gewonnen werden.

Das Angebot an nachwachsenden Rohstoffen ist durch Anbau und durch klimatische Randbedingungen begrenzt. Die Begrenzung der nicht erneuerbaren Rohstoffe liegt in der Reichweite ihrer Vorräte. An dieser Stelle kommt ein wichtiger Unterschied zwischen den Energierohstoffen und den mineralischen Rohstoffen zum Tragen. Die fossilen Brennstoffe werden verbrannt. Das dabei entstehende Kohlendioxid wird in den Meeren, in den Pflanzen und in der Atmosphäre gespeichert. Es ist verfahrenstechnisch zwar möglich, den Kohlenstoff aus dem Kohlendioxid (etwa der Luft) herauszuholen. Das macht energetisch keinen Sinn, denn es muss mehr Energie aufgewendet werden, als bei der anschließenden Verbrennung des Kohlenstoffs wieder gewonnen wird.

Im Gegensatz dazu werden die Metalle in einem Produktionsprozess nicht verbraucht, sie werden nur umgewandelt. Von daher ist es prinzipiell möglich, sie zumindest teilweise wieder in den Produktionsprozess zurückzuführen. Dieser Vorgang wird auch bei uns, wie im Englischen, als Recycling bezeichnet. Dabei hat das Recycling eine zweifache Bedeutung. Es entschärft nicht nur das Entsorgungsproblem, sondern auch das Versorgungsproblem. Somit kann Recycling als neue Rohstoffquelle angesehen werden, ebenso wie das Energiesparen eine neue Energiequelle darstellt.

In diesem Beitrag wird das Schwergewicht auf der Behandlung der mineralischen und der agrarischen Rohstoffe liegen. Wir werden über die Möglichkeiten und Grenzen des Recyclings sprechen. Ein Abschnitt wird der lebenswichtigen (endlichen) Ressource Wasser gewidmet sein. Danach behandeln wir die mit der Land- und Forstwirtschaft eng verknüpften Probleme Bodenerosion, Entwaldung und Wüstenbildung. Das leitet zu der Frage über, wie viele Menschen die Erde ernähren kann. Abschließend wird die Bedrohung der Artenvielfalt behandelt.

Rohstoffversorgung

Die Rohstoffversorgung der Weltwirtschaft spielt sich in dem Spannungsfeld zwischen Politik, Ökonomie und Ökologie ab. Entscheidende Versorgungskriterien sind einerseits die Reichweite (Lebensdauer), die Gewinnungs- und Bezugsmöglichkeiten, die Verfügbarkeit, die Förderung, die Verarbeitung und die Preisentwicklung. Bis in die 1970er-Jahre spielten nur diese wirtschaftlichen und politischen Aspekte eine Rolle. Als Folge der Bewusstseinswende der

Sechzigerjahre erhielten ökologische Überlegungen ein immer größeres Gewicht. Als neue und wesentliche Gesichtspunkte traten das Recycling und die Entsorgung hinzu.

In den Siebzigerjahren gab es eine Reihe von bahnbrechenden Arbeiten, in denen das Versorgungsproblem aus heutiger Sicht zu dramatisch dargestellt wurde. *Die Grenzen des Wachstums* (Meadows et al. 1973, englische Originalversion *The Limits to Growth*, 1972) hieß der erste Bericht an den 1968 gegründeten Club of Rome. Allein der Titel war eine Provokation. Das Buch wurde in mehr als 30 Sprachen übersetzt und erreichte eine Auflage von über 10 Mio. Exemplaren. Die Ölkrise 1973, die in Deutschland zu autofreien Sonntagen führte, war im Bewusstsein der Öffentlichkeit ein eindeutiger Beleg dafür, dass es zumindest aus *Ver*sorgungsgründen Grenzen des Wachstums gibt. In dem Bericht wurde auch schon darauf hingewiesen, dass Entsorgungsprobleme gleichfalls das Wachstum begrenzen.

Das entscheidende Verdienst derartiger Prognosen (wir sollten besser von Szenarien sprechen) liegt darin, dass gegengesteuert werden kann und auch gegengesteuert wurde. Das hat dazu geführt, dass bei den meisten Rohstoffen derzeit keine Mangellage vorliegt, sondern ein ausreichendes Angebot vorhanden ist. Das zeigt sich am Verfall der Weltrohstoffpreise. Ein ausreichendes Angebot existiert nicht nur bei den bergbaulichen, sondern auch bei den landwirtschaftlichen Rohstoffen. Dies mag angesichts vieler Berichte über Hungerkatastrophen in Ländern der Dritten Welt verwundern. Es spiegelt die Gleichzeitigkeit von Überfluss in den Industrieländern und Mangel in zahlreichen Entwicklungsländern wider.

Was waren die Ursachen für die offensichtlich zu dramatische Einschätzung der Versorgungslage in den Siebzigerjahren des 19. Jahrhunderts? Welche Gründe gibt es dafür, dass die Versorgungssituation heute günstiger ist, als damals erwartet wurde? Die in dem Bericht *Grenzen des Wachstums* unterstellten Zuwachsraten im Verbrauch waren zu hoch angesetzt. Ökonomische Überlegungen führten zu technischen Entwicklungen, die einen sparsameren Umgang mit Rohstoffen ermöglichten. Die Ressourceneffizienz wurde und wird ständig weiter erhöht. Recycling und Umstellung auf alternative Materialien führten zu Einsparungen und damit zu Sättigungseffekten bei vielen Rohstoffen. Da die Reichweite der Ressourcen von den Zufundraten abhängt, wurde die Situation durch technische Entwicklungen in den Abbau- und Fördertechniken weiter entschärft. Neue Lagerstätten wurden und werden erschlossen, dies ist ein dynamischer Prozess. Bislang unrentable Lagerstätten konnten abgebaut werden. Beispielhaft sei die Gewinnung von Erdöl aus Ölsanden genannt. Ein weiterer Faktor war der wirtschaftliche und politische Zusammenbruch des planwirtschaftlichen Systems in der Sowjetunion und den Ostblockstaaten. Dies führte zu einem starken Rückgang der

Was ist eigentlich ...

Club of Rome, Zusammenschluss von Wirtschaftsführern, Politikern und Wissenschaftlern aus über 50 Ländern, gegründet 1968 in Rom. Der Club of Rome beschäftigt sich v. a. mit den Grenzen des Wachstums und der weiteren Zukunft unseres Planeten. Eines der verfolgten Ziele war und ist die Entwicklung sogenannter Globalmodelle („Weltmodelle"), mit deren Hilfe sich die künftige Entwicklung der Wirtschaft und des Lebens auf der Erde, insbesondere aber die ökologische Entwicklung darstellen lassen. Auf dieser Grundlage werden unterschiedliche Szenarien erstellt und entsprechende Entwicklungsempfehlungen abgeleitet.

Internet-Link

www.clubofrome.org

Nachfrage an Rohstoffen. Vermutlich wird es sich hierbei um einen vorübergehenden Vorgang handeln, wobei offen ist, wie lange dieser Zustand andauern wird. Hinzukommt, dass viele Lieferländer ihre Produktion an Rohstoffen erhöht haben. Insbesondere hoch verschuldete Entwicklungsländer sind zur Tilgung ihrer Auslandsschulden und zur Deckung ihres Devisenbedarfs auf den Export von Rohstoffen angewiesen. Auf sinkende Rohstoffpreise können sie nur mit einem erhöhten Angebot an Rohstoffen reagieren, weil sie kaum andere Einnahmequellen besitzen. Dies ist einer der Gründe für ihre wirtschaftliche Abhängigkeit und ihre Unterentwicklung.

Das Jahr 2004 erlebte jedoch auch eine von vielen Experten erwartete Verschärfung der Versorgungslage. Der Subkontinent China (mit 1,3 Mrd. Einwohnern) weist seit einiger Zeit jährliche Wachstumsraten von etwa 10 Prozent aus. Diese betreffen nahezu alle Bereiche wie das Bruttoinlandsprodukt, den Primärenergieverbrauch sowie den Verbrauch an mineralischen Ressourcen und an Nahrungsmitteln. Insbesondere die stark gestiegene Nachfrage nach Eisenerz, Stahl und Stahlschrott sowie nach Steinkohle und Steinkohlenkoks hat zu einem weltweiten Boom der Stahlbranche geführt.

Wie umfangreich sind die Rohstoffvorräte der Welt? Bei der Behandlung der Energierohstoffe sind die Vorräte in vermutete Ressourcen sowie nachgewiesene und ausbringbare Reserven zu unterteilen. Und die Begriffe statische sowie dynamische Reichweite sind in diesem Zusammenhang wichtig. Die folgende Tabelle zeigt die statische Lebensdauer einiger ausgewählter Rohstoffe. Dabei sind die entsprechenden Daten für die fossilen Primärenergieträger zum Vergleich mit aufgeführt. Es sei jedoch betont, dass die Aussagekraft dieser Zahlen begrenzt ist. Sie sagen lediglich aus, dass die derzeit aktuel-

Zum Weiterlesen

Der dritte Band über mögliche Wege, die die Menschheit wählen kann: *Grenzen des Wachstums. Das 30-Jahre-Update.* (Hirzel 2006).

Was ist eigentlich …

Reichweite: In Analogie zu dem privaten Weinkeller spricht man von der statischen Reichweite, wenn die aktuellen Reserven auf den aktuellen Verbrauch bezogen werden. In den 1970er- und 1980er-Jahren war zu beobachten, dass bei fast allen bergbaulich zu gewinnenden Rohstoffen die statischen Reichweiten aufgrund der steigenden Preise, der verbesserten Abbautechniken und der Erforschung neuer Lagerstätten nicht ab-, sondern zunahmen. Bei der dynamischen Reichweite werden die zukünftigen Reserven auf den zukünftigen Verbrauch bezogen. Angaben darüber lassen sich nur in Form von Szenarien angeben.

Rohstoff	Lebensdauer (in Jahren)
Chrom	350
Eisen	300
Mangan	250
Nickel	160
Zinn	120
Blei	90
Kupfer	90
Zink	45
Quecksilber	35
Braunkohle	230
Steinkohle	200
Erdgas	75
Erdöl	45
Erdöl einschließlich Teersande und Ölschiefer	120

Statische Lebensdauer ausgewählter Rohstoffe in Jahren, Stand 2005/06.

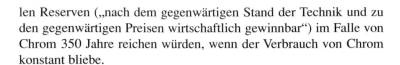

len Reserven („nach dem gegenwärtigen Stand der Technik und zu den gegenwärtigen Preisen wirtschaftlich gewinnbar") im Falle von Chrom 350 Jahre reichen würden, wenn der Verbrauch von Chrom konstant bliebe.

Recycling

Mit Recycling wird die systematische Rückführung von Abfällen in den Produktionskreislauf bezeichnet. Abfälle entstehen zunächst in den Produktionsprozessen selbst. Deren Rückführung in den Produktionskreislauf ist wesentlich einfacher als bei den Abfällen aus dem Konsum, also aus den Haushalten. Hierfür ist eine entsprechend ausgefeilte Logistik erforderlich. Statt Recycling sprechen wir auch von Wiederverwertung, häufig kurz Verwertung genannt. Diese Begriffe sind unscharf, sie müssen präzisiert werden. Bei der Wiederverwertung unterscheiden wir zwischen Wiederverwendung, Weiterverwendung und Weiterverwertung.

Unter Wiederverwendung verstehen wir die erneute Benutzung des gebrauchten Produkts für den gleichen Verwendungszweck. Die Pfandflasche ist hierfür ein typisches Beispiel, auch runderneuerte Reifen fallen darunter. Mit Weiterverwendung wird die erneute Benutzung des gebrauchten Produkts für einen anderen Verwendungszweck bezeichnet. Beispielhaft seien Füllstoffe für Baumaterialien und Schallschutzwände aus granulierten Altreifen und Kunststoffabfällen genannt. Von Weiterverwertung spricht man, wenn die chemischen Grundstoffe aus den Abfällen wiedergewonnen und in den Produktionsprozess zurückgeführt werden. Hierbei geht die Produktgestalt verloren, was mit einem höheren Wertverlust verbunden ist.

Die Verfahren der (Weiter-)Verwertung werden ihrerseits untergliedert. Eine werkstoffliche Verwertung liegt vor, wenn etwa aus Kunststoffabfällen (über ein Granulat) neue Kunststoffprodukte hergestellt werden. Dies geht insbesondere bei Kunststoffen umso besser, je sortenreiner und sauberer die Abfälle vorliegen. Das „Recycling" von Kunststoffen ist jedoch stets mit Qualitätsverlusten verbunden, da die langkettigen Makromoleküle bei den Prozessen zerhackt werden. Daher sollte man besser von „Downcycling" statt von „Recycling" sprechen. Die werkstoffliche Verwertung von Stahlschrott, Altglas und Altpapier ist dagegen wesentlich unproblematischer.

Eine rohstoffliche Verwertung liegt vor, wenn etwa ein Kunststoffgemisch als Reduktionsmittel zur Stahlerzeugung verwendet wird. Dabei wird nur der Kohlenstoffgehalt der Abfälle genutzt. Dadurch wird der Verbrauch von Steinkohlenkoks bei den Verhüttungsprozessen reduziert. Bei der energetischen Verwertung, verkürzt Müllverbrennung genannt, wird die in den Abfällen enthaltene chemische Energie in thermische Energie umgewandelt. Diese kann entweder der Stromerzeugung in Kraftwerken oder der Erzeugung von Strom und Fernwärme in Heizkraftwerken dienen. Dabei entstehen (wie bei jeder Verbrennung) nicht nur Stickoxide, sondern auch Dioxine. Dioxine sind stark giftige organische Substanzen, die beim Verbrennen von Chlor- und anderen Halogen-Verbindungen bei Temperaturen zwischen 300 und 600 °C entstehen. Zu den Dioxinen gehört das „Sevesogift" TCDD (Tetrachlordibenzodioxin). Die Dioxine sind krebserregend. Sie sind thermisch und chemisch äußerst beständig und sie werden biochemisch praktisch nicht abgebaut. Ihre Entsorgung muss in speziellen Verbrennungsanlagen bei über 1200 °C erfolgen.

In der industriellen Produktion wurden früher fast ausschließlich Rohstoffe aus bergbaulicher Erzeugung eingesetzt, genannt Primärrohstoffe. Die Bedeutung der Sekundärrohstoffe hat nicht zuletzt aus ökonomischen Gründen in den letzten Jahren stark zugenommen. So benötigt die Herstellung von Aluminium aus dem Rohstoff Bauxit viel elektrische Energie. Aus diesem Grund wurden einerseits in Ländern mit hohen Strompreisen Produktionskapazitäten abgebaut und in Ländern mit niedrigen Strompreisen neu errichtet. Andererseits hat dadurch die werkstoffliche Verwertung von Aluminiumschrott an Bedeutung gewonnen.

Während die Energierohstoffe Kohle, Erdöl und Erdgas beim Verbrennen verbraucht werden, findet bei der Verarbeitung mineralischer Rohstoffe eigentlich kein Verbrauch statt. Wird ein Bauteil aus Metall hergestellt, so lassen sich die Dreh-, Hobel- und Feilspäne prinzipiell sammeln und recyceln. Ein Mangel an mineralischen Rohstoffen kann daher nur bedeuten, dass diese am falschen Ort zur falschen Zeit in einer falschen Konzentration vorliegen. Faktisch liegt jedoch stets ein Verbrauch vor, denn ein vollständiges Einsammeln der Produktionsabfälle ist nicht möglich – von dem Abrieb und der Abnutzung beim Verbrauch ganz zu schweigen. So unterliegen auch die mineralischen Rohstoffe einem „Zweiten Hauptsatz", sie dissipieren (von lat. *dissipare* „auseinander werfen, zerstreuen"). Bei Prozessen der Energiewandlung wird keine Energie verbraucht, die Gesamtenergie bleibt erhalten. Nicht erhalten bleibt die Qualität der Energie, aus hochwertiger Exergie wird minderwertige Anergie. Die Abnahme der Exergie (und die damit korrespondierende Zunahme von Anergie) hat eine entsprechende Zunahme der Entropie zur Folge. In Analogie dazu werden mineralische Rohstoffe bei Stoffwandlungsprozessen (vom Eisenerz zum Automobil) nicht verbraucht. Es tritt jedoch ein Qualitätsverlust ein. Ein vollständiges Recycling ist unmöglich.

Aktuelle Recyclingraten liegen in Deutschland bei Stoffen wie Blei, Silber, Zinn, Glas und Papier inzwischen bei über 50 Prozent; bei Ei-

Recycling.

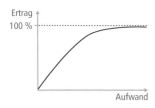

Genereller Zusammenhang
zwischen Aufwand und Ertrag.

Was ist eigentlich ...

Die Hydrosphäre ist der mit
Wasser bedeckte Teil der Erdoberfläche. Zu ihr gehört das
auf der Erdoberfläche stehende
und fließende Wasser (Meere,
Seen, Flüsse). Der Bereich im
Untergrund, der vollständig (gesättigte Bodenzone, Grundwasser), teil- oder zeitweise (ungesättigte Bodenzone, Bodenwas-
ser) mit Wasser in flüssiger Phase gefüllt ist, gehört zur Lithosphäre. Ihr oberer Teil, d. h. die
Wurzelzone und die unmittelbar
darunterliegende, ungesättigte
oder gesättigte Bodenzone, ist
zugleich Teil der Pedosphäre.
Der durch Wasser in fester Form
eingenommene Raum (Eisschild,
Gletscher, Schneedecken) wird
der Kryosphäre zugeordnet, mit
Wasser in fester Form gefüllte
Bodenbereiche (Permafrost) gehören zur Lithosphäre. Zwischen
Atmosphäre, Lithosphäre,
Hydrosphäre und Kryosphäre
finden über den Wasserkreislauf
Austauschprozesse statt. Die als
Lebensraum dienenden Bereiche
der Atmosphäre, Lithosphäre
und Hydrosphäre gehören
gleichzeitig zur Biosphäre.

sen, Kupfer, Aluminium und Zink liegen sie bei 35 bis 50 Prozent.
Offenbar besteht ein universeller Zusammenhang zwischen dem
„Aufwand" und dem „Ertrag" (dem Ergebnis oder Resultat), den die
Abbildung links verdeutlichen soll.

Mit Aufwand ist der Einsatz von Kapital, Arbeit, Energie und Rohstoffen gemeint. Der Ertrag stellt das Resultat der betreffenden Bemühungen dar, dies können die Recyclingrate, ein Wirkungsgrad, ein
Reinigungsgrad oder auch das Ergebnis einer Prüfung sein. Nur zu
Beginn wird der Ertrag dem Aufwand direkt proportional sein. Je näher der Ertrag an sein Optimum (hier mit 100 Prozent bezeichnet) he-
rankommt, desto weniger lohnt sich ein weiterer Aufwand. Eine Recyclingrate von 60 auf 61 Prozent zu erhöhen, erfordert einen deutlich höheren Aufwand als eine Erhöhung von 40 auf 41 Prozent

Durch eine Verbesserung der Abfallsortierung, der Erfassungs- und
Transportsysteme und durch konsequente Wiederverwendung könnten bei vielen Materialien Recyclingraten von 75 Prozent und mehr
erreicht werden. Natürlich kann Recycling kein Selbstzweck sein.
Denn alle Recyclingprozesse benötigen Kapital, Energie und Rohstoffe. So hängt die Antwort auf die Frage, wie viel Recycling sich
lohnt, von den jeweils existierenden Rahmenbedingungen wirt-
schaftlicher, fiskalischer und rechtlicher Art sowie von der konkreten
Mangelsituation ab.

Wasserhaushalt

Der Beginn menschlicher Kultur und Zivilisation ist eng mit der Nutzung des Wassers verknüpft. Wasser musste für die Haus- und die
Landwirtschaft bereitgestellt werden, vor Hochwasser und Überschwemmungen musste man sich schützen und die Wasserstraßen
waren bevorzugte Transportwege. So waren die ersten Hochkulturen
in den Tälern des Euphrat und Tigris, des Nils, des Indus und des
Hwangho von Maßnahmen zur Bewässerung einerseits sowie zum
Schutz gegen Hochwasser andererseits geprägt. Einrichtungen zur
Nutzung des Wassers und Bauten zum Schutz gegen das Wasser gehören zu den ältesten technischen Anlagen der Menschheit.

Wasser ist eine endliche Ressource. An dem globalen Wasserkreislauf nimmt Wasser in Form von Flüssigkeit, von Dampf oder von Eis
teil. Der Wasserkreislauf bestimmt die Hydrosphäre und die Kryosphäre (Eisgebiete), daneben ist das Wasser essenzieller Bestandteil
der Atmosphäre, der Geosphäre und der Biosphäre.

Die gesamte Wassermenge des Planeten Erde wird auf etwa
1,4 Mrd. km^3 geschätzt. Davon befinden sich 96,5 Prozent als Salz-
wasser in den Weltmeeren, die 71 Prozent der Erdoberfläche bede-

cken. Die übrigen 3,5 Prozent verteilen sich auf die Eismassen der Pole und Gletscher (1,76 Prozent), auf das Grundwasser (1,7 Prozent) und auf einen kleinen Rest von 0,02 Prozent. Zu diesem Rest gehört das Wasser in Flüssen und Seen, in Sümpfen und Permafrostböden sowie in der Atmosphäre.

Die Antriebskräfte für den globalen Wasserkreislauf liegen in der unterschiedlich starken Energieeinstrahlung auf die Erde, der geringeren Wärmeabstrahlung des Wassers gegenüber dem Land und in der Eigenrotation der Erde. Der Wasserkreislauf wird durch die Verdunstung des Wassers (die Wärme verbraucht, präziser formuliert: Energie wird gebunden), die Kondensation des Wasserdampfes (die Wärme freisetzt) und die Niederschläge angetrieben. Auf dem Festland wird der Wasserkreislauf durch den ober- und den unterirdischen Abfluss, durch die Rücklage in Bodenfeuchte, Seen und Eis sowie durch den Verbrauch (Organismen und Mineralien) ergänzt.

Der globale Wasserkreislauf wird über den Landflächen in verschiedene groß- und kleinräumige Teilkreisläufe aufgelöst. Dabei gibt es drei Hauptwasserkreisläufe: Mengenmäßig dominiert der Kreislauf „Meer – Atmosphäre – Meer" mit einer jährlichen Verdunstung von 425 000 km^3 und 385 000 km^3 Niederschlägen. Die Differenz von 40 000 km^3 bildet die Brücke zu dem Kreislauf „Land – Atmosphäre – Land" mit 111 000 km^3 Niederschlägen und 71 000 km^3 Verdunstung bzw. Transpiration. Der Überschuss von 40 000 km^3 bildet den Rückfluss des Wassers auf dem Landweg. Diese 40 000 km^3 beschreiben den Kreislauf „Meer – Atmosphäre – Land – Meer". Durch

Stellung der Hydrosphäre zwischen Atmosphäre und Lithosphäre

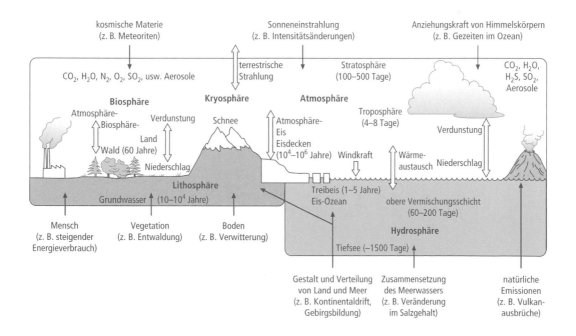

Verdunstung geht das Wasser in die Atmosphäre über, wo es als Dampf mit den Luftströmungen transportiert wird. Als Regen, Schnee, Hagel oder Tau gelangt es auf die Erde zurück, wobei der größte Teil der Niederschläge über dem Meer niedergeht.

Von besonderem Interesse ist die Frage, wie viel von den 40 000 km³ Rückfluss direkt verwendet werden können; 27 000 km³ fließen

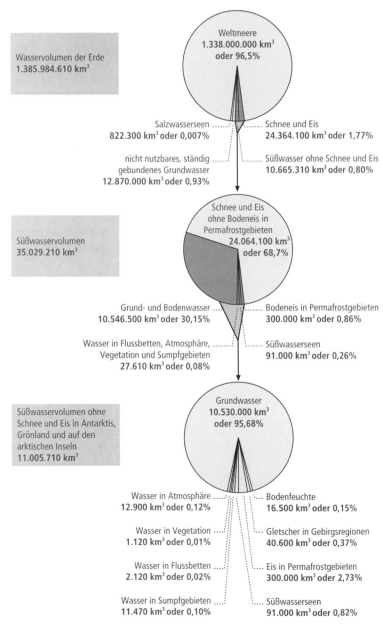

Gesamtwasservorräte und Süßwasservorräte der Erde.

oberflächlich ab und können nicht genutzt werden und $5\,000\,km^3$ gelangen in unbewohnten Gebieten ins Meer. Somit stehen $8\,000\,km^3$ Süßwasser für die menschliche Nutzung zur Verfügung, das sind 20 Prozent der Rückflüsse in die Meere. Auch hier sei angemerkt, dass diese Zahlenangaben in der Literatur leicht variieren. Die Menge von $8\,000\,km^3$ Süßwasser, die für eine direkte menschliche Nutzung zur Verfügung stehen, sind weniger als ein Promille der Süßwasservorräte und ein winziger Bruchteil der gesamten Wasservorräte der Erde. Selbst dieser kleine Bruchteil ist mehr als ausreichend, um die gesamte Menschheit mit Wasser zu versorgen. Die Division von $8\,000\,km^3$ durch die Weltbevölkerung von rund 6,7 Mrd. ergibt eine „mittlere" Menge von $1\,200\,m^3$ pro Person und Jahr. Dieser Wert ist knapp doppelt so hoch wie der Bedarf bei uns. Daraus einen Schluss ziehen zu wollen, ist etwa so sinnvoll, wie die jährliche Durchschnittsgeschwindigkeit eines Autos interpretieren zu wollen.

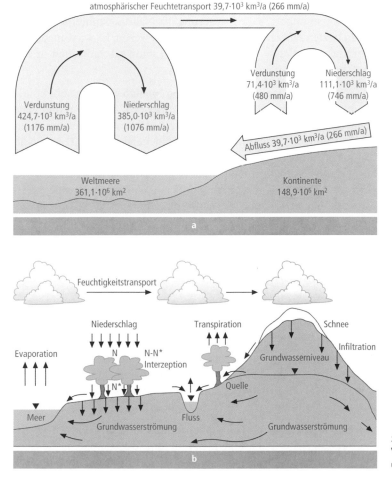

Schematische Darstellung des Wasserkreislaufes der Erde (a) und über den Landflächen (b).

Bei einer gefahrenen Strecke von 25 000 km pro Jahr würde sich eine Durchschnittsgeschwindigkeit von knapp 3 km/h ergeben. Natürlich ist dieser Mittelwert unsinnig, aber er soll ja gerade die Absurdität vieler Mittelwerte verdeutlichen.

Engpässe bei der Wasserversorgung sind immer lokale Probleme. Eine Region kann nur so viel Wasser verbrauchen, wie ihre Ressourcen hergeben. Extremwerte der Süßwasserressourcen liegen zwischen 65 000 m³ pro Person und Jahr in Island und null in Bahrain. Bahrain und vergleichbare Länder können ihren Trinkwasserbedarf nur über die Meerwasserentsalzung decken. Dies ist energetisch extrem aufwendig.

Weltweit entfallen 70 Prozent der Wasserentnahme auf die Landwirtschaft, 20 Prozent auf die Industrie und 10 Prozent auf die privaten Haushalte. Hier bestehen naturgemäß starke regionale Unterschiede. So werden 96 Prozent des industriell genutzten Wassers in Nordamerika und Europa gefördert. Der Wasserbedarf in der Landwirtschaft hat seit 1960 um 60 Prozent zugenommen. Ohne diese Ausweitung der Bewässerung wäre die Steigerung der Nahrungsmittelproduktion in den letzten Jahrzehnten nicht möglich gewesen. Es wird angenommen, dass der Wasserverbrauch in der Landwirtschaft auch in Zukunft deutlich ansteigen wird.

Im Gegensatz zu den globalen Klimaproblemen Treibhauseffekt und Ozonloch handelt es sich bei den Süßwasserreserven um nationale oder regionale Güter. Zu ihrem Schutz bedarf es länderübergreifender Regelungen. Andernfalls wird es in naher Zukunft zu einem Kampf um die Ressource Wasser in den Anliegerstaaten etwa des Nil, Ganges, Jordan, Euphrat und Tigris kommen. Viele Experten sind der Auffassung, dass der Kampf um Wasser eine größere Brisanz bekommen wird als der Kampf um Öl.

Entwaldung, Waldschäden, Bodenerosion und Wüstenbildung

Der landwirtschaftlich nutzbare Teil der Bodenfläche ist die Grundlage für die Ernährung der Menschheit. Die riesigen Wälder spielen eine überaus wichtige Rolle in unserem Ökosystem. Wir sind auf dem besten Wege, diese für uns lebenswichtigen Ressourcen zu zerstören. Die Entwaldung fördert die Bodenerosion, und die Bodenerosion, die die Begriffe Wüstenbildung und Verödung einschließt, wirkt auf den Baum- und Buschbestand zurück.

Der Baum- und Buschbestand übernimmt eine Reihe überaus wichtiger ökologischer Funktionen. Bäume und Büsche halten die Sonnenstrahlung vom Boden ab, sie reduzieren die Reflexion, sie ver-

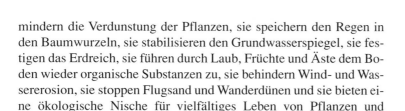

mindern die Verdunstung der Pflanzen, sie speichern den Regen in den Baumwurzeln, sie stabilisieren den Grundwasserspiegel, sie festigen das Erdreich, sie führen durch Laub, Früchte und Äste dem Boden wieder organische Substanzen zu, sie behindern Wind- und Wassererosion, sie stoppen Flugsand und Wanderdünen und sie bieten eine ökologische Nische für vielfältiges Leben von Pflanzen und Kleingetier.

Brandrodung und radikales Abholzen zerstören dieses Zusammenspiel und fördern damit die Bodenerosion und die Wüstenbildung. Die massive Zerstörung des tropischen Regenwaldes hat sich zu einem globalen Problem entwickelt. Die dichten Wälder in den Äquatorgebieten bedeckten noch vor wenigen Jahrzehnten etwa 12 Prozent der Erdoberfläche, dieser Bestand hat sich bis heute halbiert.

Für die weitere Diskussion wollen wir zunächst einige Zahlen bereitstellen. Die Oberfläche der Erde liegt bei 510 Mio. km^2. Davon entfallen 71 Prozent auf die Weltmeere und 29 Prozent auf die Landoberfläche, das sind 175 Mio. km^2. Der eisfreie Anteil der Landoberfläche liegt bei 130 Mio. km^2. Laut Angaben der Welternährungsorganisation FAO (Food and Agriculture Organization of the United Nations) waren im Jahr 2000 davon 38,1 Prozent landwirtschaftlich genutzte Flächen, aufgeteilt in 26,6 Prozent Weideland und 11,5 Prozent Ackerland. Die Waldflächen machen 29,6 Prozent aus und zu den restlichen 32,3 Prozent gehören nicht landwirtschaftlich genutztes Grasland, Feuchtgebiete, bebautes Land für Siedlungen und Industrie sowie Verkehrsinfrastrukturen. Die 11,5 Prozent Ackerland der eisfreien Landoberfläche von 130 Mio. km^2 bedeuten 15 Mio. km^2 bewirtschaftetes Ackerland. Diese Größe werden wir im nächsten Abschnitt bei der Behandlung der Welternährung benötigen.

Hier wollen wir uns zunächst mit den Waldverlusten beschäftigen. 29,6 Prozent von 130 Mio. km^2 eisfreier Landfläche bedeuten 38 Mio. km^2 Waldfläche, entsprechend 3 800 Mio. ha oder 3,8 Mrd. ha. Der überwiegende Teil dieser Waldfläche besteht aus natürlichen Wäldern, der Anteil der Forstplantagen liegt bei 5 Prozent. Im Verlauf der Menschheitsgeschichte hat sich die Waldfläche von etwa 6 Mrd. ha vor 8 000 Jahren auf 3,8 Mrd. ha reduziert. Allein zwischen 1990 und 2000 ging die Waldfläche weltweit um knapp 100 Mio. ha (8,9 Mio. ha pro Jahr) zurück, das sind 2,5 Prozent des Bestandes. Einem mittleren jährlichen Rückgang von 12,3 Mio. ha in den tropischen Zonen stand ein Anstieg von 2,9 Mio. ha in den übrigen Gebieten gegenüber. Insgesamt hat die Schrumpfung der globalen Waldflächen abgenommen. Die jährlichen Netto-Verluste gingen von 13 Mio. in den 1980er Jahren auf 8,9 Mio. ha zwischen 1990 und 2000 zurück. Und auch zwischen 2000 und 2005 verlangsamte sich der Rückgang zwar weiter, bleibt jedoch mit einem Nettoverlust von 7,3 Mio. ha pro Jahr auf einem besorgniserregenden Niveau.

Waldschäden.

In den tropischen Zonen sind die Waldverluste das Hauptproblem. Dort werden durch Abholzungen Ackerland und Weideflächen geschaffen. Kurz formuliert: Die Rinderzucht bedroht den Regenwald des Amazonas. In unseren gemäßigten Breiten ist nicht die Entwaldung das Hauptproblem, sondern die abnehmende Vitalität der Wälder. In der Öffentlichkeit wird dies als Waldschäden oder gar als Waldsterben bezeichnet. Ursachen hierfür sind erhöhte Stoffeinträge, die die Artenzusammensetzung der Wälder bereits erheblich verändert haben. Die Vielfalt der Pflanzenarten ist gefährdet, mit einer Destabilisierung der Waldbäume ist zu rechnen, und der Säureeintrag beeinträchtigt die Funktionsfähigkeit der Baumwurzeln. Die Wälder in unserem Land haben im Jahr 2003 unter den ungewöhnlich hohen Temperaturen, der langanhaltenden Trockenheit und den hohen Ozonwerten gelitten. Nach dem Waldzustandsbericht 2006 erholen sich die Waldbäume nur langsam von den Folgen des trockenen „Jahrhundertsommers". Fast 70 Prozent der Bäume weisen sichtbare Schäden auf.

Wir kommen nun zu den beiden Phänomenen Bodenerosion und Wüstenbildung, die in einem inneren Zusammenhang stehen. Der Begriff Erosion kommt aus dem Lateinischen und bedeutet Ausnagung, er wird meist im Sinne von Abtragung gebraucht. Die Erosion der Böden wird durch Wasser und Wind ausgelöst. Das ist ein natürlicher Vorgang, der durch menschliche Tätigkeiten verstärkt wird. Die Bodenerosion führt zur Bodenverarmung (Bodendegradation) bis hin zur völligen Bodenzerstörung. Ursachen für die Bodendegradation sind in den Entwicklungsländern vor allem Abholzungen und Überweidungen. In den Industrieländern stellen die Überdüngung, der Einsatz schwerer landwirtschaftlicher Maschinen beim Pflügen und die Verwendung von Pestiziden die Hauptprobleme dar, zusammengefasst als nicht angepasster Ackerbau bezeichnet.

Allgemein formuliert sind Bodendegradationen das Resultat von Überlastungen der jeweiligen Ökosysteme. Ein Bewertungsrahmen zur Erfassung der anthropogenen Veränderungen muss daher auf der Quantifizierung der Überlastungen aufbauen, wie der WBGU (Wissenschaftlicher Beirat der Bundesregierung Globale Umweltänderungen) in seinem Jahresgutachten 1994 *Die Gefährdung der Böden* schreibt. Das dem Gutachten zugrunde liegende Konzept fußt auf „kritischen Einträgen", „kritischen Eingriffen" und „kritischen Austrägen", also den Energie-, Materie- und Informationsflüssen über die jeweiligen Systemgrenzen hinweg, welche in den Böden kritische Zustände verursachen. Der WBGU stellt fest, dass global gesehen bisher weder die Informationen über die Belastung noch über die Belastbarkeit von Böden ausreichen, um zu verlässlichen Aussagen zu gelangen.

Bodenerosion als Folge von Rodung im tropischen Regenwald.

Ein erheblicher Teil der ehemals fruchtbaren Böden geht durch Wüstenbildung (Desertifikation) verloren. Der jährliche Verlust wird auf etwa 10 Mio. ha geschätzt. Er liegt damit in gleicher Größenordnung wie die jährlichen Waldverluste. Wir wollen diese Zahl ein wenig anschaulicher gestalten, um ein Gefühl für derartige Größenordnungen zu bekommen. Ein Hektar hat die Fläche von 100 m mal 100 m, also ist 1 ha = 10 000 m². Ein Fußballfeld hat die Fläche von 105 m mal 70 m, das sind 7 350 m², also etwa 3/4 ha. Ein komfortables Grundstück für ein Einfamilienhaus hat etwa 1 000 m². Somit entspricht der weltweite jährliche Waldverlust wie auch der Verlust an fruchtbaren Böden (mit jeweils etwa 10 Mio. km²) der Größe von 13 Mio. Fußballfeldern oder 100 Mio. Grundstücken für komfortable Einfamilienhäuser. Viele Experten zählen die Verknappung fruchtbarer Acker-

Desertifikation. Chinesische Arbeiter stabilisieren Sanddünen am Rande einer Wüste.

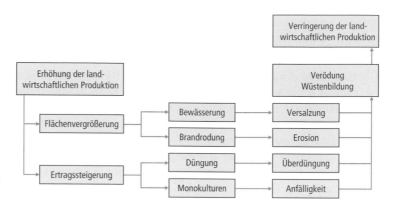

Wirkgefüge zum Entstehen der Wüstenbildung.

böden bei gleichzeitigem Wachstum der Weltbevölkerung zu einem der dringlichsten globalen Probleme. Die Grafik fasst die Schilderungen zu einem Wirkgefüge zusammen.

Die Darstellung zeigt, wie Maßnahmen zur Erhöhung der landwirtschaftlichen Produktivität letztlich zu einer Verödung und Wüstenbildung und damit zu einer Verringerung der Produktivität führen. Die Gründe dafür liegen in zahlreichen Rückkopplungen, die das Erreichen des ursprünglichen Ziels vereiteln. Einige der aufgeführten Maßnahmen sind zuvor erläutert worden, andere Maßnahmen wie der Hang zur Monokultur sind selbsterklärend. Aus der Geschichte sind ökologische Katastrophen bekannt. Der Niedergang der sumerischen Hochkultur soll durch Bodenversalzung des Zweistromlandes herbeigeführt worden sein. Das Römische Reich ist für die Entwaldung Italiens und Nordafrikas verantwortlich, wobei das Holz als Baumaterial benötigt wurde. Die Verkarstung der jugoslawischen Küste ist auf den Holzeinschlag zum Aufbau der venezianischen Handelsflotte zurückzuführen. Monokulturen und Plantagenwirtschaft begünstigten die Austrocknung und Wüstenbildung des Südwestens der USA.

Wie viele Menschen kann die Erde ernähren?

Auch hier wollen wir mit einigen Zahlen beginnen. In dem vorangegangenen Abschnitt ist das weltweit bewirtschaftete Ackerland mit 15 Mio. km^2 beziffert worden. Die potenziell mögliche nutzbare Ackerfläche liegt nach Meinung der FAO mit 32 Mio. km^2 etwa doppelt so hoch. Gehen wir von der derzeit bewirtschafteten Ackerfläche aus, so erhalten wir nach Division durch die Weltbevölkerung von 6,7 Mrd. den mittleren Wert von 0,22 ha/Kopf. Statistisch gesehen, steht damit drei Menschen die Ackerfläche von der Größe eines Fußballfeldes zur Verfügung. Die Durchschnittswerte für Europa und für

Afrika entsprechen etwa dem weltweiten Mittelwert, der Durchschnittswert für Asien ist nur halb so groß. Für Nord- und Südamerika sowie die GUS-Staaten beträgt die Fläche das Zwei- bis Dreifache des weltweiten Mittelwertes. Diese Zahlen sind ein erstes Indiz dafür, welche Regionen der Welt zu den Exporteuren und welche zu den Importeuren von Nahrungsmitteln gehören. Dass die Realität davon nicht unbeträchtlich abweicht, hängt mit anderen Faktoren zusammen. So gehören die GUS-Staaten infolge ihrer kaum vorstellbaren Misswirtschaft (miserables Management, Korruption, unzureichende Infrastrukturen) derzeit eher zu den Importeuren als den Exporteuren landwirtschaftlicher Produkte.

Durch das Wachstum der Weltbevölkerung ist der mittlere Wert der Ackerfläche pro Kopf ständig gesunken. Er lag 1900 noch bei 0,60, in den Jahren 1971 bis 1975 bei 0,39 und 1990 betrug er 0,28 ha/Kopf. Das legt die Frage nahe, wie groß die Ackerfläche pro Kopf mindestens sein muss, um im statistischen Mittel die Weltbevölkerung ernähren zu können.

Mit einer überschlägigen Rechnung wollen wir diese Frage beantworten. Die einfache Aussage „alles Fleisch ist Gras" beinhaltet ein fundamentales Prinzip der Biologie, welches für das Verständnis der Welternährungsfrage von zentraler Bedeutung ist. Die Quelle für alle Nahrung der Tiere und Menschen ist die grüne Pflanze. Die Pflanzen und Tiere bilden ein gemeinsames System, ein Ökosystem. Dieses Ökosystem wird von organisch gebundener Energie durchflossen, überlagert von zahlreichen Stoffkreisläufen. Energie kommt in das System nur (!) in Form der Sonnenstrahlung hinein. Durch den wunderbaren Prozess der Photosynthese sind die grünen Pflanzen in der Lage, einen (sehr geringen) Anteil der Energie der Sonnenstrahlung einzufangen und zum Aufbau großer Moleküle aus kleinen Molekülen zu benutzen.

Der Energiefluss durch dieses System ist durch eine stufenweise Reduzierung der organisch gebundenen Energie in der Nahrungskette gekennzeichnet. Die Nahrungskette beginnt mit den grünen Pflanzen, den Produzenten. Daran schließen sich die pflanzenfressenden Tiere an, die Primärkonsumenten. Des Weiteren gibt es Sekundär- und Tertiärkonsumenten, das sind Tiere, die von anderen Tieren leben. Ein von Pflanzen lebendes Insekt ist ein Konsument 1, eine das Insekt schluckende Forelle ein Konsument 2 und ein die Forelle verspeisender Mensch ein Konsument 3. Eine Mücke, die den Menschen sticht, wäre ein Konsument 4.

Nach dem Energieerhaltungssatz (dem Ersten Hauptsatz der Thermodynamik) kann Energie weder erzeugt noch vernichtet werden. Sie kann lediglich von einer in eine andere Form übergehen. Der Zweite Hauptsatz der Thermodynamik besagt, dass bei jeder Ener-

Was ist eigentlich ...

Die Energie steht ebenso wie die Rohstoffe im Zentrum der Umweltdiskussionen. Theoretisch kann nach dem Energieerhaltungssatz Energie weder vernichtet noch erzeugt, sondern nur von einer Form in eine andere umgewandelt werden. Praktisch jedoch ist aber der Anteil an „nutzbarer" Energie bei der Energiebereitstellung durch herkömmliche Kraftwerke optimierungsbedürftig (ein Großteil geht als Wärme „verloren"), und die verfügbaren Bestände der meisten in der klassischen Energiewirtschaft genutzten Energiequellen sinken ständig.

■ Nahrungskette und Energiefluss ■

Nahrungskette (engl. *food chain*) ist ein abstrakter Begriff zur Kennzeichnung einer Reihe von Individuen, Populationen oder Gilden (ökologische Gilde), die ernährungsökologisch eine lineare energetische Abhängigkeit voneinander zeigen, z. B. Pflanzenknospen → Reh, Zooplankton → Jungfische (d. h. als Räuber und Beute). Grüne Pflanzen bilden als Primärproduzenten überwiegend die energetische Basis für Nahrungsketten; allerdings können auch Destruenten (am Abbau beteiligte Mikroorganismen) die Grundlage für eine Nahrungskette bilden (z. B. abgestorbenes Falllaub → Springschwänze → Raubinsekt; detritivore Nahrungskette oder Zersetzernahrungskette). – Nahrungsketten können auch nie sehr vielgliedrig ausgebildet sein, da bei jeder Weitergabe ein erheblicher Prozentsatz der Nahrungsenergie in Bestandsabfall und Wärme umgewandelt wird (Energieflussdiagramm).

gieumwandlung ein „Verlust" auftritt. Die Energie kann nicht verlorengehen. Es tritt jedoch ein Qualitätsverlust der Energie ein, Exergie wird zu Anergie. Wir können uns das so vorstellen, dass ein Teil der Energie in eine nicht mehr nutzbare Form überführt wird, etwa in die thermische Energie der Umgebung. Bei jeder Energiewandlung (die Biologen sprechen hier von Transformation) gibt es einen Verlust an nutzbarer Energie. In der Photosynthese, der ersten Transformation, wird Energie der Sonnenstrahlung in chemische Bindungsenergie umgesetzt. Dabei liegt der Wirkungsgrad der Photosynthese bei nur 1 Prozent, teilweise noch weniger. Nur etwa 10 Prozent der in den Pflanzen gespeicherten Energie ist in den Tieren enthalten, welche die Pflanzen gefressen haben. Werden diese Tiere wiederum von anderen Tieren gefressen, so werden auch hier nur 10 Prozent der Ausgangsenergie in der nächsten Stufe wieder gefunden.

Somit muss die Biomasse der Produktion deutlich größer sein als die der Primärkonsumenten und diese wiederum deutlich größer als die der Sekundärkonsumenten. Vereinfacht ausgedrückt: 10 000 kg Getreide „produzieren" 1 000 kg Rindfleisch und diese wiederum 100 kg Mensch. Der Mensch steht am Ende dieser Nahrungskette. Er konsumiert pflanzliche und tierische Nahrung. Je größer der Anteil an tierischer Nahrung ist, umso höher sind die „Veredelungsverluste". Bei Vegetariern sind sie am geringsten.

Damit können wir uns der zentralen Frage zuwenden: Wie viele Menschen kann die Erde ernähren? In diesem Zusammenhang ist auch das Energiegleichgewicht wichtig, das auf der Erde herrscht. Dabei gilt, dass von der Sonnenstrahlung im Mittel 160 Watt (W)/m² am Erdboden ankommen. Dies ist ein (zeitlich und räumlich) globaler Mittelwert. In unseren Breiten liegt die Energiedichte bei 100 und in der Sahara bei 200 W/m². Der Wirkungsgrad der Photosynthese liegt bei knapp 1 Prozent. Da der Ackerbau überwiegend in den gemäßigten Zonen der Erde stattfindet, rechnen wir mit einer Energiedichte von 1 W/m² in den grünen Pflanzen. Im weltweiten Mittel stehen pro Kopf 0,23 ha = 2 300 m² Ackerfläche zur Verfügung, somit 2 300 Watt pro

Kopf. Die Leistung von einem Watt entspricht der Energie von einem Joule pro Sekunde (1 W = 1 J/s). Somit kann auf 2 300 m² Ackerfläche pro Sekunde die Energie von 2 300 J = 2,3 kJ in den grünen Pflanzen gespeichert werden. Das sind pro Tag 200 000 kJ, die pro Kopf an pflanzlicher Nahrungsenergie erzeugt werden können.

Gehen wir von einem täglichen Energieverbrauch von 10 000 kJ (das entspricht 2 400 kcal) pro Kopf aus, so erkennen wir an dieser einfachen Abschätzung, dass die genutzte Ackerfläche das Zwanzigfache des menschlichen Bedarfs an Nahrungsenergie bereitstellen kann. Der Faktor 20 gilt nur unter der Voraussetzung, dass alle Menschen Vegetarier wären. Da wir jedoch einen Teil unseres Energiebedarfs aus tierischer Nahrung decken, ist der reale Faktor wegen der „Veredelungsverluste" kleiner als 20. Es sei daran erinnert, dass der Wirkungsgrad bei dem Energietransfer von der Pflanze zum Rind sowie der vom Rind zum Menschen nur jeweils 10 Prozent beträgt. Das bedeutet einen energetischen Gesamtwirkungsgrad von nur 1 Prozent, wenn wir ein Steak verzehren. Den überwiegenden Anteil der Nahrungsenergie führen wir uns jedoch über die pflanzliche Nahrung zu.

Diese einfache Abschätzung veranlasst uns zu der Aussage, dass die Welt reichlich Nahrung bereitstellen kann. Aber ebenso wie bei der Diskussion des Wasserhaushalts liegt das zentrale Problem in einer stark ungleichen Verteilung von Angebot und Nachfrage. In den Industrieländern haben wir ein Überangebot, das teilweise zu einem Überkonsum und damit zu der neuen Volkskrankheit Übergewicht führt. Die Situation in den Entwicklungsländern ist durch ein Unterangebot infolge mangelnder Kaufkraft gekennzeichnet. Etwa 1 Mrd. Menschen in den Ländern der Dritten Welt gelten als unterernährt.

Es gibt eine Reihe von Problemen, welche die einfache Überschlagsrechnung relativieren. Die Verluste landwirtschaftlicher Produkte durch Ratten, Vögel und Insekten sowie durch das Verderben bei der Lagerung und dem Transport infolge Misswirtschaft sind in einigen Regionen der Welt erschreckend hoch. Des Weiteren ist und bleibt die Landwirtschaft standortgebunden, im Gegensatz zur industriellen Produktion. Etliche Barrieren können nicht überwunden werden: die von der geografischen Breite abhängige Menge der einfallenden Strahlungsenergie, klimatische Faktoren wie Temperatur der Luft und des Bodens sowie die Feuchtigkeitsmenge, die für die Pflanzen zur Verfügung steht.

Zwei ergänzende Themen sollen diesen Abschnitt abrunden: Die historische Entwicklung der landwirtschaftlichen Praxis und die Aufzählung unserer Hauptnahrungsmittel. In der Welt der Jäger und Sammler bestand die Nahrung aus Beeren und Wurzeln sowie aus Fischen und Wild. Die frühe Agrargesellschaft war gekennzeichnet durch die Suche nach ertragreichen Pflanzen, das Roden und Ab-

■ Was ist eigentlich ... ■

Sorghum, Mohrenhirse, Sorgho, Gattung der Süßgräser mit ca. 20 in den Tropen und Subtropen heimischen, ein- oder mehrjährigen Arten. Von größter Bedeutung sind die Sorghum-Hirsen, die, vermutlich aus Südafrika stammend, bereits seit Jahrtausenden kultiviert werden. Es sind bis zu 7 m hohe Gräser mit kräftigem, markgefülltem Stengel und langen, maisähnlichen Blättern. Aus den endständigen, bis zu 60 cm langen, rispigen, aus zahlreichen Ährchen zusammengesetzten Blütenständen entwickeln sich lockere bis kompakte Fruchtstände mit zahlreichen, von Hüllspelzen umschlossenen Körnern. Mohrenhirsen zeichnen sich aus durch besondere Trockenresistenz und zählen in den Tropen und Subtropen zu den wichtigsten Getreiden. Die rund 70 Prozent Stärke enthaltenden Körner dienen der menschlichen Ernährung (gekocht oder gemahlen und zu Brei bzw. Fladenbrot verarbeitet) oder als Viehfutter; ganze Pflanzen liefern ein wertvolles Grünfutter. Hauptanbaugebiete von Sorghum sind das tropische Afrika, Indien und China, aber auch der Süden der USA.

Haupt-bestandteile	Vitamine/Mineralstoffe
Wasser: 11,4 g	Carotin*: 10 mg
Protein: 10,3 g	Vitamin E: 170 µg
Fett: 3,2 g	Vitamin B$_1$: 340 µg
Kohlenhydrate: 66,0 g	Vitamin B$_2$: 150 µg
Ballaststoffe: 7,3 g	Calcium: 25 µg
Mineralien: 1,8 g	Eisen: 2700 µg

*Carotin: Summe aller Provitamin A-Carotinoide

Inhaltsstoffe der Mohrenhirse (hier: Durrha-Hirse) in 100 g essbarem Anteil.

brennen von Wald zur Gewinnung von Ackerflächen, den gezielten Anbau von Pflanzen, die Verwendung von natürlichem Dünger und das Jäten von Unkraut. Die Ernährungsbasis wurde wesentlich breiter und reicher. Die moderne Landwirtschaft ist durch den Einsatz von Technik geprägt. Neben der systematischen Pflanzenzüchtung stehen die mechanische Bearbeitung des Bodens und mechanische Erntemethoden im Vordergrund. Hinzu kommt die Verwendung von Kunstdünger und Pflanzenschutzmitteln. Das führte zu einer starken Verbesserung der Erträge, der Quantität, jedoch nicht unbedingt zu einer Verbesserung der Qualität (z. B. Eiweißgehalt). Die moderne Landwirtschaft ist ein Produktionssystem, das mit einem hohen Einsatz von (fossiler) Energie und Material Nahrungsenergie herstellt. Statistiken zeigen, dass für die produzierte Nahrungsenergie die 1,5-fache Primärenergie aus fossilen Brennstoffen von der Landwirtschaft und zugehörigen Tätigkeitsbereichen verbraucht wird. Die neuere Geschichte der landwirtschaftlichen Produktion umfasst die sehr aufwändige Gewinnung von Ackerland und die „grüne Revolution", die Züchtung von Hochleistungssorten. Das hat zu einem starken Anstieg der Erträge geführt, aber auch zu einem verstärkten Einsatz von Dünger und den damit verbundenen Umweltproblemen. Die neuen Hochleistungssorten reagieren stark auf Wassermangel und sie führen zu einem Verlust an Reserven genetischer Variabilität. Negative Folgen sind weiter die starke Tendenz zur Bodendegradation durch Wind- und Wassererosion sowie chemische und physikalische Degradation.

Kommen wir abschließend zu den Hauptbestandteilen unserer Nahrung. An erster Stelle stehen die drei Getreidesorten Reis (das Grundnahrungsmittel in Asien), Weizen (der vorwiegend in gemäßigten Zonen gedeiht) und Mais (zumeist als Tierfutter). 40 Prozent der Nahrungsenergie entfallen auf Reis und Weizen. Die drei Hauptgetreidesorten werden auf mehr als 50 Prozent der Ackerfläche angebaut. Weitere Getreidesorten sind Gerste, Hafer, Roggen, Hirse und

Sorghum. Dann sind zu nennen Kartoffeln, Gemüse, Salate und Obst. Eine wichtige Rolle spielen die Leguminosen (Schmetterlingsblütler) wie Erbsen, Bohnen, Linsen und Erdnüsse. Von allen pflanzlichen Nahrungsmitteln haben Hülsenfrüchte den höchsten Eiweißgehalt mit 20 bis 36 Prozent. Die Hauptbedeutung der tierischen Nahrung für den Menschen liegt in dem hochwertigen Eiweiß. Mit gewissen regionalen Verschiebungen machen die Tierarten Rind, Schwein, Schaf, Ziege, Wasserbüffel, Huhn, Ente, Gans und Truthahn nahezu die gesamte Eiweißerzeugung aus domestizierten Tieren aus. Hinzu kommt die Nahrung aus dem Meer. Japan gewinnt mehr Eiweiß aus der Fischerei als aus der Landwirtschaft. Ein Problem ist die drohende und in einigen Regionen der Welt bereits reale Überfischung der Meere. Von wenigen Ausnahmen abgesehen sind Fischfarmen eher die Ausnahme. Wir sind beim Fischfang immer noch Jäger und Sammler geblieben.

Bedrohung der Biodiversität

Es ist offenkundig, dass mineralische Rohstoffe, Energierohstoffe, Wasser und landwirtschaftliche Produkte Ressourcen darstellen. Daneben stellt auch die Artenvielfalt der Biosphäre eine wichtige Ressource dar. Mit Artenvielfalt ist die Verschiedenheit aller Tier- und Pflanzenarten gemeint. Die Begriffe „biologische Vielfalt" und „Biodiversität" gehen darüber hinaus, sie erfassen die Vielfalt der Ökosysteme und Sorten jeder einzelnen Spezies. Der Erhalt der biologischen Vielfalt ist aus mehreren Gründen wichtig. Aus der Ökosystemforschung ist bekannt, dass eine Vielfalt der Erscheinungsformen Grundvoraussetzung für die Stabilität der Ökosysteme ist, von deren Leistungen letztlich der Mensch abhängt. Daneben stellt die Biodiversität eine ökonomische Ressource dar. So wird etwa der Marktwert aller biogenen Medikamente auf 75 bis 150 Mrd. US-$ pro Jahr geschätzt. Etwa 3/4 der Weltbevölkerung stützt sich bei der Gesundheitsvorsorge direkt auf natürliche Heilmittel. Und schließlich folgt das Ziel des Erhalts der biologischen Vielfalt aus der Anerkennung ihres Eigenwerts.

Die Erforschung der biologischen Vielfalt steckt erst in den Anfängen. Entsprechend ungenau sind daher die in der Literatur genannten Zahlen. Erst seit Ende 1995 liegt eine globale Abschätzung der biologischen Vielfalt vor. Der von dem UN-Umweltprogramm UNEP (United Nations Environment Program) erstellte Bericht geht von 1,75 Mio. beschriebenen und wissenschaftlich benannten Arten aus. Pro Jahr kommen etwa 12 000 neue Arten hinzu. Nur ein kleiner Bruchteil aller Arten ist bekannt. Über die Gesamtzahl gibt es nur Schätzungen, sie liegen in der Größenordnung von 10 bis 100 Mio. (1990 lagen die Schätzungen noch bei 4 bis 30 Mio.). Die Vielfalt an

Was ist eigentlich ...

Biodiversität, umfasst biologische Vielfalt auf unterschiedlichen Organisationsstufen: 1) genetische Variabilität innerhalb einer Art, 2) Mannigfaltigkeit der Arten (Artenvielfalt) und 3) Vielfalt von Ökosystemen. Sie wird definiert als „die Variabilität unter lebenden Organismen jeglicher Herkunft, darunter u. a. Land-, Meeres- und sonstige aquatische Ökosysteme, und die ökologischen Komplexe, zu denen sie gehören; dies umfasst die Vielfalt innerhalb der Arten und die Vielfalt der Ökosysteme" (Biodiversitätskonvention, Art. 2). – Der aus den USA stammende Begriff wurde 1986 als Kurzform von „biological diversity" (biologische Vielfalt) eingeführt und fand schnell eine weite Akzeptanz. Biodiversität erhielt durch die Umweltkonferenz von Rio de Janeiro 1992 und die dort verabschiedete Agenda 21 eine hohe gesellschaftspolitische Bedeutung. Wichtigstes politisches Instrument ist die von mittlerweile 174 Regierungen ratifizierte Biodiversitätskonvention („Convention on Biological Diversity", Abk. CBD).

pflanzlichen und tierischen Lebensformen ist auf dem Globus sehr ungleich verteilt. Die feuchtwarmen tropischen Regenwälder, die nur 7 Prozent der Landfläche bedecken, beherbergen bis zu 90 Prozent der an Land vorkommenden Arten. Den jährlichen Verlust an tropischem Regenwald hatten wir mit gut 10 Mio. ha beziffert. Das ist ein wesentlicher Grund für die Abnahme der Artenvielfalt. Schätzungen hierüber gehen bis zu 35 000 Arten, die pro Jahr für immer von der Erde verschwinden.

Es wird vermutet, dass die Geschwindigkeit des globalen Artenverlustes um den Faktor 1 000 bis 10 000 über der natürlichen Aussterberate von etwa 10 Arten pro Jahr liegt. Bei Säugetieren liegt die natürliche Aussterberate nur bei einer Art in 400 Jahren. Vom Aussterben bedrohte Arten werden seit Anfang der 1960er-Jahre in einer „Roten Liste" der UN geführt. Damit soll die Umsetzung von Schutzprogrammen erleichtert werden. Die Gründe für den Artenverlust sind vielfältig. An erster Stelle wird stets die Vernichtung und ökologische Beeinträchtigung von Lebensräumen durch den Menschen genannt. Mehr als 80 Prozent aller bedrohten Tier- und Pflanzenarten sind davon betroffen. Ein zweiter Grund ist die starke Übernutzung von Ökosystemen durch Holzeinschlag, Fischfang und Jagd.

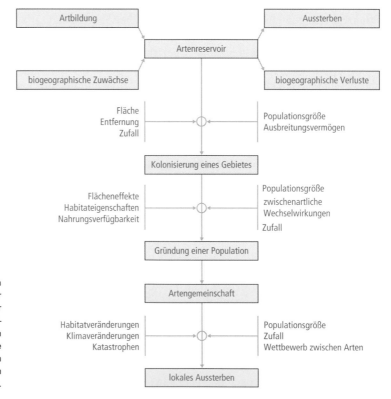

Dynamik der Biodiversität in Raum und Zeit: Darstellung der für die Zusammensetzung einer Artengemeinschaft maßgeblichen Faktoren. Hierbei treten ganz unterschiedliche Prozesse mit verschiedenen räumlichen und zeitlichen Maßstäben in Wechselwirkung.

Hinzu kommt die Verschmutzung durch Luftschadstoffe und durch giftige Abfälle, wozu Stickstoffeinträge in Waldböden und Ölverschmutzungen der Meere gehören. Ein weiterer Grund ist die globale Erwärmung, an deren Geschwindigkeit sich viele Arten nicht anpassen können. Das Absterben von Korallenriffen und das Verschwinden von Korallenfischen als Folge davon gehören dazu. Schließlich führt das Einführen fremder Arten, insbesondere auf Inseln, zum Verschwinden heimischer (Vogel-)Arten.

Die Welternährungsorganisation FAO stuft mehr als zwei Drittel der wirtschaftlich bedeutsamen Fischbestände als „vollständig ausgebeutet", als „überfischt" oder „erschöpft" ein. Experten schlagen vor, das bisherige Kontrollsystem (Fangquoten, Regulierungen zu Netzmaschenweiten, Mindestgröße der Fische, Größe der Fangflotten) durch totale Fangverbote für besonders betroffene Gebiete zu ergänzen.

Die anhaltende Zerstörung der Artenvielfalt ist gleichermaßen ein wirtschaftliches Fiasko, eine wissenschaftliche Tragödie und ein moralischer Skandal. Die meisten der vernichteten Arten sind noch unbekannt. Damit vernichten wir die Reserven der Natur für eine genetische Regeneration. Wir zerstören die Fähigkeit, neues Leben hervorzubringen. Vermutlich vernichten wir ungeahnte Ressourcen. Denn bisher wird nur ein kleiner Anteil aller Arten genutzt, die restlichen Schätze liegen brach. Wir haben keine Vorstellung davon, welch unermessliche Quellen an Nahrungs-, Arzneimitteln und Wirtschaftsgütern schon zerstört wurden und weiter zerstört werden. Es ist, als hätte die Menschheit beschlossen, alle Bibliotheken zu verbrennen, ohne zu wissen, was in den Büchern steht. Erforschung und Erhalt der Biodiversität sind kein akademischer Luxus, sondern eine zwingende Notwendigkeit.

Grundtext aus: Michael F. Jischa *Herausforderung Zukunft. Technischer Fortschritt und Globalisierung*; Spektrum Akademischer Verlag.

Wer das Wasser hat, hat die Macht

Hungersnot im Niger, Swimming Pools in der Wüste
– was den einen mangelt, wird andernorts verschwendet.
Drohen Kriege um das „Erdöl der Zukunft"?

Christiane Grefe

Kann es gelingen, bis 2015 die Hälfte jener Milliarde Menschen zu versorgen, die kein sauberes Trinkwasser haben? Wird die Welt bis dahin lernen, nachhaltiger mit dem existenziellen Gut zu wirtschaften? Wenn die Mitgliedsstaaten der Vereinten Nationen in wenigen Wochen in New York zusammenkommen, dann werden sie die Umsetzung auch dieser „Millenniumsziele" zur Bekämpfung von Armut und Unterentwicklung überprüfen. Dabei steht Wasser ungenannt im Zentrum noch vieler weiterer Nöte, die zu bewältigen oder zu lindern sich die Staatengemeinschaft im Jahr 2000 verpflichtet hat: Ohne sauberes Wasser können weder die hohe Kindersterblichkeit noch Krankheiten wie Cholera besiegt werden. Eine Grundschulbildung für alle ist nur erreichbar, wenn Kinder nicht mehr jeden Tag schwere Krüge von manchmal kilometerweit entfernt liegenden Brunnen heimschleppen müssen, statt zur Schule zu gehen. Erst recht wird die Zahl der über 770 Millionen Hungernden nicht in zehn Jahren zu halbieren sein.

Wann immer eine Hungersnot herrscht – wie derzeit im Niger, wo mehr als 1,2 Millionen Menschen auf Lebensmittellieferungen angewiesen sind –, gerät das Thema Wasser wieder in den Blick der Weltöffentlichkeit. Aber wenn die Kameras ausgeschaltet und die Spendenaufrufe verhallt sind, herrscht vor allem in vielen semiariden Klimazonen chronischer Wassermangel fort. Darunter leidet vor allem die Landbevölkerung. Doch auch in Megastädten wie Dakar oder La Paz sprudelt das kostbare Gut nur für Wohlhabende verlässlich, während die Bewohner der Slums oft von illegalen Leitungen und privaten Händlern abhängig sind. Stadt und Land plündern gleichermaßen das Grundwasser. Doch wieder können es sich nur Reiche leisten, das Nass aus immer größerer Tiefe heraufzupumpen. „Über die Ressource Wasser werden Gewinner und Verlierer aussortiert", heißt es im Fair Future Report des Wuppertal-Instituts.

Immer mehr Böden laugen aus und vertrocknen

Die Kluft der Ungleichheit reißt noch weiter auf, weil immer mehr Böden auslaugen und vertrocknen: Zwei Drittel der Anbauflächen in Afrika und ein Drittel in Asien könnten in 20 Jahren desertifizieren; bis zur Mitte des Jahrhunderts wären dann „im schlimmsten Fall 7 Milliarden Menschen in 60 Ländern" von Wasserknappheit betroffen, so ein Report der Vereinten Nationen. Selbst im „besten Fall" träfe es noch immer „2 Milliarden Menschen in 48 Ländern". Schon spricht die Zeitschrift Fortune vom „Erdöl des 21. Jahrhunderts"; der Streit um dessen Vermarktung durch globale Konzerne ist voll entbrannt. Und Klaus Töpfer, Direktor des UN-Umweltprogramms UNEP, warnt, „dass wir einer Periode von Kriegen um Wasser entgegengehen".

Weltbankexperten beschwichtigen: Die gemeinsame Abhängigkeit von der begrenzten Ressource fördere zwischen Staaten eher Kooperation als Konkurrenz. Tatsächlich hat etwa der Vertrag über die Nutzung des Indus zwischen Indien und Pakistan seit 45 Jahren alle Grenzstreitigkeiten, selbst das tiefe Misstrauen wegen der beidseitigen Atomrüstung, überdauert. Doch Wasserkonflikte schwelen vor allem im Nahen Osten und in Afrika, wo viele Länder vom Nil, Tigris oder Okavango abhängen. Wer das Wasser hat, hat die Macht. Und wie lange hält der Frieden bei sinkendem Angebot und steigender Nachfrage? Nicht nur in Kenia liefern sich Nomaden und Bauern blutige Fehden um Brunnen und Wasserstellen. Menschen in Entwicklungsländern, ohnehin benachteiligt, leiden auch unter den Wasserproblemen am schwersten.

Wasser kann nicht aufgebraucht werden und ist doch begrenzt

Aber im reichen Norden kriselt es ebenfalls. In Südspanien graben sich Provinzen gegenseitig das Wasser ab; in den USA Farmer und Städter. In solchen gefährdeten Industrieländern ließ sich die Knappheit bislang häufig mit längeren Pipelines oder stärkeren Pumpen bemänteln – auf Kosten der Zukunft. Für ihre Bürger kommt eben nicht nur der Strom aus der Steckdose, sondern scheinbar selbstverständlich auch das Wasser aus der Leitung. Ohne Wertschätzung. Dabei gäbe es ohne Wasser nicht nur keine Dusche, sondern auch keine fossilen oder atomar betriebenen Kraftwerke mit ihrem riesigen Kühlungsbedarf; keine High-Tech-Landwirtschaft; keine industrielle Produktion.

Und, existenziell: kein Grün, keine Mahlzeiten, keine Naturkreisläufe, keinen menschlichen Stoffwechsel. Kein Leben. Deshalb gründen die Ursprungsmythen der Weltreligionen dort, wo die großen Flüsse entspringen, Ganges, Brahmaputra, Nil und Tigris. Von allen Ressourcenkrisen, warnen

die Vereinten Nationen, sei die Wasserkrise „diejenige, die unser Überleben und das unseres Planeten Erde am meisten bedroht".

Denn Wasser kann zwar nicht aufgebraucht werden wie Öl oder Phosphat. Aber begrenzt ist es doch. Über 97 Prozent der globalen Gesamtmenge bilden die salzigen Ozeane – „Wasser, Wasser überall, und doch kein Tropfen zum Trinken", dichtete der Brite Samuel Coleridge-Taylor – und nur knapp drei Prozent sind Süßwasser. Davon sind neun Zehntel in Polen und Gletschern gebunden. Das übrige Zehntel – Seen, Teiche, Flüsse, Ströme, Feuchtgebiete und Grundwasser, der ewige Kreislauf von Verdunstung und Niederschlag – reicht zwar für alle aus. Doch dieses Süßwasser konzentriert sich in bestimmten Regionen – und wird in anderen immer spärlicher.

Die Ursachen lassen sich auf einen Begriff bringen: Übernutzung – nicht nur der Wasservorräte, sondern zugleich jener Ökosysteme, die das Lebenselixier brauchen und stets neu hervorbringen. Das geschieht aus Profitinteresse, aber auch aus purer Not. Hirten in Entwicklungsländern schicken zu viel Vieh auf die bald kahl gefressenen Weiden, Bauern holzen Wälder ab, um Brennmaterial oder neue Äcker zu gewinnen. Dabei sind Bäume Schlüsselagenten dafür, dass Wasser und Nährstoffe in der Region bleiben. Dass sich der globale Verbrauch in 50 Jahren verfünffacht hat, liegt aber nicht nur an der wachsenden Erdbevölkerung, sondern auch an den Ansprüchen der westlichen Konsumkultur, die sich in den Schwellenländern und Dritte-Welt-Metropolen ebenfalls ausbreitet. 500 Liter Wasser pro Kopf und Tag mögen im waldreichen Norden der USA naturverträglich sein – aber nicht in Texas oder in Delhi. Auf der griechischen Vulkaninsel Santorini sollten die Hotels Touristen einen Swimming-Pool schon bieten – aber für den Anbau der legendären Tomaten reicht das Wasser kaum mehr aus.

Zur Knappheitskrise tragen auch Gifte im Wasser bei. Vor allem im Süden landen im

Wasser hohe Mengen von Pestiziden aus der Landwirtschaft – die mit 70 Prozent der globalen Wasserentnahme zugleich der größte Verbraucher ist. In einem Kilo Getreide stecken 1 000 bis 2 000 Liter Wasser, in einem Kilo Rindfleisch bis zu 16 000 Liter. Dass Dritte-Welt-Regierungen, um die Nahrungsmittelproduktion zu erhöhen, ihren Bauern Strom und Wasser oft umsonst zur Verfügung stellen, hilft nur selten den Ärmsten. Dagegen verführt es viele Großbauern zur Verschwendung. Die Intensivlandwirtschaft laugt zudem die Böden aus und fördert deren Erosion.

Dabei gerät die Notwendigkeit, mit dem Export von Feldfrüchten Devisen zu erwirtschaften, oft in schmerzlichen Widerspruch dazu, dass deren Anbau die Lebensgrundlagen armer Kleinbauern gefährdet. In Kenia dient der Lake Naivasha als Quelle, um jährlich 52 Millionen Tonnen Blumen für Europa, Japan und die USA zu züchten – während drei Millionen Menschen im Land das Wasser für Haushalt und Felder fehlt. Mit Rosen, Baumwolle oder ganzjährig verfügbaren Zuckerschoten werde zugleich „virtuelles Wasser" ausgeflogen, sagt der Globalisierungsexperte Wolfgang Sachs; der Handel werde so zum „Motor der ungleichen Aneignung" einer ohnehin ungleich verteilten Ressource.

Der Klimawandel verändert den Wasserhaushalt dramatisch

Auch der Klimawandel, der sich nicht zuletzt durch die Zunahme solcher Transporte beschleunigt, verändert den Wasserhaushalt dramatisch: Sturzregen und Überschwemmungen waschen Boden und Nährstoffe fort, Stürme beschleunigen die Wüstenbildung – die wiederum das Klima beeinflusst. Vom Hungerland Niger bis nach China, überall bemerken Bauern Abweichungen von den gewohnten Rhythmen und Intensitäten der Niederschläge. So verweist die

Wasserkrise, mit der des Klimas aufs engste verbunden, auf die Abhängigkeit des Menschen von einem komplex vernetzten „Blutstrom der Biosphäre", wie der Berliner Limnologe Wilhelm Ripl sagt.

Die Fähigkeit, raffinierte Wassersysteme zu entwickeln, war die Grundlage für das Entstehen von Hochkulturen in Südamerika, Ägypten oder andernorts, wo es vor Jahrtausenden noch blühende Landschaften gab: „Sie glauben doch nicht", so Ripl, „dass die Römer einer Wüste wegen Krieg mit Karthago geführt hätten." Umgekehrt trug der Raubbau an Wasserressourcen dazu bei, dass Reiche verfielen: „Wie ein Körper, von dem eine zehrende Krankheit nur Knochen übrig ließ", schrieb der römische Historiker Plinius der Ältere über Griechenland, „ist der fruchtbare und lockere Boden überall erodiert, und übrig blieb nur das sterile Skelett ..."

Wasserkrisen sind also nicht neu. Aber sie waren früher regional begrenzt – und geraten heute in den Strudel globalisierter Prozesse, die meist isoliert betrachtet und gestaltet werden. Dabei hängen fossile Energienutzung, Agrobusiness, westlicher Lebensstil, Zentralisierung, Verstädterung und Verwüstung untrennbar zusammen, ihre ökologischen Folgen schaukeln sich gegenseitig hoch. Und immer schneller werden Teile der Welt zu Staub: In den Neunzigern fielen mit knapp 3440 Quadratkilometern pro Jahr mehr als doppelt so viele Flächen der Desertifikation anheim wie in den Siebzigern – trotz Absichtserklärungen und Initiativen der Regierungen seit rund 30 Jahren.

Offensichtlich greift die Definition des Begriffs Nachhaltigkeit zu kurz, derzufolge „Umweltgesichtspunkte gleichberechtigt mit sozialen und wirtschaftlichen berücksichtigt werden sollen". Ökologie braucht Vorrang. „Sie ist die Hardware", sagt der Gewässerkundler Ripl, „und ohne Hardware kann sich die Software Wirtschaft und Gesellschaft nicht entfalten." Denn man kann alles infrage stellen, vieles überwinden – nicht aber die Naturgesetze.

Im Umgang mit Wasser gilt es noch viel zu lernen

Der Mensch sei aber noch weit davon entfernt, seine Wirtschaftsweise „in die natürlichen Kreisläufe einzuschreiben", stellt Roland Schaeffer in einem neuen Buch über Die Zukunft der Infrastrukturen fest. Es gibt einen gigantischen Nachholbedarf in Bezug auf Wassersparsysteme oder Wasserpreise, die je nach Verbrauch und sozialer Lage gestaffelt sind; bei der Trennung von Trink- und Brauchwasser; bei sparsamen Bewässerungsmethoden und wassersparenden Trenntoiletten, die es ermöglichen, Nährstoffe in die Landwirtschaft zurückzuführen.

Vor allem gelte es, fordert Wilhelm Ripl, erneuerbare Energien zu nutzen und weltweit in einem „unglaublich mühsamen Umkehrprozess" die Landwirtschaft in wieder hergestellte lokale Ökosysteme einzubinden. In Australien, Indien, Äthiopien, auch im Niger gelingt es punktuell, mit gezielten Aufforstungs- und Anbauweisen sowie Techniken der Regenwasserernte die Wüste wieder zu begrünen.

„Wird die Verfügbarkeit von Wasser ein Hemmnis für das Erreichen der Zielvorgaben werden?", fragt im Vorfeld des Millenniums-Gipfels der Weltwasserentwicklungsbericht der Vereinten Nationen. Die Antwort klingt bedrohlich undiplomatisch: „Wir wissen es nicht."

Aus: DIE ZEIT, Nr. 32, 4. August 2005

In einem hellen Labor hinter dem Museum für Vergleichende Zoologie in Harvard residiert einer der einflussreichsten Kämpfer für den Erhalt des Reichtums auf dem Planeten Erde. Hier arbeitet **Edward O. Wilson**, amerikanischer Biologe, Artenschützer und Querdenker. „Den Regenwald aus wirtschaftlichen Gründen abzuholzen, ist wie ein Renaissance-Gemälde zu verbrennen, um sich auf dem Feuer eine Suppe zu kochen", sagt Wilson über die Ausbeutung der Erde. Aber er hat Hoffnung. Es gibt so etwas wie eine Biophilie, die angeborene Liebe des Menschen zur Natur, davon ist Wilson fest überzeugt und darin sieht er die Rettung.

Edward O. Wilson wird 1929 in Birmingham, Alabama geboren. Im Alter von sechzehn Jahren beschließt er, Entomologe zu werden. Nachts auf dem Kotflügel eines Autos sitzend, das ein älterer Freund fährt, sammelt er mit dem Käscher Falter ein, die sich ins Licht der Scheinwerfer verirrten. Dann bekommt seine Leidenschaft einen Dämpfer. Kriegsbedingt werden die Stecknadeln knapp, mit denen die Tiere aufgespießt werden. Von nun an sammelt er Ameisen, die in Gefäßen gelagert werden können.

Wilson studiert an der University of Alabama, promoviert an der Harvard University. Er wird zum Begründer der Soziobiologie, „der systematischen Untersuchung der biologischen Basis alles sozialen Verhaltens". Er wird als „Chronist des weltweiten Verlustes biologischer Vielfalt, der Zerstörung der Regenwälder und Korallenriffe – und ruheloser Mahner" (*Spiegel*) gefeiert. Der Schriftsteller Tom Wolfe nennt Wilson „den zweiten Darwin". Der Gelobte ist auch selbst ein herausragender Autor. Für das Buch *The Ants* erhält er gemeinsam mit seinem Co-Autoren Bert Hölldobler 1991 den Pulitzer-Preis.

Wilson kann „Debatten entzünden, die sich zu politischen Glaubenskriegen ausweiten", schreibt Reiner Klingholz im Magazin Geo. Den politisch Rechten gilt der Forscher als hysterischer Warner, den Linken als Reduktionist, der die Sozialisation des Menschen auf seine Gene zurückführt. „Warum sollte Wissenschaft nicht auch spirituelle Erfahrungen wie den Glauben erklären können?", fragt Wilson – wissend, dass er sich mit solchen Fragen Feinde macht.

Edward O. Wilson

Die verschwenderische Artenvielfalt der Natur

Von Edward O. Wilson

Die Gesamtheit des Lebens – die in der Wissenschaft als Biosphäre, in der Theologie als Schöpfung bezeichnet wird – ist eine die Erde umhüllende Membran von Organismen, die so hauchdünn ist, dass ihre vertikale Ausdehnung aus dem Weltraum nicht wahrgenommen werden kann. Dennoch ist sie so komplex, dass die meisten Arten, aus denen sie besteht, unentdeckt bleiben. Die Hülle ist nahtlos. Vom Gipfel des Mount Everest (8 846 Meter über dem Meeresspiegel) bis zum Grund des Marianengrabens (10 896 Meter Meerestiefe) siedeln auf praktisch jedem Quadratzentimeter der Erdoberfläche die verschiedenartigsten Lebewesen. Sie alle gehorchen dem grundlegenden Prinzip der Biogeographie, wonach Leben überall dort entsteht, wo flüssiges Wasser, organische Moleküle und eine Energiequelle aufeinander treffen. Angesichts der nahezu universellen Verbreitung von organischem Material und Energie ist Wasser der ausschlaggebende Faktor auf unserem Planeten. Gleichgültig, ob das Wasser nur in Form eines kurzlebigen Taufilms auf Sandkörnern vorliegt, ob es Sonnenlicht empfängt oder nicht, ob es kochend heiß oder eiskalt ist, unzweifelhaft werden in oder auf ihm Lebewesen siedeln, selbst wenn dies für das bloße Auge nicht erkennbar ist. Wenn die einzelligen Mikroorganismen nicht gerade wachsen und sich vermehren, existieren sie zumindest im Ruhezustand, aus dem sie durch den Kontakt mit flüssigem Wasser aktiviert werden.

An den Grenzen des Lebens

Ein extremes Beispiel dafür sind die McMurdo-Trockentäler in der Antarktis, die zu den kältesten, trockensten und nährstoffärmsten Böden der Welt zählen. Robert F. Scott erforschte als Erster dieses unwirtliche Gebiet. Bei oberflächlicher Erkundung erscheint dieser Lebensraum so keimfrei wie eine Vitrine sterilisierter Glasgefäße. Kein anderer Lebensraum auf der Erde erinnert so stark an die Geröllfelder auf dem Mars.

> Wir haben nichts Lebendiges entdeckt, nicht einmal Moos oder Flechten. Das Einzige, was wir tief im Inneren zwischen den Moränenhaufen fanden, war das Skelett einer Wedellrobbe – und wie dies dorthin geraten ist, entzieht sich unserer Vorstellung.
> (Robert F. Scott 1903 über die McMurdo-Trockentäler)

Was ist eigentlich ...

Biogeographie, Wissenschaft von der Verbreitung und (in geschichtlichen Zeiträumen) der Ausbreitung der Organismen auf der Erde. Arbeitsgebiete sind traditionellerweise die Tiergeographie (Zoogeographie) und die Pflanzengeographie (Phytogeographie), Letztere teilweise unter Einschluss der Vegetationsgeographie. Die deskriptiven Ausgangspunkte der Biogeographie beinhalten die Erfassung des Artenbestandes der Erde und die Beschreibung ihrer Areale. Die kausale Biogeographie versucht, die Unterschiede zwischen den Floren und Faunen mit historischen und rezentökologischen Ursachen zu erklären. In der historischen (oder genetischen) Biogeographie wird die Verbreitungsgeschichte der Arten rekonstruiert. Die ökologische Biogeographie zeigt Zusammenhänge zwischen der heutigen Arealgestalt und ökologischen Faktoren, wie Klima, Nahrungsverfügbarkeit oder Feinddichte, auf.

Porträt

Scott, *Robert Falcon*, britischer Polarforscher, *6.6.1868 Devonport, †Ende März 1912; leitete 1901–1904 die Südpolarexpedition auf der „Discovery" (Erkundung von Victorialand und 1902 Entdeckung der Edward-VII.-Halbinsel an der Ostküste des Rossmeeres). Bei einer 1910 begonnenen Expedition verließ er am 24.10. 1911 Kap Evans und erreichte – im „Wettlauf" mit dem ebenfalls zum Südpol aufgebrochenen Roald Amundsen (1872–1928) – zusammen mit vier Begleitern am 18.1.1912 den Pol (rd. vier Wochen nach Amundsen). Auf dem Rückweg kam er mit seinen Begleitern in Schneestürmen ums Leben (letzte Tagebucheintragung am 29.3.1912).

Doch dem geübten Auge offenbart sich ein anderes Bild, besonders wenn man ein Mikroskop zu Hilfe nimmt. In den ausgetrockneten Flussläufen leben zwanzig Arten phototropher Bakterien – das sind Bakterien, die Licht als Energiequelle für ihren Stoffwechsel nutzen –, eine vergleichbare Anzahl vorwiegend einzelliger Algen und eine Schar mikroskopisch kleiner wirbelloser Tiere, die sich von diesen sogenannten Primärproduzenten ernähren. Das Wachstum all dieser Arten setzt voraus, dass im Sommer die Gletscher und Eisfelder schmelzen und dass das Schmelzwasser durch die Flussläufe abfließt. Da sich der Verlauf der Schmelzwasserströme im Laufe der Zeit ändert, bleiben manche Populationen buchstäblich auf dem Trockenen sitzen und müssen über Jahre oder auch Jahrhunderte auf neues Schmelzwasser warten. Unter den noch härteren Lebensbedingungen auf den kahlen Böden abseits der Wasserläufe leben spärliche Ansammlungen von Mikroben und Pilzen neben Rädertierchen, Bärtierchen, Milben und Springschwänzen, wobei Erstere den Letzteren als Nahrung dienen. An der Spitze dieses ausgedünnten Nahrungssystems stehen vier Arten von Fadenwürmern (Nematoden), von denen sich jede darauf spezialisiert hat, bestimmte Arten der übrigen Flora und Fauna zu vertilgen. Zusammen mit den Milben und Springschwänzen gehören sie zu den größten Tieren dieses Lebensraumes – auch wenn sie mit bloßem Auge kaum zu erkennen sind. Sie stellen gewissermaßen die Elefanten und Tiger dieses Habitats dar.

Die Organismen der McMurdo-Trockentäler zählen zu den sogenannten Extremophilen, Arten also, die sich an ein Leben im Grenzbereich biologisch tolerierbarer Bedingungen angepasst haben. Viele siedeln an den entlegensten, unwirtlichsten Orten der Erde unter Umweltbedingungen, die einem so riesigen, fragilen Lebewesen wie dem Menschen lebensfeindlich erscheinen. Extremophile Organismen bilden, um ein zweites Beispiel zu nennen, auch die „Gärten"

◼ Was ist eigentlich … ◼

extremophile Bakterien [von latein. *extremum* = das Äußerste, griech. *philos* = Freund], Bakterien, die an extremen Standorten leben können oder für die extreme Umweltbedingungen für ein Wachstum unbedingt notwendig sind. In vielen dieser extremen Habitate können keine anderen Organismen existieren. Es lassen sich mehrere Gruppen unterscheiden: thermophile, psychrophile, alkalophile, halophile, acidophile und barophile Arten, aber auch Formen, die in Gegenwart hoher Konzentrationen an Umweltgiften, Schwermetallen oder ionisierenden Strahlen leben können. Extrem thermophile Bakterien wachsen noch bei Temperaturen über 100 °C. Psychrophile Vertreter wachsen noch unter 0 °C; man findet sie in polaren Regionen, besonders in arktischen Meeren. Alkalophile Arten bevorzugen pH-Werte über 9,0. Acidophile Arten leben besonders in heißen schwefelhaltigen Gebieten und können bis zu einem pH-Wert gegen 0 wachsen. Die Lebensbedingungen halophiler Arten reichen von Salzkonzentrationen des Meerwassers bis zu gesättigten Salzlösungen in toten Seen, Salzlaken und Salzseen. Barophile Arten wurden in Tiefen von 3 000– 10 000 m gefunden.

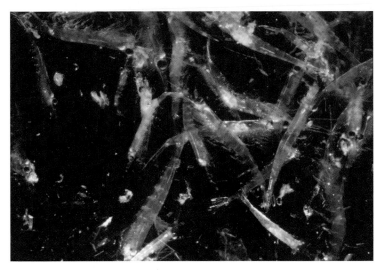

Krill.

Krill [von norwegisch *kril* = Fischbrut], *Euphausia superba*, ca. 6 cm langer, garnelenartiger Krebs aus der Ordnung Euphausiacea. *Euphausia superba* kommt v. a. in den Meeren der südlichen Hemisphäre vor, besonders häufig im atlantischen Teil der Südmeere. Der Krill nimmt im antarktischen Ökosystem eine Schlüsselstellung ein. Er ist Hauptkonsument der Phytoplanktonproduktion und ist seinerseits Hauptnahrung großer Fleischfresser, wie Krabbenfresserrobben, Pinguine und anderer Seevögel, Fische und der Wale.

des antarktischen Meereises. Die dicken Eisschollen, die über einen Großteil des Jahres hinweg Millionen Quadratkilometer Ozean rund um den Kontinent bedecken, scheinen jedwedes Leben auszuschließen. Sie sind jedoch durchzogen von salzwasserhaltigen Kanälen, in denen das ganze Jahr über einzellige Algen gedeihen, die Kohlendioxid, Phosphate und andere Nährstoffe aus dem darunter liegenden Ozean aufnehmen. Die Photosynthese in diesen Gärten wird durch das Sonnenlicht angeregt, das die transparente Eisschicht durchdringt. Wenn das Eis im Verlauf des polaren Sommers schmilzt und erodiert, sinken die Algen in das darunter liegende Wasser, wo sie von Ruderfußkrebsen und Krill vertilgt werden. Diese winzigen Krustentiere wiederum dienen als Nahrungsquelle für Fische, deren Blut mithilfe von biochemischen Frostschutzmitteln flüssig gehalten wird. Der Inbegriff extremophiler Organismen sind bestimmte spezialisierte Mikroben, zu denen sowohl Bakterien als auch ihre Verwandten, die Archaebakterien, gehören. Trotz oberflächlicher Ähnlichkeit sind die genetischen Unterschiede zwischen ihnen groß.

An dieser Stelle ist es nötig, weiter auszuholen. In der Biologie unterscheidet man heute je nach Zellstruktur und DNA-Sequenzen drei große Urreiche des irdischen Lebens: die Bakterien, bei denen es sich um die herkömmlich bekannten Mikroben handelt, die Archaebakterien, die alle übrigen Mikroben umfassen, und die Eukaryoten, zu denen einzellige Protocyten oder Protozoen, Pilze, Pflanzen und alle übrigen Tiere, somit auch der Mensch, gehören. Die Bakterien und die Archaebakterien sind, was ihre Zellstruktur betrifft, primitiver aufgebaut als andere Organismen. Sie besitzen keine den Zellkern umgebende Hülle, und es fehlen ihnen Organellen wie zum Beispiel Chloroplasten oder Mitochondrien.

Photosynthese, der Aufbau von energiereichen, organischen Substanzen (Kohlenhydrate, Fette und Eiweiße) aus den energiearmen, anorganischen Verbindungen Wasser und Kohlendioxid unter Verwendung von Sonnenenergie, wobei gleichzeitig Sauerstoff freigesetzt wird (oxigene Photosynthese). Organismen, die über die Photosynthese Lichtenergie in chemisch gebundene Energie umwandeln können, sind die grünen Pflanzen, verschiedene Algengruppen, die Cyanobakterien und einige andere Bakteriengruppen. Die Photosynthese grüner Pflanzen, auch CO_2-Assimilation genannt, besteht aus Licht- und Dunkelreaktionen, die zur Reduktion von CO_2 zu Zuckern führt. Sie ist der grundlegendste biochemische Prozess auf der Erde und schafft die Basis für das Leben und die Ernährung der heterotrophen Organismen.

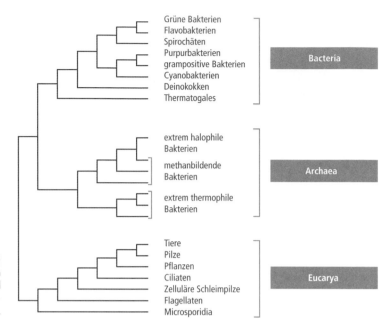

Grüne Bakterien
Flavobakterien
Spirochäten
Purpurbakterien
grampositive Bakterien
Cyanobakterien
Deinokokken
Thermatogales

Bacteria

extrem halophile
Bakterien
methanbildende
Bakterien
extrem thermophile
Bakterien

Archaea

Tiere
Pilze
Pflanzen
Ciliaten
Zelluläre Schleimpilze
Flagellaten
Microsporidia

Eucarya

Molekularer (phylogenetischer) Stammbaum der Prokaryoten – Eubakterien (Bacteria) und Archaebakterien (Archaea) – und der Eukaryoten (Eucarya).

Einige spezialisierte Bakterien- und Archaebakterienarten leben in den Wänden vulkanischer Heißwasserschlote der Tiefsee, wo sie sich in Wasser vermehren, das eine Temperatur um den Siedepunkt aufweist. Ein dort anzutreffendes Bakterium, *Pyrolobus fumarii*, gilt als derzeitiger Spitzenreiter unter den Hyperthermophilen, den Liebhabern extremer Wärme. Es kann sich bis zu einer Temperatur von 113 Grad Celsius vermehren; am besten gedeiht es bei 105 Grad, und bei frostigen 90 Grad hört es auf zu wachsen. Diese außergewöhnliche Eigenschaft hat Mikrobiologen dazu veranlasst, nach ultrathermophilen Organismen zu suchen, die möglicherweise in geothermisch erwärmten Gewässern mit Temperaturen von 200 Grad Celsius oder höher überleben können. Solche Biotope existieren. So herrschen in den unterseeischen Heißwasserquellen in der Nähe der Bakterienkolonien von *Pyrolobus fumarii* Temperaturen von bis zu 359 Grad Celsius. Man nimmt an, dass die absolute Obergrenze für Leben jeglicher Art, Bakterien und Archaebakterien eingeschlossen, bei 150 Grad Celsius liegt. Bei höheren Temperaturen gelingt es den Organismen nicht mehr, das Aufbrechen der chemischen Bindungen zu verhindern, welche die Erbsubstanz DNA und andere lebensnotwendige Proteine zusammenhalten. Dennoch kann niemand mit Gewissheit behaupten, dass solche intrinsischen Grenzen existieren, bevor nicht die Suche nach möglichen ultrathermophilen – im Gegensatz zu bloß hyperthermophilen – Organismen abgeschlossen ist.

Während der mehr als drei Milliarden Jahre dauernden Evolution haben die Bakterien und Archaebakterien die Grenzen physiologischer

Anpassungsfähigkeit auch in andere Richtungen vorangetrieben. So gibt es eine acidophile (säureliebende) Art, die in den heißen Schwefelquellen des Yellowstone-Nationalparks gedeiht. Am entgegengesetzten Ende des pH-Spektrums befinden sich alkalophile Organismen, die die carbonatreichen Sodaseen der Welt besiedeln. Halophile sind auf das Leben in salzgesättigten Seen und Salzgärten (Salinen) spezialisiert. Wieder andere Organismen, die Barophilen, bevorzugen sehr hohen Druck und sind nur in den größten Meerestiefen anzutreffen. 1996 entnahmen japanische Wissenschaftler mithilfe eines kleinen unbemannten U-Boots Bodenproben aus dem Schlamm des Challenger Deep im Marianengraben, der mit 10 896 Meter den tiefsten Punkt der Weltmeere darstellt. In den Proben entdeckten sie Hunderte von Bakterienarten, Archaebakterien und Pilzen. Im Labor gelang es, manche dieser Bakterien unter dem im Marianengraben herrschenden Druck zu züchten, ein Druck, der tausendmal größer ist als an der Meeresoberfläche.

Die Obergrenze physiologischer Widerstandsfähigkeit hat vielleicht das Bakterium *Deinococcus radiodurans* erreicht. Es überlebt sogar Strahlendosen, die das Pyrex-Glasgefäß, in dem es sich befindet, matt und brüchig werden lassen. Menschen, die einer Strahlendosis von 1 000 rad (nichtgesetzliche Einheit der Energiedosis, Abk. für *radiation absorbed dose*) ausgesetzt sind – dies entspricht etwa der bei den Atombombenexplosionen über Hiroshima und Nagasaki freigesetzten Dosis –, sterben innerhalb von ein bis zwei Wochen. Bei einer 1 000fach höheren Dosis, 1 Million rad, verlangsamt sich zwar das Wachstum von *Deinococcus*, doch das Bakterium stirbt nicht. Bei 1,75 Millionen rad gibt es noch Überlebende. Das Geheimnis

Heiße Quelle im Yellowstone-Nationalpark.

233

dieses Superbakteriums liegt in seiner außergewöhnlichen Fähigkeit, defekte DNA zu reparieren. Alle Organismen besitzen ein Enzym, das Chromosomenteile, die durch Strahlung, chemische Einwirkung oder zufällige Ursachen Schaden erlitten haben, erneuern kann. Das konventionelle Bakterium *Escherichia coli*, das den menschlichen Darm besiedelt, kann zwei bis drei solcher Reparaturen gleichzeitig ausführen, *Deinococcus* schafft 500. Welcher besonderen molekularen Techniken es sich dabei bedient, ist noch völlig unbekannt.

Deinococcus radiodurans und seine engen Verwandten sind nicht nur Extremophile, sondern ausgesprochene Generalisten und Weltreisende. Man hat sie in Lamakot, antarktischem Gestein, in Gewebe von atlantischem Schellfisch und Konservenbüchsen mit zerkleinertem Schweine- und Rindfleisch gefunden, die von Wissenschaftlern in Oregon bestrahlt wurden. Zusammen mit Cyanobakterien der Art *Chroococcidiopsis* bilden sie eine ausgewählte Gruppe von Organismen, die unter Lebensbedingungen gedeihen, die nur den allerwenigsten zuträglich sind. Sie sind die Ausgestoßenen, die Nomaden dieser Erde, die an den unwirtlichsten Orten nach ökologischen Nischen suchen.

Ihre Randstellung macht sie zu potenziellen Kandidaten für Weltraumreisen. So fragen sich Mikrobiologen inzwischen, ob vielleicht

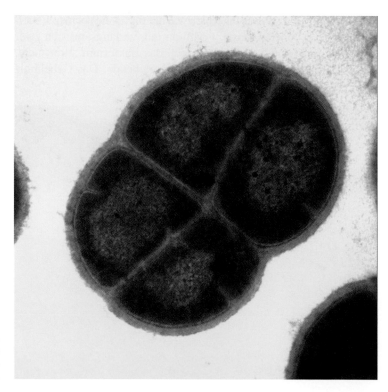

Elektronenmikroskopische Aufnahme von *Deinococcus radiodurans tetracoccus* im Querschnitt (Gruppe von vier Zellen).

die widerstandsfähigen Extremophilen – von stratosphärischen Winden ins Weltall getrieben – lebend den Mars erreichen könnten. Umgekehrt ist es denkbar, dass Mikroben vom Mars (oder anderen Himmelskörpern) die Erde besiedelt haben. Diese als Panspermie bekannte und einst belächelte Theorie vom Ursprung des Lebens ist eine Möglichkeit, die heute durchaus in Betracht gezogen werden muss.

Auch Exobiologen, die nach Spuren außerirdischen Lebens fahnden, haben durch die Superbakterien neue Hoffnung geschöpft. Dazu beigetragen haben ebenfalls die vor einigen Jahren entdeckten sogenannten SLIMEs (Abk. für *subsurface lithoautotrophic microbial ecosystems*), einzigartige Ansammlungen von Bakterien und Pilzen im Tiefengestein der Erde. Diese unterirdischen Gesteinsmikroben gedeihen bis in einer Tiefe von 3 000 Metern oder mehr und beziehen ihre Energie aus anorganischen chemischen Stoffen. Da sie keine organischen Partikel, die von herkömmlichen sonnenlichtabhängigen Pflanzen und Tieren nach unten sickern, benötigen, sind sie vom Leben auf der Erdoberfläche völlig unabhängig (autotroph). Würde das Leben auf der Erde, so wie wir es kennen, aus irgendeinem Grund erlöschen, wären die mikroskopisch kleinen Höhlenbewohner davon völlig unberührt. Und vielleicht gelänge es ihnen ja sogar im Laufe von einer Milliarde Jahren, neue Lebensformen zu entwickeln, die die Erdoberfläche besiedeln und die ursprüngliche, von der Photosynthese beherrschte Welt wiederherstellen könnten.

Gibt es außerirdisches Leben im Sonnensystem?

Die größte Bedeutung der SLIMEs für die Exobiologie liegt darin, dass die Tatsache ihrer Existenz die Wahrscheinlichkeit erhöht, Leben auf anderen Planeten, insbesondere dem Mars, vorzufinden. SLIMEs oder ihre entsprechenden außerirdischen Vertreter sind vielleicht tief im Inneren des Roten Planeten verborgen. Während seiner frühen, aquatischen Periode gab es auf dem Mars Flüsse und Seen und vielleicht auch Zeit genug, um eigene Oberflächenorganismen zu entwickeln. Einer jüngeren Schätzung zufolge reichte das vorhandene Wasser aus, die gesamte Oberfläche des Planeten 500 Meter hoch zu bedecken. Ein Teil dieser Wassermenge, vielleicht sogar der größte Teil, existiert möglicherweise noch heute – entweder gebunden in einer von Staub bedeckten Perma- oder Dauerfrostschicht oder tief unter der Oberfläche in flüssiger Form. Aber wie tief unter der Oberfläche? Physiker glauben, dass der Mars noch genügend Wärme enthält, um Wasser zu verflüssigen. Diese Wärme speist sich aus Zerfallsprozessen radioaktiver Mineralien, aus Restgravitationswärme aus der Entstehungszeit des Planeten, der aus kleineren kosmischen Bruchstücken entstanden ist, sowie aus Gravitationsenergie,

Was ist eigentlich ...

Panspermie [von griech. *panspermia* = Mischung aller Samen], von dem französischen Naturforscher G. von Buffon ausgearbeitete Vorstellung von der Vermehrung und Entwicklung der Organismen. Buffon, der von der Unveränderlichkeit der Arten überzeugt war, ging davon aus, dass *semences* (Samen) oder *germes* (Keime) aller künftigen Organismen überall in der Natur vorhanden sind. Aus diesen Keimen könnten Organismen entstehen, wenn sie in entsprechende *moules interieures* (Gussformen) gelangen. Die Panspermie war besonders für die Erklärung biogeographischer und paläontologischer Befunde von Bedeutung; z. B. konnte das erneute Auftreten von scheinbar ausgestorbenen Arten problemlos durch das Vorhandensein der überall verstreuten Keime erklärt werden.

Was ist eigentlich ...

Exobiologie, Zweig der Biologie, der sich mit den Lebensmöglichkeiten außerhalb der Erde (extraterrestrisches Leben) beschäftigt.

235

die durch das Herabsinken schwererer und das Emporsteigen leichterer Elemente entsteht. Nach jüngeren Modellrechnungen steigt die Temperatur in den oberen Schichten der Marskruste mit zunehmender Tiefe, und zwar mit einer Rate von 2 Grad Celsius pro Kilometer. Folglich könnte flüssiges Wasser in einer Tiefe von 29 Kilometern unter der Oberfläche vorliegen. Geringe Wassermengen steigen aber vielleicht sogar aus grundwasserleitenden Gesteinsschichten empor. Hochauflösende Satellitenaufnahmen vom Mars haben im Jahr 2000 Rinnen gezeigt, die in den letzten Jahrhunderten oder Jahrzehnten durch fließendes Wasser entstanden sein könnten. Wenn sich auf dem Mars tatsächlich Leben entwickelt haben sollte oder durch winzige Mikroben von der Erde aus eingeführt wurde, dann müssen sich unter diesen Lebensformen extremophile Organismen befinden, von denen wiederum einige ökologisch unabhängige Einzeller sind (oder waren), die im Dauerfrostboden und darunter existieren können.

Ein weiterer Kandidat für außerirdisches Leben im Sonnensystem ist Europa, der (nach Io) zweitinnerste galileische Jupitermond. Langgezogene Risse und aufgefüllte Meteoritenkrater auf seiner eisbedeckten Oberfläche lassen vermuten, dass sich darunter ein Salzmeer oder ein matschiges Gemisch aus Eis und Wasser befindet. Diese Hinweise decken sich mit der Annahme, dass Europa aufgrund des

Dieses fein geschichtete Gestein, aufgenommen von der Marssonde Opportunity am 1. Januar 2006, lieferte den bislang besten Beweis für flüssiges Wasser auf dem Mars.

zwischen Jupiter, Io und Kallisto wirkenden Spiels der Gravitationskraft in seinem Inneren dauerhaft erwärmt wird. Die Eiskruste ist möglicherweise etwa zehn Kilometer dick, könnte aber von Gebieten durchzogen sein, wo das Eis über aufsteigendem flüssigem Wasser viel dünner ist – so dünn, dass Platten entstehen, die sich wie Eisberge bewegen. Ist es denkbar, dass sich in dem darunter befindlichen Ozean SLIME-ähnliche Autotrophe tummeln? Planetenforscher und Biologen halten die Aussichten immerhin für gut genug, um der Frage experimentell nachgehen zu wollen, wobei die praktische Durchführbarkeit davon abhängt, ob es gelingt, Sonden unbeschadet auf der zerfurchten Oberfläche landen zu lassen und durch die Eisplatten zum Ozean hin vorzudringen. Ein weiterer, wenn auch weniger vielversprechender Kandidat ist Kallisto, der äußerste der galileischen Jupitermonde, auf dem es womöglich eine Eiskruste von Hundert Kilometern Dicke und einem darunter liegenden Salzozean von bis zu zwanzig Kilometer Tiefe gibt.

Leben in absoluter Finsternis?

Der Lebensraum, der auf der Erde die größte Ähnlichkeit mit den mutmaßlichen Ozeanen von Europa und Kallisto besitzt, ist der Wostok-See in der Antarktis. Dieser See von der Größe des Lake Ontario mit einer Tiefe von über 450 Metern liegt drei Kilometer unter der ostantarktischen Eisplatte im entlegensten Teil des Kontinents. Er ist mindestens eine Million Jahre alt, vollkommen dunkel und völlig isoliert von anderen Ökosystemen. In ihm herrscht ein gewaltiger Druck. Wenn überhaupt ein Lebensraum auf der Erde steril ist, dann sollte man annehmen, dass es der Wostok-See ist. Dennoch leben in dieser verborgenen Welt Organismen. Wissenschaftler haben jüngst eine Bohrung durch das Gletschereis durchgeführt, die bis zur 180 Meter dicken Bodenschicht unmittelbar über dem See reicht. Die aus den tiefsten Bereichen stammenden Kernproben enthielten eine spärliche Auswahl an Bakterien und Pilzen, die mit großer Wahrscheinlichkeit aus dem darunter liegenden Wasser stammen. Um nicht einen der letzten unberührt gebliebenen Lebensräume zu verunreinigen, wird die Bohrung bewusst nicht bis zum flüssigen Wasser fortgesetzt. Obwohl die Wostok-Bohrung noch sehr wenig Auskunft über die Möglichkeit außerirdischen Lebens gibt, ist sie ein Vorläufer ähnlicher Bohrungen auf dem Mars und den Jupitermonden Europa und Kallisto, die mit großer Wahrscheinlichkeit noch in diesem Jahrhundert durchgeführt werden.

Nehmen wir einmal an, dass autotrophe Organismen entstanden sind, die ähnlich denen auf der Erde ohne Sonnenlicht auskommen. Könnten sich daraus in der absoluten Finsternis auch andere Lebewesen entwickelt haben? Krustentierähnliche Arten etwa, die sich von Mikroben ernähren, und größere fischartige Tiere, die die Krustentiere jagen? Eine Entdeckung, die vor noch nicht allzu langer Zeit auf der Erde gemacht wurde, stützt die Vermutung, dass sich komplexe Lebensformen durchaus unabhängig entwickeln können. Die Movile-Höhle in Rumänien wurde vor mehr als 5,5 Millionen Jahren von der Außenwelt abgeschnitten. Offenkundig strömte während dieser Zeit zwar durch winzige Gesteinsrisse Sauerstoff ein, aber es drangen keinerlei organische Stoffe der sonnenlichtabhängigen Flora und Fauna aus der darüber liegenden Welt in die Höhle. Obwohl die charakteristischen Lebensformen der meisten Höhlen der Welt zumindest einen Teil ihrer Energie von außen beziehen, trifft dies allem Anschein nach nicht auf die Movile-Höhle zu. Hier bilden die autotrophen Bakterien, die Schwefelwasserstoff aus den Felsen umwandeln, die Energiegrundlage. Von ihnen ernähren sich nicht weniger als 48 Tierarten, von denen 33 vollkommen unbekannt waren, als man mit der Erforschung der Höhle begann. Zu den schwefeloxidierenden Mikroben, die den Pflanzenfressern in der Außenwelt entsprechen, gehören Rollasseln, Springschwänze, Tausendfüßer und Borstenschwänze. Zu den Fleischfressern, die auf sie Jagd machen, gehören Pseudoskorpione, Hundertfüßer und Spinnen. Diese komplexeren Organismen stammen von Vorfahren ab, die in der Höhle lebten, bevor sie von der Außenwelt abgeschnitten wurde. Ein zweites Beispiel für ein unabhängiges Höhlenökosystem ist die Cueva de Villa Luz, die sich am Rande des Chiapa-Hochlandes in Tabasco, im Süden Mexikos, befindet. Zwar ist diese Höhle nicht vollständig von der Außenwelt isoliert, aber auch hier stellt der Stoffwechsel autotropher Bakterien die Energiegrundlage dar. Die autotrophen Bakterien, die sich von Schwefelwasserstoff ernähren, bilden Schichten auf den Innenwänden der Höhle und sind die Nahrungsgrundlage für eine Vielzahl kleinerer Tiere.

Die Gemeinschaft des Lebendigen

Untersuchungen zur Verbreitung von Leben haben einige grundlegende Muster aufgezeigt, die verdeutlichen, wie sich Arten vermehren und wie sie in den weitläufigen Ökosystemen der Erde miteinander verknüpft sind. Das erste, grundlegendste Prinzip lautet, dass Bakterien und Archaebakterien überall dort vorkommen, wo es Leben gibt, auf der Erdoberfläche ebenso wie tief im Inneren der Erde. Das zweite besagt, dass, sobald eine Öffnung vorhanden ist – und sei sie noch so klein –, winzige Einzeller (Protisten) und Wirbellose durch sie hindurchkriechen oder -schwimmen und so in andere Lebensräume eindringen, wo sie beginnen, Mikroben und ihre eigenen Artgenossen zu jagen. Der dritte Grundsatz betrifft die Größe der Lebewesen. Je mehr Platz in einem Ökosystem zur Verfügung steht,

Breitengrad

Breitengrad	Artenzahl (1)	Artenzahl (2)	Artenzahl (3)
70°	4		5
60°	11	5	11
50°	18	9	33
40°	21	23	86
30°	30	29	95
20°		6	85
10°	64	18	108
0	80	52	123
10°	80	58	38
20°	73	50	15
30°	48	29	8
40°	10	5	1
50°	0	0	

0 20 40 60 80
Artenzahl

0 20 40 60
Artenzahl

0 20 40 60 80
Artenzahl

desto größer sind die Tiere, die darin leben – man denke nur an die Savannen und Ozeane. Die größte Artenvielfalt schließlich findet sich in Lebensräumen mit ganzjährig hoher Sonneneinstrahlung, mit hohem Anteil an eisfreiem Land, vielseitigem Gelände und hoher klimatischer Stabilität über längere Zeiträume. Aus diesem Grund findet sich die mit Abstand größte Vielfalt an Pflanzen- und Tierarten in den äquatorialen Regenwäldern Asiens, Afrikas und Südamerikas.

Die biologische Vielfalt (oder Biodiversität) gliedert sich ungeachtet ihrer Größe stets in drei Ebenen. Die oberste Ebene bilden die Ökosysteme wie Regenwälder, Korallenriffe oder Seen. Als Nächstes kommen die Arten, die sich aus den Organismen in den Ökosystemen zusammensetzen, von den Algen angefangen über Schwalbenschwänze und Muränen bis hin zum Menschen. Die unterste Gliederungsebene bilden die Gene, die das Erbgut der einzelnen Individuen jeder Art ausmachen.

Jede Art ist auf einzigartige Weise mit ihrer Lebensgemeinschaft (Biozönose) vernetzt, und zwar durch ihre besondere Stellung in der Nahrungskette – „fressen und gefressen werden" – sowie dadurch, wie sie mit anderen Arten konkurriert oder kooperiert. Aber sie übt auch indirekt Einfluss auf die Lebensgemeinschaft aus, indem sie den Boden, das Wasser und die Luft verändert. In der Ökologie betrachtet man dies als einen kontinuierlichen Energie- und Stoffkreislauf zwischen den Lebewesen einer Gemeinschaft und der äußeren Umwelt, in den alle anderen Ökosysteme ebenfalls einbezogen sind und der die ökologischen Großzyklen entstehen lässt, von denen auch unsere Existenz abhängt.

Sich ein Ökosystem vorzustellen, fällt nicht schwer, besonders, wenn es sich um einen physisch so abgegrenzten Lebensraum wie etwa eine Marsch oder eine Alpenwiese handelt. Doch ist dieses besondere Ökosystem wirklich durch sein dynamisches Netzwerk von Organismen, Stoffen und Energie mit anderen Ökosystemen verknüpft? Der britische Erfinder und Wissenschaftler James E. Lovelock erklärte 1972, dass jedes Ökosystem mit der gesamten Biosphäre in Wechsel-

Gradient der Biodiversität von niedriger Diversität in höheren Breiten zu hoher Vielfalt im äquatorialen Bereich, hier dargestellt am Beispiel der zu den Ritterfaltern (*Papilionidae*) gehörenden Schwalbenschwanz-Schmetterlinge. Höhere Artenzahl bedeutet allerdings nicht größere Häufigkeit – die meisten tropischen Arten sind selten.

Was ist eigentlich ...

Biozönose, eine meist durch bestimmte Charakterarten oder Trennarten gekennzeichnete einheitliche Lebensgemeinschaft mit ihren Boden- und Klimafaktoren. Ihre Glieder stehen in vielseitigen Wechselbeziehungen zueinander, wodurch ein ökologisches Wirkungsgefüge der Arten resultiert. In einer Biozönose herrscht im Allgemeinen das Prinzip der Selbstregulation. Die Biozönotik (Biozönologie, Synökologie) ist ein Teilgebiet der Ökologie, das die Wechselbeziehungen innerhalb der Biozönose erforscht. Ihre Ergebnisse finden z. B. Anwendung in der biologischen Schädlingsbekämpfung, bei forst- und agrarwirtschaftlichen Maßnahmen und in der Fischerei.

Die bahnbrechende Systematik des Carl von Linné

Linné, *Carl von*, bis 1762 Carl (Carolus) Linnaeus, schwedischer Naturforscher, *23.5.1707 Råshult, †10.1.1778 Uppsala; studierte zunächst Medizin, wandte sich aber bald der Botanik zu; Mitbegründer und erster Präsident der schwedischen Akademie der Wissenschaften; ab 1741 Professor der Medizin, 1742 auch Professor der Botanik in Uppsala und Direktor des Botanischen Gartens.

Carl von Linné war der bedeutendste Systematiker seiner Zeit, der die biologische Systematik grundlegend reformierte. Seine wichtigsten Leistungen sind der Entwurf einer hierarchischen Gliederung des Organismenreiches (Klassifikation) und die Einführung der übersichtlichen binären Nomenklatur, die jede biologische Art mit einem zweiteiligen lateinischen Namen benennt, der aus dem Gattungsnamen und einem artspezifischen Zusatz besteht. Die neue Systematik veröffentlichte er in dem erstmals 1735 erschienenen Werk *Systema naturae*: Er zog zur Identifikation der Pflanzen 4 Merkmale heran: Zahl, Gestalt, Proportion und Lage von Staubblättern und Fruchtblättern und verwendete in seinem System nur 4 Taxa: Art, Gattung, Ordnung und Klasse – jeweils für das Pflanzen- und das Tierreich. Für Linné war die Gattung die natürliche Grundlage seines Systems, weil er sie anhand von 26 natürlichen Kennzeichen unterschied, mit denen der Schöpfer die Pflanzen ausgestattet haben sollte. Die Anzahl der Kennzeichen entspricht der Anzahl der Buchstaben im Alphabet (Linné war ein Zahlenmystiker); die Gattung war für ihn die von Gott geschaffene Einheit, die der Forscher erkennen kann. Zu jeder Gattung gehörte eine Gruppe von Arten, deren Fortpflanzungsorgane strukturell übereinstimmten. Höhere Taxa sah er als künstlich an, da ihre Festlegung nach willkürlichen Regeln erfolgte. In dem 1753 erschienenen Werk *Species plantarum* wandte Linné erstmals durchgehend die von ihm erdachte binäre Artbenennung mit lateinischen Namen an; sie ersetzte die bis dahin üblichen, umständlichen Artbeschreibungen aus mehreren Begriffen. Ab der 10. Auflage der *Systema naturae* (1758) wurde dies das allgemein anerkannte Verfahren zur Benennung von Arten; es ist bis heute Standard in der gesamten Biologie. Seine (künstliche) Klassifikation des Pflanzenreichs umfasste 24 Klassen; davon umfassten die ersten 23 die Blütenpflanzen, während er in der letzten Klasse (Kryptogamen) Farne, Moose, Algen, Pilze und auch die damals noch nicht als Tiere erkannten Schwämme und Korallen zusammenfasste. Später versuchte er, anhand von Ähnlichkeiten ein natürliches System der Botanik zu entwerfen, das die tatsächlichen Verwandtschafts- und Abstammungsverhältnisse widerspiegelt. In der zoologischen Systematik gab er das aristotelische Ordnungsprinzip nach Lebensräumen auf und hielt sich an Merkmale der Anatomie und der Physiologie. In der 12. Auflage der *Systema naturae* (1766) ordnete Linné erstmals den Menschen in das Tierreich ein; er benannte ihn als *Homo sapiens* und stellte ihn mit dem Schimpansen und dem Orang-Utan in die von ihm benannte Ordnung Herrentiere (Primaten).

---

den hingegen, mit denen sie nur weit zurückliegende gemeinsame Vorfahren teilen, unterscheiden sich beide so stark, dass sie nicht nur eine eigene Gattung, sondern sogar eine eigene Familie bilden, die Pongiden. Zu den Pongiden gehören noch zwei weitere Gattungen, eine für den Orang-Utan und eine für die Gorillas, von denen es wiederum zwei Arten gibt.

Die Prinzipien der weiteren Klassifikation sind sehr leicht zu begreifen, wenn man sich einmal an die lateinischen Bezeichnungen gewöhnt hat. Das Linnésche System ist bis zu den höchsten Kategorien der biologischen Vielfalt hierarchisch aufgebaut – nach denselben Gliederungsprinzipien, nach denen zum Beispiel militärische Bodentruppen von der Kompanie über das Bataillon bis zur Division und Armee gestaffelt sind. Kehren wir zu unserem Beispiel des Wolfs

Zum Weiterlesen

Zu einer ausführlicheren Beschreibung der Klassifikationsprinzipien und einer Darstellung über den evolutionären Ursprung der Arten siehe Edward O. Wilson, *Der Wert der Vielfalt* (München 1995).

Kategorie	Beispiel
Phylum (Stamm)	*Arthropoda* (Gliederfüßer)
Classis (Klasse)	*Insecta* (Insekten)
Ordo (Ordnung)	*Coleoptera* (Käfer)
Familia (Familie)	*Dytiscidae* (Schwimmkäfer)
Genus (Gattung)	*Dytiscus*
Spezies (Art)	*Dytiscus marginalis* (Gelbrandkäfer)

Koordinierte (gleichrangige) Gruppen wären z. B. auf Ordnungsebene weitere Ordnungen der Insekten, wie : *Hymenoptera* (Hautflügler), *Diptera* (Zweiflügler) u. a.; auf Familienebene weitere Familien der Käfer, wie *Curculionidae* (Rüsselkäfer), *Ipidae* (Borkenkäfer), *Cerambycidae* (Bockkäfer) u. a.

Hierarchie der Klassifikationskategorien mit Beispielen.

zurück. Die Gattung *Canis*, die unter anderem den Haushund und den Wolf umfasst, gehört zusammen mit anderen Gattungen, die auch die Arten der Füchse einschließen, zur Familie der Caniden. Familien werden zur Ordnung zusammengefasst. Die Ordnung der Fleischfresser (Carnivoren) enthält alle Caniden sowie die Familie der Bären, Katzen, Wiesel, Waschbären und Hyänen. Die Ordnung wiederum ist eine Unterkategorie der Klasse. So setzt sich die Klasse der Säugetiere aus den Fleischfressern und allen anderen Säugetieren zusammen. Die verschiedenen Klassen bilden Stämme, in unserem Beispiel den Stamm der Chordaten, wozu die Säugetiere, alle anderen Wirbeltiere (Vertebraten) sowie die wirbellosen Lanzettfischchen und Seescheiden gehören. Die den Stämmen übergeordnete Kategorie ist die Abteilung – so gibt es die Abteilungen der Bakterien, der Archaebakterien und der Eukaryoten, wobei die Letzteren aus den Protisten, (auch Protozoen genannt), den Pilzen, den Tieren und den Pflanzen bestehen.

Die Erforschung des Lebens hat erst begonnen

Stets sind es jedoch die Arten, die als reale, greifbare Einheiten wahrgenommen und gezählt werden können. Wie Soldaten im Feld stehen sie zur Zählung bereit – ungeachtet ihrer willkürlichen Einteilung in Truppenverbände und deren Benennung. Wie viele verschiedene Arten gibt es auf der Welt? Zwischen 1,5 und 1,8 Millionen Arten sind entdeckt und mit wissenschaftlichen Namen erfasst worden. Aber eine exakte Bestandsaufnahme anhand der in den vergangenen 250 Jahren veröffentlichten taxonomischen Literatur hat bislang noch niemand vorgenommen. So viel ist jedoch gewiss: Ganz gleich, wie lang eine solche Liste aller bekannten Arten ausfallen mag, sie ist erst der Anfang. Schätzungen der wahren Anzahl lebender Arten reichen je nach zugrunde liegender Methode von 3,6 Millionen bis zu mehr als 100 Millionen. Der Mittelwert dieser Schätzungen liegt bei etwas

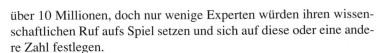
über 10 Millionen, doch nur wenige Experten würden ihren wissenschaftlichen Ruf aufs Spiel setzen und sich auf diese oder eine andere Zahl festlegen.

Die Wahrheit ist, dass wir mit der Erforschung des Lebens auf der Erde eben erst begonnen haben. Wie wenig wir wissen, führen uns die Bakterien der Gattung *Prochlorococcus* eindringlich vor Augen. Diese zahlenmäßig wohl am weitesten verbreiteten Organismen der Erde sind für die Produktion eines Großteils der Biomasse im Meer verantwortlich – dennoch waren sie der Wissenschaft vor 1988 völlig unbekannt. 70 000 bis 200 000 *Prochlorococcus*-Zellen tummeln sich in jedem Milliliter Meerwasser und vermehren sich mithilfe der Energie, die sie aus dem Sonnenlicht gewinnen. Ihre außerordentlich geringe Größe macht sie so schwer fassbar. Sie gehören zu einer besonderen Gruppe von Organismen, dem Picoplankton, deren Vertreter sogar noch kleiner sind als herkömmliche Bakterien und die selbst unter den stärksten Mikroskopen kaum wahrnehmbar sind.

Das Meer wimmelt nur so von anderen neuartigen und wenig bekannten Bakterien, Archaebakterien und Protozoen. Als man in den 1990er-Jahren begann, diese Organismen näher zu erforschen, entdeckte man, dass sie weiter verbreitet und vielfältiger waren, als man sich je vorgestellt hatte. Ein großer Teil dieser Miniaturwelt existiert in der Nähe ehemals verborgener Materie, die aus fadenartigen Ansammlungen von Kolloiden, Zellfragmenten und Polymeren besteht, die einen Durchmesser von einem Milliardstel bis zu einem hundertstel Meter besitzen. Ein Teil dieser Materie enthält nährstoffreiche „Hot Spots", die Putzerbakterien und deren Jäger, winzige Bakterien und Protozoen, anziehen. Der Ozean vor unseren Augen, der bis auf einen gelegentlich vorbeiziehenden Fisch oder Wirbellosen so leer erscheint, ist ganz anders, als wir dachten. Die sichtbaren Organismen stellen nur die Spitze einer riesigen Pyramide aus Biomasse dar.

Unter allen Vielzellern, die die Lebensräume der Erde bevölkern, sind es die kleinsten Arten, über die wir am wenigsten wissen. Von den Pilzen, die fast so allgegenwärtig sind wie die Mikroben, sind bislang 69 000 Arten identifiziert und benannt worden, doch man schätzt, dass bis zu 1,6 Millionen Arten existieren. Von den Fadenwürmern, die achtzig Prozent der Tiere auf der Erde ausmachen, sind 15 000 Arten bekannt, aber Millionen weitere harren vielleicht noch ihrer Entdeckung.

Während die Molekularbiologie in der zweiten Hälfte des 20. Jahrhunderts in revolutionärer Weise weiterentwickelt wurde, galt die Systematik allgemein als überholte Disziplin. Sie führte ein kaum beachtetes Schattendasein und wurde nur noch auf Sparflamme betrieben. Mittlerweile betrachtet man die Erneuerung des Linnéschen

Unterfangens jedoch wieder als große Herausforderung, und die Systematik hat ihren Platz im Mittelpunkt biologischer Forschung zurückerobert. Für diese Erneuerung gibt es vielfältige Gründe. Mit dem Instrumentarium der Molekularbiologie ist die Entdeckung mikroskopisch kleiner Organismen beschleunigt worden. Die Genetik und die Stammbaumtheorie haben neue Techniken zur Verfügung gestellt, um die Evolution des Lebens zügig und auf überzeugende Weise aufzuklären. All diese Entwicklungen sind gerade noch rechtzeitig eingetreten, denn vor dem Hintergrund der sich verschärfenden globalen Umweltkrise ist es dringend geboten, eine detaillierte und umfassende Bestandsaufnahme der Artenvielfalt vorzunehmen.

Eine der größten Herausforderungen stellt dabei der Meeresboden dar, der von der Brandung bis zur Tiefsee siebzig Prozent der Erdoberfläche ausmacht. Während im Meer alle 36 bekannten Tierstämme vertreten sind – die höchstrangigen und umfassendsten Gruppen in der taxonomischen Hierarchie –, sind es auf dem Land nur zehn Stämme. Zu den bekanntesten zählen die Arthropoden (Gliederfüßer), wie Insekten, Krustentiere, Spinnen und ihre vielen Verwandten, sowie die Mollusken (Weichtiere), zu denen Schnecken, Muscheln und Kraken gehören. In den vergangenen mehr als dreißig Jahren sind erstaunlicherweise gleich zwei neue Stämme mariner Lebewesen entdeckt worden: die 1983 erstmals beschriebenen Loriciferen (Korsetttierchen), winzige, länglich geformte Organismen mit einem gürtelähnlichen Band um ihre Mitte, und die 1996 beschriebenen Cycliophoren, rundliche, symbiotische Organismen, die sich an die Mäuler von Hummern heften, wo sie die Überreste der Mahlzeiten ihrer Wirte vertilgen. Tief im Boden seichter Meeresgewässer und um die Loriciferen und Cycliophoren herum existieren noch weitere seltsame Kreaturen, die „Meiofauna", die für das bloße Auge fast unsichtbar ist. Zu diesen merkwürdigen Geschöpfen gehören die Bauchhärlinge (Gastrotrichen), Kiefermündchen (Gnathostomuliden), Hakenrüssler (Kinorhynchen), Bärtierchen (Tardigraden), Pfeilwürmer (Chaetognathen), Geradeschwimmer (Orthonectiden) und Placozoen ebenso wie Fadenwürmer und wurmartige bewimperte Protozoen. Diese Organismen kann man überall auf der Welt am Strand oder im sandigen Boden flacher Gewässer finden. Wer also nach neuen Formen der Freizeitbeschäftigung sucht, sollte unbedingt einmal einen Tag am nächstgelegenen Strand verbringen. Bewaffnen Sie sich mit Schirm, Eimer, Schaufel, Mikroskop und einem bebilderten Lehrbuch über wirbellose Tiere. Anstatt Sandburgen zu bauen, erforschen Sie doch den feuchten Mikrokosmos Ihrer Umgebung und denken dabei an das, was der große Physiker Michael Faraday im 19. Jahrhundert einmal so treffend gesagt hat: „Nichts auf dieser Welt ist zu wunderbar, um wahr zu sein."

Zum Weiterlesen

Die Stämme der wirbellosen Tiere werden von Richard C. und Gary J. Brusca in ihrem Standardlehrbuch *Invertebrates* (Sunderland, MA 1990) definiert und eingehend beschrieben.

Porträt

Faraday, *Michael*, engl. Physiker und Chemiker, *22.9. 1791 Newington, †25.8. 1867 Hampton Court; bildete sich nach einer Buchbinderlehre als Autodidakt in Chemie und Physik, ab 1825 Direktor des Laboratoriums der Royal Institution, der er bis 1858 angehörte, 1827–1861 Professor für Chemie. Faraday war einer der bedeutendsten Naturforscher des 19. Jahrhunderts. Er beschäftigte sich zunächst vorwiegend mit chemischen Problemen, wandte sich aber später zunehmend der Elektrizität zu. 1823 gelang ihm bei Arbeiten über Gasverflüssigung die Darstellung von flüssigem Chlor unter Druck. Bei der Analyse von Ölen entdeckte er 1824 das Benzol.

Selbst die gewöhnlichsten Kleinlebewesen sind weitaus weniger erforscht, als man gemeinhin annehmen würde. Ungefähr 10 000 Ameisenarten sind bekannt und namentlich erfasst, doch kann sich diese Zahl leicht verdoppeln, wenn erst die tropischen Gebiete genauer untersucht sind. Als ich vor einigen Jahren eine Untersuchung über *Pheidole*, eine der zwei artenreichsten Ameisengattungen der Welt, durchführte, entdeckte ich 340 neue Arten. Dadurch verdoppelte sich die Mitgliederzahl dieser Gattung mit einem Schlag, und die gesamte bekannte Ameisenfauna der westlichen Hemisphäre erfuhr einen Zuwachs von zehn Prozent.

Ein in den Medien und der modernen Unterhaltungsindustrie beliebtes Klischeebild ist das des Wissenschaftlers, der am Ende einer anstrengenden Forschungsreise, beispielsweise einen Nebenfluss des Orinoko hinauf, eine neue Tier- oder Pflanzenart entdeckt. Seine Mitarbeiter im Basislager feiern die Entdeckung mit einer Flasche Champagner und übermitteln die freudige Nachricht an das Heimatinstitut. Die Wahrheit, so versichere ich Ihnen, sieht meist anders aus. Die wenigen Experten, die sich auf die Klassifizierung einzelner Gruppen von Lebewesen spezialisiert haben, seien dies Bakterien, Pilze oder Insekten, können sich der Flut neu entdeckter Arten in der Regel nicht erwehren. Verzweifelt bemühen sie sich darum, in meist einsamer Kleinarbeit ihre Sammlungen zu ordnen und gleichzeitig genügend Zeit dafür aufzubringen, wenigstens einen Bruchteil der ihnen zur Identifizierung zugesandten Entdeckungen zu veröffentlichen.

Selbst die Blütenpflanzen, die traditionell ein bevorzugtes Arbeitsgebiet der Feldbiologen darstellen, sind noch immer nicht vollständig erforscht. Ungefähr 272 000 Arten sind weltweit beschrieben worden, doch die wahre Anzahl dürfte sich eher auf 300 000 oder mehr belaufen. Jedes Jahr finden zirca 2 000 neue Arten Eingang in das international anerkannte botanische Standardwerk, den *Index Kewensis,* eine Auflistung aller seit C. von Linné neu beschriebenen Blütenpflanzen des englischen Botanikers Sir Joseph Dalton Hooker (1817–1911). Selbst in den Vereinigten Staaten und Kanada, die relativ gründlich erforscht sind, werden jährlich ungefähr sechzig neue Arten entdeckt. Manche Experten glauben, dass bis zu fünf Prozent der nordamerikanischen Flora unbekannt sind, darunter 300 oder mehr Spezies im artenreichen Bundesstaat Kalifornien. Die neu entdeckten Arten sind gewöhnlich selten, aber nicht notwendigerweise abgelegen und unauffällig. Manche, wie die 1992 erstmals beschriebene Blume *Neviusia cliftonii*, sind prächtig genug, um als Zierpflanzen zu dienen. Viele wachsen für alle sichtbar an leicht zugänglichen Orten. Eine 1972 erstmals beschriebene Lilienart, *Calochortus tiburonensis*, blüht nur knapp 20 Kilometer außerhalb von San Francisco. Und am Stadtrand von Huntsville im Bundesstaat Alabama ent-

Internet-Link

Der Index Kewensis online: www.ipni.org

deckte ein 21-jähriger Amateursammler namens James Morefield 1982 die neue Waldrebenart *Clematis morefieldii*.

Neu entdeckte Wirbeltierarten

Immer gründlichere zoologische Bestandsaufnahmen, die angesichts verschwindender Lebensräume dringend geboten erscheinen, haben eine überraschende Vielzahl neuer Wirbeltiere ans Licht gebracht. Viele dieser Arten werden sofort vom Zeitpunkt ihrer Entdeckung an auf die Liste gefährdeter Arten gesetzt. Die Zahl der Amphibienarten, einschließlich aller Frösche, Kröten, Salamander und der weniger bekannten tropischen Blindwühlen, ist zwischen 1985 und 2001 um ungefähr ein Drittel gestiegen, von 4 003 auf 5 282 Arten. 2006 war sie auf 5 918 Arten angewachsen.

Auch die Entdeckung neuer Säugetierarten schreitet mit unvermindertem Tempo voran. Weil Sammler in entlegene tropische Regionen vordringen und sich auf kleine, schwer fassbare Arten wie Tanreks (Borstenigel) und Spitzmäuse konzentrieren, hat sich die Zahl der Säugetierarten in den letzten mehr als zwei Jahrzehnten von ungefähr vier- auf über fünftausend (2006: 5 416) erhöht. Die höchste Ausbeute im kürzesten Zeitraum erzielte dabei in den vergangenen gut fünfzig Jahren James L. Patton, der im Juli 1996 innerhalb von nur drei Wochen sechs neue Arten in den kolumbianischen Zentralanden entdeckte: vier Mäusearten, eine Spitzmaus und ein Beuteltier. Sogar die Primaten, die mit den Menschenaffen, Affen und Halbaffen zu den in der Feldforschung meistgesuchten Säugetieren überhaupt gehören, halten noch Überraschungen bereit. In den Neunzigerjahren des vergangenen Jahrhunderts fügten allein Russell Mittermeier und seine Kollegen den bis dahin bekannten 275 Arten neun Neuentdeckungen hinzu. Mittermeier, der im Rahmen seiner Forschungsarbeit und als Präsident der amerikanischen Umweltorganisation Conservation International Tropenwälder rund um die Welt bereist, schätzt, dass mindestens hundert weitere Primatenarten noch der Entdeckung harren.

Sogar unbekannte größere Landsäugetiere werden gelegentlich aufgespürt. Das vielleicht größte Aufsehen in jüngerer Zeit erregte die Entdeckung von vier neuen Tierarten im Annam-Gebirge zwischen Vietnam und Laos Mitte der 1990er-Jahre. Darunter befanden sich ein Streifenhase, ein rund 35 Kilogramm schwerer Riesenmuntjak und ein 18 Kilogramm schwerer kleinerer Muntjak. Die größte Sensation war jedoch ein rund 100 Kilogramm schweres Huftier, das von den Einheimischen Sao-La oder „Spindelhorn" und von Zoologen Vu-Quang-Rind genannt wird. Der Sao-La ist das erste Landsäugetier dieser Größe, das seit mehr als einem halben Jahrhundert entdeckt wurde. Er ist mit keinem anderen bekannten Huftier enger verwandt und bildet deshalb eine eigene Gattung namens *Pseudoryx*. Der Name ist eine Anspielung auf die oberflächliche Ähnlichkeit dieses Tieres mit der afrikanischen Oryxantilope und bedeutet „falsche Oryx". Man geht davon aus, dass es nur noch wenige Hundert Sao-Las gibt. Aufgrund ihrer Dezimierung durch einheimische Jäger und der Zerstörung ihrer Lebensräume durch Rodung der Bergwälder ist ihre Zahl vermutlich stark rückläufig. Kein Wissenschaftler hat bisher ein Exemplar in freier Wildbahn gesehen, doch gelang es 1998, mithilfe einer automatischen „Kamerafalle" ein Tier zu fotografieren. Für kurze Zeit wurde außerdem ein von Hmong-Jägern gefangenes weibliches Tier im Zoo von Lak Xao in Laos gehalten, doch überlebte es in Gefangenschaft nicht lange.

Seit Jahrhunderten gehören Vögel zu den besterforschten Tieren überhaupt, doch auch hier werden ständig neue Arten entdeckt. Zwischen 1920 und 1934, dem goldenen Zeitalter der ornithologischen Feldforschung, wurden jährlich durchschnittlich zehn neue Arten beschrieben und durch spätere Forschungen bestätigt. Bis in die Neunzigerjahre sank diese Zahl zwar, doch lag sie noch immer bei zwei bis drei Arten pro Jahr. Gegen Ende des 20. Jahrhunderts verzeichnete das internationale Artenregister ungefähr 10 000 gesicherte Vogelarten. Einige unerwartete revolutionäre Neuerungen in der ornithologischen Feldforschung könnten jedoch dazu führen, dass die Zahl der Arten in ungeahnte Höhen schnellt. So mussten die Wissenschaftler erkennen, dass es möglicherweise eine Vielzahl von Geschwisterarten gibt. Darunter versteht man Populationen, die sich zwar hinsichtlich der traditionell zur taxonomischen Klassifizierung verwendeten anatomischen Eigenschaften wie Größe, Gefieder und Schnabelform

Gruppe	Zahl beschriebener Arten	Zahl bewerteter Arten	Anteil bedrohter Arten	in Prozent*
Säugetiere	5416	4856	1093	23%
Vögel	9934	9934	1206	12%
Reptilien	8240	554	341	62%
Amphibien	5918	5918	1811	31%
Fische	29300	2914	1173	40%
Insekten	950000	1192	623	52%
Mollusken	70000	2163	975	45%
Krebstiere	40000	537	459	85%
andere	130200	86	44	51%
Pflanzen/ Sonstige	333655	11904	8393	70%
Summe	1.582663	40058	16118	40%

Anzahl der Arten im Jahr 2006.

* Prozentzahlen: Anteil der bedrohten Arten an den bewerteten Arten (Quelle: IUCN)

nicht wesentlich unterscheiden, im Hinblick auf andere, nicht minder wichtige Merkmale wie etwa bevorzugter Lebensraum oder Paarungsruf aber äußerst verschieden sind. Das wichtigste Kriterium zur Unterscheidung von Vogelarten – wie auch der meisten anderen Tierarten – ergibt sich aus dem Begriff der biologischen Spezies. Populationen gehören verschiedenen Arten an, wenn sie sich unter natürlichen Lebensbedingungen nicht miteinander paaren. Mit der zunehmenden Verfeinerung feldbiologischer Methoden ist eine Vielzahl solcher genetisch isolierten Populationen entdeckt worden. Zu den alten Arten, die jüngst weiter unterteilt wurden, gehören die bekannten *Phylloscopus*-Laubsängerarten Europas und Asiens und die Kreuzschnabelarten Nordamerikas, wobei das letztgenannte Beispiel nicht unumstritten ist. Eine neue analytische Methode von großer Bedeutung ist die Tonwiedergabe von Vogelgesang. Dabei nehmen Ornithologen den Gesang einer Population auf und spielen ihn in Gegenwart einer anderen Population ab. Wenn die Vögel wenig Interesse am Gesang der jeweils anderen Population zeigen, gibt es guten Grund zu der Annahme, dass sie verschiedenen Arten angehören, da sie sich vermutlich nicht miteinander paaren würden, wenn sie sich in freier Wildbahn begegneten. Diese Methode ermöglicht es erstmals, Populationen zu untersuchen, die nicht denselben Lebensraum besetzen, sondern die aufgrund ihrer unterschiedlichen geographischen Verbreitungsgebiete als Unterarten bezeichnet werden. Es ist also durchaus denkbar, dass sich die Zahl der bekannten lebenden Vogelarten auf 20 000 verdoppeln wird.

Was ist eigentlich ...

biologische Spezies, Biospezies, eine Gruppe sich tatsächlich oder potenziell kreuzender Individuen, die fertile Nachkommen hervorbringen. Der genetische Zusammenhalt (Kohäsion) von Individuen einer Biospezies wird durch physiologische, ethologische, morphologische und genetische Eigenschaften gewährleistet, die gegenüber artfremden Individuen isolierend wirken („Isolationsmechanismen"), also verhindern, dass zwischenartliche Bastardierung stattfindet. Die Angehörigen einer Art bilden so eine Fortpflanzungsgemeinschaft, zwischen ihnen besteht Genfluss, sie haben Anteil an einem Genpool und sind somit die Einheit, in der evolutionärer Wandel stattfindet.

Lebensräume und ihre Artenvielfalt

Man nimmt an, dass mehr als die Hälfte aller Tier- und Pflanzenarten der Welt in tropischen Regenwäldern beheimatet ist. Diese natürlichen Gewächshäuser, die in puncto Artenvielfalt das genaue Gegenteil der McMurdo-Trockentäler darstellen, warten mit einer Fülle von Weltrekorden auf: So wachsen auf einem einzigen Hektar des brasilianischen Atlantikwaldes 425 verschiedene Baumarten, und in einem kleinen Teil des Manu-Nationalparks in Peru hat man rund 1 300 Schmetterlingsarten nachgewiesen. Die Artenvielfalt ist in beiden Fällen zehnmal größer als in vergleichbaren Gebieten Europas und Nordamerikas. Den Rekord bei den Ameisen hält ein zehn Hektar großes Waldgebiet am oberen Amazonas in Peru, wo 365 verschiedene Arten leben. Ich selbst habe einmal unter dem Kronendach eines einzigen Baumes in diesem Gebiet 43 Ameisenarten identifiziert, was ungefähr der gesamten Ameisenfauna der Britischen Inseln entspricht.

Diese beeindruckenden Zahlen schließen keinesfalls das Vorhandensein einer ähnlich großen Vielfalt anderer Organismen in anderen be-

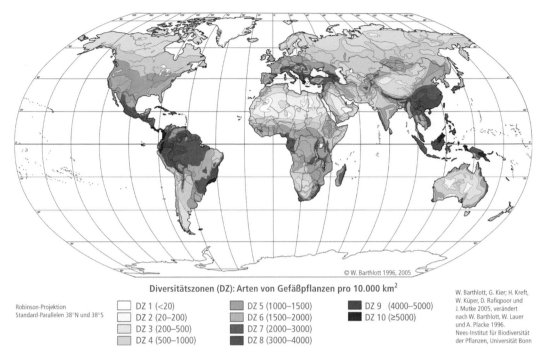

Diversitätszonen (DZ): Arten von Gefäßpflanzen pro 10.000 km²

Robinson-Projektion
Standard-Parallelen 38°N und 38°S

☐ DZ 1 (<20)	
☐ DZ 2 (20–200)	
☐ DZ 3 (200–500)	
☐ DZ 4 (500–1000)	

☐ DZ 5 (1000–1500)	
☐ DZ 6 (1500–2000)	
☐ DZ 7 (2000–3000)	
☐ DZ 8 (3000–4000)	

☐ DZ 9 (4000–5000)	
☐ DZ 10 (≥5000)	

© W. Barthlott 1996, 2005

W. Barthlott, G. Kier; H. Kreft,
W. Küper, D. Rafiqpoor und
J. Mutke 2005, verändert
nach W. Barthlott, W. Lauer
und A. Placke 1996.
Nees-Institut für Biodiversität
der Pflanzen, Universität Bonn

Globale Biodiversität: Arten-
zahlen von Gefäßpflanzen.

deutenden Lebensräumen der Welt aus. Ein einziger Korallenkopf in Indonesien kann Hunderte von Krustentierarten, Polychaeten (Borstenwürmer) und andere Wirbellose sowie vielleicht noch einige Fische beherbergen. 28 verschiedene Kraut- und Kletterpflanzen hat man auf einer riesigen *Podocarpus*-Yellow-wood-Konifere im gemäßigten Regenwald Neuseelands gefunden – für das Wachstum vaskulärer Epiphyten (Luftpflanzen) auf einem einzigen Baum ist das der Weltrekord. Bis zu 200 Milbenarten, winzige spinnenähnliche Lebewesen, gedeihen in manchen Hartholzwäldern Nordamerikas auf einem einzigen Quadratmeter. Ein Gramm dieser Erde – so viel, wie man mit Daumen und Zeigefinger greifen kann – enthält Tausende von Bakterienarten. Einige davon vermehren sich aktiv, die anderen verharren inaktiv im Ruhezustand und warten darauf, dass genau die besondere Kombination von Wachstumsbedingungen (Nährstoffe, Feuchtigkeit, Trockenheit und Temperatur) eintritt, auf die dieser Bakterienstamm eingestellt ist.

Man braucht nicht in die Ferne zu schweifen, ja noch nicht einmal vom Stuhl aufzustehen, um die verschwenderische Artenvielfalt der Natur zu erleben. Der Mensch selbst ist eine Art Regenwald. Die Chancen stehen hoch, dass sich winzige spinnenähnliche Milben am Ansatz Ihrer Wimpern niedergelassen haben. Die Pilzsporen und Hyphen (Pilzfäden) auf unseren Zehennägeln warten nur auf die richtigen Lebensbedingungen, um sich zu einem richtigen kleinen

Tropischer Regenwald. Die
Artenvielfalt lässt sich erahnen.

Wald auszuwachsen. Die große Mehrheit der Zellen in unserem Körper gehört gar nicht uns, sondern Bakterien und anderen Mikroorganismen. Mehr als 400 solcher Mikrobenarten besiedeln unseren
Mund. Doch keine Sorge: Da mikrobische Zellen so klein sind, ist
der größte Teil des Protoplasmas, das wir mit uns herumtragen, trotzdem menschlichen Ursprungs. Jedes Mal, wenn wir mit den Füßen in
der Erde scharren oder durch Matschpfützen laufen, lässt sich auf unseren Schuhen eine Fülle von Bakterien nieder. Wer weiß, welche der
Wissenschaft unbekannten Organismen sich noch darunter befinden
mögen.

So ist also die Biosphäre beschaffen, die wie eine Membran die Erde und jeden Einzelnen von uns umgibt. Sie ist ein Wunder, das uns
zuteil wurde. Und es ist eine Tragödie, dass fortwährend Teile von ihr
unwiederbringlich verloren gehen, bevor wir überhaupt die Gelegen-
heit hatten, sie kennenzulernen und darüber nachzudenken, wie man
sich am besten an ihnen erfreut oder sie nutzen kann.

Grundtext aus: Edward O. Wilson *Die Zukunft des Lebens*. Wilhelm Goldmann Verlag
(amerikanische Originalausgabe: *The Future of Life*, Alfred A. Knopf, übersetzt von
Doris Gerstner).

Die Gifthölle von Villa Luz

In einer mexikanischen Schwefelhöhle untersuchen Wissenschaftler seltene Formen von Kleinstlebewesen. Diese bilden Gemeinschaften, wie es sie vielleicht auf dem Mars gegeben hat

Thomas Häusler

„Lasst alle Hoffnung fahren, die ihr eintretet", schrieb Dante in seinem Inferno an die Höllenpforte. Der Satz könnte auch am Eingang zu dieser Höhle stehen. Die niedrige Felsendecke zwingt Mike Spilde zum Kriechgang, um seine Knie sprudelt ein weißer Bach. Eine Gasmaske drückt dem Geologen ins Gesicht. Nähme er sie ab, stiege ihm der Gestank fauler Eier in die Nase: Schwefelwasserstoffgas in tödlicher Konzentration. Es entweicht aus einigen Quellen in der Höhle. Mit der einen Hand versucht Spilde, ein Gaswarngerät trocken zu halten, das ihm vom Hals baumelt. Mit der anderen robbt er nach vorn und schleppt eine Sauerstoffflasche für den Notfall mit. Bei früheren Besuchen schossen plötzlich noch Kohlenmonoxid und Ammoniak in die Kammer, Giftgase, gegen die sein Filter nicht schützt. Schlägt der Gasmonitor Alarm, muss er sich die Maske vom Gesicht reißen, die Notflasche aus dem wasserdichten Beutel schälen, aus ihr den Sauerstoff atmen und dann über messerscharfe Steine schleunigst aus der Todesgrotte herauskriechen.

Trotz der höllischen Verhältnisse in der Kaverne Villa Luz unter dem mexikanischen Regenwald wimmelt das Leben. Um Spildes Beine schwimmen Fische, seinen Kopf umschwirren Mücken. Manchmal flattert eine Fledermaus vorbei, und eine Geißelspinne bringt sich in Sicherheit. Wände und Wasser strotzen vor Mikroben. Geologe Spilde und seine Kollegin Penny Boston sind dabei, ein Geheimnis zu ergründen: Wie kann in der Unterwelt ohne Sonnenlicht eine prosperierende Lebensgemeinschaft entstehen?

Ein Stückchen Mars auf Erden

Nur zwei bis drei solcher Schwefelhöhlen sind weltweit bekannt. Sie liegen an Orten, wo zufällig Schwefelwasserstoff aus den Tiefen der Erde nach oben dringt. Doch die Höhle von Villa Luz könnte den Schlüssel zu weitaus größeren Rätseln bergen. Zunehmend halten es Forscher für möglich, dass in der feuchtwarmen Frühzeit des Mars Mikroben entstanden sind, die sich vor den harschen Bedingungen der Gegenwart in den Untergrund zurückgezogen haben. Solchen Verstecken könnte die giftig-lebendige Cueva de Villa Luz verblüffend ähneln. Ein Stückchen Mars auf Erden?

Spilde quält sich weiter durch die Passage. Schweiß rinnt ihm übers Gesicht. Glücklicherweise zeigt der Gasmonitor nur tödliche Werte für Schwefelwasserstoff an, was Spilde durch dumpfe Rufe unter der Maske hervor an Penny Boston meldet. Die Chefin der Expedition wartet heute als Notwache nebenan im Tümpel der Sala Grande. Dort ist noch nie Kohlenmonoxid aufgetreten. Spildes Ziel ist eine Kammer, die Yellow Roses getauft wurde, weil an ihren Wänden gelbe Schwefelkristalle glitzern.

Von diesem Schwefel will der Wissenschaftler Proben abkratzen, um mehr über den Nahrungskreislauf der Höhle zu erfahren. Für manche Bakterien ist Schwefelwasserstoff das Lieblingsfutter. Sie saugen das gelöste Gas gierig aus den Quellen. Die für Menschen tödlichen Mengen in der Luft sind die Brosamen, die nach ihrem Mahl übrig bleiben. Als Abfall entstehen der gelbe Schwefel und Schwefelsäure. Manche Forscher fragen sich gar, ob das irdische Leben einst unter ähnlichen Umständen entstand. Energiereichen Schwefelwasserstoff bot die junge Erde im Überfluss, zum Beispiel in vulkanischen Quellen, ob auf dem Meeresboden, an Land oder in Höhlen. Dafür gab es keinen Sauerstoff in der Atmosphäre für viele heutige Mikroben, darunter solche aus der Cueva de Villa Luz, ist unser Lebenselixier noch immer giftig.

Die Schwefelsäure tropft dem Forscher in den Nacken

Ab und zu tropft dem Forscher Schwefelsäure in den Nacken, während er, in den Höhlenbach geduckt, den Schwefel von der Wand schabt. Dann zuckt er zusammen, die Tropfen sind so sauer wie der Inhalt einer Autobatterie. Die Säure verätzt die Haut und lässt die Höhle im Eiltempo wachsen. Davon zeugen die Steine, die von der Decke fallen. So etwas passiert in normalen Höhlen so gut wie nie. „Die Bakterien graben sich die Höhle selbst", erklärt Spilde. Die Ausscheidungen der Mikroben verwandeln den Kalkstein in eine saure Gipspampe, die sich überall auf dem Boden und im Wasser türmt. Wenige tausend Jahre zählt das zwei Kilometer lange Gangsystem. Ohne den Schwefel wäre es viel kleiner.

Eine Viertelstunde braucht Spilde in der Todeskammer, um genügend Schwefel einzusammeln. Dabei zieht ihm der zähe Gipsschlamm unter Wasser mehrmals fast die Stiefel aus. Die ganze Zeit über dringt lautes Summen in seine Ohren. Es stammt vermutlich von Tausenden kleinen Mücken, die weiter hinten im Gang leben, wo kein Mensch hinkommt. Die Fische in Yellow Roses sind durchsichtig, Blutbahnen zeich-

nen sich unter ihrer Haut ab. Offenbar sind die Tiere mit roten Blutkörperchen voll gestopft, um im sauerstoffarmen Wasser zu überleben. Ihre Artgenossen im großen Teich nahe des Höhleneingangs sind vollkommen schwarz. Vermutlich haben sie ihre Hautpigmente behalten, weil diese sie vor dem spärlichen UV-Licht schützen, das durch den Eingang und einige Oberlichter in ihren Lebensraum dringt. Nahe dem Eingang drängen sich so viele der guppyähnlichen Fischchen, dass sie von den Indios einmal im Jahr gefangen werden – ein Geschenk der Unterweltgötter, die in der Cueva herrschen sollen.

Die Indios wagen sich für diese rituelle *pesca* nie weiter als ein paar Dutzend Meter in die Höhle hinein, wo die Luft kaum Giftgas enthält. Wie alt die Tradition ist und wie lange die Bewohner des Dorfes Tapijulapa die Höhle kennen, weiß niemand. Der Gestank in der Luft und der schwefelig-weiße Bach, der aus dem Höhlenausgang sprudelt und durch die tropische Hügellandschaft fließt, führte sie wohl schon vor langer Zeit zur Cueva. Die Gringos von verschiedenen Hochschulen aus dem US-Bundesstaat New Mexico, die nun oft kommen, um mit ihren Masken ins dunkle Loch zu steigen, erfuhren erst 1988 davon, als ein US-Höhlenforscher den Süden Mexikos nach Höhlen absuchte.

Ein graugrüner Schleimklumpen beherbergt unzählige Bakterien

„Zwanzig Kilo Fische haben die Indios im letzten April gefangen", erzählt Boston, nachdem Spilde aus Yellow Roses zurückgekehrt ist. „Für eine Höhle ist das unglaublich viel." Möglich ist der Reichtum nur wegen des eindringenden Schwefelwasserstoffs und der Bakterien, die ihn fressen. Eine Quelle allein speist täglich die Kalorienzahl von fünf *quesadillas* inklusive Bohnenmus in die Kaverne ein; zahlreiche

Quellen gibt es in der Cueva de Villa Luz. Im Sand, wo Wasser aus der Tiefe dringt, leben deshalb besonders dichte Mikrobenkolonien. Boston greift in den Grund einer Quelle und zieht einen graugrünen Schleimklumpen hervor: eine Bakterien-WG mit Abermilliarden von Bewohnern – die Ernährer der Höhle. „Auch die weißen Fäden und Beläge im Wasser, auf denen man immer ausrutscht, sind nichts als Bakterien", sagt Boston. Die Fische fressen die Bakterien und werden selbst wiederum von daumengroßen tauchenden Käfern ausgesaugt. Wenige Minuten nach einem solchen Mahl schwimmt nur noch die Hülle des Fischchens auf der Wasseroberfläche. Boston watet nun voraus auf die andere Seite der Sala Grande. Dabei warnt sie jedes Mal, wenn Gefahr besteht, dass achtlose Füße auf die bleichen Krabben im Mikrobenschlamm treten könnten: „Achtung! Geh weg, kleiner Kerl." Nicht einmal auf eine der unzähligen lästigen Mücken würde sie treten.

Boston will zum Snot Heaven, zu dem „Himmel des Rotzes", einem Stück Höhlendecke, zu dem sie über einen grauweißen Gipshügel hochstapft. Im Lichtkegel ihrer Helmlampe taucht die auffälligste Mikrobengemeinschaft der Höhle auf. Zwanzig, dreißig Zentimeter lange, weiße Fäden, die von der Felsendecke hängen und an Rotz und Stalaktiten erinnern. Daher ihr Name: *snottites*, auf Deutsch heißt das etwa „Rotziten". Am Ende jedes Fadens hängt ein klarer Tropfen, vor dem man sich tunlichst in Acht nimmt. Es ist reine Schwefelsäure, produziert von so genannten Thiobazillen. Trotzdem spazieren Mücken über die Snottiten, Spinnen stellen ihnen nach. „Warum die Tiere unter diesen Bedingungen so glücklich sind, ist ein Rätsel", sagt Boston. Leise ist das Gepiepse der Fledermäuse zu hören, die nicht weit entfernt von der Decke in den Giftgasschwaden hängen.

Boston kramt einen Spatel aus ihrem wasserdichten Beutel, flämmt ihn mit dem Feuerzeug ab, löst damit einen Snottiten und lässt ihn in ein steriles Röhrchen plumpsen. Im Labor wird sie versuchen, einige der Snottiten-Bewohner zu züchten. Mit früheren Proben ist ihr das in wenigen Fällen gelungen, etwa mit den Thiobazillen. Daneben vermutet sie in den „Rotzfäden" zahlreiche andere Exoten, die sich gegenseitig Nahrung produzieren oder empfindliche Artgenossen gegen den für sie tödlichen Sauerstoff abschirmen. Mikrobiologen nennen solche Bakterien extremophil, weil sie die Extreme mögen und dabei eine unglaubliche Widerstandsfähigkeit an den Tag legen.

Die Industrie bettelt um Bakterienproben

Manche Extremophile leben in über hundert Grad heißen Quellen auf dem Meeresgrund, andere in dicken Salzsuppen wie dem Toten Meer, wieder andere ziehen Säurebäder wie jene in der Cueva de Villa Luz vor. Für die Wissenschaft sind sie aufregend, da sie wohl zu den Urmikroben gehören und ein Licht auf die Entstehung des Lebens werfen könnten. Die Wirtschaft interessiert sich für die Extremophilen, weil sie nützliche Substanzen liefern. So ist die Genforschung ohne ein bestimmtes Eiweiß undenkbar, das aus bakteriellen Heißsporen stammt, andere Extremophilen-Bausteine tun in Waschmitteln ihren Dienst. „Die Industrie bettelt um Bakterienproben, weil sie darin nach Wirkstoffen suchen will", sagt Boston.

Langsam kommt ans Licht, dass Mikroben nicht nur in der biologischen Entwicklung der Erde eine wichtige Rolle spielten, sondern sie auch geologisch mitformen. Wissenschaftler schätzen, dass die Biomasse der Bakterien, die in Höhlen und Spalten bis in 5 000 Meter Tiefe leben, der Masse aller Land- und Meerespflanzen entspricht. In ihrem weltumspannenden verborgenen Spaltenheim nagen sie am Fels, verdauen Eisen oder produzieren riesige Mengen an Methanhydrat, das an manchen Stellen des Meeresbodens lagert. Vor 55 Millionen Jahren löste das Methan einen Klima-Umsturz aus, als das Treibhausgas plötzlich in Massen in die Atmosphäre entwich.

Vielleicht wird sogar der Schwefelwasserstoff, der aus der Tiefe in die Cueva de Villa Luz dringt, von Bakterien produziert. Das Erdinnere enthält Schwefel, den manche Mikroben anstelle von Sauerstoff atmen – der Anfang eines unendlichen Kreislaufs. „Wir möchten einen Schlauch mit einer Kamera an einem Ende bauen und damit in die tiefen Spalten vordringen, um wenigstens eine Ahnung davon zu bekommen, was sich da tut", sagt Boston.

Selbst die Gasmaske kann die giftigen Dämpfe nicht ganz wegfiltern

Ihr großes Ziel bei all diesen Untersuchungen: Sie möchte herausfinden, was das Leben ausmacht. Bostons Leidenschaft ist die Astrobiologie, die Suche nach Leben auf anderen Planeten, vor allem auf dem Mars. Und da wird sich bei jedem Fund, den zukünftige Missionen aufstöbern werden, seien es Fossilien oder verdächtige Abgase, sofort die Frage stellen: Sind das wirklich Lebenszeichen?

„Die Bakteriengemeinschaften der Cueva de Villa Luz liefern eine Art Signatur des Lebens", erklärt Boston. In der Lechuguilla-Höhle in den USA hat diese Übertragung von Mustern bereits funktioniert. Diese Millionen Jahre alte Kaverne besaß einst ebenfalls einen Schwefelkreislauf, bis der Nachschub aufhörte. Zurück blieb eine Höhle mit Steinformationen von bizarrer Schönheit, von denen die Forscher einige erst als uralte Lebensspuren deuten konnten, als sie auf die ähnlich aussehenden Snottiten in der Cueva de Villa Luz stießen.

Ihre Liebe zur Astrobiologie hat Boston erst zur Höhlenforscherin gemacht. Deswegen erträgt sie die Strapazen, Giftgase und Verletzungen; dafür überwand sie den Schock nach ihrem Novizentrip in die Lechuguilla-Höhle: „Es war mörderisch. Ich hatte keine Ahnung, was mich erwartete. Fünf Tage klettern, kriechen, kraxeln. Die Leute, die mich auf diesen Trip mitnahmen, hätte ich am liebsten erschossen."

Mittlerweile hat sie noch einen weiteren Snottiten geerntet. Nach fünf Stunden im Giftgas braucht Boston nun eine Pause: „Ich halte die verdammte Maske nicht mehr aus." Noch zehn Minuten kraxeln, dann erreichen sie und Spilde ein Oberlicht, das durch die Decke gebrochen ist und etwas frische Luft hereinlässt. Sie zerren die Masken vom Gesicht. „Heute habe ich wenigstens kein Villa-Luz-Kopfweh", sagt Boston und atmet die erdige Luft ein, die vom Regenwald über der Höhle nach unten dringt. „Das fühlt sich an, als sei das Gehirn zu groß für den Schädel. Es heißt zwar, das Gas dringe nicht durch die Haut, aber das glaube ich nicht." Nach vielen Stunden in der Höhle werde man trotz Maske abwesend und stumpfsinnig. Einmal stieg Boston und einer anderen erfahrenen Höhlenforscherin das Gas so zu Kopf, dass sie lange hilflos durch die vertraute Höhle irrten.

Die beiden Höhlenforscher brechen zum Ausgang auf. Auf einem Stein am Rückweg liegt eine tote Fledermaus. „Gestern war die noch nicht da", sagt Boston. Trotzdem wuchern schon gelbe Punkte auf dem braunen Fell des kleinen Tiers. Der Kreislauf schließt sich, die Bakterien der Cueva de Villa Luz holen sich ihr Futter zurück.

Aus: DIE ZEIT, Nr. 3, 11. Januar 2007

Beinahe wäre **Paul Gans** der Wissenschaft verloren gegangen. Er hatte bereits ein Referendariat am Staatlichen Studienseminar in Speyer absolviert, da holt ihn der Geograph Jürgen Bähr als Assistent an die Universität Kiel. Gans, geboren 1951 in Ludwigshafen, hat in Mannheim Geographie und Mathematik studiert. Jetzt setzt er seine akademische Laufbahn fort. Er promoviert und habilitiert in Kiel über stadtgeographische Themen, arbeitet am Institut für Länderkunde in Leipzig, wird Professor für Anthropogeographie an der Pädagogischen Hochschule Erfurt und Mitherausgeber der Geographischen Rundschau. Heute hat er eine Professur für Wirtschaftsgeographie an der Universität Mannheim inne.

Paul Gans repräsentiert in *Planet Erde* den humangeographischen Ansatz jener Forscher, die sich mit der Erde als Lebensraum des Menschen beschäftigen. Seine Themen sind neben vielen anderen die Verelendung der Großstädte, die räumlichen Auswirkungen des demographischen Wandels, die wirtschaftlichen Wirkungen von Großveranstaltungen oder die regionalen Unterschiede in der Fertilitäts- und Mortalitätstransformation in Indien.

In seinem Beitrag zeigt Gans, wie sich die Weltbevölkerung im Laufe der geologisch betrachtet recht kurzen gemeinsamen Geschichte von Mensch und Erde entwickelt hat. Es ist eine atemberaubende Entwicklung: Von 1900 bis 1999 wuchs die Weltbevölkerung von 1,6 auf 6 Milliarden Menschen, im Jahr 10 000 vor Christus, zu Beginn der Jungsteinzeit gab es vermutlich gerade einmal 6 Millionen Menschen.

Paul Gans

Gans erklärt, was die Bevölkerungsentwicklung in den verschiedenen Regionen der Erde beeinflusst: Zahl der Geburten und Sterbefälle, Familienpolitik und Bildung von Frauen, Wanderungsbewegungen, wirtschaftliches Wachstum und Arbeitsplätze oder auch landschaftliche Attraktivität.

Trends der Bevölkerungsentwicklung

Von Paul Gans

Am 12. Oktober 1999 gab die United Nations Population Division bekannt, dass die Weltbevölkerung die Sechs-Milliarden-Marke überschritten habe. Der Vergleich mit 1,6 Milliarden im Jahre 1900 macht auf das außerordentliche relative wie absolute Wachstum im 20. Jahrhundert aufmerksam. Diese Dynamik wird sich in Zukunft deutlich abschwächen, in den Industrieländern werden die Einwohnerzahlen stagnieren, in den Entwicklungsländern werden zum Teil noch kräftige Zunahmen zu beobachten sein. Der Trend variiert nicht nur zwischen Nord und Süd, sondern auch zwischen Staaten, Regionen, zwischen Agglomerationen sowie ländlichen Gebieten und auch zwischen Räumen mit vergleichbarer Siedlungsstruktur. Im Juli 2007 zählte die Weltbevölkerung laut UN 6,671 Milliarden Menschen.

Die Bevölkerungsentwicklung in verschiedenen Räumen zwischen zwei Zeitpunkten unterscheidet sich nach Zahl und Zusammensetzung der Einwohner und hängt von zwei Komponenten ab: Bei den natürlichen Bewegungen, differenziert nach Geburtenhäufigkeit und Sterblichkeit, sind sowohl individuelle Verhaltensweisen, geprägt beispielsweise von gesellschaftlichen Wertvorstellungen und Normen, zu bedenken als auch die Altersstruktur der jeweiligen Bevölkerung. Bei den räumlichen Bewegungen, unterschieden nach internationalen Migrationen, Zu- und Fortzügen zwischen, aber auch innerhalb von Regionen, können das wirtschaftliche Wachstum, die Si-

Region	1950		2005		Prognose 2025		Prognose 2050	
	Mio.	[%]	Mio.	[%]	Mio.	[%]	Mio.	[%]
Welt	2 522	–	6 477	–	7 952	–	9 262	–
Afrika	224	8,8	906	14,0	1.349	16,9	1 969	21,2
Asien	1 402	55,6	3 921	60,5	4 759	59,8	5 325	57,5
Europa	547	21,7	730	11,3	716	9,0	660	7,1
Lateinamerika/ Karibik	166	6,6	559	8,6	702	8,8	805	8,7
Nordamerika	171	6,8	329	5,1	386	4,8	457	4,9
Ozeanien	12	0,5	33	0,5	41	0,5	46	0,5

Verteilung der Weltbevölkerung in verschiedenen Regionen der Erde sowie Prognosen für 2025 und 2050.

tuation auf dem Arbeits- und Wohnungsmarkt oder die landschaftliche Attraktivität als Pull- oder als Push-Faktor auf einen Wohnungswechsel einwirken. Beide Komponenten hängen eng mit der Struktur der Bevölkerung in einem Raum zusammen. Migrationen beeinflussen aufgrund ihrer Selektivität die demographische, soziale und ethnische Zusammensetzung der Einwohner und diese wiederum die Bilanz der natürlichen Bewegungen.

Weltweite Bevölkerungsentwicklung

Zu Beginn des Neolithikums um 10 000 v. Chr. kann man von einer Erdbevölkerung von ca. 6 Millionen Menschen ausgehen. Die zahlenmäßige Entwicklung der Bevölkerung lässt sich drei technologisch-kulturell geprägten Phasen zuordnen:

- der Phase der Jäger- und Sammlerwirtschaft,
- der Phase des sesshaften Bauerntums mit Ackerbau und Viehzucht ab ca. 10 000 v. Chr. und
- der Phase der Industrialisierung etwa ab 1750.

Zumindest für die Industriestaaten ist etwa seit den 1970er-Jahren eine postindustrielle Phase zu ergänzen.

Das Wachstum der Weltbevölkerung beschleunigt sich seit etwa 1800. Die zeitlichen Abstände bis zum Erreichen der nächsten Milliarde werden bis 1999 deutlich kürzer, dann wieder länger. Diese Entwicklung lässt sich mit dem Modell des demographischen Übergangs beschreiben, dem mehr oder minder regelhaften Wandel von relativ hohen, stark schwankenden Geburten- und Sterberaten zu niedrigen, vergleichsweise stabilen Werten.

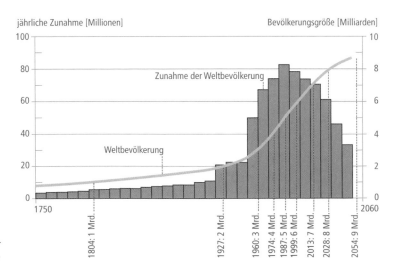

Weltweite Bevölkerungsentwicklung (1750–2050).

Das Modell des demographischen Übergangs: das Beispiel Deutschland

Für das Deutsche Reich ist vor 1870 ein etwa paralleler Verlauf von hohen Geburten- und Sterbeziffern bei relativ starken, unregelmäßigen Schwankungen zu erkennen. Der kurzfristigen Zunahme der Mortalität nach Hungerkrisen wie 1816/17 oder Epidemien 1831/32 folgte verzögert eine Steigerung der Geburtenrate aufgrund vermehrter Familiengründungen. Sie steuerten, reguliert über Heiratsalter und -häufigkeit, die Entwicklung der Einwohnerzahlen. Heiratserlaubnisse waren an ein sicheres Einkommen geknüpft und wurden beispielsweise im Falle der Erschließung neuer Flächen für die landwirtschaftliche Nutzung häufiger erteilt. Die Familie war aufgrund religiöser Normen und Werte sowie rechtlicher Vorgaben Leitbild in der Gesellschaft. Die außereheliche Fruchtbarkeit spielte keine Rolle.

Etwa ab 1870 verringerte sich die Sterbeziffer kontinuierlich. Bei weiterhin hohen Geburtenraten öffnete sich die Bevölkerungsschere, der demographische Übergang begann, das natürliche Bevölkerungswachstum erhöhte sich. Die Zunahme der Lebenserwartung basierte auf einer merklichen Verbesserung der Ernährungssituation aufgrund der Intensivierung in der Landwirtschaft, des expandierenden Welthandels sowie auf dem Ausbau der Verkehrswege. Von den Fortschritten profitierten vor allem Kinder und Erwachsene, weniger Säuglinge, die in den damaligen Metropolen wegen fehlender Trink- und Abwassersysteme sowie Defiziten bei Frischmilchtransporten und Milchsterilisierung eine erhöhte Sterblichkeit verzeichneten.

Nach 1900 wirkten sich medizinische Fortschritte, der Ausbau des Gesundheitswesens (Infrastruktur wie verstärkte Ausbildung von Fachpersonal) sowie die Hebung des Lebensstandards positiv auf die Säuglingssterblichkeit aus. Zugleich änderte sich die Struktur der To-

Was ist eigentlich ...

Mortalität [latein. *mortalitas* = Sterblichkeit], Mortalitätsquote, Mortalitätsrate, Sterberate, Verhältnis der Anzahl von Todesfällen einer bestimmten Individuengruppe, einer Population oder Art innerhalb einer Zeiteinheit zu der Gesamtindividuenzahl der untersuchten Gruppe.

Was ist eigentlich ...

Geburtenrate, Kennziffer zur Analyse der Bevölkerungsveränderung durch Fortpflanzung bedingt sind. In der Bevölkerungsstatistik sind folgende Begriffe in Gebrauch: rohe Geburtenrate (Zahl der lebend Geborenen in einem Jahr, bezogen auf 1 000 Einwohner; auch Natalität, Geburtenziffer genannt), altersspezifische Geburtenrate (Zahl der lebend Geborenen von Frauen eines bestimmten Alters, bezogen auf 1 000 Frauen dieses Alters). Die zusammengefasste Geburtenziffer gibt die durchschnittliche Anzahl von Kindern an, die eine Frau im Laufe ihres Lebens entsprechend der gegenwärtigen Fruchtbarkeit zur Welt bringt. Um den Bevölkerungsstand auf natürliche Weise zu erhalten, müsste eine Frau 2,1 Kinder gebären.

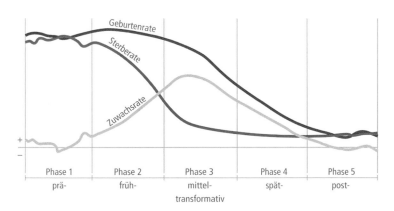

Modell des demographischen Übergangs.

desursachen, die epidemiologische Transformation, ein langfristiger Wandel im Krankheits- und Sterbegeschehen setzte ein: Infektionskrankheiten verloren beispielsweise an Bedeutung, während degenerative sowie zivilisatorische Krankheiten an Gewicht gewannen.

Anfang des 20. Jahrhunderts lag das natürliche Bevölkerungswachstum bis zum Ausbruch des Ersten Weltkriegs deutlich über 10 Promille, da die Sterbeziffern rascher als die Geburtenraten sanken. Etwa ab 1920 begann sich die Bevölkerungsschere zu schließen, das natürliche Wachstum war rückläufig. Der Fruchtbarkeitsrückgang von etwa vier auf zwei Geburten je Frau beruhte auf der gesellschaftlichen Modernisierung. Sie äußerte sich in der Verstädterung sowie im Wandel von der agraren zur industriellen Erwerbsstruktur, fand ihren Niederschlag in der beginnenden Emanzipation der Frau, in einer Hebung des Lebensstandards, in rechtlichen Änderungen wie der allgemeinen Schulpflicht oder in der Sozialpolitik. Kinder standen immer weniger für billige Arbeitskräfte und soziale Absicherung, ihr „ökonomischer Wert" für die Eltern sank.

Nach 1945 haben Geburten- und Sterbeziffer in der Bundesrepublik ein niedriges Niveau, das natürliche Bevölkerungswachstum war zunächst positiv, seit Anfang der 1970er-Jahre eher negativ. Hintergrund ist ein markantes Absinken der Geburtenrate zwischen 1965 und 1975 als Folge eines Fruchtbarkeitsrückgangs unter das Reproduktionsniveau. Die Sterbeziffern verzeichnen sehr geringfügige Schwankungen bei leicht steigenden Werten aufgrund des zunehmenden Anteils älterer Menschen an der Gesamtbevölkerung.

Diese erste demographische Transformation, die nach dem Zweiten Weltkrieg in Europa endete, war eng mit einem wachsenden Wohlstand aller gesellschaftlichen Gruppen und mit materialistisch orientierten Wertvorstellungen verknüpft. Der beschriebene schematische Verlauf von Geburten- und Sterberate trifft weitgehend für die Länder in Europa, in Nordamerika sowie für Australien/Neuseeland zu. In Frankreich setzte um 1800 etwa gleichzeitig der Rückgang von Fruchtbarkeit und Mortalität ein, das natürliche Wachstum verzeichnete nie überdurchschnittliche Werte. In den weniger entwickelten Ländern sank die Sterblichkeit sehr rasch ab, und der Fruchtbarkeitsrückgang erfolgte verzögert von einem höheren Niveau, da Heiratsbeschränkungen weniger verbreitet waren als in großen Teilen Europas. Die Bevölkerungsschere öffnete sich weit.

Das Modell des demographischen Übergangs kann die abweichenden gesellschaftlichen Bedingungen des Fruchtbarkeitsrückgangs in Entwicklungsländern nicht begründen und steht im Widerspruch zum Absinken der Geburtenhäufigkeit unter das Reproduktionsniveau in den meisten Industriestaaten sowie zum Anstieg der Mortalität beispielsweise in Russland oder aufgrund von AIDS in Afrika südlich der Sahara.

Was ist eigentlich ...

Die rohe Sterberate oder Sterbeziffer bezieht die Zahl der Sterbefälle innerhalb eines Kalenderjahres auf 1 000 Einwohner in der jeweiligen Region. Die Sterberate beschreibt die Sterblichkeitsverhältnisse in einer Region für raumzeitliche Vergleiche unzureichend. So liegt trotz erheblich günstigerer Mortalitätsbedingungen die Sterberate von 10 Promille (2007) in den Industrieländern mit ihrem relativ hohen Anteil an älteren Menschen über der Ziffer von 8 Promille (2007) in den Entwicklungsländern.

Fruchtbarkeitstransformation und sozialer Wandel in den Entwicklungsländern

Anfang der 1950er-Jahre übertraf die mittlere Zahl der Kinder je Frau mit etwa 6,2 in den Entwicklungsländern deutlich den Wert von 2,8 in den Industriestaaten. Bis Anfang des 21. Jahrhunderts verringerte sich in allen Kontinenten die Geburtenhäufigkeit. Die Durchschnittswerte für die Kontinente verdecken zum Teil beachtliche Unterschiede wie in Afrika (2,0 bis 7,1), Asien (1,0 bis 6,8) und Lateinamerika (1,5 bis 4,0).

Die rückläufige Geburtenhäufigkeit hängt weniger mit einer Zunahme der Wirtschaftskraft oder dem fortschreitenden Verstädterungsprozess zusammen, sondern eher mit der Verbreitung neuer Wertvorstellungen und Normen zur Familiengröße. Mit dieser Ausbreitung ist ein sozialer Wandel verknüpft, der sich beispielsweise im Anstieg der Alphabetenquote von Frauen ausdrückt. Die Schulbildung stärkt ihren sozialen Status, sie heiraten später, gewinnen an Autonomie bei der Entscheidung über ihre Heirat sowie über die Zahl ihrer Geburten. Frauen mit Ausbildung gehen zudem häufiger einer Beschäftigung nach, Kinder verursachen erhöhte Opportunitätskosten. Der soziale Wandel verschiebt den *wealth flow* von den Eltern zugunsten der Kinder. Familienplanung kann diese Effekte auf den Geburtenrückgang noch beschleunigen, vor allem Programme, die Familien und insbesondere die Männer einbeziehen und überall eine differenzierte Auswahl an Kontrazeptiva ermöglichen.

Auch die Politik muss wie beispielsweise im Iran den sozialen Wandel aktiv unterstützen. Im Rahmen des Familienplanungsprogramms seit Ende der 1980er-Jahre baute die Regierung im ganzen Land Ge-

Was ist eigentlich ...

Opportunitätskosten, englisch *opportunity costs*, Alternativkosten, einzel- und gesamtwirtschaftlicher Kostenbegriff, der die Kosten einer Handlungsalternative als entgangene Vorteile (Nutzen) der nächstbesten Handlungsmöglichkeit auffasst. Die für Herstellung oder Verbrauch eines Gutes aufgewendeten knappen Mittel gehen für Herstellung oder Konsum eines alternativen Gutes verloren, auf das deshalb verzichtet werden muss. Opportunitätskosten sind somit eine Vergleichsgröße für den entgangenen Gewinn, Ertrag oder Nutzen aus der besten der nicht gewählten Alternativen. Das Konzept der Opportunitätskosten wird u. a. in der Kosten-Nutzen-Analyse angewendet.

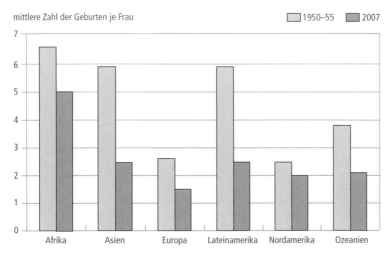

mittlere Zahl der Geburten je Frau ☐ 1950–55 ■ 2007

Rückgang der Geburtenzahlen je Frau in den Großräumen der Erde (1950/55 – 2007).

Was ist eigentlich ...

*Wealth flow, wealth flow-*Theorie, mikroökonomische Theorie zum Fruchtbarkeitsrückgang; in traditionellen Gesellschaften setzen soziale Institutionen und Wertvorstellungen Bedingungen für eine hohe Fruchtbarkeit. Kinder stehen für Prestige, billige Arbeitskraft und soziale Absicherung. Der *wealth flow* verläuft von den Kindern zugunsten der Eltern. In Gesellschaften mit geringer Geburtenhäufigkeit geht er aufgrund rechtlicher, sozialer und ökonomischer Voraussetzungen von den Eltern zu den Nachkommen. Die Entscheidung über die Kinderzahl treffen die Paare selbst. Das Ziel, dem Nachwuchs z. B. durch Bildung gute Lebenschancen zu sichern, begrenzt aufgrund der damit verbundenen Aufwendungen die Zahl der Geburten. Diese Umkehrung des *wealth flow* in Verbindung mit dem sozialen Wandel ist nach Auffassung von J. C. Caldwell (*Theory of fertility decline*, London 1982) entscheidend für einen nachhaltigen Fruchtbarkeitsrückgang.

sundheitseinrichtungen aus, die zugleich zu Zentren der nationalen Kampagne zugunsten der Norm von kleinen Familien mit idealerweise zwei Kindern wurden. Heute gehen mehr als 90 Prozent der Frauen mindestens zweimal zu pränatalen Vorsorgeuntersuchungen, bei 95 Prozent der Geburten ist ein Arzt oder medizinisch ausgebildetes Personal anwesend. Die Säuglingssterblichkeit beträgt 32 Promille (2007) und liegt deutlich unter dem asiatischen Wert von 48 Promille. Das Familienplanungsprogramm war von der Forderung begleitet, insbesondere Mädchen verstärkt einzuschulen. Das Beispiel Iran belegt den Zusammenhang zwischen dem sozialen Wandel und generativen Verhaltensweisen.

Geburtenrückgang und zweite demographische Transformation in Europa

In den meisten europäischen Staaten verringerte sich von 1965 bis 1975 die Geburtenhäufigkeit, die mittlere Kinderzahl je Frau fiel deutlich unter das Reproduktionsniveau. In den alten Bundesländern schwankte die Geburtenhäufigkeit seit Mitte der 1970er-Jahre nur wenig um einen Wert von 1,4. Der niederländische Bevölkerungswissenschaftler Dirk J. Van de Kaa bezeichnete 1987 diesen Fruchtbarkeitsrückgang als zweite demographische Transformation. Sie ist gekennzeichnet von einer sinkenden Heiratsneigung und vermehrten Scheidungen, von Eheschließungen in einer späteren Lebensphase, vom Anstieg des mittleren Alters von Frauen bei der Geburt ihres ersten Kindes, von Kinderlosigkeit und von einer Zunahme nichtehelicher Lebensgemeinschaften. Insbesondere Frauen eröffneten sich

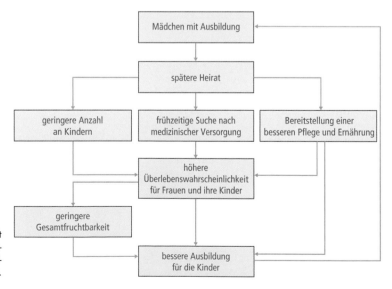

Der Einfluss von Frauen mit Schulbildung auf die demographische und soziale Entwicklung.

beispielsweise aufgrund ihrer besseren Ausbildung erhöhte Chancen auf dem Arbeitsmarkt und festigten ihr Selbstbewusstsein im Hinblick auf eine individuelle Lebensgestaltung. Der Wandel zugunsten postmaterialistischer Wertvorstellungen stärkte die Autonomie von Personen sowie eine fortschreitende Individualisierung und schwächte zugleich den Einfluss sozialer Institutionen. Als Folge dieser tiefgreifenden gesellschaftlichen Veränderungen verloren Ehe und Familie ihre Bedeutung als Leitbild. Die Pluralisierung der Lebensentwürfe wird zu einem weiteren Kennzeichen der zweiten demographischen Transformation.

Sterblichkeitsrückgang in Industrie- und Entwicklungsländern

Die Verlängerung der Lebenserwartung von Neugeborenen lässt sich als räumlicher Ausbreitungsprozess beschreiben, der bis heute anhält. Ausgangsräume waren das westliche Europa und Nordamerika im 19. Jahrhundert. Nach dem Zweiten Weltkrieg profitierte die Bevölkerung in den Entwicklungsländern vom Ausbau des Gesundheitswesens und von medizinischen Fortschritten (Impfungen, Medikamente). Die Lebenserwartung erreichte hohe Zunahmen, seit 1970 zwölf Jahre, in den Industriestaaten dagegen nur vier Jahre. Doch gibt es zwischen den Großräumen nach wie vor beträchtliche Sterblichkeitsunterschiede, wozu vermeidbare Krankheiten wie Typhus, Masern oder Erkrankungen der Atemwege wesentlich beitragen.

Um weitere Fortschritte im Senken der weltweiten Sterblichkeit zu erzielen, muss man nach den Ursachen fragen, warum Menschen krank werden und sterben. Das Health-Field-Konzept fasst die Einflussgrößen auf das Mortalitätsgeschehen zu vier Faktorengruppen zusammen:

• Die „menschliche Natur" basiert auf der körperlichen sowie mentalen Verfassung von Personen und hängt mit dem genetischen Potenzial zusammen.

• „Umwelt" subsumiert alle Ursachen, die Individuen nur in geringem Umfang beeinflussen können. Die soziale Umwelt schließt die Sozialstruktur oder Wertvorstellungen ein, welche beispielsweise eine Diskriminierung von Mädchen bei der Ernährung, Bildung oder Gesundheitsversorgung hervorrufen können. Die physische Umwelt bezieht sich auf Unfallrisiken, auf die Wohnbedingungen, auf Naturgefahren.

• „Gesundheitswesen" schließt die gesamte materielle, institutionelle und personelle Infrastruktur zur Versorgung der Bevölkerung ein. Eine große Bedeutung nehmen in Entwicklungsländern beispielsweise pränatale Vorsorgeuntersuchungen zur reproduktiven

Gesundheit von Müttern und Säuglingen ein. So schätzt die Weltgesundheitsorganisation (WHO), dass alljährlich etwa 580 000 Frauen aufgrund von Komplikationen während der Schwangerschaft und der Geburt sterben. In Agglomerationen ist die Lebenserwartung insgesamt höher als in ländlichen Gebieten. Die städtische Bevölkerung wird leichter von Impfkampagnen erreicht und profitiert eher von Infrastrukturerweiterungen, die auf die Verbesserung der hygienischen Bedingungen abzielen.

- „Lebensstil" bezieht sich auf alle Faktoren, über die das Individuum eine gewisse Kontrolle hat. Hierzu zählen beispielsweise die Ernährungsweise, das Rauchen oder der Alkoholkonsum. Ein Beispiel für individuelles Fehlverhalten ist die erhöhte Mortalität junger Männer im Alter von 18 bis etwa 25 Jahren aufgrund von Verkehrsunfällen. Eine Rolle spielt auch die familiäre Umwelt, die beispielsweise den Zugang zu oder die Nutzung von medizinischen Versorgungseinrichtungen beeinflusst.

Der Sterblichkeitsrückgang erfolgt in den Großregionen mit unterschiedlicher Intensität. In Osteuropa und in Afrika südlich der Sahara erhöht sich die Lebenserwartung unterdurchschnittlich. Insbesondere in den Nachfolgestaaten der Sowjetunion verstärkten die politischen und sozioökonomischen Umwälzungen nicht nur den sozialen Stress sowie für die Gesundheit negative individuelle Verhaltensweisen, sondern verschlechterten zumindest vorübergehend auch die institutionellen Rahmenbedingungen. Im subsaharischen Afrika spielt die Ausbreitung von HIV/AIDS die entscheidende Rolle. Knapp zwei Drittel aller HIV-infizierten Menschen leben dort. In den 1980er-Jahren war vor allem Ostafrika betroffen, heute liegt der re-

Großregion	Säuglingssterblichkeit [%]		Lebenserwartung von Neugeborenen [%]	
	1960	2007	1970	2007
Afrika südlich der Sahara	156	92	44	49
Nordafrika	153	42	52	68
Vorderer Orient	153	41	52	70
Südasien	146	64	48	63
Ostasien	133	25	58	73
Lateinamerika	102	24	60	73
Osteuropa	76	9	66	69
Entwicklungsländer	138	57	53	66
Industrieländer	31	6	72	77
Welt	124	52	56	68

Trends in der Sterblichkeit nach Großregionen.

gionale Schwerpunkt im südlichen Afrika, wo in vielen Staaten mehr als ein Fünftel der Bevölkerung HIV-infiziert ist. Noch höhere Raten von über 40 Prozent werden für die Einwohner in den Städten festgestellt. Von dort verbreitet sich das Virus über Märkte entlang der Hauptverkehrsverbindungen bis in die Dörfer, vor allem aufgrund heterosexueller Kontakte. Hohe HIV-Raten sind bei Personen festzustellen mit höherem Einkommen (mehr Reisen, mehr Partner), höherer Bildung (Loslösung von traditionellen Normen und Werten), aber auch bei armen Menschen (mehr Partner als Überlebensstrategie). Bestimmte Berufsgruppen sind stärker als andere betroffen: Arbeitsmigranten, Händler, Lkw-Fahrer, Militärangehörige, Polizisten, Prostituierte. Südlich der Sahara sind Frauen (57 Prozent) häufiger mit HIV infiziert als Männer. Armut ist nur ein Teilaspekt zur Erklärung; zu nennen sind auch familiäre Abhängigkeiten, geringer sozialer Status, Heiratsverhalten, Diskriminierung auf dem Arbeitsmarkt, sexuelle Beziehungen zu männlichen Partnern höheren Alters.

Im südlichen Afrika weitete sich HIV/AIDS zu einer Entwicklungskrise der Staaten aus und betrifft heute alle Lebensbereiche der Menschen: eine Lebenserwartung von zum Teil weniger als 40 Jahre bei Geburt, eine sich erheblich ändernde Altersstruktur aufgrund der Übersterblichkeit junger Erwachsener, fehlende Arbeitskräfte, sinkendes Humankapital, rückläufige Investitionsbereitschaft von Unternehmen, Arbeitslosigkeit. Dass Erfolge bei der Bekämpfung von HIV/AIDS auch in Afrika ohne teure Medikamente erzielt werden können, zeigt das Beispiel Uganda. Seit 1993 verringert sich dort die HIV-Rate von Schwangeren. Die Regierung ging das Problem unter Einbeziehung aller gesellschaftlicher Gruppen offen an und startete

Internet-Link

UNAIDS Gemeinsames Programm für HIV/AIDS:
www.unaids.org

Was ist eigentlich ...

Übersterblichkeit, erhöhte Mortalität z. B. sozial oder ethnisch definierter Bevölkerungsgruppen. Beachtung finden auch geschlechtsspezifische Unterschiede. Frauen leben im Allgemeinen länger als Männer. In vielen Entwicklungsländern wird die natürliche Übersterblichkeit der Männer durch die soziokulturelle Benachteiligung von Frauen abgeschwächt. In Indien gibt es sogar eine Übersterblichkeit bei Frauen unter 30 Jahren.

Großraum	Zahl der HIV-Infizierten [in Mio.]	Zahl der neu Infizierten [in 1000]	Todesfälle wegen AIDS [in 1000]
West- und Mitteleuropa	0,76	22	12,0
Osteuropa und Zentralasien	1,60	270	55,0
Ostasien	0,80	92	32,0
Süd- und Südostasien	4,00	340	270,0
Ozeanien	0,075	14	1,2
Nordafrika und Vorderer Orient	0,38	35	25,0
Afrika südlich der Sahara	22,50	1700	1600,0
Nordamerika	1,30	46	21,0
Karibik	0,23	17	11,0
Lateinamerika	1,60	100	58,0
Welt	35,605	2636	2085

HIV/AIDS in den Großräumen der Erde (2007).

Was ist eigentlich ...

Metropolisierung, ein Prozess, der im Verlauf der Verstädterung in Entwicklungsländern mit einer überproportionalen Zunahme der Einwohnerzahlen in wenigen großen Zentren verknüpft ist und eine Primatstruktur des Städtesystems begünstigt. Zur Metropolisierung tragen das natürliche Wachstum, Land-Stadt-Wanderungen und in geringerem Umfang Eingemeindungen bei. Nach einem gewissen Zeitraum der Wanderungsgewinne werden aufgrund der jungen Altersstruktur der Zuwanderer die Geburtenüberschüsse entscheidend. Als Indikatoren für die Metropolisierung dienen die zahlenmäßige Entwicklung und das Wachstum der Millionenstädte, die Veränderung der Einwohnerzahlen in Städten verschiedener Größenordnungen sowie das bevölkerungsmäßige Übergewicht der größten Stadt eines Landes. Um dieses Phänomen der *primacy* zu erfassen, wird der Quotient aus der Einwohnerzahl der größten und der zweitgrößten Stadt eines Landes berechnet. Ist dieser *Index of Primacy* deutlich größer als der theoretische Wert 2, der sich aus der Ranggrößenregel ableitet, dann liegt eine demographische Primatstruktur vor, die häufig mit einer Konzentration ökonomischer und politischer Einrichtungen verknüpft ist.

eine Informationskampagne über die Ursachen von AIDS sowie über Möglichkeiten, sich vor einer Infizierung zu schützen: Benutzung von Kondomen bei Geschlechtsverkehr (*safer sex*), Beginn von sexuellen Beziehungen in nicht zu jungem Alter, geringere Zahl von Partnern, Aufklärung in den Schulen.

Bevölkerungsverteilung und Bevölkerungsstruktur

Die zeitlich abweichende Geburten- und Sterblichkeitsentwicklung in den Großräumen der Erde hat eine zunehmend ungleiche Bevölkerungsverteilung zur Folge. Mitte des 20. Jahrhunderts wohnt noch ein Drittel aller Menschen in den Industriestaaten, im Jahre 2000 knapp ein Fünftel und 2050 nur noch 12,7 Prozent. Wanderungsgewinne aus den weniger entwickelten Ländern verlangsamen den Rückgang als Konsequenz aus den Sterbeüberschüssen. Die anhaltende Zunahme in Nordamerika beruht auf Migrationen und einer relativ hohen Fruchtbarkeit nahe der Bestandserhaltung. In den Entwicklungsländern macht sich das Öffnen der Bevölkerungsschere nach 1950 voll bemerkbar. Der Bevölkerungsanteil erhöht sich bis 2000 auf 80 Prozent und vergrößert sich auf fast 90 Prozent bis 2050. Ein überproportionales Wachstum liegt vor allem in Afrika aufgrund der nach wie vor hohen Geburtenzahlen vor.

Die Bevölkerung ist auch innerhalb der einzelnen Großräume nicht gleichmäßig verteilt, es gibt Regionen mit hoher und niedriger Bevölkerungsdichte. Kennzeichnend ist eine überdurchschnittliche Zunahme der städtischen Bevölkerung, deren Anteil weltweit von 29,3 Prozent (1950) auf 47,1 Prozent (2000) und auf 49 Prozent (2005) angestiegen ist. Bis 2030 wird der Anteil der städtischen an der Gesamtbevölkerung mehr als 60 Prozent betragen. Begleitet wird die Verstädterung vor allem in den Entwicklungsländern von einer intensiven Metropolisierung. Laut UN-Bevölkerungsfonds (UNFPA)

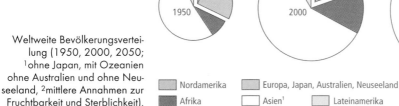

Weltweite Bevölkerungsverteilung (1950, 2000, 2050; [1]ohne Japan, mit Ozeanien ohne Australien und ohne Neuseeland, [2]mittlere Annahmen zur Fruchtbarkeit und Sterblichkeit).

▪ Bevölkerungsdaten: Aus welchen Quellen stammen Angaben ▪ zur Bevölkerung?

Bevölkerungswissenschaftler benutzen eine Vielzahl von Ziffern und Maßen, deren Aussagekraft von der Qualität der zugrunde liegenden Erhebungen abhängig ist. Viele Angaben basieren auf der Registrierung demographischer Ereignisse wie Geburt, Heirat, Scheidung, Wohnungswechsel oder Todesfall, die in Melderegistern zusammengeführt werden. Bei einer Volkszählung oder einem Zensus handelt es sich um eine Totalerhebung in einem festgelegten Gebiet zu einem bestimmten Zeitpunkt. In fast allen Staaten werden heute Volkszählungen in Zeitabständen von 10 Jahren durchgeführt und oft mit Erhebungen beispielsweise zu Arbeitsstätten, zu Gebäuden und Wohnungen verknüpft. Volkszählungen bilden eine unverzichtbare Grundlage für eine effiziente öffentliche Verwaltung, für Planungen, für Unternehmensentscheidungen, für Versicherungen, für die Finanzierung der Sozialsysteme. Zwar sind Volkszählungen durchaus mit Fehlern behaftet, aber wie die letzte Totalerhebung 1987 in der Bundesrepublik Deutschland zeigte, können andere Erhebungsarten (Mikrozensus, Melderegister) die Volkszählung trotz ihrer hohen Kosten nicht ersetzen.

Bevölkerungsprojektionen schätzen die zukünftigen Einwohnerzahlen auf der Erde, in Kontinenten, Staaten oder Regionen. Die Modellrechnungen basieren auf Annahmen zu den Trends der einzelnen Komponenten der Bevölkerungsentwicklung und beziehen sich in der Regel auf Zeithorizonte zwischen 5 bis 50 Jahren. Bevölkerungsprojektionen bilden eine wertvolle Grundlage für Infrastrukturplanungen oder für Investitionen von Unternehmen. Sie ermöglichen es auch, zu modellieren, wie Fruchtbarkeit und Sterblichkeit verlaufen müssen, um beispielsweise bestimmte Ziele der Weltbevölkerung zu erreichen.

---

werden im Jahr 2015 von den 22 Megastädten mit mehr als zehn Millionen Einwohnern 17 in Afrika und Asien liegen. Entscheidend für dieses Wachstum sind die Geburtenüberschüsse aufgrund der jungen Altersstruktur, zu der die Zuwanderung wesentlich beiträgt.

Die Bevölkerungsdichte ist der Quotient aus der Einwohnerzahl und der Fläche eines Raumes. Als relativ definierte Größe drückt sie die Belastung eines Gebietes durch die dort wohnende Bevölkerung aus. Solche qualitativen Probleme kommen zum Beispiel im Begriff des *crowding* zum Ausdruck, der die Folgen hoher Dichtewerte für das menschliche Verhalten und für seine Gesundheit in den Vordergrund rückt.

Geburtenhäufigkeit, Sterblichkeit und Migrationen beeinflussen auch die Struktur der Bevölkerung in einem Raum, z. B. nach Alter, Geschlecht und nach der ethnischen Zugehörigkeit. Die Einteilung der Einwohner in die drei Lebensabschnitte Kindheit sowie Jugend, Erwerbstätigkeit und Ruhestand erlaubt es, die zeitliche Dynamik der Altersgliederung in einem Strukturdreieck vergleichend zu betrachten. So sind beispielsweise in Europa die Einwohner erheblich älter, in Asien jünger als die Weltbevölkerung. In Afrika, wo sich die Bevölkerungsschere noch nicht begonnen hat zu schließen, beträgt 2004 der Anteil der unter 15-Jährigen 42 Prozent, derjenige der mindestens 65-Jährigen nur 3 Prozent. Weltweit ist ein Trend zur Alterung oder zum *demographic ageing* unverkennbar.

Was ist eigentlich ...

crowding, rückt die Folgen der Belastung des Raumes für das menschliche Verhalten in den Vordergrund und beinhaltet damit im Vergleich zum Begriff der Bevölkerungsdichte eine Wertung, die Einflüssen städtebaulicher Elemente, sozialer Bedingungen und individueller Charakteristika unterliegt. Indikatoren sind die Wohnfläche je Person oder die Zahl der Personen je Raum. Ob die Wohndichte als zu hoch empfunden wird und von *overcrowding* gesprochen werden kann, ist von subjektiven Wertvorstellungen und Wahrnehmungen abhängig und zeigt ausgeprägte kulturelle Unterschiede.

Markt unterhalb des Red Fort
in Delhi, Indien.

Die Alterspyramiden für die westdeutschen und ostdeutschen Bundesländer zeigen, wie sich gesellschaftliche Bedingungen auf die Altersstruktur auswirken. Die gemeinsame Geschichte führte zu vergleichbaren Einschnitten und Ausbuchtungen (Baby-Boomer zwischen 40 und 50 Jahren). Unterschiede äußern sich bei den stärker vertretenen 15- bis 25-Jährigen in den ostdeutschen Ländern als Folge der pronatalistischen Bevölkerungspolitik in der DDR. Im früheren Bundesgebiet erhöhten Wanderungsgewinne die Besetzung bei den 30- bis unter 40-Jährigen. Die Umbruchsituation in Ostdeutschland hatte einen massiven Geburtenrückgang zur Folge und damit deutlich zurückgehende Zahlen für die jüngste Altersgruppe. Die annähernd konvexe Außenbegrenzung der Alterspyramiden hebt zum einen die Überalterung in beiden Bevölkerungen hervor, die sich aufgrund des Geburtenrückganges von der Basis und aufgrund der stetig zunehmenden Lebenserwartung von der Spitze der Alterspyrami-

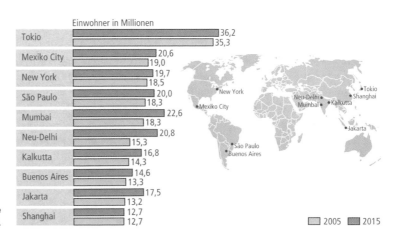

Die zehn größten Megastädte
der Welt.

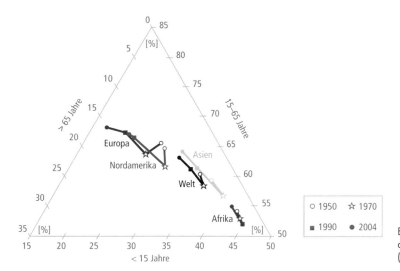

Entwicklung der Altersstruktur der Bevölkerung in Großräumen (1950 bis 2004).

de her ergibt, zum anderen den zukünftigen Bevölkerungsrückgang, da ältere Jahrgänge stärker besetzt sind als jüngere. Dieser Trend ist für die Industrieländer insgesamt zu erkennen, während sich in den Entwicklungsländern das heutige Wachstum durch das Schließen der Bevölkerungsschere bei beschleunigter Alterung verlangsamen wird.

Ethnische Merkmale einer Bevölkerung sind schwieriger zu erfassen als demographische Charakteristika. Mitglieder einer ethnischen Gruppe werden oft als Minderheit wahrgenommen und sind sich bewusst, dass sich ihre Herkunft und Geschichte, ihre Kultur (Sprache, Religion, Werte und Traditionen), ihre physischen Merkmale und Verhaltensweisen von anderen unterscheiden. Die Erfassung von Charakteristika ethnischer Gruppen bezieht sich zumeist auf Variablen wie Sprache, Geburtsort oder wie in Deutschland auf die Staatsangehörigkeit.

Ethnische Gruppen konzentrieren sich vermehrt in bestimmten Regionen oder Quartieren. Diese unausgewogene Verteilung kann auf Migrantennetzwerke, auf die Diskriminierung durch die Mehrheitsbevölkerung, aber auch auf historische Bedingungen zurückzuführen sein. So ist in Deutschland der Ausländeranteil (2004) im früheren Bundesgebiet mit 9,9 Prozent deutlich höher als in den neuen Ländern (einschließlich Berlin) mit 4,6 Prozent, in den Agglomerationen der alten Länder mit 12,2 Prozent höher als in den ländlichen Räumen mit 5,8 Prozent. In den Kernstädten Westdeutschlands erreicht er 16,5 Prozent mit einem Maximum von 26,2 Prozent in Offenbach. Auch innerhalb der Kernstädte konzentrieren sich die Ausländer in einigen Vierteln. So beträgt ihr Anteil in Mannheim gut 20 Prozent (1998), wenngleich die Werte in den Stadtbezirken mit mindestens 5 000 Einwohnern zwischen 5 Prozent und 42 Prozent schwanken.

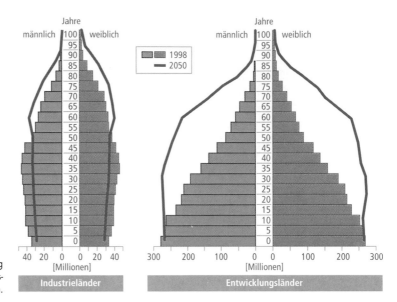

Alterspyramide der Bevölkerung in Industrie- und Entwicklungsländern.

Mobilität und Migration

Die dritte Komponente, welche die Bevölkerungsentwicklung neben Geburtenhäufigkeit und Sterblichkeit beeinflusst, ist die Migration oder Wanderung von Personen. Diese räumlichen Bevölkerungsbewegungen von einem Herkunfts- in ein anderes Zielgebiet (Kontinent, Staat, Region, Stadt, Wohnquartier) sind eine Form der Mobilität, bei der eine Person oder ein Haushalt seine Wohnung dauerhaft durch eine neue ersetzt. Migrationen verzeichnen im zeitlichen Verlauf häufig starke Schwankungen, wie die Wanderungen zwischen West- und Ostdeutschland seit 1989 belegen. Sie wirken sich auf die Bevölkerungsentwicklung und -verteilung aus, denn Migranten unterscheiden sich von Nichtmigranten bezüglich persönlicher Merkmale wie beispielsweise Alter, Geschlecht oder Bildung.

Je größer die Wanderungsdistanz zwischen Herkunfts- und Zielgebiet ist, desto stärkere Änderungen sind bei der Vertrautheit mit der neuen Wohnumwelt zu erwarten. Bei einem Wohnungswechsel innerhalb einer Region (intraregionale Wanderungen) bleibt die alltägliche Lebenswelt weitgehend stabil. Bei Migrationen über Regionsgrenzen hinweg (interregionale Wanderungen) sind die Kenntnisse über die neue Wohnumgebung gering, denn der bisherige wöchentliche Bewegungszyklus, durch den ein großer Teil von räumlichen Informationen aufgrund direkter Kontakte gewonnen wird, muss aufgegeben werden. Bei internationalen Wanderungen gehören der neue und alte Wohnstandort zu verschiedenen Staatsgebieten. Zu den Einschnitten beim wöchentlichen Bewegungszyklus treten noch Ände-

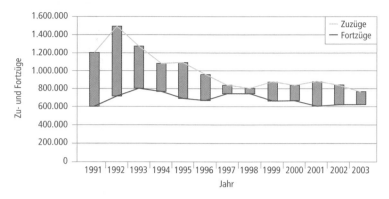

Zu- und Fortzüge über die Grenzen Deutschlands von 1991 bis 2003. Die obere Linie gibt die Zahl der Zuzüge im jeweiligen Jahr an (z. B. 1992: 1,5 Mio.), die untere Linie die der Fortzüge. Die Balken repräsentieren das Wanderungssaldo (z. B. 1992: ca. 780 000).

rungen beispielsweise in den rechtlichen Bedingungen hinzu. Daher spielen Migrantennetzwerke eine besondere Rolle, da sie emotionale, psychologische oder finanzielle Kosten und Risiken, die mit der Wanderung in ein Land mit abweichenden politischen, ökonomischen, rechtlichen oder soziokulturellen Bedingungen verbunden sind, verringern. Sie ermöglichen einen Informationsaustausch über soziale Aufstiegschancen, Arbeits- und Verdienstmöglichkeiten oder über die Beschaffung kostengünstigen Wohnraums nach der Ankunft. Persönliche Beziehungen begrenzen aber auch Wahlmöglichkeiten, da sie Kenntnisse strukturieren und kanalisieren.

Bei der bisherigen Klassifikation von Migrationen fließt das Kriterium Distanz ein. Eine Verknüpfung der Siedlungsstruktur von Herkunfts- und Zielgebiet ergibt beispielsweise die Land-Stadt-Wanderung als wichtige Komponente für die Verstädterung. Bei einer Typisierung nach Wanderungsmotiven bietet sich zunächst an, zwischen Zwang und Freiwilligkeit zu differenzieren. Eine Zwangswanderung liegt dann vor, wenn Migranten (Sklaven, Flüchtlinge) wegen Gewalt oder Angst ihren Wohnstandort aufgeben. Wanderungsentscheidungen auf freiwilliger Basis liegen vor, wenn eine Person oder ein Haushalt aufgrund einer Abwägung von Vor- und Nachteilen einen Entschluss zugunsten eines Wohnungswechsels fällt. Die Ursachen dafür fasst man zu vier übergeordneten Motivgruppen zusammen: Ausbildung, Beruf/Arbeitsmarkt, Wohnung und Familie. Die Gründe für eine Migration treten selten isoliert voneinander auf, überwiegen in bestimmten Altersgruppen und variieren in Abhängigkeit von der Wanderungsdistanz.

Internationale Wanderungen verzeichneten seit dem 16. Jahrhundert eine deutliche Zunahme. Die wichtigsten Ströme waren die europäischen Überseewanderungen nach Nord- und Südamerika, die erzwungenen Sklavenwanderungen aus Afrika in die Neue Welt sowie die Arbeitskräftewanderungen von Chinesen und Indern. Die gegenwärtig dominanten Migrationsströme lassen mehrere relativ abge-

Was ist eigentlich ...

Migrantennetzwerke, systemtheoretisch eine Menge von Individuen, Institutionen oder Organisationen und Beziehungen zwischen diesen Elementen, beispielsweise Migranten und Nichtmigranten im Herkunftswie im Zielgebiet. Netzwerke entwickeln sich mit der Geburt von Personen, ändern sich im Lebenslauf und verdichten sich um den Wohnstandort einer Person. Migrationen wirken sich stärker auf bestehende Netzwerke aus, je größer die Distanz zwischen altem und neuem Wohnstandort ist. Im Falle internationaler Wanderungen spielen Netzwerke eine besondere Rolle, da sie emotionale, psychologische oder finanzielle Kosten und Risiken, die mit der Wanderung in ein Land mit abweichenden politischen, ökonomischen, rechtlichen oder soziokulturellen Bedingungen verbunden sind, verringern. Netzwerke beeinflussen durch Informationsaustausch zwischen Herkunfts- und Zielgebiet auch die Wanderungsentscheidung zurückgebliebener Personen. Es kommt zu Kettenwanderungen, zum Nachzug von Verwandten, Freunden oder Bekannten.

Was ist eigentlich ...

Flüchtlinge, völkerrechtlich Personen, die ihr Land aus begründeter Furcht vor Verfolgung oder Gefährdung ihrer Sicherheit verlassen haben. Sehr häufig lösen politische Konflikte Fluchtbewegungen aus: Ausweitung eines Staatsgebiets, Auseinandersetzungen zwischen Bevölkerungsmehrheit und einer Minderheit, Nationalismus oder bürgerkriegsähnliche Kämpfe zwischen politischen Gruppierungen. In den vergangenen Jahren wurde der Begriff Wirtschaftsflüchtling auf Personen angewendet, die vor tiefer Armut in ihren Herkunftsländern fliehen. Menschen, die ihr Land wegen der Verschlechterung der natürlichen Lebensbedingungen verlassen haben, bezeichnet man als Umweltflüchtlinge. Die Mehrheit der Flüchtlinge stammt aus Entwicklungsländern.

Was ist eigentlich ...

Cost-Benefit-Modelle, individuelle Wanderungsentscheidung unter Berücksichtigung einer Nutzenmaximierung. Dabei vergleicht der potenzielle Migrant den zu erwartenden Nutzen im Zielgebiet wie Einkommensmöglichkeiten, Beschäftigungssituation, Arbeitsmarktrisiken und Aufstiegschancen mit dem entsprechenden Gegenwert im Herkunftsland. Die Person entscheidet zugunsten einer Migration, wenn der zu erwartende komparative Nutzen unter Berücksichtigung des Aufwandes positiv ausfällt. Damit ist eine Migration als Investition zu werten, an die langfristige Erwartungen geknüpft sind.

schlossene räumliche Systeme erkennen. In Europa wurden die Gastarbeiterwanderungen aus den Mittelmeerländern in Richtung Norden vom Zustrom aus der Dritten Welt (Asylsuchende) und nach dem Zusammenbruch des Warschauer Paktes aus Osteuropa abgelöst (z. B. Aussiedler in Deutschland). Heute sind selbst Italien und Spanien Einwanderungsländer. Die Zuzüge in die USA stammen vor allem aus der Karibik, Zentralamerika sowie aus Ostasien. Die Golfregion ist Ziel von Migranten aus dem Vorderen Orient sowie dem asiatischen Raum.

Die neoklassische Argumentation erklärt internationale Migrationen mit Unterschieden im Einkommen, im wirtschaftlichen Wachstum und in der Arbeitskräftenachfrage zwischen Ziel- und Herkunftsgebieten. Die individuelle Entscheidung für eine Auswanderung resultiert aus der Hoffnung auf eine Maximierung des zukünftigen Nutzens (Cost-Benefit-Modelle), in Abstimmung mit anderen Haushaltsmitgliedern ist oft eine Diversifizierung der Existenzgrundlage im Sinne einer Risikominimierung beabsichtigt. Ein weiteres Konzept geht von der Segmentierung der Arbeitsmärkte aus. Die Nachfrage nach billigen Arbeitskräften verursacht Zuwanderungen aus Staaten mit niedrigeren Löhnen. Der Weltgesellschaftsansatz differenziert aus soziologischer Sicht zwischen Makro- und Mikroebene. Zum einen verursacht das ökonomische Gefälle zwischen Ländern internationale Migrationen, zum anderen nehmen Personen in potenziellen Herkunftsgebieten bestehende Disparitäten aufgrund einer fortschreitenden Homogenisierung von Werten und Normen sowie Informationsdurchdringung eher wahr. Nach dem Weltsystemansatz ist die Erde in Kernräume und von ihnen abhängige Peripherien aufgeteilt. Die Existenz relativ abgeschlossener Teilsysteme deutet eine gewisse Verstetigung an, die zum Beispiel aus Migrantennetzwerken resultiert oder von einer kumulativen Verursachung ausgeht, das heißt, jede Wanderungsentscheidung beeinflusst das Verhalten der Zurückgebliebenen.

Ausbildungs- und arbeitsplatzorientierte Gründe liegen häufig interregionalen Wanderungen zugrunde. In Entwicklungsländern dominieren Land-Stadt-Wanderungen, in den Industriestaaten sind die heutigen interregionalen Migrationsprozesse von einer erhöhten Vielfalt geprägt, die sich aus der Kombination von Siedlungsstruktur der Ziel- und Herkunftsgebiete, den Wanderungsmotiven sowie den persönlichen Merkmalen der Migranten ergeben. In Industrieländern verzeichnen positive Wanderungsbilanzen zumeist Agglomerationen mit einem vielseitigen Arbeitsplatzangebot, beruflichen Aufstiegschancen, guten Beschäftigungsmöglichkeiten und wirtschaftlichen Wachstumschancen. Ländliche Räume registrieren dann positive Bilanzen, wenn sie über eine gewisse städtische Infrastruktur in Mittelzentren verfügen, gut erreichbar sind und sich durch landschaftliche Attraktivität auszeichnen.

■ Wanderungstheorien ■

Wanderungstheorien haben zum Ziel, das Phänomen Migration mit seinen vielfältigen Formen systematisch zu ordnen und einer einheitlichen Erklärung zuzuführen. Wanderungstypologien sind ein Schritt in diese Richtung. Allerdings gibt es bis heute keine Wanderungstheorie, welche diese Anforderungen erfüllt, es existieren bestenfalls Teiltheorien, die ausgewählte Aspekte in den Vordergrund stellen (z. B. internationale Wanderungen). So argumentieren verhaltensorientierte Wanderungsmodelle von den individuellen Wanderungsmotiven aus, Push-and-Pull-Modelle erklären dagegen Migrationen mithilfe gebietsspezifischer Daten. Eine umfassende Migrationstheorie muss zudem die zeitliche Dimension bedenken.

Für Push-and-Pull-Modelle ist zur Erklärung internationaler und interregionaler Migrationen die simultane Analyse von im Herkunftsraum wirkenden abstoßenden Faktoren und den anziehenden Kräften im Zielgebiet wesentlich. Beispiele zeigt die folgende Tabelle.

	Faktoren, die einen Wanderungsentschluss begünstigen		
	Pull-Faktoren	Push-Faktoren	Netzwerke
ökonomische Gründe	Arbeitskraftnachfrage, höhere Löhne	Arbeitslosigkeit, Unterbeschäftigung, niedrige Löhne	Informationsströme zu Arbeitsplätzen und Löhnen
nichtökonomische Gründe	Familienzusammenführung	Krieg, Verfolgung	Kommunikationsstrukturen, Hilfsorganisationen

Beispiele von abstoßenden und anziehenden Faktoren, die Migration in Push-and-Pull-Modellen erklärt.

Intraregionale Wanderungen hängen eng mit dem Lebenszyklus eines Haushaltes zusammen. Jede Phase ist mit bestimmten Anforderungen an die Wohnung und ihre Lage innerhalb der Region verknüpft. Änderungen im Lebenszyklus bewirken ein Auseinanderdriften zwischen Wohnbedürfnissen und ihrer Erfüllung, und dieser Stress kann eine Migration auslösen. Zu Beginn des Lebenszyklus verlässt ein junger Erwachsener die elterliche Wohnung und gründet einen eigenen Haushalt. Diese Wanderungen junger Menschen sind häufig interregional auf die Kernstädte in den Agglomerationen gerichtet. Die Ein- oder Zweipersonenhaushalte finden preiswerten Wohnraum in citynahen Quartieren. Nach der Geburt von Kindern erhöhen sich die Bedürfnisse zumindest bezüglich der Wohnungsgröße und ein Umzug in eine Mietwohnung in einer weniger zentralen Lage ist wahrscheinlich. Mit dem Wechsel in ein eigenes Haus werden weitere Familienwanderungen unwahrscheinlich, häufig ziehen erst wieder die Eltern mit dem Erreichen des Ruhestandes um. Dieser vereinfachte Ablauf spiegelt die Realität in der postindustriellen Gesellschaft mit ihren pluralisierten Lebensformen immer weniger wider: Heirat und Familiengründung treffen nicht auf alle zu, zunehmende Scheidungsraten und Wiederverheiratung erzeugen ebenfalls Wanderungen, die zu einer früheren Phase im Lebenszyklus zurückführen können.

Jedoch bewirken nicht nur der Wandel in der Haushaltszusammensetzung sowie Einkommensverbesserungen Migrationen. Äußere Faktoren, welche die Wohnumgebung prägen, leisten ebenfalls einen Beitrag: Straßenerweiterung, Änderung der Straßenführung und damit Anstieg des Verkehrslärms, Mietpreissteigerungen oder das Eindringen einer ethnischen Gruppe in das Wohngebiet.

Die Motive, die Anlass zur Migration geben, beeinflussen die Wahl des neuen Wohnstandortes. Dabei spielen vorhandene Informationen und Vorstellungen des Haushaltes über den Wohnungsmarkt eine Rolle, die Art der Informationsbeschaffung über freie Wohnungen sowie das Suchverhalten. Einkommen und Lebensstile begrenzen nicht nur die Suche räumlich auf bestimmte Zielgebiete, sondern sie haben auch Einfluss auf die Kredite zum Kauf einer Wohnung. Diskriminierungen auf dem Wohnungsmarkt oder gesetzliche Vergabebedingungen wie im Falle von Sozialwohnungen begrenzen ebenfalls die Auswahl einer neuen Wohnung.

Regionale Konsequenzen der zukünftigen Bevölkerungsentwicklung

Zu Beginn des 21. Jahrhunderts liegt in den meisten europäischen Ländern die Geburtenhäufigkeit als Folge der zweiten demographischen Transformation deutlich unter dem für die natürliche Reproduktion notwendigen Niveau von 2,1 Kindern je Frau. Diese geringe Fruchtbarkeit hat weitreichende Konsequenzen, die alle Lebensbereiche der Gesellschaft betreffen. Die bevölkerungsbezogenen Aspekte werden unter dem Begriff des demographischen Wandels in der Öffentlichkeit diskutiert. Zu niedrige Geburtenhäufigkeit und längere Lebenserwartung, Bevölkerungsrückgang, Alterung, Vereinzelung sowie Heterogenisierung aufgrund anhaltender Außenwanderungsgewinne fassen schlagwortartig die Teilprozesse des demographischen Wandels zusammen. Sie prägen nicht nur die grundlegenden Trends der zukünftigen Bevölkerungsentwicklung in Deutschland, sondern auch die in den Ländern Europas.

Eine Geburtenhäufigkeit von etwa 1,4 Kindern je Frau seit Mitte der 1970er-Jahre setzt in Deutschland quantitative Rahmenbedingungen. Nach den regionalen Vorausberechnungen des Bundesamtes für Bauwesen und Raumordnung in Bonn werden bis 2020 knapp 60 Prozent der etwa 440 Kreise in Deutschland eine Zunahme der Einwohnerzahlen verzeichnen, gut 40 Prozent jedoch einen Rückgang.

Eine Geburtenhäufigkeit unter dem Reproduktionsniveau setzt auch qualitative Rahmenbedingungen, die in der fortschreitenden Alterung der Bevölkerung zum Ausdruck kommen. So steigt in Deutschland der Anteil der mindestens 60-Jährigen von gut 23 Prozent

(2000) auf etwa 29 Prozent (2020), während im gleichen Zeitraum der Prozentsatz der unter 20-Jährigen von ungefähr 21 Prozent auf unter 18 Prozent fällt. Die Implikationen dieser Alterung beispielsweise für die sozialen Sicherungssysteme deutet der Altenquotient an, die Zahl der mindestens 60-Jährigen auf 100 Personen im Alter von 20 bis unter 60 Jahren. Er erhöht sich in Deutschland von 43 auf 53, in den westdeutschen Bundesländern von 43 auf 52, in den ostdeutschen Ländern von 43 auf 59. Die Zunahmen der Altenquotienten für ausgewählte Agglomerationen und ländliche Regionen sowohl in West- wie in Ostdeutschland belegen jedoch, dass auch nichtdemographische Faktoren die regionale Differenzierung von Alterung und zukünftiger Bevölkerungsentwicklung wesentlich bestimmen. In diesem Zusammenhang kommt den Migrationsprozessen eine entscheidende Bedeutung zu. Wanderungen verstärken aufgrund ihrer Selektivität insbesondere die qualitativen Auswirkungen des demographischen Wandels. Die Bevölkerung in Räumen mit überwiegend Abwanderungstendenzen wird beispielsweise stärker vom Rückgang der Einwohnerzahlen und von der Alterung betroffen sein als in Regionen mit Zuzugsüberschüssen.

Der demographische Wandel mit seinen Auswirkungen auf die zukünftige räumliche Verteilung der Bevölkerung nach Zahl und Struktur ist eine zentrale Problemstellung für die Regional- und Stadtentwicklung. Der Rückgang der Einwohnerzahlen produziert Leerstände, reduziert die Auslastung der Netzinfrastruktur, verringert die Nachfrage nach privaten Gütern und Diensten, erhöht die wirtschaftlichen Schwierigkeiten vom Einzelhandel bis zum Rechtsanwaltsbüro, dünnt ÖPNV-(Öffentliche Personennahverkehrs-)Angebote aus, vergrößert die Einzugsbereiche von privaten wie öffentlichen Dienstleistungsangeboten, verlängert die Wege, steigert die Kosten, senkt die Attraktivität des Angebots, führt zu Betriebsstilllegungen und zur Schließung von Infrastrukturangeboten, verstärkt die Bereitschaft junger Menschen zur Abwanderung und beschleunigt damit den Schrumpfungsprozess. Arbeits- und Wohnungsmarkt nehmen eine zentrale Position ein.

Rückläufige Zahlen von Personen im erwerbsfähigen Alter werden die regionalen Arbeitsmärkte prägen. Der steigende Anteil von älteren Erwerbstätigen stärkt zwar das Erfahrungswissen, der gleichzeitig merkliche Rückgang junger Erwachsener, deren Ausbildung auf dem neuesten Stand ist, verlangsamt jedoch die Rate der Wissensakkumulation, gefährdet die Innovationskraft von Unternehmen und damit die Wettbewerbsfähigkeit der regionalen Ökonomie. Die Konkurrenz der Regionen um junge und gut ausgebildete Fachkräfte wird sich verstärken. Die Zahl der 30- bis unter 45-Jährigen wird überproportional in den wachstumsschwachen Regionen, Agglomerationen wie ländliche Gebiete, abnehmen. Dort zeigt die Alterung eine hohe

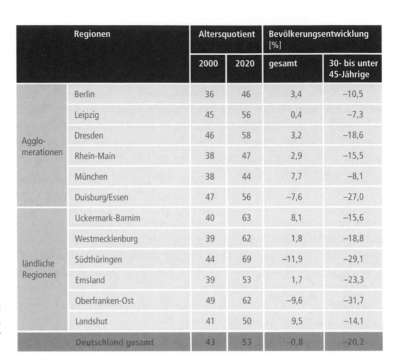

Regionen		Altersquotient		Bevölkerungsentwicklung [%]	
		2000	2020	gesamt	30- bis unter 45-Jährige
Agglomerationen	Berlin	36	46	3,4	−10,5
	Leipzig	45	56	0,4	−7,3
	Dresden	46	58	3,2	−18,6
	Rhein-Main	38	47	2,9	−15,5
	München	38	44	7,7	−8,1
	Duisburg/Essen	47	56	−7,6	−27,0
ländliche Regionen	Uckermark-Barnim	40	63	8,1	−15,6
	Westmecklenburg	39	62	1,8	−18,8
	Südthüringen	44	69	−11,9	−29,1
	Emsland	39	53	1,7	−23,3
	Oberfranken-Ost	49	62	−9,6	−31,7
	Landshut	41	50	9,5	−14,1
Deutschland gesamt		43	53	−0,8	−20,2

Bevölkerungsentwicklung und Alterung in ausgewählten Regionen mit unterschiedlicher Siedlungsstruktur (2000–2020).

Intensität. Dagegen werden die strukturstarken Regionen in Ost- wie in Westdeutschland Wettbewerbsvorteile haben, in den westdeutschen Ländern insbesondere auch bei ausländischen Fachkräften, da dort eher Migrantennetzwerke wirksam sind. Doch sind diese Regionen vermehrt von Problemen der sozialen Integration betroffen.

Prosperierende Regionen mit Wanderungsgewinnen, die sogar den negativen natürlichen Saldo mehr als ausgleichen, verzeichnen auch zukünftig Neubautätigkeit. In strukturschwachen Regionen rufen Sterbeüberschüsse und Wanderungsverluste rückläufige Nachfrage, Wohnungsleerstände, geringe Marktgängigkeit des Bestandes sowie den Verfall der Immobilienwerte hervor und stellen Privathaushalte, beispielsweise im Hinblick auf ihre private Altersvorsorge, Wohnungs- und Bauwirtschaft vor Probleme. Demografischer Wandel und sozioökonomische Veränderungen in der Gesellschaft, insbesondere Individualisierung und Pluralisierung der Lebensentwürfe und die dadurch entstehende Vielfalt von Konsummustern, beeinflussen die Relation von Nachfrage und Angebot auf den regionalen Wohnungsmärkten. Damit wird ein räumliches Nebeneinander von Neubau und Leerstand auch in Gebieten mit rückläufigen Einwohner- und Haushaltszahlen zu beobachten sein.

In allen Teilräumen ist eine wachsende Nachfrage nach altengerechten Wohnmöglichkeiten abzusehen. Bei leichtem Bevölkerungsrückgang bis 2020 erhöht sich die Zahl der mindestens 60-Jährigen in

Westdeutschland um knapp 20 Prozent, in Ostdeutschland sogar um 26 Prozent, die Zahl der mindestens 75-Jährigen sogar um 42 Prozent im Westen und 70 Prozent im Osten Deutschlands. Die Nachfrage älterer Menschen, insbesondere auch der Hochbetagten, nach spezifischen Wohnangeboten und infrastrukturellen Leistungen wird zunehmen. Mit der Vereinzelung heute mangelt es in Zukunft vermehrt an familiären Netzwerken, deren Tätigkeiten von Nichtfamilienmitgliedern übernommen werden müssen.

Die räumliche Differenzierung des demographischen Wandels wird unter Einbeziehung nichtdemographischer Faktoren die gegenwärtigen regionalen Disparitäten eher verschärfen als abschwächen. Die Konsequenzen des demographischen Wandels lassen auch angesichts der Finanzsituation der öffentlichen Haushalte eher daran zweifeln, ob in Zukunft weiterhin am Leitbild der Verwirklichung gleichwertiger Lebensverhältnisse in allen Teilräumen Deutschlands festgehalten werden kann. Ist die gegenwärtig auf Wachstum ausgerichtete flächenhafte Förderung überhaupt geeignet, Unterschiede zwischen den verschiedenen Regionen auszugleichen? Könnte eine stärkere räumliche Konzentration der begrenzten Finanzressourcen unter Berücksichtigung profilbestimmender Wirtschaftsbranchen wenigstens einzelne Regionen in die Lage versetzen, die Gefahr von kumulativen Schrumpfungsprozessen abzuwenden, die für strukturschwache Regionen, ländliche Räume wie Agglomerationen besteht?

Grundtext aus: Gebhardt et al. (Hrsg.) *Geographie. Physische Geographie und Humangeographie*, Spektrum Akademischer Verlag.

Die Welt ist noch zu retten

Klimawandel, Klimaschutz, Wirtschaftswachstum, Bevölkerungsexplosion: Die Menschheit kann sich alles leisten, – wenn sie sofort umdenkt

Fritz Vorholz

Eine Welt ohne Eisbären? Eine Erde ohne Urwald? Eine Landkarte ohne Bangladesch, weil es im Meer versunken ist? Unvorstellbar, bis vor Kurzem. Jetzt kommen täglich Indizien aufs Tapet, dass die Zukunft bitter wird nicht nur wegen des bevorstehenden Klimawandels, sondern auch deshalb, weil die Menschheit wächst. Zu den 6,6 Milliarden Menschen, die das Raumschiff Erde heute bevölkern, werden bis zum Jahr 2050 rund 2,4 Milliarden hinzukommen.

Neun Milliarden Menschen werden dann anständig essen und wohnen wollen, werden dem Boden mehr Nahrung abringen und werden noch mehr Abgase im Himmel deponieren wollen. Zwar wird sich die Menschheit den Prognosen nach in den folgenden Jahrzehnten kaum noch vergrößern, aber bis 2050 reist sie durch eine ökologische Gefahrenzone ohne Beispiel.

Die Weltwirtschaft lebt schon heute ökologisch auf Pump. Mit jedem Tag werden fossile Rohstoffe und Wasser knapper, verdorrt Boden, verschwinden Tier- und Pflanzenarten für immer. Die Ursache ist immer dieselbe: Ein wachsender Teil der Menschheit beansprucht Wohlstand ohne Rücksicht auf natürliche Grenzen.

Aus Schornsteinen und Auspuffen entweichen jedes Jahr viele Milliarden Tonnen CO_2, und es werden unaufhörlich mehr. In schneller Folge kommt es auf dem Planeten zu Stürmen, Dürren, Überflutungen. Klimaforscher mahnen, dass die Menschheit ihren CO_2-Frevel bis 2050 drastisch einschränken müsse. Sonst werde der Planet seine Bewohner nicht mehr ertragen und ihnen schrittweise die Grundlage ihres Lebens wieder entziehen.

Die Zukunft zu retten ist anstrengend

Um der Katastrophe zu entgehen, sagen die Experten, müssten die Menschen jetzt über ihren langen Schatten springen und schnell ihr Verhalten ändern. Eine gigantische Herausforderung für jeden Einzelnen und für das Kollektiv: Die Zukunft zu retten ist anspruchsvoll und anstrengend und nicht zuletzt auch eine Sache des Verzichts.

Neue Technik kann bei dem notwendigen Umbau helfen, der Markt kann für Effizienz sorgen und der demokratische Staat Anreize zum ökologischeren Leben geben. Aber das wird nicht genügen. Jenseits der Nationalstaaten und der Freiheit des Marktes sind außergewöhnliche Antworten verlangt.

Es wird ernst. UN-Generalsekretär Ban Ki Moon sagte, der Klimawandel bedrohe die Menschheit mindestens so sehr wie Kriege. Und Lester Brown, Leiter des Earth Policy Institute in Washington, hält eine „Mobilisierung wie in Kriegszeiten" für unvermeidlich. Die Erderwärmung bedroht nicht nur den menschlichen Lebensraum, sie bedroht auch Freiheit und Demokratie.

Immerhin, wenigstens ist jetzt Schluss mit der kollektiven Bewusstlosigkeit. Immer höher schlagen gegenwärtig die Erregungswellen. 1972 präsentierte der Club of Rome seine Studie über die Grenzen des

Wachstums. 1992 riefen die Vereinten Nationen sämtliche Staats- und Regierungschefs zum Erdgipfel nach Rio de Janeiro. 1997 verpflichteten sich in Kyoto rund drei Dutzend Industrienationen dazu, ihren Energieverbrauch zu begrenzen.

Die Bürger und die Unternehmen nahmen von alledem Notiz – um dann aber wie gewohnt weiterzuwirtschaften. Das scheint sich nun zu ändern. Derzeit verursacht der weltweit immer stärker spürbare Klimawandel eine Betroffenheit ohnegleichen. Wichtiger noch: Es zeigt sich eine echte Bereitschaft zum Handeln.

88 Prozent der Deutschen wollen zwecks Klimaschutz weniger Strom verbrauchen, ergab eine aktuelle Umfrage; 80 Prozent haben vor, sich sparsamer fortzubewegen. Bei Discountern von Wal-Mart bis Lidl kommt das Angebot an Bionahrung der Nachfrage kaum hinterher.

Megakonzerne erwärmen sich für den Klimaschutz

Die globale Schlacht um das emissionsfreie Auto hat begonnen. Megakonzerne erwärmen sich für den Klimaschutz. Klaus Wiegandt, einst Vorstandschef des Metro-Konzerns und Anhänger des Shareholder-Value, wendet um 180 Grad: „Wir können so weitermachen wie bisher, doch dann begeben wir uns schon Mitte dieses Jahrhunderts in eine biophysikalische Zwangsjacke der Natur mit möglicherweise katastrophalen politischen Verwicklungen."

Bundeskanzlerin Angela Merkel hat den Klimaschutz zum Schwerpunkt der deutschen Präsidentschaft im Rat der Europäischen Union erklärt. Sie will ihn überdies vorantreiben im laufenden Jahr des deutschen Vorsitzes in der Gruppe der Acht (G8), der Kooperation der sieben wichtigsten Industrieländer und Russlands. Es tut sich was. Sogar Chinas wachstumsfixierte Führung kündigte kürzlich einen nationalen Klimaschutzplan an.

Alles schön und gut, wenn auch bislang noch mehr Absicht als Aktion. Doch wie kann das überhaupt gehen, global und in großem Stil: dass fast vierzig Prozent mehr Menschen ihre Emissionen um mehr als die Hälfte senken, wie Klimaforscher raten? Können sie dann noch ihre Konsumwünsche erfüllen, ohne dass sich die wachsende Weltbevölkerung selbst aus der Kurve trägt?

Unweit des Eiffelturms in Paris residiert die Behörde für den Ernstfall: die Internationale Energie-Agentur (IEA). Sie wurde 1973 gegründet, zur Zeit der ersten Ölkrise. Damals setzten Tempolimits und Fahrverbote den Autofahrern erstmals Grenzen. Zuletzt war die IEA gefragt, weil der Hurrikan Katrina Bohrtürme im Golf von Mexiko zerstört hatte und ein Fass Öl plötzlich 80 Dollar kostete. Seither wurde der Schmierstoff des Industriezeitalters zwar wieder billiger, doch jetzt ist der Klimawandel für den Thinktank zum permanenten Ernstfall geworden.

Vor eineinhalb Jahren beauftragten die G8-Nationen die IEA, „alternative Energieszenarien und strategien" zu untersuchen. „Sauber, intelligent und wettbewerbsfähig" solle die Zukunft sein, gaben die Mächtigen den Denkern mit auf den Weg. Die machten sich an die Arbeit und entwarfen einen Schlachtplan gegen die Erderwärmung, mit fast 500 Seiten Text, Tabellen, Grafiken und dem Zeug dafür, eines der einflussreichsten Dokumente der Geschichte zu werden.

Wir müssen die Emissionen halbieren

Im optimistischsten ihrer sechs Szenarien pustet die Menschheit im Jahr 2050 nur noch 20,6 Milliarden Tonnen CO_2 in die Luft, das wären 16 Prozent weniger als 2003. Möglich würde die Reduktion durch Energiesparen, „grüne" Energien und mehr Atomkraft. Dazu müsste allerdings von heute an etwa alle sechs Wochen irgendwo auf dem Planeten eine neue Nuklearfabrik ans Netz gehen. Und bei diesem Ausbau der Kernenergie ist der notwendige Ersatz der 435 bereits bestehenden Atomkraftwerke noch nicht einmal berücksichtigt. Hunderte neue Meiler und als Ergebnis unterm Strich eine Verminderung des Klimagifts um gerade mal 16 Prozent – kann das ausreichend sein? Nein, meint der Potsdamer Klimaforscher Hans Joachim Schellnhuber in Übereinstimmung mit den meisten seiner Kollegen. Um die Erderwärmung auf ein gerade noch erträgliches Niveau zu begrenzen, müssten die Emissionen „etwa halbiert werden", sagt er. Aber ist ein solch drastischer Einschnitt vorstellbar?

Imagine, stell dir vor, untermalt von John Lennons Hit, warb der deutsche Stromkonzern RWE vor Jahren für die saubere Energie der Zukunft. Voller Licht war der Spot, Kinder strahlten, und der Himmel war blitzblank geputzt. Für die Kampagne erntete RWE viel Hohn, weil sich die wirkliche Welt ganz anders entwickelte, während der Film im Fernsehen lief.

Mit suggestiver Werbung ist es nicht getan, aber ohne Vorstellungskraft kommen wir in der gegenwärtigen Lage auch nicht voran. Um eine Welt der sauberen Energie Wirklichkeit werden zu lassen, muss zunächst in den Köpfen ein Bild davon reifen. Das ist die Ausgangslage: Heute fordert jeder Mensch das Schicksal im Schnitt mit rund vier Tonnen CO_2 im Jahr heraus. 2050 sollten es pro Erdenbürger nur noch 1,3 Tonnen sein, das ist ein Drittel. Allerdings verbrauchen die Deutschen heute im Weltvergleich weit überdurchschnittlich viel Energie. Sie müssten ihren Pro-Kopf-Ausstoß daher sogar auf ein Achtel des heutigen Wertes vermindern.

Wenn „Naki" spricht, hört die Welt zu: Nebojsa Nakicenovic ist Professor für Energieökonomie und -technologie an der Technischen Universität Wien, er ist Mitglied im Klimarat der UN und noch einiges mehr. „Je mehr Zeit wir uns nehmen, desto schwieriger wird es, den Tanker umzudrehen", sagt er. Mit „Tanker" meint Naki das weltweite Energiesystem. Es besteht aus Kohlegruben, Kraftwerken und Förderplattformen auf hoher See, aus Strom-, Öl- und Gasleitungen, aber auch aus energiebedürftigen Häusern und Heizungen, Autos und Glühlampen, elektrischem Kochgerät und Kommunikationsausrüstung – eigentlich aus fast allem, womit sich zwei Drittel der Menschheit derzeit gern umgeben und wonach das restliche Drittel strebt.

Weniger Auto fahren? Weniger Fleisch essen?

Fast alles, was wir benutzen, benötigt Energie und ist deshalb eine Quelle von CO_2. Daher führe auch kein Weg daran vorbei, das globale Energiesystem „komplett umzubauen", sagt Naki. Und die Menschen müssten ihren Lebensstil revolutionieren. Das wird Zeit brauchen, zumal nicht nur technische, sondern auch soziale Innovationen vonnöten sind. Die Menschen müssten die Frage beantworten, „was wir in Kauf nehmen wollen, um den Ausstoß von Treibhausgasen zu vermindern", sagt der Soziologe und Theologe Wolfgang Sachs vom Wuppertal Institut für Klima, Umwelt, Energie.

Weniger Auto fahren? Weniger Fleisch essen? Mehr Gentechnik einsetzen für Biosprit-Pflanzen? Fast alle Lebensbereiche müssen überdacht werden. Dabei ist außerdem zu berücksichtigen, dass die Reichen die Hauptschuldigen am Klimawandel sind. 80 Millionen Deutsche stoßen gegenwärtig so viel CO_2 aus wie 700 Millionen Afrikaner.

Und man muss sich vergegenwärtigen, dass es derzeit grob gefasst zwei Arten von Emissionen gibt: die „Überlebensemissionen" der bisher zu kurz Gekommenen und die „Luxusemissionen" des wohlhabenden Teils der Menschheit. Daraus folgt womöglich, dass die Reichen verzichten müssen, damit die Armen aufholen können.

Angesichts des globalen Problems müssen die Nationalstaaten einerseits Macht abgeben und andererseits ihren Bürgern einen Verzicht auferlegen. „Wie diktatorisch darf der Imperativ werden?", fragt Wolfgang Sachs und bleibt die Antwort schuldig.

Der Richtungsstreit hat längst begonnen. Die einen schreien „Rettet die Welt!", die anderen warnen vor einer heraufziehenden „Ökodiktatur". Sicher ist: Eine größere Herausforderung hatte die Menschheit noch nicht zu bestehen. Vor diesem Hintergrund ist jedenfalls die aktuelle deutsche Debatte um Tempolimit, Dienstwagen und Kfz-Steuer-Reform reichlich bizarr. Es wird mehr geschehen müssen. Viel mehr.

Der erforderliche Umbau des Energiesystems ist ohne Zweifel schwierig und langwierig. Daher müssten die Weichen möglichst schnell gestellt werden, damit sich in zehn, fünfzehn Jahren erste Erfolge einstellen.

Über den besten Weg zu einem dem Menschen dauerhaft bekömmlichen Weltklima geben Szenarien Auskunft. Szenarien sind Modelle, die die Frage beantworten: Was geschieht, wenn? Oder die andere Frage: Was muss geschehen, damit? Bisweilen sind solche Entwürfe ideologisch gefärbt, weil sie einzelwirtschaftlichen Interessen wie denen der Mineralölindustrie dienen, und führen zu heftigen Debatten in der Fachöffentlichkeit. Das ändert nichts daran, dass ohne Szenarien eine Vorsorge nicht möglich ist. Wenn sie von plausiblen Annahmen ausgingen, gebe es nichts Besseres als diese gedanklichen „Trampelpfade in die Zukunft", sagt Wolfram Krewitt. Der Ingenieur spielt am Deutschen Zentrum für Luft- und Raumfahrt (DLR) in Stuttgart die Zukunft der Menschheit durch.

Klimaverträgliche Energie ist machbar

Das Großforschungszentrum hat darin Erfahrung seit drei Jahrzehnten. Im Auftrag von Greenpeace und den europäischen Herstellern erneuerbarer Energien hat Krewitt ein weltweites Szenario modelliert und dafür von Experten viel Anerkennung gewonnen. „Gut recherchiertes Material" und eine „inspirierende Analyse", gratulierte der Vorsitzende des UN-Klimarates, der Inder Rajendra Pachauri. Tatsächlich hat Krewitt das zuvor Unvorstellbare detailliert beschrieben. Ein klimaverträgliches Energiesystem ist nach seinen Erkenntnissen kein Traum, sondern „technisch mach- und wirtschaftlich darstellbar". Sogar ohne Atomenergie. Technisch machbar – das bedeutet nicht, dass es einfach wäre. Vielmehr ist ein grundlegendes Umdenken nötig, muss Abschied genommen werden von Gewohnheiten. Vorausgesetzt wird, dass der Markt im Dienste des Klimaschutzes steht und alle zahlen müssen, die CO_2 gen Himmel schicken.

Das ist bisher nur ein frommer Wunsch, weshalb sich die wachsende Menschheit mit ihren wachsenden Ökonomien derzeit immer weiter von dem wegbewegt, was Krewitt vorschlägt. In den vergangenen 15 Jahren wuchs die Weltwirtschaft deutlich schneller, als dass sie Energie sparte. Ein Prozent mehr Bruttosozialprodukt erforderte daher immer noch ein halbes Prozent mehr Energie.

Bleibt der Fortschritt in der Technik der Energieeinsparung so langsam wie bisher, so bedeutet das, dass die Menschheit immense Mengen CO_2-freier Energiequellen erschließen müsste, um einer Klimakatastrophe vorzubeugen. Damit gerät neben der Kernenergie die Kraft von Sonne und Wind in den Blick. Selbst die gute alte Kohle könnte dank technischer Raffinesse langfristig weiter eine Rolle spielen.

Aber selbst die grünste Energie belastet die Umwelt, und ihre Erzeugung verschlingt Geld. Dagegen kostet es unterm Strich meist nichts, wenn mit Hilfe intelligenter Technik der Verbrauch von Energie gesenkt wird – und die Umwelt wird entlastet. Energieforscher sind sich einig, dass

281

nichts vernünftiger ist, als so schnell wie möglich produktiver mit Energie umzugehen. Das Potenzial ist enorm: Gelänge es der Menschheit, ihre Energieproduktivität doppelt so schnell wie in den vergangenen 15 Jahren zu steigern, dann würde sie 2050 nicht mehr Energie brauchen müssen als heute – trotz einer wachsenden Bevölkerung und trotz eines Wirtschaftswachstums von jährlich fast drei Prozent.

Die Effizienztechnik ist da: Häuser, die keine Heizung brauchen, Maschinen, die sich mit einem Bruchteil des üblichen Stromverbrauchs begnügen. Autos mit wenig Durst. Wie zum Beispiel der Loremo. Das Kürzel steht für Low Resistance Mobility und ist der Name eines Münchner Unternehmens, das ein supersparsames Auto konstruiert. Es soll sich mit 1,5 Litern begnügen. Dank seines windschnittigen Äußeren und des geringen Gewichts bringt es der 2+2-Sitzer mit nur 20 PS auf eine Spitzengeschwindigkeit von 160 Stundenkilometern. Beim Genfer Autosalon im vergangenen Jahr sorgte die Konzeptstudie bereits für Aufsehen. Ende 2009 soll das Fahrzeug zu haben sein, ausgestattet mit Airbags, Rußfilter, Bordcomputer, Klimaanlage, Navigationssystem und MP3-Player für weniger als 11 000 Euro.

Dämmung und Design können Heizkosten um 80 Prozent senken

Mit verbesserter Technik kann auch die Industrie viel Energie einsparen. In Fabriken verbrauchen Elektromotoren rund zwei Drittel allen Stroms. Elektronische Kraftregelungen und hoch effiziente Motoren, wie sie von Siemens oder General Electric angeboten werden, lassen den Verbrauch um rund 30 Prozent sinken, und das ohne Zusatzkosten. Die Einkäufer der Unternehmen müssen anfangen umzudenken.

Eine wirkungsvollere Wärmedämmung und ein optimiertes Baudesign können die Energienachfrage zum Heizen um 80 Prozent senken. Nur die Eigentümer müssen umdenken. Zwar wird es Jahrzehnte dauern, bis alle Gebäude zwischen Wladiwostok und New York, zwischen Kapstadt und Stockholm renoviert sind. Doch der Energieverbrauch zum Heizen ließe sich schon bald eingrenzen – vorausgesetzt, die Menschen sind informiert und wollen es oder der Staat macht ihnen die erforderlichen Vorschriften. Für Energieguru Naki steht außer Frage: „Effizienz ist der absolut billigste Weg zu mehr Klimaschutz."

Ein Weg allerdings, der selbst in den optimistischsten Szenarien nicht ganz bis zum Ziel führt. Wolfram Krewitt hat gemeinsam mit niederländischen Kollegen ermittelt, dass China sowie die ost- und südasiatischen Staaten im Jahr 2050 trotz aller Bemühungen voraussichtlich rund 40 Prozent mehr Energie verbrauchen werden als heute, Lateinamerika sogar 55 Prozent mehr. Lediglich in den Industriestaaten könnte der absolute Verbrauch bis dahin deutlich sinken. Pro Kopf würden die Bewohner der heutigen Industriestaaten in Zukunft allerdings immer noch rund doppelt so viel Energie beanspruchen wie die Chinesen.

So müssen mehr Menschen, die mehr Wohlstand wollen, auch den zweiten Schritt gehen. Effizienter werden und klimaverträgliche Energien einsetzen.

Gegenwärtig befriedigt die Energiewirtschaft rund drei Viertel des globalen Verbrauchs, indem sie Kohle, Öl und Gas verbrennt und dabei die Atmosphäre verpestet. Elektrizitätswerke und Heizzentralen stoßen 40 Prozent aller CO_2-Emissionen aus. Dabei wird die weltweite Nachfrage nach der Edelenergie Strom trotz aller Sparbemühungen vermutlich kräftig wachsen.

Wird ausgerechnet die Kohle wieder salonfähig?

Wie sich Energie CO_2-frei erzeugen lässt, ist im Prinzip längst bekannt: in Atommeilern, mit Hilfe erneuerbarer Energien, in sauberen Kohlekraftwerken oder mit einem Mix von allem. Zwar werden auch vollkommen neue Verfahren erforscht, beispielsweise die Wasserstoffproduktion mithilfe von Algen. Neuartige Reaktoren, in denen leichte Atomkerne ohne das Risiko unkontrollierbarer Kettenreaktionen und bei nur geringem Anfall radioaktiver Abfallprodukte verschmolzen werden, gehören auch zu den Hoffnungsträgern. Aber auf diese Technikträume zu warten, kann die Erde sich nicht leisten – weshalb der klimaverträgliche Strom mit heute bekannten Technologien erzeugt werden muss.

Die Energiewirtschaft setzt darauf, das frei werdende CO_2 unterirdisch zu bunkern, bevor es in die Luft gelangt. Erweist sich das Verfahren als praktikabel, würde die Kohle ausgerechnet in den Zeiten des Klimawandels wieder salonfähig. In der Lausitz baut Vattenfall eine Pilotanlage; nächstes Jahr soll sie in Betrieb gehen.

Unvermeidlich ist aus der Sicht mancher Klimaschützer eine Renaissance der Atomenergie. Die Internationale Energie-Agentur hat durchgerechnet, was geschähe, wenn die nukleare Stromproduktion verdreifacht würde. Dafür müsste allerdings noch „eine Reihe von Herausforderungen überwunden werden", heißt es bei der Pariser Behörde. Vor allem die Proliferation waffenfähigen Materials bereitet vielen Experten Kopfzerbrechen.

Auch nach dem IEA-Szenario werden die erneuerbaren Energien im Jahr 2050 ungleich bedeutender sein als die Kernenergie. Wasserkraft und Biomasse, Sonne und Wind, Erdwärme, Wellen- und Gezeitenenergie könnten gut ein Drittel der weltweiten Stromproduktion übernehmen. Laut dem Deutschen Zentrum für Luft- und Raumfahrt wäre noch viel mehr drin, wenn der Strom effizient eingesetzt würde. Mit Sonne, Wind und Co. ließen sich 70 Prozent der weltweit benötigten Elektrizität erzeugen – Atomkraft, ade.

Auch Ottmar Edenhofer wollte es genau wissen: Ist Klimaschutz ohne Atomkraft möglich? Der Chefökonom des Potsdam-Instituts für Klimafolgenforschung verglich deshalb, was acht führende Forschungsinstitute aus Europa, Japan und den USA durchrechneten.

Klimaschutz kostet nur ein Prozent des Bruttoinlandprodukts

Das erfreulichste Ergebnis: Klimaschutz kostet nur ein Prozent des weltweiten Bruttoinlandsproduktes die Menschheit kann ihn sich leisten. Das zweite Ergebnis: Die Atomkraft spielt keine große Rolle, erneuerbare Energien wachsen hingegen kräftig. Aber auch Kohle, Öl und Gas werden vermutlich wichtige Säulen in der Versorgung bleiben.

Sollte die Bunkerung von CO_2 nicht klappen, könnte es deshalb eng werden für den Klimaschutz. Wie viele unterirdische Lagerstätten für abgetrenntes CO_2 in Zukunft tatsächlich gebraucht werden und ob 2050 ein Atommeiler wirtschaftlich zu betreiben ist, das hängt aber vor allem davon ab, wie sich die Kosten der Energien entwickeln. Die IEA rechnet optimistisch mit einem gleichbleibenden Ölpreis. Sollte sich die Schätzung als falsch erweisen, sollte obendrein die CO_2-Abtrennung bei der Kohleverstromung aufwendiger sein als gedacht, dann steigen die Chancen der erneuerbaren Energien. Sie könnten dann die Kernenergie ersetzen und die CO_2-Bunkerung auf ein Minimum begrenzen.

Um das zu erreichen, müssen laut Edenhofer bei der Nutzung grüner Energien allerdings alle möglichen Standortvorteile „voll ausgenutzt" werden. Wegen des technischen Fortschritts sinken die Kosten für Solar- und Windstrom laufend; dennoch sind die Ökoenergien nach wie vor subventionsbedürftig.

Das müsste nicht sein, würde der Wind an den weltweit am besten geeigneten Standorten in Strom umgewandelt. Der Kasseler Energieforscher Gregor Czisch hat in einer umfangreichen Studie ausgerechnet, dass sich in der Passatwindregion Südmarokkos erzeugter Strom mit vorhandener Technik bis in die Mitte Deutschlands transportieren ließe, und das zu konkurrenzfähigen Kosten.

Allerdings müsste der Strom dafür mittels einer speziellen Hochspannungsübertragung herbeigeschafft werden. Solche Leitungen transportieren Elektrizität im Vergleich zu herkömmlichen Drehstromleitungen äußerst verlustarm. Der marokkanische Windstrom würde laut Czisch nicht mehr als 4,65 Cent pro Kilowattstunde kosten – das ist weniger als der Strompreis an der Leipziger Börse.

„Machen!", fordert Czisch. „Machbar", heißt es sowohl bei Siemens als auch beim Stromversorger E.on. Ein Sprecher des Düsseldorfer Stromkonzerns meint aber, die Vision liege „jenseits der kurzfristig ausgerichteten politischen Vorstellungskraft".

Politik und Wirtschaft fehlt die Kraft für den Ruck

Tatsächlich fehlt Politik und Wirtschaft bisher die Kraft für den Ruck, der nötig ist, um eine neue Idee Wirklichkeit werden zu lassen. Dabei knüpft Czisch an alte Konzepte an.

Schon 1930 hatte der Direktor der Berliner Gesellschaft für elektrische Unternehmungen Oskar Oliven eine ähnlich kühne Vision. Der „Olivenplan" sah vor, die Wasserkraftressourcen Skandinaviens und der Iberischen Halbinsel, die günstigen Standorte für Steinkohlekraftwerke in Westdeutschland, Frankreich, Oberschlesien und in der Ukraine, die mitteldeutschen Braunkohlereviere sowie die Ölvorkommen im Kaukasus und in Rumänien für die Stromerzeugung zu erschließen und miteinander zu verknüpfen.

Der Kasseler Forscher Czisch hält es heute für möglich, gut zwei Drittel des europäischen Elektrizitätsbedarfes mit importiertem Windstrom zu decken. Erzeugt werden müsste er in Nordrussland und Nordwestsibirien, in Marokko, Mauretanien und in Kasachstan. Die schiere Größe des Einzugsgebietes lasse das große Manko des Windstroms, die unstete Erzeugung, nahezu verschwinden. Wasserkraftwerke in Skandinavien und neue Biomasse-Stromfabriken gleichen in Czischs Gesamtkonzept zur kostenoptimalen Stromversorgung vorhandene Schwankungen aus. Sein Vorschlag könne „auf den größten Teil der Welt übertragen werden", sagt er. Auch der Club of Rome macht sich für interkontinentale Strom-Supernetze stark. In einem demnächst erscheinenden Weißbuch für den Denkerklub plädiert ein Netzwerk namens Trans-Mediterranean Renewable Energy Cooperation dafür, den Strom, der in diese Netze eingespeist werden soll, in solarthermischen Kraftwerken zu erzeugen.

Solche Stromfabriken nutzen Spiegel, um Sonnenlicht zu bündeln und damit Dampfturbinen anzutreiben. Weil sich der Dampf speichern lässt, können solarthermische Kraftwerke auch dann Elektrizität erzeugen, wenn die Sonne einmal nicht scheint. Meistens scheint sie allerdings vor allem in Nordafrika und im Nahen Osten.

Durch Nutzung von nur 0,3 Prozent der dort vorhandenen Wüstengebiete könnte genug CO_2-freier Strom für den steigenden Bedarf der Region und für Europa erzeugt werden, belegen Studien. „Ein Mix aus Ignoranz und Böswilligkeit" verhindere bisher, dass Politik und Wirtschaft sich mit der Idee ernsthaft beschäftigten, klagt Uwe Möller, Generalsekretär des Club of Rome.

Allerdings stößt das Konzept auch in Teilen der grünen Gemeinde auf Skepsis. Ausgerechnet der Vorsitzende des Weltrates für erneuerbare Energien, der Bundestagsabgeordnete Hermann Scheer (SPD), hält es für unrealistisch und zudem für wenig erstrebenswert – nicht nur, weil es eine Kooperation der großen Stromerzeuger erfordere, sondern auch, weil der interkontinentale Strom-Ferntransport „noch zentralistischer ist als das herkömmliche System". Scheer ist ein Anhänger kleinteiliger Strukturen. *Energie-Autarkie* lautet der programmatische Titel eines von ihm verfassten Buches. Das Konzept schließt Energietransport über große Entfernungen aus.

An Ideen für die künftige Energieversorgung mangelt es nicht

Zentraler oder dezentraler, das Stromnetz der Zukunft, so viel steht fest, wird in jedem Fall anders sein als heute, wenn der Klimaschutz kein frommer Wunsch bleiben soll. Es wird vermutlich den Ferntransport grünen Stroms ermöglichen, es wird aber auch erlauben, dezentrale Quellen zusammenzuschalten. Aus vielen kleinen Stromerzeugern – Windparks, Fotovoltaikanlagen, kleinen Wasserkraftanlagen und Blockheizkraftwerken, die in Heizungskellern verlustarm und deshalb klimaschonend gleich-zeitig Strom und Wärme erzeugen – wird so ein „virtuelles Kraftwerk", eine Quelle verlässlicher Elektrizität, die dank Leit- und Automatisierungstechnik sogar Großkraftwerke kostengünstig ersetzen kann. Die Stadtwerke Unna haben vor zwei Jahren solch eine unsichtbare Stromfabrik in Betrieb genommen. Das US-Konsortium GridWise Alliance hat sich dem Konzept ebenfalls verschrieben. Mit dabei: IBM und American Electric Power, der größte Stromerzeuger der Vereinigten Staaten.

An Ideen, Strom klimaschonend und kostengünstig zu erzeugen, mangelt es nicht. Die Menschheit kann die Kurve bekommen, ohne ihr Wohlstandsstreben aufzugeben. Sie muss nur wollen.

Aus: DIE ZEIT, Nr. 11, 8. März 2007

Nachwort: Was wissen wir vom Blauen Planeten?

Von Reinhard Hüttl

Eine wunderschöne blau-weiße Kugel im Samtschwarz des Weltalls – das sind die Fotos, die seit den ersten bemannten Satellitenflügen unser Bild von unserem Heimatplaneten prägen. Vor rund viereinhalb Milliarden Jahren verdichtete sich eine Staub- und Gaswolke zu einigen Dutzend Protoplaneten, die durch Kollision und Verschmelzen zu einem größeren Gebilde zusammenklumpten, das um eine noch recht junge Sonne rotierte. Ziemlich früh in der Erdgeschichte wanderten – bedingt durch die Schwerkraft – die schwereren Bestandteile in die unteren, die leichteren Bestandteile in die höheren Schichten dieses Jungplaneten, sodass sich nach und nach die Struktur unserer heutigen Erde herausbildete: ein metallischer Kern, umhüllt von silikatischem Gestein.

Die ältesten Gesteine, die bis heute gefunden wurden, sind kontinentalen Ursprungs, genauer: es sind Zirkonsplitter mit einem Alter von etwa vier Milliarden Jahren. Die Böden der Ozeane sind hingegen nirgendwo älter als 200 Millionen Jahre. Die Ozeanböden werden beständig recycelt, weshalb sie geologisch gesehen jung bleiben, während die Kontinente nur umgebaut werden, aber kaum neue Gesteine bilden. Es ist die Plattentektonik, die – angetrieben durch die enorme Hitze im Erdkern – den Grund der Meere erneuert, die großen Platten auf der Erdoberfläche bewegt und damit unsere Erde zu einem der dynamischsten Gebilde macht, das je durch das uns bekannte Weltall zog. Wandernde Kontinente, Erdbeben, Vulkanismus sind nur einige der wahrnehmbaren Zeugen dieser Dynamik.

Geowissenschaftler denken in Millisekunden wie in Jahrmilliarden, in Nanometern und Lichtjahren. Ihre Maßstäbe sprengen das Vorstellungsvermögen der meisten Menschen

Welche Dynamik? Was wissen wir eigentlich von unserem Planeten? Geowissenschaftler denken in anderen Zeit- und Raumgrößen als normale Menschen: Geologen fangen erst bei Zeitspannen von Tausend Jahren an zu rechnen und Geodäten messen die tektonischen Verschiebungen in Millimetern pro Jahr. Das „System Erde" umfasst eine unglaubliche Bandbreite an Raum- und Zeitskalen, die von atomaren Abmessungen bis in kosmische Maßeinheiten, von Nanosekunden bei kristallinen Vorgängen bis zu Milliarden Jahren Erdalter reichen. Diese Zahlen sprengen das Vorstellungsvermögen.

Ein Blick mit solchen Raum- und Zeitdimensionen eröffnet ungewohnte Blickwinkel und führt schnell zu der Frage: Warum ändert sich unser Planet seit Milliarden von Jahren so dramatisch und schnell? Die hohe Temperatur im Erdinneren gibt eine erste Antwort:

Im Erdkern, 6 370 km unter unseren Füßen, herrschen Temperaturen von über 5 000 Grad; an der Grenze von Erdkern zu Erdmantel in 2 900 km Tiefe sind es immer noch 3 000 Grad. Diese Hitze ist der Motor für die Dynamik der Plattentektonik. Die Energie für alle Prozesse in der Erde stammt aus dieser Quelle; hinzu kommt – als externe Quelle – die Sonnenenergie.

Aber eigentlich erklärt das gar nichts. Wir wissen noch nicht einmal, warum unser Planet aus dem Weltraum betrachtet blau ist. Natürlich können wir die Farbe für sich erklären: Es ist der blaue Himmel, der sich im Ozeanwasser spiegelt, und dass der Himmel blau ist, konnte uns Lord Rayleigh bereits 1871 anhand der Streuung des Sonnenlichts in der Atmosphäre erläutern. Fragt man aber, wieso die Erde als einziger uns bekannter Planet Wasser in diesen Mengen und obendrein noch eine Atmosphäre in der heutigen Zusammensetzung hat, ist man schon am Ende der Selbstverständlichkeiten angelangt.

Wie konnten Erdaufbau, Wasser und Atmosphäre in dieser Form entstehen? Wie hängt das alles mit der Entstehung von Leben und seiner Entwicklung zu höheren Formen zusammen? „Habitable Zone in Sonnensystemen" ist ein recht vorlauter Konter: Zwar gibt es jene Bereiche, die weit genug von der Sonne im Zentrum entfernt sind, dass die Hitze des Sterns das Werden von Leben nicht verhindert, und gleichzeitig nicht soweit, dass jedes entstehende Leben im Keim erfriert. Doch nicht jede habitable Zone erzeugt erdähnliche Planeten und vor allem Leben.

Sind wir, unser Planet, das Sonnensystem, das All, nur Resultate eines Zufallsprozesses oder gibt es doch Gesetzmäßigkeiten, die zu Planeten des Typs Erde, zu molekularen Selbsterzeugungsketten namens Leben führen?

Die Erde ist, soweit wir das All kennen, ein einzigartiges Raumschiff. Das Raumschiff Erde verfügt über Teilsysteme namens Atmosphäre, Hydrosphäre, Geosphäre, Kryosphäre und Biosphäre, die alle für sich hochkomplex sind und die zudem noch in zeitlich und räumlich variierender Wechselwirkung stehen. Das Raumschiff deckt einen nicht unerheblichen Teil seiner Energieversorgung durch Sonnenenergie, die in einen Kurzzeitspeicher namens Wetter oder einen Langzeitspeicher, die fossilen Brennstoffe, eingespeist wird. Die Vorstellung, dieses undurchschaubare System von Komponenten, Wirkungen und Interaktionen überhaupt je vollständig verstehen zu können, ist eine mehr als ehrgeizige Vision.

Die Erde ist ein undurchschaubares System von Komponenten, Wirkungen und Interaktionen. Sie überhaupt je vollständig verstehen zu wollen, ist eine mehr als ehrgeizige Vision

Die Herausforderung für die Forschung ist gewaltig. Bei einem nicht unwahrscheinlichen Wachstum der Spezies Mensch auf neun Milliarden bis zum Jahre 2050 liegt auf der Hand, dass wir rational mit unserem Planeten umgehen müssen. Das Rohstoff- und Platzproblem der nächsten Generationen wird nur dann verträglich gelöst werden können, wenn wir unsere damit verbundenen, unvermeidlichen Eingriffe in das System Erde zumindest ansatzweise verstehen. Alarmismus ist dabei ebenso wenig hilfreich wie die Behauptung, dass wir den Klimawandel bis zum Jahre 2100 stoppen können, wenn wir es nur richtig wollen.

Wer meint, wir könnten das Klimageschehen vollständig verstehen, unterschätzt erheblich die Anzahl an Variablen und Wechselwirkungen in diesem nichtlinearen System. Natürlich ändert sich das Klima und nach allem, was wir heute wissen, sind wir Menschen dabei ein aktiver Faktor, aber das ist auch schon fast alles, was wir sagen können. Allein das Teilsystem Klima des Planeten Erde ist ein solch gewaltiger Apparat, dass wir selbst mit den besten Klimamodellen nur Szenarien durchspielen, keinesfalls aber das Klima berechnen oder gar vorhersagen können.

Der Normalzustand des Klimas der Erde ist ein bewegtes Auf und Ab, gegen das die heutigen Klimaschwankungen sich äußerst gering ausnehmen

Das Wort „Klimaschutz" verdeutlicht unfreiwillig eine grundlegende Ignoranz: Vielen ist bekannt, dass sich das Klima im Verlauf der Erdgeschichte immer wieder geändert hat, aber nur wenige wissen, dass sich das Klima gerade der vergangenen 10 000 Jahre im Vergleich zur restlichen Erdgeschichte sehr stabil und damit außergewöhnlich verhalten hat. Der Normalzustand des Klimas der Erde ist ein bewegtes Auf und Ab, gegen das die heutigen Klimaschwankungen sich äußerst gering abheben. Das muss uns nicht unbedingt beruhigen, denn erstens gibt uns die Natur keinen Beleg dafür, dass dieser relativ stabile Zustand noch für lange Zeit so bleibt, und zweitens haben wir Menschen uns mit unserer heutigen Zivilisation an diesen seit 10 000 Jahren währenden Status angepasst. Nicht wir müssen also das Klima schützen, sondern wir müssen uns vor möglichen Klimaänderungen, auch den von uns selbst verursachten, schützen.

Unter diesem Blickwinkel wird der Blick auf die heutige Klimadebatte realistischer, wenn auch nicht gemütlicher. Die Atmosphäre ist ein nichtlineares System, in dem kleine räumlich-zeitliche Änderungen (allerdings nicht der berühmte Schmetterlingsflügel) Folgen an ganz anderer Stelle und zu ganz anderer Zeit erzeugen können, die nicht unbedingt vorhersagbar sind. Das heißt, wenn wir heute wissen, dass wir Menschen mit Treibhausgasen und Landnutzungen zu einem geologischen Faktor geworden sind, der das Klima beeinflussen kann, dann sollten wir darauf rasch reagieren: Unsere Strategie der CO_2-Reduktion ist daher nicht nur sinnvoll und notwendig, weil wir wissen, dass wir das Klima ändern, sondern vor allem, weil wir nicht wissen, wie das sich ändernde Klima auf uns reagiert.

Insofern ist das Klima ein fassbares Beispiel dafür, dass wir Menschen im System Erde nicht ohne Konsequenzen wirken können. Der Streit zwischen den hochindustrialisierten Ländern und den Schwellenländern darüber, wer wie viel Kohlendioxid in die Atmosphäre emittieren darf, kann als materielle Metapher aufgefasst werden für die zukünftige Nutzung sowohl der Rohstoffe als auch der Deponien für die Reste, denn als solche fungiert die Atmosphäre derzeit für das Abfallgas CO_2.

Die Umweltdebatte kommt stets und unvermeidlich zu der stereotypen Feststellung, dass die Klimaänderung, die Landnutzung und das Abholzen der Urwälder zu einem dramatischen Artenschwund führen wird oder gar schon geführt hat. Tatsächlich haben der Schwund der Amazonaswälder und der Edelholzeinschlag in Asien ebenso zur Vernichtung von Lebensräumen für Fauna und Flora geführt wie die Intensivlandwirtschaft in Europa. Wir werden Zeitzeugen eines dramatischen Artenschwundes, wie die Erde ihn mindestens fünf Mal in ihrer Geschichte durchlaufen hat. Wir wissen nicht, wie das Leben auf der Erde entstanden ist, wir wissen nur, dass es rund zwei Milliarden Jahre gebraucht hat, bis es sich zu der heutigen Formenvielfalt diversifiziert hat. Das Leben macht nach unserem Kenntnisstand unseren Planeten einzigartig.

> Wir wissen nicht, wie das Leben auf der Erde entstanden ist, wir wissen nur, dass es rund zwei Milliarden Jahre gebraucht hat, bis es sich zu der heutigen Formenvielfalt diversifiziert hat

Aber auch bei der Erforschung des Lebens auf der Erde sind wir vor Überraschungen nicht gefeit: Die Erde lebt, und das nicht nur an der Oberfläche. Erst vor wenigen Jahren entdeckten Geobiologen, dass es tief unter unseren Füßen, in völlig unwirtlichen Umgebungen, Lebewesen gibt, die ohne Sonne und Sauerstoff auskommen. Kilometertief unter der Erdoberfläche hat sich trotz Dunkelheit, Sauerstoffmangel, Hitze und hohem Druck ein Lebensraum etabliert, die sogenannte tiefe Biosphäre.

Seit den ersten überraschenden Entdeckungen werden immer neue Arten hochspezialisierter Mikroben, wie Bakterien, Viren und Pilze, in Sedimenten und sogar in massivem Gestein aufgespürt – bis in mehrere Kilometer Tiefe sind Spuren aktiven Lebens inzwischen nachweisbar. Rechnet man die Masse der bisherigen Funde hoch, könnte die unterirdische Biomasse weltweit der oberirdischen entsprechen, sagen einige Wissenschaftler, andere sprechen von „nur" einem Drittel. Viele bisherige Annahmen über das Leben wurden durch diese Funde über den Haufen geworfen, sogar neue Möglichkeiten für die Entstehung des Lebens könnten sich ergeben.

Diese Souterrainbewohner haben sich seit vielen Millionen Jahren mit einfallsreichen Strategien an die für uns mörderischen Umweltbedingungen angepasst oder sich gar in ihnen entwickelt. Ihr Stoffwechsel benutzt Wege, die uns bisher unbekannt waren und die den Forschern noch immer Rätsel aufgeben. Verbergen sich hier eventuell neue Möglichkeiten der Energiegewinnung oder eignen sich diese Untermieter des Planeten sogar als Lieferanten oder Entwickler von Rohstoffen? Viele mikrobielle Erdbewohner finden sich in der Nähe von Kohlenwasserstoffvorräten; sie haben sehr einfallsreiche bio-geochemische Mechanismen entwickelt, die vielleicht auch uns eine intelligentere Nutzung von Erdöl und -gas zeigen können als die

Verbrennung dieses wertvollen Rohstoffs in Kraftwerken, Automotoren und Heizungen.

„Vor der Hacke ist es duster" ist eine alte Bergmannsweisheit und wer immer unter Tage arbeitet, tut auch heute noch gut daran, die darin enthaltene Warnung vor möglicher Gefahr zu berücksichtigen. Aber wie duster ist es wirklich?

Wissenschaftliche Bohrungen helfen uns, unsere modellhaften Vorstellungen vom komplizierten Aufbau der Erdkruste zu bestätigen und zu verfeinern

Es gibt zwei Fenster ins Erdinnere. Wissenschaftliche Bohrungen ermöglichen einen direkten Einblick in die ersten Kilometer der Erdkruste, die Seismologie durchleuchtet den gesamten Erdkörper wie die Tomographie den Menschen in der Klinik. Beides zusammen ergibt eine modellhafte Gesamtvorstellung des Aufbaus unseres Planeten, allerdings mit unterschiedlicher Genauigkeit.

Auf der Halbinsel Kola haben sowjetische Forscher 26 Jahre lang gebohrt, bis sie 1994 eine Endteufe von etwas über zwölf Kilometern erreichten. Diese Bohrung ist heute noch bis etwa sechs Kilometer Tiefe zugänglich. Die Kontinentale Tiefbohrung KTB in der Oberpfalz ist mit 9 101 m Endteufe daher heute das tiefste Bohrloch der Welt. Das KTB-Bohrprogramm hat technologische Neuerungen mit sich gebracht, die heute in der ganzen Welt angewendet werden und von deren Nutzen bei Explorationsbohrungen auf der Suche nach neuen Ölvorräten der Durchschnittsautofahrer meistens nichts weiß, wenn er tankt. Auch ist kaum bekannt, dass das heute im Schulunterricht gelehrte Konzept der Plattentektonik im Wesentlichen auf Erkenntnissen beruht, die aus den Bohrungen in den 60er-Jahren auf den Ozeanen dieser Welt stammen.

Die Kontinente sind ungleich komplizierter als die Ozeanböden. Wenn es um die Geschichte und die Zukunft des Planeten Erde geht, stellen sie mehr Fragen, aber sie können auch mehr Antworten geben. Wissenschaftliches Bohren ist ein Instrument, diese Antworten zu finden, oder auch zu lernen, die richtigen Fragen zu stellen. Bohrungen helfen uns, unsere modellhaften Vorstellungen vom komplizierten Aufbau der Erdkruste mit gewonnenen Daten zu verifizieren und zu verfeinern.

Unser Wissen über die innere Struktur, vom Erdkern über den Erdmantel zur Erdkruste, basiert auf Methoden der Geophysik: der Seismologie und der Untersuchung des Erdmagnetfeldes

Der Traum von Jules Verne, eine Reise zum Mittelpunkt der Erde anzutreten, wird ebenso unerfüllbar bleiben wie der Traum der Geoforscher, bis dorthin zu bohren oder zu sondieren. Die moderne Seismologie eröffnet aber ein zweites Fenster, den Aufbau der Erde kennenzulernen. Unser Wissen über die innere Struktur, vom Erdkern über den Erdmantel zur Erdkruste, basiert auf Methoden der Geophysik, das heisst, der Seismologie und der Untersuchung des Erdmagnetfeldes. Diese Erkenntnisse werden von Wissenschaftlern in Modelle des Erdaufbaus umgesetzt. Erdbeben sind dabei die Lichtquelle, die wie Röntgenstrahlen das Erdinnere beleuchten. Mit verfeinerten Methoden sowohl der Messung als auch der Auswertung können wir heute nicht nur den inneren und den äußeren Erdkern sowie den Erdmantel untersuchen, sondern wir können auch Detailfragen im kleineren Maßstab lösen.

Beim Tunnelbau ist man heute durch geschickte Kombination von seismischen Auswertemethoden und angewandter Geotechnik in der Lage, vorausschauende Bilder über das Gestein vor der Tunnelbohrmaschine zu erhalten, um den alten Bergmannsspruch zu relativieren. Etwas größer im Maßstab können wir Fragen beantworten wie: Woher kommt Hawaii? Wie dick sind die Alpen? Und nicht zuletzt: Wo findet gerade ein Erdbeben statt?

Unser Wissen ist aber auch hier begrenzt, denn die Auswertung der Messungen beruht auf Annahmen über Eigenschaften der Gesteine in der tiefen Erdkruste oder im Mantel, die wir nur indirekt ableiten können oder die wir im Labor unter hohem Druck und bei hohen Temperaturen nachzustellen versuchen. Das ist Grundlagenforschung, aber sie hat, wenn man an Erdbeben denkt, ganz dramatischen Bezug auf das Leben von Millionen von Menschen.

Der Tsunami im Dezember 2004 forderte eine Viertelmillion Todesopfer. Das verursachende Erdbeben war das zweitstärkste bisher gemessene und ein dramatisches Zeichen für die Dynamik unseres Planeten. Es gibt viele Naturereignisse, die für uns Menschen zu Naturkatastrophen werden. Für die Erde sind diese Vorgänge sozusagen der Normalbetrieb. Menschen haben schon immer versucht, Naturgefahren zu erkennen, Katastrophenereignisse vorherzusehen und sich dagegen zu schützen. Ihr Instrumentarium reicht von Satelliten bis zu Rauchmeldern, die Menschheit hat beträchtliche Kreativität entwickelt, um Gefahren zu erkennen und sie sogar abzuwenden.

Erdbeben sind die Naturkatastrophen, welche die meisten Todesopfer fordern. Die Seismologie eröffnet uns daher nicht nur einfach ein Fenster ins Erdinnere, sondern ist zugleich auch ein unerlässliches Instrument bei der Gefahrenabwehr. Wir wissen heute, in welchen Regionen die meisten Beben auftreten und können eine Gefährdungsabschätzung vornehmen. Auch können wir heute mit einem Echtzeitmonitoring in Minutenschnelle feststellen, wo auf der Erde es bebt. Eine Erdbebenvorhersage allerdings ist auf absehbare Zeit nicht möglich.

Machen wir einen Vergleich: Die tägliche Wettervorhersage trifft mit einer Genauigkeit von 87% über alle Wetterparameter gemittelt zu; das ist das Resultat von 300 Jahren wissenschaftlicher Erforschung der Atmosphäre. Forschungen im Bereich der Erdbebenprognose gibt es seit etwa 40 Jahren. Es ist noch nicht einmal bekannt, wonach wir genau suchen müssen, damit Erdbeben prognostiziert werden können, und es gibt auch die grundsätzliche Skepsis, ob man eine solche Vorhersage prinzipiell überhaupt realisieren kann. Fast alle

Wir wissen nicht, wonach wir genau suchen müssen, damit Erdbeben prognostiziert werden können, und es ist unklar, ob man eine solche Vorhersage überhaupt realisieren kann

Vorgänge in der Natur, auch Erdbeben, sind nichtlinear und damit potenziell chaotischer Art. Je mehr Variablen im Spiel sind, desto undurchsichtiger wird das Geschehen.

Es bleibt der Weg der Vorsorge und der Frühwarnung. Erdbebensicheres Bauen ist zwar teuer, aber möglich, und langfristig rechnet es sich. Warnsysteme, die in Aktion treten, wenn es gefährlich bebt, existieren bereits für einige bedrohte Städte. Tsunami-Frühwarnsysteme gibt es für den Pazifik; für den Indischen Ozean sind sie im Aufbau, aber das ebenfalls bedrohte Mittelmeer und der Atlantik wären im Ereignisfall ungeschützt. Lissabons Schicksal im Jahre 1755 und Messinas Zerstörung 1908 erzählen uns, dass auch die europäische Geschichte derlei Katastrophen aufweist, die – in geologischer Zeitrechnung – gerade erst geschehen sind.

Die wichtigsten Impulse zur Entwicklung der modernen Geowissenschaften entstammen dabei dem Konzept der Plattentektonik als vereinheitlichender Theorie

Wir wissen Einiges vom Blauen Planeten, das ist unbestreitbar. Die Fortschritte der vergangenen Dekaden gerade in den modernen Geowissenschaften sind gewaltig. Seit den 1960er-Jahren vollzieht sich in den Geowissenschaften ein Umbruch von konventionellen, eher beschreibenden Ansätzen, zu einer quantifizierenden Wissenschaft. Die wichtigsten Impulse entstammen dabei dem Konzept der Plattentektonik als vereinheitlichender geowissenschaftlicher Theorie.

Begleitet wurde dieser Paradigmenwechsel durch die Entwicklung moderner Methoden der hochauflösenden Laboranalytik bis hinunter auf die atomare Ebene, weltraum- und bodengestützte Beobachtungen im globalen Maßstab und mathematische Modelle zur Abbildung und Simulation der Prozesse mit Hochleistungsrechnern.

Diese Forschung ist unabdingbar für das Fortbestehen der Menschheit, und zwar im engen Wortsinn. Wir leben nicht nur auf der Erde, wir leben auch von der Erde. Sie zu verstehen mit ihren Wirkungsmechanismen, ein Prozessverständnis zu entwickeln von den Zusammenhängen der Teilsysteme im Gesamtsystem Erde und von den Rückkopplungen der menschlichen Aktivitäten auf das System ist buchstäblich überlebensnotwendig für uns als Spezies.

Jede Naturkatastrophe führt uns vor, wie abhängig die menschliche Zivilisation von ihrer natürlichen Grundlage ist

Was wäre, wenn wir tatsächlich die Oberfläche unserer Erde als unmittelbaren Lebensraum vollständig verstehen könnten? Wir könnten abschätzen, welche Auswirkungen das Aussterben einer Pflanzen- oder Tierart auf unser Leben hätte; wir würden berechnen können, ob sich unsere aktuelle Art der Energieproduktion vielleicht nur für wenige Generationen der Spezies Mensch eignet. Das Klima und der Landschaftsverbrauch ließen sich in ihrer Wechselwirkung aufeinander und im Gesamtkontext des Systems Erde verstehen. Unser Rohstoffverbrauch würde Reserven für zukünftige Generationen belassen. Erdbeben oder Vulkanausbrüche könnten viel von ihrem Gefahrenpotenzial einbüßen, weil die Menschheit gelernt hätte, solche tektonischen Ereignisse vorherzusagen, Ballungsräume nicht in gefährdeten Regionen anzusiedeln und erdbebensicher zu bauen. Wie gesagt, ein Wunschtraum.

Aber was hier wie Science Fiction der späten 1960er-Jahre anmutet, ist alles andere als eine rein träumerische Fragestellung: Einerseits zeigt uns die Klima- und Rohstoffdebatte, dass unser Planet tatsächlich endliche Ressourcen hat, auch wenn wir nicht genau wissen, wie endlich sie sind. Zum anderen führt uns jede Naturkatastrophe vor, wie abhängig die menschliche Zivilisation von ihrer natürlichen Grundlage ist. Modellrechnungen der Ökonomen über die Auswirkungen eines Erdbebens, das Tokio zerstört, auf die Weltwirtschaft zeigen uns weitere nichtlineare Interaktionen zwischen Anthroposphäre und Geosphäre.

Es stellt sich die Frage, ob unsere derzeitige Physik in der Lage ist, diese Sachverhalte jemals vollständig zu beschreiben. Das nichtlineare, chaotische System Erde mit all seinen Wechselwirkungen gleicht einem Prozess, bei dem das Resultat zugleich der Beginn ist. Henne oder Ei? Nach Harry Mulisch ist „das Huhn das Mittel, mit dem ein Ei das andere hervorbringt". Die zu dieser Denkweise passende Physik sehen wir gerade erst in Umrissen.

Reinhard Hüttl ist Leiter des GeoForschungsZentrum Potsdam (GFZ) und zählt zu den angesehensten Geowissenschaftlern Deutschlands. Er hat den Lehrstuhl für Bodenschutz und Rekultivierung an der Brandenburgischen Technischen Universität (BTU) Cottbus inne und leitet das dortige Forschungszentrum Landschaftsentwicklung und Bergbaulandschaften. Über viele Jahre hinweg war er Mitglied des Rates von Sachverständigen für Umweltfragen der Bundesregierung sowie des Wissenschaftsrates, dessen wissenschaftlicher Kommission er bis 2006 vorsaß.

Bild- und Textnachweise

Bildnachweise:

S. 8/9: © Westermann/Diercke Weltatlas
S. 10/11: Nach R. Siever The Dynamic Earth, © Scientific American, Inc. 1983
S. 12: Mit freundlicher Genehmigung des Harvard University News Office
S. 14: Foto oben von Kevin Connors/www.morguefile.com
S. 14: Foto unten von Rosino © (Wikicommons)
S. 25: Foto von André Karwath (wikimedia.commons)
S. 27: Mit freundlicher Genehmigung der Neuen Galerie Graz am Landesmuseum Joanneum.
Gemälde von Joseph Kuwasseg: Carbon/Steinkohle, um 1845/50.
Foto: M. Wimler, LMJ.
S. 28: © Nasa
S. 40: © Douglas Goralski/ AIP Emilio Segrè Visual Archives, Physics Today Collection
S. 44: Foto oben von Kevin Connors (www.morguefile.com)
S. 44: Foto unten © G. K. Gilbert/USGS
S. 65: © Westermann/Diercke Weltatlas
S. 67: Mit freundlicher Genehmigung von Walter Stieglmair
S. 68: © MODIS Rapid Response Project, NASA/GSFC
S. 73: © picture alliance/dpa
S. 94: © R. P. Hoblitt/USGS
S. 95: © EarthLink e.V./Eije Pabst
S. 112: © Chase Swift/CORBIS
S. 123: Foto von Daniel Schwen (wikimedia commons)
S. 124: © Jeff Foott/OKAPIA
S. 125: Foto von Allen Conant (www.morguefile.com)
S. 127: © Ferrero-Labat/Auscape/SAVE
S. 149: US Geological Survey
S. 151: Foto von Dimitri Raftopoulos (Wikipedia)
S. 164: © Roger Ressmeyer/CORBIS
S. 166: © Roger Ressmeyer/CORBIS
S. 179/180: Datenquelle: U.S. Geological Survey
S. 183: Foto von Peter Haacke, Ing. Büro für Markscheidewesen, Bau- und Ing.-Vermessung, Clausthal-Zellerfeld, www.ib-haacke.de
S. 187: U.S. Geological Survey
S. 194: Mit freundlicher Genehmigung des GeoForschungsZentrums Potsdam
S. 205: Datenquelle: Fischer Weltalmanach 2008
S. 207: © Lester Lefkowitz/CORBIS
S. 214: © Sammlung Gesellschaft für ökologische Forschung
S. 215: oben © Sally A. Morgan; Ecoscene/CORBIS
S. 215: unten © Reuters/Corbis
S. 228: Mit freundlicher Genehmigung des Harvard University News Office
S, 231: © NOAA's Sanctuaries Collection, Jamie Hall
S. 233: © Peter Dell (www.morguefile.com)
S. 234: Mit freundlicher Genehmigung von Prof. Michael J. Daly, Uniformed Services University of the Health Sciences, Bethesda, MD, USA
S. 236: © Nasa/JPL/Cornell
S. 248: Datenquelle: Fischer Weltalmanach 2008
S. 250: Mit freundlicher Genehmigung von Prof. Dr. Barthlott u. Mitarbeiter, Nees-Institut, Universität Bonn
S. 251: © Mark A. Johnson/Corbis
S. 268: Datenquelle: UN-Weltbevölkerungsbericht 2006
S. 271: Datenquelle: Migrationsbericht 2004, Bericht des Sachverständigenrates für Zuwanderung und Integration im Auftrag der Bundesregierung

Textnachweise:

Was ist eigentlich … Galitzin-Pendel, S. 181; Portrait Robert Falcon Scott, S. 230; Was ist eigentlich … Opportunitätskosten, S. 261
aus: Brockhaus Enzyklopädie. © Bibliographisches Institut & F.A. Brockhaus AG, 2006

Buchbeiträge aus:

Siever, *Sand* (1989), Kapitel 10; Grotzinger/Jordan/Press/Siever, *Allgemeine Geologie* (2007), Kapitel 1; Gebhardt et al. (Hrsg.) *Geographie. Physische Geographie und Humangeographie* (2007), Abschnitte 8.10, 8.12, 8.13; Fortey, *Der bewegte Planet* (2005), Kapitel 9; Pichler, *Vulkangebiete der Erde* (2007), Einführung, Kapitel 1; Bolt, *Erdbeben* (1995), Kapitel 4; Jischa, *Herausforderung Zukunft* (2005), Kapitel 6; Wilson, *Die Zukunft des Lebens* (2004, Goldmann Verlag), Kapitel 1; Gebhardt et al. (Hrsg.) *Geographie. Physische Geographie und Humangeographie* (2007), Kapitel 23.

Index